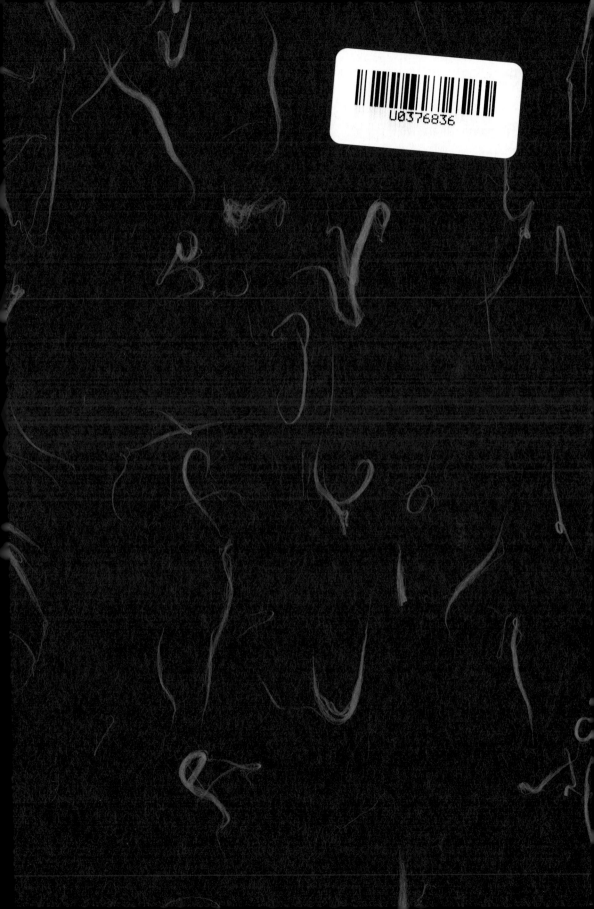

"先进化工材料关键技术丛书"
编委会

龚俊波　天津大学，教授

贺高红　大连理工大学，教授

胡　杰　中国石油天然气股份有限公司石油化工研究院，教授级高工

胡迁林　中国石油和化学工业联合会，教授级高工

胡曙光　武汉理工大学，教授

华　炜　中国化工学会，教授级高工

黄玉东　哈尔滨工业大学，教授

蹇锡高　大连理工大学，中国工程院院士

金万勤　南京工业大学，教授

李春忠　华东理工大学，教授

李群生　北京化工大学，教授

李小年　浙江工业大学，教授

李仲平　中国运载火箭技术研究院，中国工程院院士

梁爱民　中国石油化工股份有限公司北京化工研究院，教授级高工

刘忠范　北京大学，中国科学院院士

路建美　苏州大学，教授

马　安　中国石油天然气股份有限公司规划总院，教授级高工

马光辉　中国科学院过程工程研究所，中国科学院院士

马紫峰　上海交通大学，教授

聂　红　中国石油化工股份有限公司石油化工科学研究院，教授级高工

彭孝军　大连理工大学，中国科学院院士

钱　锋　华东理工大学，中国工程院院士

乔金樑　中国石油化工股份有限公司北京化工研究院，教授级高工

邱学青　华南理工大学／广东工业大学，教授

瞿金平　华南理工大学，中国工程院院士

沈晓冬　南京工业大学，教授

史玉升　华中科技大学，教授

孙克宁　北京理工大学，教授

谭天伟　北京化工大学，中国工程院院士

汪传生　青岛科技大学，教授

王海辉　清华大学，教授

王静康　天津大学，中国工程院院士

王　琪　四川大学，中国工程院院士

王献红　中国科学院长春应用化学研究所，研究员

国家出版基金项目
NATIONAL PUBLICATION FOUNDATION

1922 2022
中国化工学会成立100周年纪念精品专著
The 100th Anniversary of the Founding of CIESC

先进化工材料关键技术丛书

中国化工学会 组织编写

胶原蛋白材料

Collagen and Collagen-based Materials

范代娣 等 著

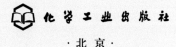

·北京·

内容简介

《胶原蛋白材料》是"先进化工材料关键技术丛书"的一个分册。本书全面介绍了有关胶原蛋白和胶原基材料的基础知识和应用实例，尤其对重组胶原蛋白在分子设计生产及其在生物医药和组织工程等领域中应用的最新研究进展作了详细论述。全书分为两部分。第一～七章对构建生物材料所用的胶原的特征与类型、降解、性质与鉴定进行详细论述，对生物法合成的重组胶原蛋白的发展、分类、特点及表征进行概述，重点介绍了重组胶原蛋白的生物制造过程。第八章和第九章为重组胶原材料的构建方法及其在生物医用材料领域的应用，主要内容包括重组胶原材料的修饰、交联方法与制备技术，重组胶原基生物医用材料的生物功效及其生物相容性等。本书在力求全面、系统地反映胶原蛋白材料相关基础知识以及国内外最新研究进展的同时，着重介绍了重组胶原蛋白的生物制造技术，以及具有良好生物相容性的重组胶原材料在生物医学领域中应用的最新研究进展。

《胶原蛋白材料》可供生物、医药、化工、材料等相关领域的科研人员和工程技术人员使用，也可供相关专业的师生参考与阅读。

图书在版编目（CIP）数据

胶原蛋白材料/中国化工学会组织编写；范代娣等著. —北京：化学工业出版社，2022.6（2023.5重印）
（先进化工材料关键技术丛书）
国家出版基金项目
ISBN 978-7-122-40915-7

Ⅰ. ①胶… Ⅱ. ①中… ②范… Ⅲ. ①胶原蛋白－材料 Ⅳ. ①Q512

中国版本图书馆 CIP 数据核字（2022）第 037954 号

责任编辑：任睿婷　杜进祥
责任校对：边　涛
装帧设计：关　飞

出版发行：化学工业出版社（北京市东城区青年湖南街13号　邮政编码100011）
印　　装：北京建宏印刷有限公司
710mm×1000mm　1/16　印张22¾　字数452千字
2023年5月北京第1版第2次印刷

购书咨询：010-64518888　售后服务：010-64518899
网　　址：http：//www.cip.com.cn
凡购买本书，如有缺损质量问题，本社销售中心负责调换。

定　　价：298.00元

作者简介

范代娣，西北大学二级教授、博士生导师，西北大学化工学院院长、生物医药研究院院长，国家重点研发计划首席科学家，生物材料国家地方联合工程研究中心主任，陕西省生物材料与发酵工程"四主体一联合"工程中心主任，陕西省可降解生物医用材料重点实验室主任，陕西省化工学会生物化工专业委员会主任。曾入选首届中国化工学会会士、"国家特支计划"领军人才、新世纪"百千万人才工程"国家级人选、国务院特殊津贴专家、全国三八红旗手、科技部"创新人才推进计划"、陕西省高层次人才特殊支持计划"杰出人才"等荣誉。

主要从事生物大分子重组胶原蛋白及天然活性产物的生物制造、生物医用材料、预防医学和营养医学等方面的研究。长期开展从基础理论、原创技术、分子设计、功效发现、生物安全性实验、产品开发到产业化的全链条的研究。先后主持了国家重点研发计划、国家高技术产业化示范工程、国家"863 计划"和国家自然科学基金重点项目等多项国家级计划。在 *Biomaterials*、*Chemical Engineering Journal*、*Bioactive Materials* 等国际知名期刊上发表 SCI 论文 240 余篇，出版专著及教材 7 部。获授权发明专利 75 件，转让及实施 22 件，专利技术和相关医用产品在空军总医院、协和医院、西京医院等国内数千家医院得以广泛应用。

以第一完成人获国家技术发明奖二等奖 1 项（2013 年）、中国专利金奖 1 项（2016 年）、陕西省最高科学技术奖 1 项（2020 年）、陕西省科学技术奖一等奖 3 项（2011 年、2017 年和 2021 年）和中国石油和化学工业联合会技术发明奖一等奖 1 项（2016 年）。获"全国首届创新争先奖"（2017 年）、"闵恩泽能源化工奖杰出贡献奖"（2015 年）、中国化工学会"侯德榜化工科技成就奖"（2014 年）等奖励。

丛书序言

　　材料是人类生存与发展的基石，是经济建设、社会进步和国家安全的物质基础。新材料作为高新技术产业的先导，是"发明之母"和"产业食粮"，更是国家工业技术与科技水平的前瞻性指标。世界各国竞相将发展新材料产业列为国际战略竞争的重要组成部分。目前，我国新材料研发在国际上的重要地位日益凸显，但在产业规模、关键技术等方面与国外相比仍存在较大差距，新材料已经成为制约我国制造业转型升级的突出短板。

　　先进化工材料也称化工新材料，一般是指通过化学合成工艺生产的、具有优异性能或特殊功能的新型化工材料。包括高性能合成树脂、特种工程塑料、高性能合成橡胶、高性能纤维及其复合材料、先进化工建筑材料、先进膜材料、高性能涂料与黏合剂、高性能化工生物材料、电子化学品、石墨烯材料、3D打印化工材料、纳米材料、其他化工功能材料等。

　　我国化工产业对国家经济发展贡献巨大，但从产业结构上看，目前以基础和大宗化工原料及产品生产为主，处于全球价值链的中低端。"一代材料，一代装备，一代产业"，先进化工材料具有技术含量高、附加值高、与国民经济各部门配套性强等特点，是新一代信息技术、高端装备、新能源汽车以及新能源、节能环保、生物医药及医疗器械等战略性新兴产业发展的重要支撑，一个国家先进化工材料发展不上去，其高端制造能力与工业发展水平就会受到严重制约。因此，先进化工材料既是我国化工产业转型升级、实现由大到强跨越式发展的重要方向，同时也是我国制造业的"底盘技术"，是实施制造强国战略、推动制造业高质量发展的重要保障，将为新一轮科技革命和产业革命提供坚实的物质基础，具有广阔的发展前景。

　　"关键核心技术是要不来、买不来、讨不来的"。关键核心技术是国之重器，要靠我们自力更生，切实提高自主创新能力，才能把科技发展主动权牢牢掌握在自己手里。新材料是国家重点支持的战略性新兴产业之一，先进化工材料作为新材料的重要方向，是化工行业极具活力和发展潜力的领域，受到中央和行业的高度重视。面向国民经济和社会发展需求，我国先进化工材料领域科技人员在"973计划"、"863计划"、国家科技支撑计划等立项支持下，集中力量攻克了一批"卡脖子"技术、补短板技术、颠覆性技术和关键设备，取得了一系列具有自主知识产权的重大理论和工程化技术突破，部分科技成果已达到世界领先水平。中国化工学会组织编写的"先进化工材料关键技术丛书"正是由数十项国家重大课题以及数十项国家三大科技奖孕育，经过200多位杰出中青年专家深度分析提炼总结而成，丛书各分册主编大都由国家科学技术奖获得者、国家技术发明奖获得者、国家重点研发计划负责人等担任，代表了先进化工材料领域的最高水平。丛书系统阐述了纳米材料、新能源材料、生物材料、先进建筑材料、电子信息材料、先进复合材料及其他功能材料等一系列创新性强、关注度高、应用广泛的科技成果。丛书所述内容大都为专家多年潜心研究和工程实践的结晶，打破了化工材料领域对国外技术的依赖，具有自主知识产权，原创性突出，应用效果好，指导性强。

创新是引领发展的第一动力，科技是战胜困难的有力武器。无论是长期实现中国经济高质量发展，还是短期应对新冠疫情等重大突发事件和经济下行压力，先进化工材料都是最重要的抓手之一。丛书编写以党的十九大精神为指引，以服务创新型国家建设，增强我国科技实力、国防实力和综合国力为目标，按照《中国制造2025》、《新材料产业发展指南》的要求，紧紧围绕支撑我国新能源汽车、新一代信息技术、航空航天、先进轨道交通、节能环保和"大健康"等对国民经济和民生有重大影响的产业发展，相信出版后将会大力促进我国化工行业补短板、强弱项、转型升级，为我国高端制造和战略性新兴产业发展提供强力保障，对彰显文化自信、培育高精尖产业发展新动能、加快经济高质量发展也具有积极意义。

中国工程院院士：薛群基

前言

　　自然界中蕴藏着极为丰富的生物大分子物质，它们是自然界赋予人类非常重要的物质资源和宝贵财富。其中蛋白质材料，例如胶原蛋白、蛛丝蛋白、蚕丝蛋白、贻贝蛋白、弹性蛋白等，由于其独特的材料特性，近年来受到国内外研究者的广泛关注。蛋白质材料最基本的特点是具备良好的生物相容性和可降解特性，此外许多蛋白质功能材料还具备低毒性、抗菌性等多功能特性，对它们的使用早就不仅仅局限于衣食住行等日常生活方面。随着科学技术的进步，蛋白质功能材料的应用获得越来越多的关注，在医药和军事等领域的应用价值巨大，是一类具有极大发展潜力的天然大分子材料。

　　胶原蛋白（collagen）是发现最早、含量最丰富的一类细胞外基质蛋白，广泛地存在于人与动物皮肤、肌肉、骨骼及内脏中，对维护细胞、组织和器官的正常生理功能和修复损伤有重要作用。胶原蛋白因其具有优异的理化性质、生物学功效性和生物相容性、可生物降解等特性，在食品、化妆品、营养保健等领域已广泛应用。

　　动物源胶原蛋白提取普遍存在诸多问题，如无法消除疯牛病、猪瘟疫、禽流感等病毒隐患，人胶原蛋白（来自人胎盘、骨等）提取过程也无法消除肝炎、艾滋病等传染危险，存在组织源胶原来源等问题，同时它们的水溶性差、产品批次质量不均一、生物功效不稳定等问题也都直接限制了胶原蛋白潜在用途的开发。因此如何大量制备这些性能优异的胶原蛋白材料，一直是生物工程和材料工程交叉领域的热点问题。随着基因编辑技术和合成生物学的快速发展，胶原蛋白的高效生产与合成有了新途径，并且这些新技术可以赋予重组胶原蛋白更优异的稳定性、亲水性和生物相容性。随着生物医学工程、材料科学的快速发展，以胶原作为基本原材料，与其他材料协同开发出具有更优异新特性和新功能的复合材料，可以满足其在组织工程、生物医用材料、生物医学工程等领域的需求。

　　本分册介绍了作者团队近年来在重组胶原蛋白细胞工厂构建、制备、表征和应用基础等方面的研究，着重介绍了重组胶原材料的绿色制造工艺、功效研究及其潜在医用材料的构建技术和应用基础研究。由于重组技术可以构建众多胶原蛋白分子及其类似物，受篇幅所限，文中仅对几种重组胶原蛋白进行示例说明，主要以一种重组类人胶原蛋白和重组人Ⅰ、Ⅲ型胶原天然序列 α1 链为例。本书由西北大学范代娣等著，全书由范代娣负责编写框架并统稿。本书共分为九章，第一章是绪论，重点论述胶原材料的发展、制备、应用及新技术的优势，由范代娣和傅容湛共同撰写；第二章和第三章重点介绍胶原的特征与类型，胶原的合成降解、性质与分析鉴定，由范代娣和王盼共同撰写；第四章～第六章重点介绍重组胶原蛋白的发展、分类、特点、表征及生物制造过程，由范代娣和王盼共同撰写；第七章是重组胶原蛋白理化性质及生物学性质表征，由范代娣和傅容湛共同撰写；第八章和第九章重点介绍重组胶原材料的构建方法及重组胶原在生物医用材料中的应用，由傅容湛和刘彦楠共同撰写。在撰写过程中得到了众多同事、朋友的支持和帮助，在此一并表示感谢。

本分册是国家技术发明奖二等奖"类人胶原蛋白生物材料的创制及应用"、中国专利金奖"一种类人胶原蛋白及其生产方法"、国家重点研发计划"人造蛋白质合成的细胞设计构建及应用"（2019YFA0905200）、国家"863 计划""胶原蛋白生物助剂的发酵合成与酶法修饰及水解研究"（2014AA022108）、国家"863 计划""重组类人胶原蛋白Ⅱ可降解材料制造关键技术及应用"（2006AA02Z246）、国家发展和改革委员会高技术产业发展项目计划"基因工程技术生产类人胶原蛋白生物材料技术产业化示范工程"[（2004）2075]、国家自然科学基金重点项目"多糖／蛋白基自修复高强韧水凝胶构建的化工基础"（21838009）、陕西省科学技术奖一等奖"新型胶原蛋白生物材料关键生产技术与应用"、陕西省科学技术奖一等奖"全长人胶原蛋白的发酵合成及应用"、中国石油和化学工业联合会技术发明奖一等奖"系列新型湿性修复敷料的研制与应用"、陕西省专利奖一等奖"一株高效表达类人胶原蛋白的 *ptsG* 基因敲除重组菌及其构建方法和蛋白表达"等多项成果的结晶。本书由西北大学"双一流"建设项目资助。在此衷心感谢国家自然科学基金委、科技部、国家发改委、西北大学等的大力支持。

尽管作者力图在本书内容选择和写作主线上充分考虑不同学科之间的平衡，但是由于胶原蛋白的基础和应用研究涉及知识面广，书中难免存在疏漏和不妥之处，敬请广大读者批评指正。

著者

2022 年 1 月

目录

第一章

绪 论

第一节
胶原

"胶原"（collagen）一词由希腊语"kólla"（意思是胶水）和法语"gène"（意思是生产）组合而成，最初使用"生成胶的产物"这个名字是因为在 19 世纪中期人们发现胶原是动物皮肤、肌腱和韧带沸腾所产生胶水的主要成分。目前"胶原"是一个通用术语，是指一大类蛋白质，它们是细胞外基质的关键结构成分，存在于所有组织和器官内，包括皮肤、骨骼、肌腱、韧带、软骨和其他特定组织。胶原不但为组织提供强度、耐久性和柔韧性，还广泛参与特定的生物相互作用。在所有多细胞动物的细胞外基质中均发现了胶原的存在，包括海绵动物、无脊椎动物和脊椎动物[1]，最近在一些细菌基因组中也观察到潜在的胶原前体形式[2]。

到目前为止，"胶原"是涵盖 29 个成员的蛋白家族，根据其功能和结构域同源性进一步分为 8 个亚家族，它们都具有一个共同的结构元素，即分子中至少有一个结构域具有 α 链组成的著名的三股螺旋结构，最终组装成纤维[3]，胶原的这种层次结构是其在皮肤、角膜、骨骼或肌腱的各种组织中发挥突出机械功能的关键。多种涉及胶原遗传或获得性的严重疾病也间接证明胶原蛋白家族在人体中的巨大重要性，如 Ehlers-Danlos 综合征（Ehlers-Danlos syndrome, EDS）、骨质疏松症和遗传性肾炎等。

胶原作为一种天然蛋白质大分子，是重要的生物可降解材料。胶原作为生物医用材料的主要优点在于：①免疫原性低。胶原结构重复率较高，相比于其他具有免疫原性的蛋白质，胶原免疫原性更低。因为胶原的主要免疫原性位点是在分子的 C、N 末端区域，该区域被称为端肽，由短的非螺旋氨基酸序列组成。在胶原提取过程中，端肽会被选择性水解或者去除而失去活性，仅在胶原分子的三股螺旋结构内保留一些微弱的免疫原性。②可生物降解性。胶原紧密的螺旋结构使得大多数蛋白酶只能切断胶原的侧链，破坏胶原分子之间的交联。胶原肽键只有在胶原酶作用下才会被破坏，人体内部组织中存在的胶原酶对促进胶原降解发挥很大作用。③生物相容性。胶原具有良好的亲和性，能够帮助细胞和组织维持正常的生理功能。同时，优良的亲和性有利于细胞外基质网络构成，提高细胞黏附性，使得胶原具有一定的修复作用。④促进细胞生长。胶原是细胞生长的良好培养基质，在细胞的迁移、增殖过程中，胶原不仅提供营养基础，还起到支架作用。胶原能引导上皮细胞迁移到人体组织缺损区，从而促进上皮损伤修复及细胞生长。同时，胶原的降解产物能够被新生细胞利用，合成新的胶原，在细胞中起到连接作用。⑤止血性。胶原具有促进血小板凝聚和血浆结块功能，与血液接触后，血液中的血小板会与胶原纤维吸附在一起，发生凝集反应，从而生成纤维蛋白，促进血浆结块，进而形成血栓，达到阻止流血、促进凝血的目的。由于胶原在人体组织中的重要作用以及作为生物材料的突出优势，国内外学者从多方面多角度对胶原进行了研究和探索，特别是胶原的合成与制备、活性胶原多肽的设计开发、胶原类材料新功能的探索和各类型胶原基材料及医用材料的开发制造。目前使用胶原制造的部分组织工程材料和生物医用材料已经在临床上取得成功，广泛被临床医生和患者接受。

第二节
胶原的制备与合成

    1900 年，人们使用稀释的有机酸成功从鼠尾肌腱中提取出胶原。1929 年出现以磷酸溶解动物骨组织提取胶原的方法 [4]。20 世纪 20 年代，在研究胶原水解产物明胶的过程中分离出一种具有甜味的新物质，被称为"明胶糖"，进一步研究发现其结构不同于糖，随后被命名为甘氨酸。通过对明胶进一步的分析还发现了羟脯氨酸和羟赖氨酸，并揭示了这两种氨基酸是在蛋白质肽链合成后通过二级修饰形成的。直到 20 世纪 50 年代，胶原分子的氨基酸组成逐渐被确定，不同于其他已知蛋白质，胶原中含有大量甘氨酸和亚氨基酸（脯氨酸）。通过研究胶原部分酸水解产物解析胶原的一级结构，发现胶原的氨基酸序列具有规律性，每三个氨基酸残基都存在一个甘氨酸。此外，人们还发现在成年脊椎动物的胶原中存在少量的碳水化合物（低于 1%），这些碳水化合物是结合到羟赖氨酸羟基上的半乳糖或葡萄糖基半乳糖 [5]。

    随着对胶原特有氨基酸成分的了解，1933 年 Astbury[6] 通过研究鼠尾肌腱的纤维衍射 X 射线晶体散射图像，发现与其他纤维蛋白不同，鼠尾胶原纤维的衍射图像在 2.9Å（$1Å=10^{-10}$m）处有一强轴向反射，在 11 ~ 16Å 处有一强赤道反射，这与其水合作用的程度有关，1953 年还报告了通过拉伸胶原纤维可以显著改善衍射图像，发生了螺旋对称的棒状结构的转变 [7]。1954 年，Ramachandra 和 Kartha[8] 综合胶原 X 射线晶体衍射图像特征以及独特的氨基酸组成，首次提出了胶原的三股螺旋结构，该模型中三条左手螺旋链交织在一起形成一个右手三股超螺旋。三条分子链围绕同一中心轴排列，其内部核心没有可容纳 C_β 原子的空间，因此由甘氨酸残基占据，在非甘氨酸的位置是由脯氨酸残基占据以避免分子链的扭曲。这些甘氨酸残基是重复氨基酸序列模式 (Gly-X-Y)$_n$ 的一部分，该模式被公认为是胶原分子的特征。这种三股螺旋结构也得到了物理化学研究的支持，该研究表明胶原分子由三条多肽链组成，每条多肽链的长度约为 1000 个氨基酸。1955 年，Rich 和 Crick[9] 指出最初的模型并不符合立体化学的位置限制要求，需要对基本的三条多肽链结构概念进行修正，使之满足空间上的要求。

1961 年，Peizo 等 [10] 成功从动物真皮组织中提取胶原溶液，同年，Bloch 获得了纯化胶原的专利。1962 年，United Shoe Machinary 公司成功开发出商业化提取胶原的工艺。纯化胶原的成功制备极大地推动了胶原结构研究，并取得较大的进展，包括对胶原纤维分子结构的测定。通过对天然胶原纤维或由可溶胶原重组的原纤维进行的透射电子显微镜（TEM）观察表明，原纤维中存在明显的横向条纹带状周期，重复距离为 60 ~ 70nm，与 Bear 用小角度 X 射线衍射所观察到的 67nm 周期基本一致，这种轴向的横纹周期被称为 D 周期。

20 世纪 60 年代，多种蛋白酶的广泛应用使胶原的大规模提取成为可能，为深入研究胶原结构提供了充足的原材料。进一步研究表明，α 结构的成分是单条多肽链；β 结构和 γ 结构分别由两条和三条多肽链组成，它们通过共价键交联，因此能够在变性过程中被保留。直到 20 世纪 60 年代后期，人们才认识到胶原不是一个单一实体。1969 年，生化证据表明软骨中存在第二种胶原类型。1972 年，人们解析了第一个完整的胶原多肽链序列——牛胶原的 α1(I) 链。随着人类基因组分析的发展，多种胶原类型陆续被发现和表征，目前已经发现了 29 种遗传上不同的胶原类型，来自超过 45 种不同的基因。在所有发现的胶原类型中，I 型胶原含量最高，约占全部胶原的 90%，也是应用最为广泛的胶原类型。

经过近半个世纪的研究，胶原的制备方法已经相当成熟，胶原原料的来源也逐渐扩大，已实现一定规模的兼具多样性和低成本的胶原工业化生产，多种类型胶原产品已成功市场化。然而，近年来由于各种人畜共患病的传播，特别是牛海绵状脑病和口蹄疫等，人们对来自陆生动物的胶原以及胶原基产品产生担忧，对于从更原始物种中提取和纯化胶原的兴趣逐渐增加。虽然人体组织胶原与人体免疫反应低，但由于伦理和法律限制而无法获取，因此人胶原的生物体外合成是理想的解决方案。随着基因工程技术的发展，利用重组系统生产人胶原，特别是制造不容易通过组织提取获得的胶原类型，可以从根本上解决胶原产品的病毒隐患。早期多数重组胶原研究主要集中在制备各种人胶原类型，将人胶原蛋白的 DNA 序列转入不同宿主（微生物、动物、植物），通过发酵和分离纯化获得重组人胶原蛋白（图 1-1）[11]。在植物细胞构建体系中，Merle 等 [12] 通过共转化人 I 型胶原蛋白基因和嵌合的 *P4H* 基因至烟草植株，成功表达了羟基化的同源三聚体重组胶原蛋白。Eskelin 等 [13] 以大麦种子作为宿主，成功表达了人 I 型胶原蛋白的全长 α1 链。Stein 等 [14] 在烟叶中将人 I 型胶原蛋白、人源脯氨酸羟化酶和赖氨酸羟化酶基因进行共表达，所得重组胶原蛋白与天然人 I 型胶原蛋白非常接近。在动物细胞构建体系中，David 等 [15] 在转基因小鼠乳腺内成功表达了可分泌、可溶解和具有螺旋结构的人 I 型原胶原同源三聚体。Tomital 等 [16] 构建了载体并采用基因植入方法，通过转基因蚕的丝腺分泌表达人 III 型胶原蛋白片段。在微生物体系中，Myllyharju 等 [17] 将人 I 、II 和 III 型胶原蛋白基因整合到含脯氨酸羟化酶的毕赤酵母工程菌中，获得充分羟基化的重组胶原蛋白。Olsen 等 [18] 通过去除对于胶原蛋白三股螺旋结构非必需的 N 和 C 区域，提高重组胶原蛋白产量。范代娣团队 [19-21] 分别通过大肠杆菌和酵母菌表达体系发酵表达全长重组人 I 及 III 型胶原蛋白 α1 链。然而，构建重组人胶原的主要困难在于缺乏修饰酶，使得重组人胶原蛋白链很难在翻译后获得必要的修饰，进而恢复天然人胶原所具有的二级或更高级结构。

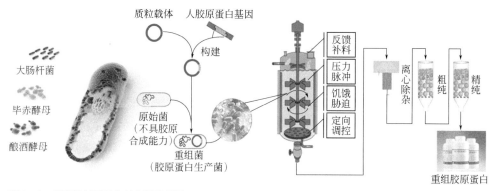

图1-1　重组胶原蛋白的制备过程

基因重组技术的发展也使得新型功能化胶原及活性胶原多肽的开发制备成为可能。采用人胶原蛋白基因编码作为模板，通过 DNA 重组技术经过序列组合、拼装或剪切设计开发出具有胶原蛋白理化性质和生物学功能的新型重组类人胶原蛋白分子或活性多肽。范代娣团队首先在大肠杆菌表达体系内设计制备出一系列新型的重组胶原蛋白，作为具有与天然胶原相似生物学功能的高分子生物材料。随后经过 20 多年的研究和发展，范代娣团队 [22-24] 通过合成生物学技术手段，采用不同经典底盘微生物，成功构建出多种新型细胞工厂，实现了一系列重组胶原蛋白的生物合成，包括不同分子量的多种重组类人胶原功能肽段及重组人胶原蛋白 I 、II 、III 型的全长 α1 链。

重组类人胶原蛋白与动物源的胶原相比有几个显著特点：①水溶性好。便于再加工利用和配伍。②免疫原性低。优异的生物相容性，重组类人胶原蛋白的基因序列与人胶原基因序列一致，一般而言免疫原性更低。③无病毒隐患。动物源的胶原在提取的过程中虽然采用了病毒灭活技术，但是有一定的病毒隐患，而重组类人胶原蛋白是通过微生物高密度发酵技术生产的，所以能够从源头上避免病毒隐患。④产品批次间具有良好的一致性。作为微生物发酵产物，在种子细胞和工艺条件保持不变的情况下，重组类人胶原蛋白批次间差异很小，有效地克服了动物源的胶原由于每批动物的种类不同、年龄不同、部位不同造成的产品批次差异和不稳定性。

第三节
胶原的应用

胶原广泛存在于动物的皮肤、骨、软骨、肌腱、韧带等组织中，是结缔组织的重要结构蛋白质，在结缔组织中发挥连接、支持、营养供给和保护等作用，也是各组织中细胞外基质（ECM）的主要成分，不仅赋予其机械稳定性，更赋予其促进细胞生长和迁移的能力。另外，胶原在多种生物组织中的广泛分布使得其成为一种资源丰富的工业原材料。由于胶原口感柔和、易消化，一直以来在食品领域都有广泛的应用，包括功能性食品和保健品、改善肉类品质、食品涂层和饮料澄清剂等。

多种随着年龄增长而产生的皮肤老化问题与胶原蛋白的缺失密切相关。若皮肤中缺乏胶原蛋白，胶原纤维就会发生交联固化，使细胞间糖胺聚糖减少，皮肤便会失去柔软、弹性和光泽而发生老化，同时真皮的纤维断裂、脂肪萎缩、汗腺及皮脂腺分泌减少，使皮肤出现色斑、皱纹等一系列老化现象[18,19]。胶原作为皮肤组织中的主要蛋白质成分，在美容化妆品领域应用很广，主要作为美容化妆品中的一种保湿抗衰老材料。随着医疗美容近年的迅猛发展，胶原在美容及皮肤医学等领域的应用迅速发展，特别是新一代的重组人胶原蛋白，由于其具有更好的组织相容性、低免疫原性和无病毒隐患，具有在医疗美容领域广泛应用的巨大潜力。

动物组织源胶原作为医用材料已有数千年的历史。在古代，食谱中就有鱼胶（明胶）是可以"闭合伤口的胶水"，对"颅骨骨折的治疗特别有用"等描述，直到 20 世纪 50 年代，鱼胶仍然被用于处理不需要缝合的小伤口。胶原基材料最早被用作生物医学材料是在大约公元 175 年，克劳迪乌斯·盖伦（Claudius Galen）使用基于肠的胶原材料作为缝合线成功修复断裂肌腱。19 世纪后期出现了较为原始的胶原基生物材料，例如由脱矿质鸡骨制成的胎膜等被应用于止血剂、伤口敷料、骨修复和神经修复等方面。经过近半个世纪的研究，动物组织源胶原和重组胶原制备生产技术日趋成熟，多种不同来源、不同类型的胶原实现了规模化的工业生产，推动了胶原材料的发展，使得生物相容性优异、高效功能化的胶原材料的形式和应用范围得到不断拓展，包括胶原凝胶、海绵、纤维、薄膜等多种材料形式，主要应用于伤口敷料、眼角膜保护材料、黏膜修复材料、人工皮肤、心脏瓣膜、骨、可注射胶原材料（用于除皱与软组织填充等医学美容领域和骨组织再生填料等临床医学领域）和药物载体等领域。

鼠尾胶原作为组织培养底物为各种类型细胞的组织培养打开了大门，包括原代细胞或组织外植体培养。直到今天，胶原材料仍然作为组织培养的薄膜基质被广泛应用于研究细胞 - 细胞外基质（ECM）相互作用、多种细胞迁移或凋亡等细胞行为现象，或用于分离和培养弱黏附细胞等。然而细胞在其原生环境中是嵌入在三维 ECM 晶格中，这种三维的外部环境对于调节重要的细胞行为（例如附着或迁移）是至关重要的。因此，自 20 世纪 70 年代以来，三维胶原基质已成为研究各种细胞现象的主要细胞培养系统，如伤口愈合和病理性瘢痕形成、动态细胞过程如肿瘤侵袭或干细胞分化。当然胶原材料并不仅用于组织培养，还广泛用于修复和再生各种组织和器官，如皮肤、肌肉、骨骼组织或角膜。组织工程中使用的器官 / 组织等效物 ECM 支架材料应能促进细胞黏附、增殖和沉积，并能进一步指导细胞产生新组织，而胶原作为天然细胞外基质的主要成分能够发挥重要的支架作用，因此目前组织工程所使用的 ECM 支架材料通常都由胶原制成或以胶原作为主要成分。随着新型修饰、交联等构建技术的发展和新胶原材料的发掘，人们已经开发了基于不同形式、不同结构特征和不同功能的胶原组织工程支架材料以适用于多种组织工程领域的需求，包括医用敷料、软组织填充材料、人工血管、人工皮肤和人工骨骼等。目前，基于胶原的商业化生物材料产品，例如用于治疗皮肤损伤或软组织修复等的产品已被广泛应用，还将开发下一代功能更强化的胶原材料，例如促进血管生成和神经支配的新型组织工程支架材料[11]。

第四节
技术展望

近年来，随着蛋白质静态结构解析及动态行为模拟技术的应用和发展，胶原分子结构中决定功能的关键特征逐步明晰，使建立基于人工智能（artificial intelligence）的分子设计策略以实现高效的大规模蛋白质分子理性设计改造成为可能（图 1-2）。通过运用分块量子计算、拉伸动力学等理论计算策略，针对不同胶原材料的物理特性以及关键元件的功能需求，建立特定可量化评估的计算体系；基于构-效关系分析，以功能评价参数为指导，精确计算关键氨基酸突变对蛋白质特性的影响，预测并筛选出可能改变关键酶功能的重组蛋白序列。采用人工智能和机器学习算法，基于前期预测和实验结果，对海量分子数据进行高效分析，指导大规模胶原蛋白分子理性设计和预测分析，进而获得功能结构更优化的新型胶原和多肽分子。

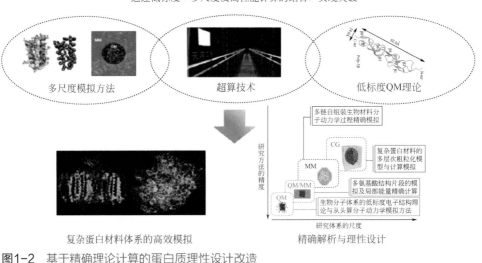

图1-2　基于精确理论计算的蛋白质理性设计改造

随着基因组、转录组、蛋白组、代谢组等多组学理论与技术的全面发展，重组系统发酵生产胶原技术与工艺的开发优化进入一个全新的水平。在胶原发酵生产过程中引入多组学整合分析技术（图1-3），对不同生物分子层次的批量数据进行归一化处理，建立了不同层次分子间数据关系。同时结合基因本体功能分析、代谢通路富集、分子互作等生物功能分析，系统全面地解析生物分子功能和调控机制，筛选重点代谢通路或者蛋白、基因、代谢产物，对微生物系统进行全面的解读，实现对胶原发酵生产工艺的全面优化。

对蛋白质表达效率低、稳定性差、规模放大规律不清、特异性分离纯化技术不成熟等问题，通过定向进化和理性改造关键节点，利用细胞全局转录工程、线路工程等实现全网络调控，提高蛋白的表达效率。通过在发酵生产过程中采用 CO_2 脉冲、热敏元件调控等措施确立了重组胶原的定向表达发酵策略，实现了高生物量条件下的高目标胶原产物的表达。针对重组胶原难以获得的问题，范代娣团队在分泌型胶原表达体系发酵后期采用流加 PMSF 等蛋白酶抑制剂及 Kex2 适宜底物的防降解策略，解决蛋白酶及信号肽酶 Kex2 导致的胶原降解问题，同时建立新型高效分离纯化工艺，可使重组胶原蛋白产品收率大幅提高（图 1-4）。

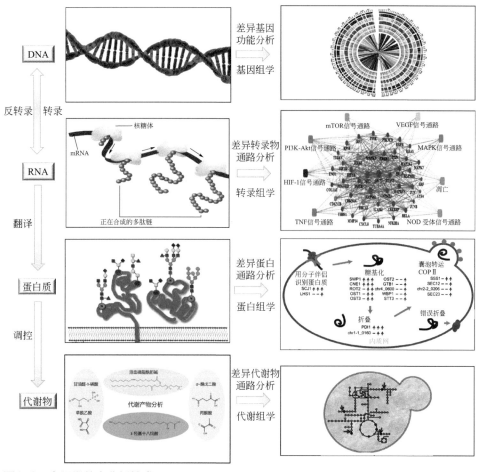

图1-3　多组学整合分析技术

　　序列特殊型蛋白高效合成技术有望进一步实现对胶原分子进行更深层次的理性设计（图 1-5）。利用荧光标记、微流控、核糖体谱图和 DNA 组装等技术进行元件的开发与适配；借助代谢网络重构技术提高细胞内特定氨酰 -tRNA 含量，可以解决重组胶原蛋白中特定氨基酸含量高的问题；通过理性改造和共表达修饰酶及非天然氨基酸掺入技术可以在重组胶原蛋白中引入定向修饰和非天然氨基酸；采用糖蛋白质组学手段可以分析重组胶原蛋白的糖基化修饰（图 1-6），探讨位点特异性的糖链修饰与重组胶原蛋白水溶性、稳定性及免疫性等功能性的关系，为进一步拓展胶原在诸多领域中的应用提供可能；通过优化内含肽介导的蛋白质连接技术实现蛋白片段的连接，可以获得新型长胶原片段，赋予胶原分子新结构、新功能，为胶原的应用提供更为丰富的原材料。总之，所获得的成熟的胶原设计生产技术为胶原新分子结构设计、新功能开发，以及相应的胶原产品的升级奠定了理论和技术基础。

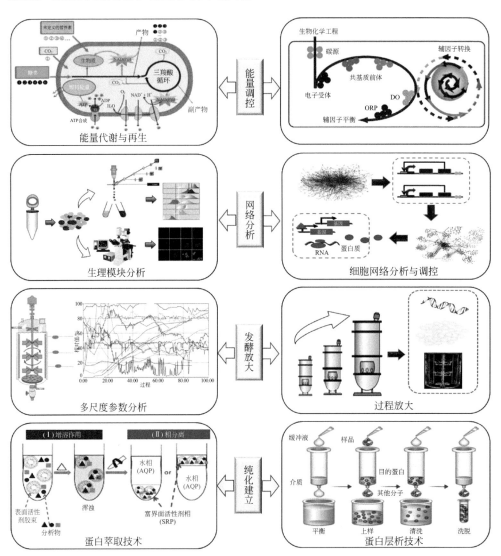

图1-4　细胞工厂全网络调控与重组胶原蛋白的高效合成

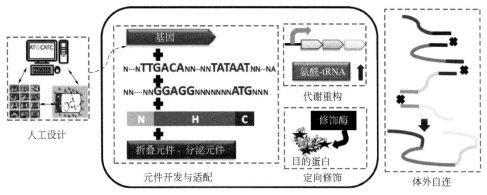

图1-5 序列特殊型蛋白高效理性设计与合成技术

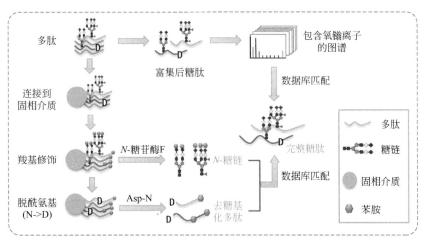

图1-6 使用糖蛋白质组学手段分析重组胶原蛋白的糖基化修饰

在胶原材料应用方面，尽管基于胶原的生物医学材料和设备已经取得长足的进展，但仍有大量医疗需求有待解决。1990年发布的主要生物材料和医疗器械需求清单（表 1-1）至今仍有大部分未被满足。这些医疗需求包含许多胶原材料研究的攻关目标，即对现有材料和器件的性能和可靠性提出进一步改进的要求，推动和指引新材料和新器械的发展。毫无疑问，设计开发新型含胶原组织再生支架结构以解决目前无法满足的医疗需求将成为组织工程领域中一个越来越重要的研究方向。

表1-1　尚未满足的生物材料和医疗器械需求

应用	未满足需求
骨或伤口敷料	上皮再生材料
心血管系统	抗血栓形成表面
	小直径动脉假体
牙病治疗	牙种植体修复
神经修复	促神经再生材料
眼科	人工角膜
	玻璃体增强或置换

　　另一个新兴方向是个性化医疗。但目前个性化医疗的发展仍受到成本回收、专业制造能力和有效利用等多种因素的限制。随着关于胶原蛋白结构和功能研究知识的积累，以及3D打印技术、芯片技术、计算机技术和人工智能等技术的改革，新材料和新产品领域将得到快速发展，为新一代个性化医疗器械设计提供新思路。许多基于胶原材料的新型装置制造技术，如器官培养、芯片上"种"器官技术、组织工程肿瘤模型构建技术和3D打印技术，已被成功开发并部分应用于医疗领域中。类器官和器官芯片等技术可用于常规药物测试和毒理学研究，评价组织修复和再生，开发个性化新疗法，为特定患者提供更有效的药物和治疗窗口。胶原材料在构建组织工程肿瘤模型方面也具有巨大的潜力，可以高效评价癌症治疗方法，并能够通过患者自体肿瘤细胞评估肿瘤进展，从而开发个性化治疗手段。运用3D打印技术可以将胶原材料制造成复杂的结构形状，提供能够完全适合待修复缺陷的3D植入物，从而恢复其生理功能，使胶原材料在修复受损组织器官时实现个性化。3D打印技术还可以用于制备医用胶原基复合材料、组织工程支架材料和药物载体等（图1-7）。目前研究已经清楚地证明胶原可以用于设计开发适用于不同临床应用的医疗器械，并已取得巨大成功，未来有可能研发出更多的商业化、功能化的胶原产品及装置，提供成本低、效率高、覆盖广的医疗设备。

3D打印人工皮肤　　　3D打印人工血管　　　3D打印人工骨　　　人工神经

人工鼻　　　　　　人工耳　　　　　　人工角膜　　　　　人工肺泡

图1-7　个性化定制系列生物医用材料

参考文献

[1] King N. The unicellular ancestry of animal development [J]. Developmental Cell, 2004, 7(3): 313-325.

[2] Rasmussen M, Jacobsson M, Bjorck L. Genome-based identification and analysis of collagen-related structural motifs in bacterial and viral proteins [J]. Journal of Biological Chemistry, 2003, 278(34): 32313-32316.

[3] Lander A D, Lo W C, Nie Q, et al. The measure of success: constraints, objectives, and tradeoffs in morphogen-mediated patterning [J]. Cold Spring Harbor Perspectives in Biology, 2009, 1(1): a002022.

[4] García-Gareta E. Collagen gels and the 'Bornstein legacy': from a substrate for tissue culture to cell culture systems and biomaterials for tissue regeneration [J]. Experimental Dermatology, 2014, 23(7): 473-474.

[5] Butler W T, Cunningham L W. Evidence for the linkage of a disaccharide to hydroxylysine in tropocollagen [J]. Journal of Biological Chemistry, 1966, 241(17): 3882-3888.

[6] Astbury W T. Some problems in the X-ray analysis of the structure of animal hairs and other protein fibres [J]. Transactions of the Faraday Society, 1933, 29(140): 193-205.

[7] Randall J T. Book reviews: nature and structure of collagen [J]. Science, 1954, 228(4): 488.

[8] Okuyama K. Structure of collagen [J]. Nature, 2012, 54(5): 263-269.

[9] O'Dubhthaigh-Orgel J. The molecular structure of collagen [J]. Journal of Molecular Biology, 2000, 3: 483-506.

[10] 刘庆慧，李勃生. 动物胶原的研究进展 [J]. 海洋水产研究，2002, 23(1): 76-78.

[11] 李阳，朱晨辉，范代娣. 重组胶原蛋白的绿色生物制造及其应用 [J]. 化工进展，2021, 40(3): 1262-1275.

[12] Merle C, Perret S, Lacour T, et al. Hydroxylated human homotrimeric collagen Ⅰ in agrobacterium tumefaciens-mediated transient expression and in transgenic tobacco plant [J]. FEBS Letters, 2002, 515: 114-118.

[13] Eskelin K, Ritala A, Suntio T, et al. Production of a recombinant full-length collagen type Ⅰ α-1 and of a 45-kDa collagen type Ⅰ α-1 fragment in barley seeds [J]. Plant Biotechnology Journal, 2009, 7: 657-672.

[14] Stein H, Wilensky M, Tsafrir Y, et al. Production of bioactive, post-translationally modified, heterotrimeric, human recombinant type-Ⅰ collagen in transgenic tobacco [J]. Biomacromolecules, 2009, 10(9): 2640-2645.

[15] David T P, Pieper F, Sakai N, et al. Production of recombinant human type Ⅰ procollagen homotrimer in the mammary gland of transgenic mice [J]. Transgenic Research, 1999, 8: 415-427.

[16] Tomital M, Munetsuna H, Sato T, et al. Transgenic silkworms produce recombinant human type Ⅲ procollagen in cocoons [J]. Nature Biotechnology, 2003, 21: 52-56.

[17] Myllyharju J, Nokelainen M, Vuorela A, et al. Expression of recombinant human type Ⅰ-Ⅲ collagens in the yeast *Pichia pastoris* [J]. Biochemical Society Transactions, 2000, 28: 353-357.

[18] Olsen D R, Leigh S D, Chang R, et al. Production of human type Ⅰ collagen in yeast reveals unexpected new insights into the molecular assembly of collagen trimmers [J]. Journal of Biological Chemistry, 2001, 276(26): 24038-24043.

[19] Shi J, Ma X, Gao Y, et al. Hydroxylation of human type Ⅲ collagen alpha chain by recombinant coexpression with a viral prolyl 4-hydroxylase in *Escherichia coli* [J]. Protein Journal, 2017, 36(4): 322-331.

[20] Mi Y, Gao Y, Fan D, et al. Stability improvement of human collagen α1(Ⅰ) chain using insulin as a fusion partner [J]. Chinese Journal of Chemical Engineering, 2018, 26(12): 2607-2614.

[21] He J, Ma X, Zhang F, et al. New strategy for expression of recombinant hydroxylated human collagen α1 (Ⅲ) chains in *Pichia pastoris* GS115 [J]. Biotechnology and Applied Biochemistry, 2014, 62(3): 293-299.

[22] 张弛. 重组大肠杆菌生产类人胶原蛋白Ⅲ发酵条件优化与分离纯化研究 [D]. 西安：西北大学，2009.

[23] 李俐. 类人胶原蛋白Ⅰ的分离纯化及其功能特性的研究 [D]. 西安：西北大学，2007.

[24] Luo Y, Mu T. Preparation of a low-cost minimal medium for engineered *Escherichia coli* with high yield of human-like collagen Ⅱ [J]. Pakistan Journal of Pharmaceutical Sciences, 2014, 27(3 Suppl): 663-669.

第二章
胶原的特征与类型

胶原与其他蛋白质一样，是由较小的氨基酸单元组成的。胶原的类型虽然多种多样，但是与其他蛋白质相比，胶原具有独特的分子结构和氨基酸序列模式。正是由于其独特性和多样性，在各种组织中发挥了重要的生理作用。近年来随着胶原在生物医学领域应用研究的不断开展，充分认识各种胶原的特征与其组织功能之间关系的重要性也日益凸显。

第一节
胶原的氨基酸构成

所有蛋白质都是由单个氨基酸聚合而成的，存在于自然界中的氨基酸有300多种，其中生物体中有180多种，人体中仅有20种基本氨基酸。胶原的基本结构由大约1000个氨基酸组成，是由3条分子量约为95000的肽链，以三股螺旋的方式相互缠绕而形成的分子质量高达300kDa的巨型蛋白质分子，即原胶原分子。组成胶原的肽链中氨基酸残基的排列顺序称为胶原的一级结构，胶原中氨基酸残基的排列顺序决定了胶原的空间结构。由Sanger对胰岛素的序列研究和Edman开发的降解测序法测定肽段的开创性研究，为蛋白质序列的测定提供了基础。通过酸水解胶原的初步研究表明每三个残基中可能存在一个甘氨酸，但是胶原链中多达1000个氨基酸的长链给测序带来了很大的困难。而离子交换色谱法分离获得胶原单链的研究为胶原的氨基酸解析提供了便利。这些纯化之后的链通过溴化氰作用，在特定的甲硫氨酸残基后特异性切割，可产生更小分子量的胶原片段。最终通过十二烷基硫酸钠-聚丙烯酰胺凝胶电泳（SDS-PAGE）分离经溴化氰处理的胶原片段，以鉴别不同类型的胶原。它们也适合进一步酶裂解以获得用于人工测序的片段，或用于自动蛋白质测序仪器中。

Ⅰ型胶原是动物体内含量最多、用途最广的一类胶原，它由3条α肽链组成。不同动物的Ⅰ型胶原α链氨基酸序列结构只有微小的差别。本节以人Ⅰ型胶原为例，对胶原氨基酸序列进行详细阐述。图2-1为人Ⅰ型胶原α1链的氨基酸序列（NCBI登录号：NP_000079.2），全长1464个氨基酸，其中第1～22位是信号肽序列，第23～161位是N端前肽序列，第162～178位是N端肽序列，第179～1192位是三股螺旋区，第1193～1218位是C端肽序列，第1219～1464位是C端前肽序列。

MFSFVDLRLLLLLAATALLTHGQEEGQVEGQDEDIPPITCVQNGLRYHDRDVWKPEPCRI   60

CVCDNGKVLCDDVICDETKNCPGAEVPEGECCPVCPDGSESPTDQETTGVEGPKGDTGPR   120

GPRGPAGPPGRDGIPGQPGLPGPPGPPGPPGPPGLGGNFAPQLSYGYDEKSTGGISVPGP   180

MGPSGPRGLPGPPGAPGPQGFQGPPGEPGEPGASGPMGPRGPPGPPGKNGDDGEAGKPGR   240

PGERGPPGPQGARGLPGTAGLPGMKGHRGFSGLDGAKGDAGPAGPKGEPGSPGENGAPGQ   300

MGPRGLPGERGRPGAPGPAGARGNDGATGAAGPPGPTGPAGPPGFPGAVGAKGEAGPQGP   360

RGSEGPQGVRGEPGPPGPAGAAGPAGNPGADGQPGAKGANGAPGIAGAPGFPGARGPSGP   420

QGPGGPPGPKGNSGEPGAPGSKGDTGAKGEPGPVGVQGPPGPAGEEGKRGARGEPGPTGL   480

PGPPGERGGPGSRGFPGADGVAGPKGPAGERGSPGPAGPKGSPGEAGRPGEAGLPGAKGL   540

TGSPGSPGPDGKTGPPGPAGQDGRPGPPGPPGARGQAGVMGFPGPKGAAGEPGKAGERGV   600

PGPPGAVGPAGKDGEAGAQGPPGPAGPAGERGEQGPAGSPGFQGLPGPAGPPGEAGKPGE   660

QGVPGDLGAPGPSGARGERGFPGERGVQGPPGPAGPRGANGAPGNDGAKGDAGAPGAPGS   720

QGAPGLQGMPGERGAAGLPGPKGDRGDAGPKGADGSPGKDGVRGLTGPIGPPGPAGAPGD   780

KGESGPSGPAGPTGARGAPGDRGEPGPPGPAGFAGPPGADGQPGAKGEPGDAGAKGDAGP   840

PGPAGPAGPPGPIGNVGAPGAKGARGSAGPPGATGFPGAAGRVGPPGPSGNAGPPGPPGP   900

AGKEGGKGPRGETGPAGRPGEVGPPGPPGPAGEKGSPGADGPAGAPGTPGPQGIAGQRGV   960

VGLPGQRGERGFPGLPGPSGEPGKQGPSGASGERGPPGPMGPPGLAGPPGESGREGAPGA   1020

EGSPGRDGSPGAKGDRGETGPAGPPGAPGAPGAPGPVGPAGKSGDRGETGPAGPAGPVGP   1080

VGARGPAGPQGPRGDKGETGEQGDRGIKGHRGFSGLQGPPGPPGSPGEQGPSGASGPAGP   1140

RGPPGSAGAPGKDGLNGLPGPIGPPGPRGRTGDAGPVGPPGPPGPPGPPSAGFDFSF   1200

LPQPPQEKAHDGGRYYRADDANVVRDRDLEVDTTLKSLSQQIENIRSPEGSRKNPARTCR   1260

DLKMCHSDWKSGEYWIDPNQGCNLDAIKVFCNMETGETCVYPTQPSVAQKNWYISKNPKD   1320

KRHVWFGESMTDGFQFEYGGQGSDPADVAIQLTFLRLMSTEASQNITYHCKNSVAYMDQQ   1380

TGNLKKALLLQGSNEIEIRAEGNSRFTYSVTVDGCTSHTGAWGKTVIEYKTTKTSRLPII   1440

DVAPLDVGAPDQEFGFDVGPVCFL   1464

图2-1 人 I 型胶原α1(I)链的氨基酸序列

图 2-2 为人 I 型胶原 α2 链的氨基酸序列（NCBI 登录号：NP_000080.2），全长 1366 个氨基酸，其中第 1～24 位是信号肽序列，第 25～79 位是 N 端

前肽序列，第 80 ～ 90 位是 N 端肽序列，第 91 ～ 1104 位是三股螺旋区，第 1105 ～ 1132 位是 C 端肽序列，第 1133 ～ 1366 位是 C 端前肽序列。

MLSFVDTRTLLLLAVTLCLATCQSLQEETVRKGPAGDRGPRGERGPPGPPGRDGEDGPTG	60
PPGPPGPPGPPGLGGNFAAQYDGKGVGLGPGPMGLMGPRGPPGAAGAPGPQGFQGPAGEP	120
GEPGQTGPAGARGPAGPPGKAGEDGHPGKPGRPGERGVVGPQGARGFPGTPGLPGFKGIR	180
GHNGLDGLKGQPGAPGVKGEPGAPGENGTPGQTGARGLPGERGRVGAPGPAGARGSDGSV	240
GPVGPAGPIGSAGPPGFPGAPGPKGEIGAVGNAGPAGPAGPRGEVGLPGLSGPVGPPGNP	300
GANGLTGAKGAAGLPGVAGAPGLPGPRGIPGPVGAAGATGARGLVGEPGPAGSKGESGNK	360
GEPGSAGPQGPPGPSGEEGKRGPNGEAGSAGPPGPPGLRGSPGSRGLPGADGRAGVMGPP	420
GSRGASGPAGVRGPNGDAGRPGEPGLMGPRGLPGSPGNIGPAGKEGPVGLPGIDGRPGPI	480
GPAGARGEPGNIGFPGPKGPTGDPGKNGDKGHAGLAGARGAPGPDGNNGAQGPPGPQGVQ	540
GGKGEQGPAGPPGFQGLPGPSGPAGEVGKPGERGLHGEFGLPGPAGPRGERGPPGESGAA	600
GPTGPIGSRGPSGPPGPDGNKGEPGVVGAVGTAGPSGPSGLPGERGAAGIPGGKGEKGEP	660
GLRGEIGNPGRDGARGAPGAVGAPGPAGATGDRGEAGAAGPAGPAGPRGSPGERGEVGPA	720
GPNGFAGPAGAAGQPGAKGERGAKGPKGENGVVGPTGPVGAAGPAGPNGPPGPAGSRGDG	780
GPPGMTGFPGAAGRTGPPGPSGISGPPGPPGPAGKEGLRGPRGDQGPVGRTGEVGAVGPP	840
GFAGEKGPSGEAGTAGPPGTPGPQGLLGAPGILGLPGSRGERGLPGVAGAVGEPGPLGIA	900
GPPGARGPPGAVGSPGVNGAPGEAGRDGNPGNDGPPGRDGQPGHKGERGYPGNIGPVGAA	960
GAPGPHGPVGPAGKHGNRGETGPSGPVGPAGAVGPRGPSGPQGIRGDKGEPGEKGPRGLP	1020
GLKGHNGLQGLPGIAGHHGDQGAPGSVGPAGPRGPAGPSGPAGKDGRTGHPGTVGPAGIR	1080
GPQGHQGPAGPPGPPGPPGVSGGGYDFGYDGDFYRADQPRSAPSLRPKDYEVDATLK	1140
SLNNQIETLLTPEGSRKNPARTCRDLRLSHPEWSSGYYWIDPNQGCTMDAIKVYCDFSTG	1200
ETCIRAQPENIPAKNWYRSSKDKKHVWLGETINAGSQFEYNVEGVTSKEMATQLAFMRLL	1260
ANYASQNITYHCKNSIAYMDEETGNLKKAVILQGSNDVELVAEGNSRFTYTVLVDGCSKK	1320
TNEWGKTIIEYKTNKPSRLPFLDIAPLDIGGADQEFFVDIGPVCFK	1366

图2-2　人Ⅰ型胶原α2(Ⅰ)链的氨基酸序列

需要强调的是，图 2-1 和图 2-2 展示的氨基酸序列尚未经羟基化修饰，因此其中没有羟脯氨酸和羟赖氨酸等胶原特征氨基酸。这些氨基酸都需要先进行一系列的翻译后修饰加工，才能聚集形成具有三股螺旋结构的前胶原分子。由图 2-1 和图 2-2 还可以看出，前胶原 α1(Ⅰ) 和 α2(Ⅰ) 链只有三股螺旋区才含有规则的"甘氨酸 -X-Y"重复序列，而端肽、前肽和信号肽等非螺旋区中的氨基酸序列没有规律可循，甚至含有色氨酸等成熟胶原 α 链所没有的特殊氨基酸。

到目前为止，已发现的脊椎动物体中胶原至少有 29 种，而组成这些胶原的肽链至少有 46 种不同类型[1-3]。按照胶原发现的时间顺序，依次用罗马数字（Ⅰ～XXIX）命名，组成胶原的不同肽链用字母 α 后缀不同的阿拉伯数字标注，例如Ⅰ型胶原 α1 链和 α2 链可分别标记为 α1(Ⅰ) 和 α2(Ⅰ)。当组成胶原的三条 α 链都相同时，形成的胶原即为同源三聚体，例如存在于软骨中的Ⅱ型胶原三聚体可标记为 $[α1(Ⅱ)]_3$；当组成胶原的三条 α 链不完全相同时，形成的胶原即为异源三聚体，例如存在于骨中的Ⅰ型胶原三聚体由两条 α1(Ⅰ) 链和一条 α2(Ⅰ) 链组成，可标记为 $[α1(Ⅰ)]_2α2(Ⅰ)$。有的胶原既可以形成同源三聚体，又可以形成异源三聚体，如Ⅴ型胶原 $[α1(Ⅴ)α2(Ⅴ)α3(Ⅴ)]$ 和 $[α1(Ⅴ)]_3$。此外不同类型的胶原 α 链之间能够形成杂聚分子，如 α1(Ⅺ) 和 α2(Ⅴ) 可形成 $[α1(Ⅺ)_2α2(Ⅴ)]$。同种胶原的不同 α 链氨基酸组成差别较大，不同来源的相同类型胶原的氨基酸组成也存在较大差别[4]。表 2-1 展示了常见的Ⅰ、Ⅱ、Ⅲ型胶原不同 α 链的氨基酸组成。

表2-1　不同类型胶原α链的氨基酸组成[5]

氨基酸	α1[Ⅰ][1]	α1[Ⅰ]DNA[2]	α2[Ⅰ][1]	α2[Ⅰ]DNA[2]	α1[Ⅱ][1]	α1[Ⅱ]DNA[2]	α1[Ⅲ][1]	α1[Ⅲ]DNA[2]
3-羟脯氨酸	1	n.d.	1	n.d.	2	n.d.	0	n.d.
4-羟脯氨酸	108	n.d.	93	n.d.	97	n.d.	125	n.d.
天冬氨酸	42	46	44	26	43	37	42	29
天冬酰胺	n.d.	12	n.d.	24	n.d.	14	n.d.	23
苏氨酸	16	18	19	19	23	22	13	15
丝氨酸	34	39	30	34	25	29	39	44
谷氨酸	73	49	68	45	89	59	71	49
谷氨酰胺	n.d.	30	n.d.	23	n.d.	44	n.d.	25
脯氨酸	124	240	113	207	120	249	107	240
甘氨酸	333	347	338	350	333	376	350	373
丙氨酸	115	121	102	109	103	112	96	97
半胱氨酸	0	0	0	0	0	0	2	2
缬氨酸	21	21	35	40	18	20	14	15
甲硫氨酸	7	7	5	5	10	11	8	9
异亮氨酸	6	7	14	18	9	13	13	16
亮氨酸	19	21	30	35	26	29	22	22
酪氨酸	1	5	4	5	2	2	3	6
苯丙氨酸	12	15	12	12	13	16	8	9
羟赖氨酸	9	n.d.	12	n.d.	20	n.d.	5	n.d.

氨基酸	α1[Ⅰ]①	α1[Ⅰ]DNA②	α2[Ⅰ]①	α2[Ⅰ]DNA②	α1[Ⅱ]①	α1[Ⅱ]DNA②	α1[Ⅲ]①	α1[Ⅲ]DNA②
赖氨酸	26	38	18	32	15	44	30	40
组氨酸	3	3	12	12	2	2	6	7
精氨酸	50	53	50	57	50	58	46	48
色氨酸	n.d.	0	n.d.	0	n.d.	0	n.d.	0
半乳糖基羟赖氨酸	1	n.d.	1	n.d.	4	n.d.	—	n.d.
葡萄糖基半乳糖基羟赖氨酸	1	n.d.	2	n.d.	12	n.d.	—	n.d.

①氨基酸序列分析。②DNA 序列翻译的氨基酸序列分析。天冬酰胺、谷氨酰胺和色氨酸无法通过酸水解测定。DNA 序列翻译的氨基酸序列无法获得羟脯氨酸、羟赖氨酸以及糖基修饰的羟赖氨酸数量。

注：数据为每 1000 个残基的氨基酸组成。表中 n.d. 代表无法检测出，一代表不含有该种氨基酸。

虽然来源不同的胶原氨基酸组成有一些不同，但是一般具有如下特征：

① 因为胶原的 α 链中含有三股螺旋的中心区，但是该处空间非常有限，仅能容纳分子量最小的甘氨酸（Gly）（图 2-3），因此胶原肽链中甘氨酸含量非常高，可占总氨基酸残基的 1/3，即每三个氨基酸中就有一个甘氨酸，因此其肽链也可以用 (Gly-X-Y)$_n$ 来表示。胶原的 X 和 Y 位置可以是其他任何氨基酸，但 X 位置通常为脯氨酸（Pro），Y 位置通常为羟脯氨酸（Hyp），是由 Pro 经过翻译后修饰所得。因此，胶原中 -Gly-Pro-Hyp- 是最常见的序列。大量甘氨酸的存在使得各肽链可以借助甘氨酸残基与其他肽链形成氢键，从而紧密地交联在一起。螺旋结构中的氨基酸分布也极有规律，所有甘氨酸聚集在中心轴上，其他的氨基酸则在螺旋结构周边位置上。

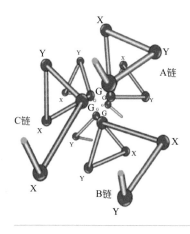

图2-3
胶原三股螺旋的横截面示意图[6]

② 胶原肽链中含有在其他蛋白质中少见的羟脯氨酸。在胶原中，脯氨酸和羟脯氨酸含量高达 15% ～ 30%，是所有蛋白质中含量最高的。羟脯氨酸不是以现成的形式参与胶原的生物合成，而是从已经合成的胶原肽链中的脯氨酸经羟化酶作用转化而成[7,8]。形成的羟脯氨酸残基可通过形成分子内氢键使胶原保持稳定的三股螺旋结构。例如，正常胶原在温度达到 39℃时才发生变性，而缺乏羟脯氨酸的胶原稳定性大大降低，在 24℃条件下即可变性成为明胶。胶原富含其他蛋白质中较少存在的脯氨酸和羟脯氨酸等氨基酸，因此有时也会以羟脯氨酸含量作为衡量胶原纯度高低的指标。

③ 胶原肽链中也含有其他蛋白质中没有的羟赖氨酸，与羟脯氨酸的生成类似，是赖氨酸在内质网中通过赖氨酸羟化酶的羟基化作用形成的。赖氨酸和羟赖氨酸残基的共价交联有助于三股螺旋结构的稳定，同时羟赖氨酸很容易被糖基化，形成半乳糖基羟赖氨酸和葡萄糖基半乳糖基羟赖氨酸[9]。例如在基底膜胶原（Ⅳ型胶原）中含羟赖氨酸较多，含糖也较多，可能与基底膜的过滤功能相关。

④ 胶原肽链中酪氨酸残基含量很低，并且绝大多数胶原中不含色氨酸和半胱氨酸残基。胶原肽链 N 端氨基酸是焦谷氨酸，它是谷氨酰胺脱去一分子氨而闭环产生的吡咯烷酮羧酸，在一般的蛋白质中也很少见到。

第二节
胶原的结构

胶原的生物学功能在很大程度上是由其空间结构确定的。不同类型的胶原生理功能不同，结构也不同。例如肌腱中的胶原是具有高度不对称结构的高强度蛋白，皮肤中的胶原则是松软的纤维，牙和骨骼中硬质部分的胶原含有钙磷多聚物，眼角膜中的胶原如水晶般透明。通常认为，只有具有三级以上的结构，蛋白质才具有生理功能，而胶原具有完整的四级空间结构。

一、一级结构

一级结构，也称化学结构，是指蛋白多肽链的氨基酸排列顺序，包括二硫键的位置。胶原分子中具有 α 链组成的三股螺旋构象区称为胶原域，胶原分子中至少应包含一个胶原域。大多数蛋白质的同一条多肽链中氨基酸一般不会有周期性的重复序列，但是胶原域中存在三肽序列"甘氨酸-X-Y"的重复，其中最常见的序列是"甘氨酸-脯氨酸-羟脯氨酸"序列，约占整个"甘氨酸-X-Y"序列的12%，"甘氨酸-脯氨酸-Y"或"甘氨酸-X-羟脯氨酸"序列约占44%，其他"甘氨酸-X-Y"序列构成剩余的44%[10]。而这些重复三肽"甘氨酸-X-Y"的数量接近全部序列的1/3，对维持胶原的结构起重大作用。图2-4为胶原中最常见的3种氨基酸分子结构式。在肽链中，脯氨酸消除 φ 角度的自由旋转，却可以轻微增加 ω 角度的旋转，有助于增加链段刚性。

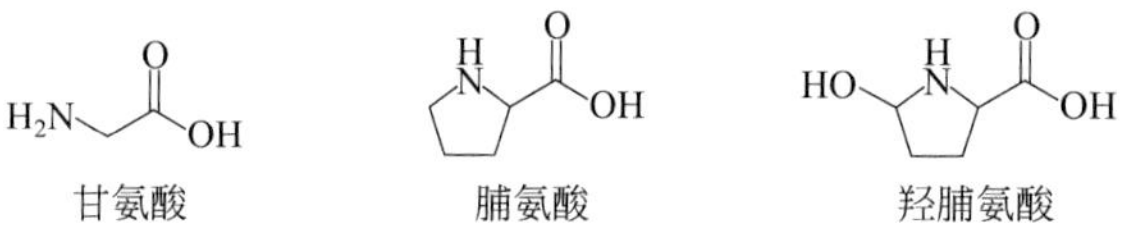

| 甘氨酸 | 脯氨酸 | 羟脯氨酸 |

图2-4 胶原中最常见的三种氨基酸

二、二级结构

蛋白质二级结构是指多肽主链骨架原子沿一定的轴盘旋或折叠而形成的特定的空间位置排布（如 α 螺旋、β 折叠、β 转角）或无规则的空间排布（如无规卷曲）。胶原的二级结构形成左手 α 螺旋结构，是由聚脯氨酸Ⅱ（PPⅡ结构）链经左手螺旋形成的特殊结构（图2-5）。每条 PPⅡ结构链每旋转一圈含 3.33 个氨基酸残基，每个氨基酸在螺旋轴上的投影为 0.286nm，螺距（螺旋每上升一圈的高度）为0.858nm。三条 PPⅡ结构链可进一步组装成胶原三股螺旋结构。由于组成胶原 α 链的氨基酸中存在"甘氨酸-X-Y"重复序列，X 位置上的脯氨酸和 Y 位置上的羟脯氨酸之间存在空间排斥力，成为螺旋结构形成的推动力，而胶原 α 链中氨基酸残基的酰胺氢原子和羰基氧原子之间形成的平行于螺旋轴的氢键，进一步稳定了其螺旋结构[11,12]。

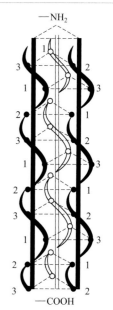

图2-5 三条左手螺旋α链的结构示意图

三、三级结构

在二级结构的基础上，肽链进一步盘绕、折叠，依靠次级键的维系固定所形成的特定空间结构称为蛋白质的三级结构，它描述了整个肽链（包括主侧链在内）的空间排布，揭示了蛋白质分子中肽链之间的次级键作用。而胶原的三级结构是其特征三股螺旋结构。

在蛋白质的早期研究中已发现胶原的构象不同于其他蛋白质。1954 年，

Ramachandran 和 Kartha 提出了胶原的三股螺旋结构模型，用于解释胶原 X 射线晶体衍射图像特征及其独特的氨基酸组成[13]。经过不断研究和完善，1961 年 Rich 和 Crick 建立了 10/3-helix 模型用来解释天然胶原的三股螺旋结构，并被广泛接受[14]。胶原的三股螺旋结构是由三条独立的、呈左手螺旋的聚脯氨酸 II 链围绕同一中心轴，彼此错位一个氨基酸残基，通过链与链之间形成的氢键相互连接缠绕后形成的一个右手超螺旋棒状结构（图 2-6）。胶原三股螺旋结构中每三个氨基酸中含一个甘氨酸，任意一个甘氨酸突变都会对胶原三股螺旋结构造成破坏[15,16]。氢键的形成是胶原三股螺旋结构保持稳定必不可少的因素。不同于 α 螺旋和 β 折叠需要所有氨基酸都参与氢键形成，在三股螺旋结构中只有特定位置的氨基酸会参与形成氢键。胶原三股螺旋结构中形成的氢键主要是由其三条链中的一条 α 螺旋链中甘氨酸残基的 N—H 与相邻两条 α 螺旋链中 X 位置氨基酸的 C═O 之间形成的 NH···C═O 氢键，同时处于 Y 位置上的羟脯氨酸的羟基也可参与形成链与链间的氢键，氢键的存在是三股螺旋能形成稳定结构的主要原因。三股螺旋结构中形成的氢键是垂直于其轴线的，而 α 螺旋链中形成的氢键一般平行于其轴线[17]。由于胶原三股螺旋的旋转方向与构成它们的多肽链的旋转方向相反，因此不易发生旋解，使胶原具有极高的强度。

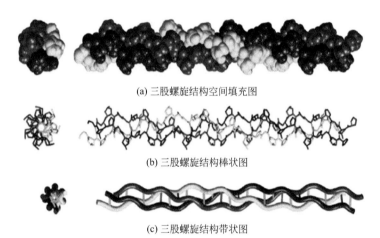

(a) 三股螺旋结构空间填充图

(b) 三股螺旋结构棒状图

(c) 三股螺旋结构带状图

图2-6 胶原三股螺旋结构不同表示方式的侧视图及其对应的俯视图[18]

红色、黄色及紫色链代表组成胶原三股螺旋结构的三条左手螺旋 α 链，图（b）（c）中绿色棒代表链间氢键，图（c）显示了氢键的梯度垂直于螺旋轴

四、四级结构

四级结构是指分子更大的蛋白质，常由多条肽链组成，分子中每条肽链都盘

曲成特定的三级结构，一般情况下单独存在时并无功能，被称为亚基（subunit），亚基之间再按特定的方式排列形成更高层次的具有立体结构的蛋白质分子，得到具有极短非三股螺旋区（称为端肽）的胶原分子。

前胶原分子分泌到细胞外后，在特异性金属酶的作用下，切除位于三股螺旋两端的前肽，得到具有极短非三股螺旋区的胶原分子。胶原分子按规则平行排列成束，首尾错位 1/4，通过共价键搭接交联，形成稳定的胶原微纤维，并进一步聚集成束，形成具有高度轴向排列特征的胶原纤维（图 2-7）。以成纤维胶原为例，常规电子显微镜样品制备过程存在脱水和收缩，检测到胶原纤维具有约 55～65nm 的周期性条纹，但在天然水合状态下会产生平均 67nm 的周期性条纹[16]。胶原分子通过分子内或分子间的作用力形成不溶性的纤维，故大多数胶原属于不溶性硬蛋白。

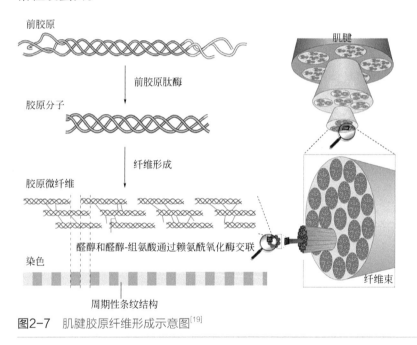

图2-7 肌腱胶原纤维形成示意图[19]

以肌腱胶原纤维的合成为例，自组装形成高级结构的过程如图 2-7 所示。首先，在结缔组织的细胞外基质中，胶原分子聚集组装形成条纹微纤维。然后，短的微纤维通过纵向和轴向生长合并为成熟的原纤维，在此过程中，赖氨酰氧化酶催化胶原分子进行分子内和分子间的共价交联，这些分子的交联是胶原纤维物理性质、机械性质以及稳定的网络结构形成的先决条件。在肌腱胶原生长过程中，将尺寸从 1μm 到 20μm 的纤维捆扎成直径为 15～400μm 的三角形子束，再将上述子束捆成直径为 150～1000μm 的纤维束，然后将纤维束分成 1000～3000μm

的三级束。最后，多个三级束被表皮结缔组织，如血管、淋巴和神经元等包围，生成肌腱组织[20]。

第三节
胶原的类型与分组

所有胶原都具有三股螺旋结构，并且都是由 3 条多肽链组装而成。按照胶原来源的不同，可以将胶原分为人源、牛源、猪源、鱼源等。按照胶原在溶解介质中的溶解程度不同，可以将胶原分为可溶胶原与不可溶胶原两大类。可溶胶原又可以分为酸性可溶胶原、碱性可溶胶原与中性盐可溶胶原三大类。按照胶原分子结构的不同，可分为成纤维胶原与非成纤维胶原。

一、胶原的类型

根据最近报道，目前已经鉴定出 40 种脊椎动物胶原基因，形成 29 种不同的同源和异源三聚体分子（表 2-2）[6]，而组成这些胶原的 α 肽链至少有 46 种。各类胶原的存在形态及特征如下。

表2-2　胶原家族特征和组织分布

胶原类型	α链组成	类别	分子质量 α链/kDa	组织分布
I型（异源三聚体）	$[\alpha1(I)]_2\alpha2(I)$	成纤维胶原	95	皮肤、骨骼、肌腱、韧带、血管壁、牙齿等
I型（同源三聚体）	$[\alpha1(I)]_3$	成纤维胶原		肿瘤、胚胎等
II型	$[\alpha1(II)]_3$	成纤维胶原	95	软骨、玻璃体、肌腱软骨区、椎间盘等
III型	$[\alpha1(III)]_3$	成纤维胶原	95	皮肤、肺、肝、肠、血管等
IV型	$[\alpha1(IV)]_2\alpha2(IV)$ $\alpha3(IV),\alpha4(IV),\alpha5(IV),\alpha6(IV)$	网状结构胶原	170～180	基底膜
V型	$[\alpha1(V)]_2\alpha2(V)$ $[\alpha1(V)\alpha2(V)\alpha3(V)]$ $[\alpha1(V)]_3$	成纤维胶原	120～145	骨骼、肌腱、角膜、皮肤、血管等

胶原类型	α链组成	类别	分子质量α链/kDa	组织分布
VI型	[α1(VI)α2(VI)α3(VI)]α4(VI), α5(VI),α6(VI)	珠状细丝胶原	140	真皮、骨骼肌、肺、血管、角膜、肌腱、皮肤、软骨、椎间盘、脂肪等
VII型	[α1(VII)]₃	锚定胶原	170	皮肤、直肠、结肠、小肠、食管、口腔黏膜等
VIII型	[α1(VIII)]₂α2(VIII)	网状结构胶原	61	心脏、脑、肝、肺、肌肉、软骨等
IX型	[α1(IX)α2(IX)α3(IX)]	纤维相关胶原	68~115	软骨、脊柱、玻璃体等
X型	[α1(X)]₃	网状结构胶原	59	钙化软骨（包括肌腱部位）
XI型	[α1(XI)α2(XI)α3(XI)]	成纤维胶原	110~145	关节软骨、睾丸、气管、肌腱、骨小梁、骨骼肌、胎盘、肺、大脑等
XII型	[α1(XII)]₃	纤维相关胶原	220, 340	皮肤、肌腱、软骨等
XIII型	[α1(XIII)]₃	跨膜胶原	62~67	内皮细胞、表皮等
XIV型	[α1(XIV)]₃	纤维相关胶原	220	皮肤、肌腱、角膜、软骨等
XV型	[α1(XV)]₃	内皮抑制素相关胶原	125	微血管、心肌或骨骼肌细胞的基底膜区域
XVI型	[α1(XVI)]₃	纤维相关胶原	150~160	皮肤、软骨、心脏、肠、动脉壁、肾脏等
XVII型	[α1(XVII)]₃	跨膜胶原	180	皮肤、黏膜、眼睛等
XVIII型	[α1(XVIII)]₃	内皮抑制素相关胶原	200	肝脏、眼睛、肾脏等
XIX型	[α1(XIX)]₃	纤维相关胶原	165	乳腺、结肠、肾脏、肝脏、胎盘、前列腺、骨骼肌、皮肤、脾脏等
XX型	[α1(XX)]₃	纤维相关胶原	185，170以及135	角膜、血管
XXI型	[α1(XXI)]₃	纤维相关胶原		心脏、胎盘、胃、空肠、骨骼肌、肾脏、肺、胰腺、淋巴结
XXII型	[α1(XXII)]₃	纤维相关胶原	200	心脏、骨骼肌
XXIII型	[α1(XXIII)]₃	跨膜胶原		肺、角膜、皮肤、肌腱、羊膜
XXIV型	[α1(XXIV)]₃	成纤维胶原		骨骼、大脑、肌肉、肾脏、脾脏等

胶原类型	α链组成	类别	分子质量 α链/kDa	组织分布
XXV型	$[\alpha1(XXV)]_3$	跨膜胶原	50/100	脑、心脏、睾丸、眼睛等
XXVI型	$[\alpha1(XXVI)]_3$	—	约80	卵巢、睾丸
XXVII型	$[\alpha1(XXVII)]_3$	成纤维胶原		肥厚软骨
XXVIII型	$[\alpha1(XXVIII)]_3$	—	约50	外周神经、颅盖、皮肤和郎飞节
XXIX型	$[\alpha1(XXIX)]_3$	—		表皮、肺、小肠、结肠和睾丸的基底上层细胞

1. I型胶原

I型胶原是动物体内含量最多，也是最普遍存在的一种成纤维胶原，约占动物体内胶原总量的90%。目前人类对胶原的结构、生物合成和超分子聚集等方面的认识大都基于对I型胶原的研究，其在组织工程领域中的研究应用也最为广泛。

胶原分子的3条α肽链中两条α肽链形成的二聚体肽链称为β肽链，三条α肽链形成的三聚体肽链称为γ肽链，即原胶原分子。通常情况下，I型胶原是由α1(I)和α2(I)两种不同α链构成的异源三聚体 $[\alpha1(I)]_2\alpha2(I)$。但是在肿瘤细胞和胚胎组织中也发现了微量的由3条α1(I)链构成的同源三聚体 $[\alpha1(I)]_3$。

I型胶原主要分布在皮肤、骨骼、肌腱、韧带、血管壁和牙齿等部位，并广泛分布于结缔组织的间质中，是体内一些重要脏器如肺脏、肝脏、肾脏间质组织的重要成分。I型胶原是以胶原纤维的形式发挥作用的，除了作为组织支持物赋予组织张力外，对细胞、组织乃至整个机体的生理和病理过程也有影响。此外，I型胶原约占骨骼全部胶原含量的95%，约占骨骼中总蛋白质的80%，因此I型胶原对于维持骨结构的完整性及生物力学特性十分重要，骨质疏松的发生、发展和I型胶原结构与数量发生改变密切相关[21]。

2. II型胶原

II型胶原的分子结构和超分子聚集行为都与I型胶原相似，是由三条相同的α1(II)链组成的同源三聚体，也是成纤维胶原，常与糖蛋白结合在一起，是关节软骨的主要成分，此外在眼睛的玻璃体中也有少量表达。

II型胶原通常与XI型胶原共组装。它与IX型胶原共价交联，并与影响胶原纤维结构和功能的富含亮氨酸的小蛋白聚糖相互作用[22]。其稳定性和强度使组织具有完整性和弹性对应力。它是软骨中表达的主要胶原，占软骨所有胶原的

95%，占成人软骨干重的 60%[23]。因此对 II 型胶原降解和形成的检测多年来一直被用作评估软骨更新的有价值的工具。

现已知多种风湿性疾病的发生与 II 型胶原的异常有关。在自身免疫的动物模型中，II 型胶原已被证明在胶原诱导的关节炎中作为小鼠和大鼠的免疫原非常有效[24]。II 型胶原基因突变可导致关节炎和软骨发育不良等疾病[25]。

3. III 型胶原

III 型胶原同样是成纤维胶原，由三条 α1(III) 肽链组成，即 [α1(III)]₃。III 型胶原广泛存在于结缔组织中，如皮肤、肺、肝、肠和血管系统中，并且经常与 I 型胶原分布在相同位置[26]。α1(III) 肽链中含有半胱氨酸，因而肽链间存在少量的二硫键，其本身可以形成细纤维，而其他类型的胶原肽链间的共价交联键主要是由赖氨酸残基或羟赖氨酸残基的侧链形成的。

III 型胶原基因突变小鼠的超微结构分析表明，III 型胶原对于心血管系统、肠和皮肤中正常 I 型胶原纤维的生成是必不可少的[27]。此外，III 型胶原基因突变还可导致以血管和内脏器官破裂为症状的血管型埃勒斯 - 当洛综合征（Ehlers-Danlos syndrome, EDS），目前已发现 100 多种 III 型胶原基因的突变与该疾病有关[25]。

4. IV 型胶原

IV 型胶原是一种非成纤维胶原，由三条 α(IV) 肽链组成，单肽链根据一级结构的不同可分为 α1(IV)、α2(IV)、α3(IV)、α4(IV)、α5(IV)、α6(IV) 六种，这些链有较强的同源性，如 α1(IV)、α3(IV)、α5(IV) 的氨基酸序列相似，α2(IV)、α4(IV)、α6(IV) 序列相似，并且具有近似的理化性质。α1(IV)、α2(IV) 链构成经典的 IV 型胶原分子 [α1(IV)]₂α2(IV)，而 α4(IV) 和 α6(IV) 只构成 IV 型胶原的异构型。

IV 型胶原是基底膜的主要成分，以片层形式存在于基底膜中，α1(IV) 和 α2(IV) 分布于所有的基底膜结构中，但是在肾小球内主要分布于肾小球基底膜内皮侧、膜基质及包氏囊基底膜中。α3(IV) 和 α4(IV) 主要分布在肾小球基底膜和远端小管基底膜中，特别是 α3(IV) 在肾小球基底膜和肺基底膜中含量较高。α5(IV) 除分布于肾小球基底膜和包氏囊基底膜外，还分布于远端小管和集合管基底膜中。α6(IV) 分布于包氏囊、远端小管及集合管基底膜中[28]。

IV 型胶原主要在肝脏内合成与代谢。在肝脏中，IV 型胶原存在于血管内皮细胞、胆管和神经纤维周围的基底膜中。可以弥补皮肤基底膜功能，帮助表皮层与真皮层的结合，将水分与养分送至真皮层。研究表明编码不同 IV 型胶原 α 链的基因遗传突变，可导致部分脑血管和肾脏的严重疾病。编码 α1(IV) 和 α2(IV) 链的基因发生突变可能导致脑出血和颅内动脉瘤[29]。

5. V型胶原

V型胶原是一种成纤维胶原，肽链由 α1(V) 链、α2(V) 链和 α3(V) 链组成，组装有 3 种形式，分别为 [α1(V)]₃、[α1(V)]₂α2(V) 和 [α1(V)α2(V)α3(V)]，其中以 [α1(V)]₂α2(V) 型为主，[α1(V)α2(V)α3(V)] 只存在于胎盘中。氨基酸分析表明，V型胶原肽链含丰富的 3- 羟脯氨酸和糖基化的羟赖氨酸。V型胶原的 α3(V) 链对胶原酶有一定的抵抗能力，所以 V型胶原不能被胶原酶降解。

从数量上讲，V型胶原仅占成纤维胶原的少数，存在于主要由 I 型胶原形成的纤维中，为 I 型胶原纤维形成支架，如骨骼、肌腱、角膜、皮肤和血管中都存在。V型胶原在组织中的分布有两种形式，一种表现为类似间质性胶原的纤维束状结构，可以分布在组织间质中或围绕在细胞周围；另一种与基底膜性胶原相似，主要分布在基底膜或基底膜附近。敲除 V型胶原的小鼠能够合成并分泌正常量的 I 型胶原，但胶原纤维几乎不存在，小鼠在器官形成之初就已经死亡[30]，这表明正常的纤维形成对机体是至关重要的。此外，胶原纤维形成的失调也是一部分埃勒斯 - 当洛综合征（EDS）亚型的特征，大约 50% 的经典型 EDS 患者的 α1(V) 链存在杂合突变。

6. VI型胶原

VI型胶原是由 3 条不同的 α 肽链组成的异源三聚体，含有 α1(VI)、α2(VI) 和 α3(VI) 链，通过链内、链间二硫键的形成构成稳定的纤维结构，是一种含有较短胶原中心位点结构的基本胶原糖蛋白分子。近些年又发现了与 α3(VI) 链同源的 3 条链，分别为 α4(VI)、α5(VI) 和 α6(VI)。其中 α4(VI) 链对应基因所在染色体的断裂导致 α4(VI) 链在人体中的缺失。这 3 条新链都有可能取代 VI型胶原中的 α3(VI) 链，但是由于 α5(VI) 链和 α6(VI) 链也出现在不表达 α1(VI) 链、α2(VI) 链和 α3(VI) 链的区域，因此这种取代仍然存在争议[31]。

VI型胶原能够在许多组织的细胞外基质中表达，包括真皮、骨骼肌、肺、血管、角膜、肌腱、皮肤、软骨、椎间盘和脂肪[32]。VI型胶原是一种独特的珠状细丝胶原，大多数存在于基底膜和间质基质的连接组织中，形成独特的微纤丝网络。由于它以珠状细丝结构存在，用电子显微镜很难辨别其形成的周期。

VI型胶原既是一种结构蛋白，也是一种信号蛋白。VI型胶原的突变与肌肉无力疾病有关，如贝特莱姆肌病（Bethlem myopathy）和其他肌肉营养不良。此外，VI型胶原 C 末端前肽存在内皮素，与代谢综合征有关。VI型胶原可以作为损伤 / 修复反应的早期传感器，并可以通过调节细胞间的相互作用来调节纤维生成，刺激间充质细胞的增殖和防止细胞凋亡[33]。

7. Ⅶ型胶原

Ⅶ型胶原主要由角质形成细胞和成纤维细胞合成，是由 3 条 α1(Ⅶ) 链形成的同源三聚体。胶原 α1(Ⅶ) 链由三部分组成，包括 N 端非螺旋区、三股螺旋区和 C 端非螺旋区。同源三聚体单体中的 N 端非螺旋区形成三臂形结构，C 端形成很小的球状结构。在胞外自组装过程中，两个单体相互作用形成反向平行排列，两个 C 端相接，两个 N 端各向两端伸展形成反向二聚体，经 C 端非螺旋区的蛋白酶水解作用，在重叠区生成分子间二硫键使二聚体结构稳定。Ⅶ型胶原主要分布在皮肤中，特别是真皮中。此外，在直肠、结肠、小肠、食管、口腔黏膜、宫颈、胎盘、骨骼肌和角膜等组织中也有发现。许多胶原合成与聚合的环节发生障碍，都可能引起固着原纤维的缺乏或功能异常，导致真皮与表皮之间连接的破坏，从而出现表皮松解的病理变化。Ⅶ型胶原对于细胞外基质的功能和稳定性至关重要，作为一种锚定胶原，可与Ⅰ型和Ⅲ型胶原结合，为间质膜和基底膜结构提供稳定性。此外，Ⅶ型胶原还涉及一些自身免疫性疾病，如系统性红斑狼疮、干燥综合征和系统性硬化症[34]。

8. Ⅷ型胶原

Ⅷ型胶原是一种短链非成纤维胶原，由 2 条 α1(Ⅷ) 和 1 条 α2(Ⅷ) 构成异源三聚体，即 $[α1(Ⅷ)]_2α2(Ⅷ)$。3 条 α 链的 C 端非螺旋区和三股螺旋区的基因结构和氨基酸序列都非常相似。Ⅷ型胶原主要由主动脉和角膜内皮细胞、肺动脉内皮细胞和微血管内皮细胞产生，形成独特的六边形晶格结构，存在于心脏、脑、肝、肺、肌肉以及软骨细胞周围。此外，在脑瘤活跃增殖的血管周围和血管瘤的大纤维化血管中也发现了Ⅷ型胶原[35]。人类肥大细胞在正常和病理条件下也能产生Ⅷ型胶原。已有研究表明Ⅷ型胶原与血管生成、组织重塑、纤维化和癌症有关[36,37]。

9. Ⅸ型胶原

Ⅸ型胶原有 3 条不同的 α 链，属于异源三聚体结构。与成纤维胶原不同，Ⅸ型胶原的 3 条 α 链都含有三个三股螺旋区（COL1、COL2 和 COL3）和四个非螺旋区（NC1、NC2、NC3 和 NC4），非螺旋区和三股螺旋区依次沿羧基端向氨基端方向交替排列。由于存在可变启动子，软骨 α1(Ⅸ) 的 NC4 有 243 个氨基酸残基，呈碱性，可与富含阴离子的糖胺多糖结合，而在角膜初级基质和玻璃体中只有两个氨基酸残基。此外 α2(Ⅸ) 的 NC3 比 α1(Ⅸ) 的 NC3 多 5 个氨基酸残基，序列为缬氨酸 - 谷氨酸 - 甘氨酸 - 酪氨酸 - 丙氨酸，能与硫酸软骨素或硫酸皮肤素结合。在软骨、脊柱间隙以及玻璃体中都有Ⅸ型胶原存在。

Ⅸ型胶原以Ⅰ型或Ⅱ型胶原作为其主要的纤维形式，实际上是一种蛋白多糖。IX型胶原与II型胶原的表面具有特殊的关系，通过糖胺聚糖的侧链黏附于II型胶原纤维上，这种黏附是通过共价交联形成的。正常关节软骨中IX型胶原的免疫染色显示它集中在细胞周基质中，而在区域基质中较少出现。在骨关节炎组织中，软骨缺损附近负重区的细胞周基质中发现了较高含量的IX型胶原及其mRNA[38]。

10. X型胶原

X型胶原是由 3 条相同的 α 肽链组成的短链非成纤维胶原，长度仅是间质胶原的一半，其分子组成是 $[α1(X)]_3$。C 端非螺旋区（NC1）和 N 端非螺旋区（NC2）含有较多的芳香族氨基酸，因此不易被水解，具有独特的功能[39]。人 X 型胶原的基因序列与牛、鸡和小鼠 X 型胶原的序列高度相似，表明编码 α1(X) 的 COL10A1 在整个进化过程中高度保守。

X型胶原的表达具有较为严格的组织细胞特异性，在软骨骨化过程中特异性地在过度肥大的软骨细胞中合成，这种特异性是在转录水平被控制的，因此在软骨转化成骨的过程中起重要作用。在健康成人体内，X 型胶原约占软骨中胶原总量的 1%[39]。X 型胶原的缺乏会影响生长板的支撑性能并导致矿化过程的发生，最终导致骨骼异常[40]。在软骨营养不良症中可见 X 型胶原基因的突变。

11. XI型胶原

XI 型胶原是异源三聚体，其组成为 $[α1(XI)α2(XI)α3(XI)]$，广泛分布于关节软骨、睾丸、气管、肌腱、骨小梁、骨骼肌、胎盘、肺和大脑的新生上皮细胞中。XI 型胶原能够通过保持 II 型胶原纤维的间距和直径来调节纤维形成，并且是I 型和II 型胶原纤维形成的成核剂。XI 型胶原的突变与斯蒂克勒综合征（Stickler syndrome）、马赛尔综合征（Marshall syndrome）、纤维软骨形成、耳巨骨骺发育不良性耳聋和韦 - 兹综合征（Weissenbacher Zweymüller syndrome）相关。此外，许多研究已经证实，XI 型胶原分布在各种癌组织中，包括乳腺、肺、结肠和胰腺肿瘤。这种分布表明，XI 型胶原在癌症增殖、侵袭和转移以及抵抗治疗中起着关键作用[41]。

12. XII型胶原

XII 型胶原是一种具有间断三股螺旋结构的纤维相关胶原，是由 3 个相同的 α1 链借助二硫键形成的同源三聚体，结构为 $[α1(XII)]_3$，有 XIIA 和 XIIB 两种亚型。α1(XII) 链包括两个三股螺旋区（COL1 和 COL2）和三个非螺旋区（NC1、NC2 和 NC3），其中 NC3 结构域可携带糖胺聚糖链，它与基质蛋白，例如核心蛋白聚糖、软骨寡聚基质蛋白、纤维调节蛋白和肌腱蛋白相互作用。

XII 型胶原的功能之一是通过防止I 型胶原纤维的永久交联来暂时稳定胶原纤

维，能够维持骨骼和肌肉的完整性，并能在骨形成过程中调节成骨细胞的极性并传递信息[42]。研究发现Ⅻ型胶原突变后小鼠骨骼出现异常，如出现短而小的长骨、机械强度降低、椎骨结构改变等，此外成骨细胞也变得杂乱无章，极化程度较低，细胞间相互作用被破坏[43]。

13. XⅢ型胶原

XⅢ型胶原是一种非纤维性的Ⅱ型跨膜胶原，由3条α1(XⅢ)肽链构成，包括3个三股螺旋区（COL1、COL2和COL3）和4个非螺旋区（NC1、NC2、NC3和NC4），其中COL1、COL2、NC2和NC4的氨基酸残基数目因可变拼接变化较大。XⅢ型胶原的表达在发育和出生后的生长时期更为明显，但在成年后会逐渐减少，而在某些肿瘤、角膜伤口愈合和肾纤维化中可被诱导表达。对XⅢ型胶原功能的研究表明，它参与各种生物成熟和分化过程，其中一些与炎症和血管生成有关。XⅢ型胶原的缺失虽不是致命的，但会影响神经肌肉连接的突触前和突触后的成熟[44]。

14. XⅣ型胶原

XⅣ型胶原是一种纤维相关胶原，主要存在于皮肤、肌腱、角膜和软骨中，是由3个相同的α1(XⅣ)链构成的同源三聚体。它通过防止相邻纤维的横向融合来限制纤维直径，从而调节纤维的形成。XⅣ型胶原通常存在于高机械应力的区域，这表明它在维持机械组织方面具有潜在的作用。虽然敲除XⅣ型胶原小鼠能够正常生存，但肌腱和皮肤间质的胶原网络形成有缺陷，导致皮肤的最大应力和弹性模量显著降低。这些小鼠在胚胎发育过程中纤维生长和纤维组装也存在缺陷[45]。

15. XⅤ型胶原

XⅤ型胶原由3个相同的α1(XⅤ)链组成，主要位于微血管、心肌或骨骼肌细胞的基底膜区域，在肾脏、胰腺间质组织以及睾丸、卵巢、前列腺、小肠和结肠中也有发现，主要由成纤维细胞、肌肉细胞和内皮细胞产生。XⅤ型胶原通过与多种细胞外基质蛋白相结合，在维持骨骼肌、心脏、皮肤微血管、眼球玻璃体的结构和功能以及调节肿瘤细胞黏附、迁移和浸润等方面发挥重要作用。缺乏XⅤ型胶原的小鼠表现出骨骼肌病、心脏功能受损以及心脏和皮肤的微血管缺陷。内皮抑制素是一种特殊的血管生成抑制因子，能够抑制内皮细胞的增殖、迁移和再生。XⅤ型胶原C端非螺旋区含有内皮抑制素结构域，虽不能有效地抑制肿瘤细胞的增殖，但可专一有效地抑制内皮细胞的迁移[46]。

XⅤ型胶原和XⅧ型胶原不仅在结构上具有高度的相似性，在组织分布以及生物活性上也十分相近。

16．ⅩⅥ型胶原

ⅩⅥ型胶原是由 3 个 α1(ⅩⅥ) 链构成的同源三聚体，但是也有报道称ⅩⅥ型胶原的超分子结构具有组织特异性。ⅩⅥ型胶原由多种细胞合成，包括真皮成纤维细胞、树突状细胞、角质形成细胞、平滑肌细胞和软骨细胞等，主要分布在皮肤、软骨、心脏、肠、动脉壁和肾脏等组织中。在软骨中，ⅩⅥ型胶原与Ⅱ型和ⅩⅠ型胶原共同构成了细纤维。在皮肤中，ⅩⅥ型胶原与Ⅶ型胶原共同存在于表皮和真皮的连接处，而在真皮的网状结缔组织中几乎没有分布。ⅩⅥ型胶原在胶原原纤维与细胞或其他基质分子之间起分子架桥的作用，影响细胞黏附、增殖、侵袭和局灶性粘连的形成[47]。

17．ⅩⅦ型胶原

ⅩⅦ型胶原是由 3 个相同的 α1(ⅩⅦ) 链构成的同源三聚体，也称 180kDa 大疱性类天疱疮抗原，是一种Ⅱ型跨膜胶原，作为皮肤、黏膜和眼睛上皮细胞中半桥粒的一种结构组分，在上皮 - 基底膜相互作用中发挥重要作用。通过ⅩⅦ型胶原细胞外结构域的脱落，可调控上皮细胞的黏附、分离及发育分化。编码 α1(ⅩⅦ) 链的 COL17A1 突变会导致ⅩⅦ型胶原的缺失或结构变形，引起交界型大疱性表皮松解症，伴有牙齿形成异常和上皮复发性侵蚀营养不良疾病[48]。在大疱性自身免疫皮肤疾病中，针对ⅩⅦ型胶原的自身抗体会扰乱细胞黏附，导致表皮 - 真皮分离和皮肤起疱。

18．ⅩⅧ型胶原

与ⅩⅤ型胶原不同，人和鼠的ⅩⅧ型胶原分子 α 链具有多种异构体，主要的差异性体现在 N 末端的长度。长异构体与中异构体和短异构体的不同之处在于含有一个富含半胱氨酸的卷曲蛋白结构域（frizzled domain），该结构域在蛋白水解时通过与 Wnt 蛋白（一类分泌型糖蛋白）结合来抑制 Wnt/β-catenin（β- 连环蛋白）信号转导。这三种异构体都含有一个血小板反应蛋白（thrombospondin，TSP）结构域、10 个三股螺旋区（COL1 ～ 10）和 11 个非螺旋区（NC1 ～ 11）。ⅩⅧ型胶原三种异构体均定位于不同的基底膜区域，短异构体存在于血管和上皮基底膜结构中，长异构体主要在肝脏中表达，而中异构体较少发现。此外，ⅩⅧ型胶原几乎存在于人眼的所有结构中。在ⅩⅧ型胶原的 C 端非螺旋区（NC1）中含有内皮抑制素结构域，动物实验表明，内皮抑制素能强烈抑制肿瘤组织的血管生成，使肿瘤组织缩小[49]。ⅩⅧ型胶原基因的突变可导致克诺布洛赫综合征（Knobloch syndrome）。

19．ⅩⅨ型胶原

ⅩⅨ型胶原是由 3 个相同的 α1(ⅩⅨ) 链构成的同源三聚体，是在人横纹肌肉瘤细胞系中发现的，存在于乳腺、结肠、肾脏、肝脏、胎盘、前列腺、骨骼肌、皮肤和脾脏的血管、神经元、间充质和上皮基底膜区，这种胶原已被证明通过细胞外基质的失调影响机体表型，如平滑肌运动障碍和括约肌高血压[50]。

20. XX 型胶原

XX 型胶原是一种分泌蛋白，在 2001 年分离并测序鸡胚 cDNA 时被发现从而成为胶原家族的一员。人 α1（XX）链含有 2 个三股螺旋区（COL1 ～ 2）和 3 个非螺旋区（NC1 ～ 3），主要分布在角膜组织中，也存在于血管中层，由血管平滑肌细胞分泌，可能与心血管疾病的发生有关。血小板生长因子能促进 XX 型胶原基因在血管平滑肌细胞中表达，XX 型胶原可能与血管生成以及血管受伤后的修补具有密切关系。

21. XXI 型胶原

XXI 型胶原是具有间断三股螺旋结构的原纤维相关胶原，可以通过其 C 端三股螺旋区与成纤维胶原共聚，并通过其 N 端非螺旋区介导蛋白质 - 蛋白质相互作用，从而作为细胞外基质中的分子桥。XXI 型胶原主要分布在心脏、胎盘、胃、空肠、骨骼肌、肾脏、肺、胰腺和淋巴结等部位。该胶原是血管壁的细胞外组分，由血管平滑肌细胞分泌。XXI 型胶原可能在血管组装中起作用，因为其表达受血小板衍生生长因子调节，能够诱导平滑肌细胞的增殖和迁移[51]。

22. XXII 型胶原

XXII 型胶原是具有间断三股螺旋结构的纤维相关胶原家族的一员。mRNA 分析表明，XXII 型胶原主要存在于人类的心脏和骨骼肌中，在小鼠的软骨和皮肤中也有少量存在。研究表明，在斑马鱼中对 XXII 型胶原基因进行敲低处理，会导致肌营养不良症[52]。这表明 XXII 型胶原起稳定剂的作用，有助于维持肌肉附着和收缩力的有效传递。此外，营养不良表型可以通过人重组型 XXII 型蛋白的显微注射逆转，表明 XXII 型胶原基因是人类患有肌营养不良的候选基因。

23. XXIII 型胶原

XXIII 型胶原主要分布在健康的人和小鼠的肺、角膜、皮肤、肌腱和羊膜中，在肾脏和胎盘中也有少量的存在。虽然生物学功能还有待研究，但 XXIII 型胶原是许多上皮细胞的组成部分，在上皮细胞表面表达，推测在细胞与细胞接触或上皮细胞的极化中发挥作用[53]。

24. XXIV 型胶原

XXIV 型胶原主要分布在骨骼中，在大脑、肌肉、肾脏、脾脏、肝脏、肺、睾丸和卵巢中也有少量的存在。XXIV 型胶原常与 I 型和 V 型胶原共同存在，是小鼠成骨细胞分化和骨形成的标志[54]。

25．XXV 型胶原

XXV 型胶原又称类胶原阿尔茨海默病淀粉质色斑组分前体，主要分布在脑、心脏、睾丸和眼睛等组织中。弗林蛋白酶能够通过水解 XXV 型胶原释放可溶胶原状淀粉样蛋白，该蛋白已经从阿尔茨海默病病患大脑中分离出来并被鉴定为老年斑块的成分。此外，COL25A1 和阿尔茨海默病风险之间的遗传证据已经被进一步证实，推测其可能参与了 β- 淀粉的生成及阿尔茨海默病中的神经元退化过程[55]。

26．XXVI 型胶原

XXVI 型胶原的三聚体由 NC1 区分子间二硫键形成。与成纤维胶原相比，这种三聚体是 XXVI 型胶原的一个特殊特征，与 C 端前肽区相关。XXVI 型胶原在成人的睾丸和卵巢中表达，在新生儿的生殖组织中含量最高。因此，XXVI 型胶原被认为与组织的生成和重建有关[56]。

27．XXVII 型胶原

XXVII 型胶原是 COL27A1 编码的成纤维胶原，其序列在人、小鼠和鱼类中特别保守。到目前为止，XXVII 型胶原的大部分研究都是在小鼠或斑马鱼身上进行的。XXVII 型胶原主要在成年生物的软骨中表达，其表达受软骨细胞中 SOX9 和 Lc-Maf 因子的调节。在小鼠胚胎期和胎儿期，XXVII 型胶原的表达更广泛地定位在软骨内层，在发育期，主要定位在肺、耳朵、结肠、视网膜、眼角膜以及主动脉中，这表明 XXVII 型胶原在发育阶段起关键作用[57]。

28．XXVIII 型胶原

XXVIII 型胶原主要位于外周神经，环绕着所有非髓鞘胶质细胞（除了 II 型末端施万细胞外）和背根神经节。它也存在于颅盖、皮肤和郎飞节处，并作为外周神经系统节点间隙的组成部分。XXVIII 型胶原在健康的肺组织中含量很低，但在博莱霉素诱导的肺损伤中过度表达，结果显示其参与损伤修复过程[58]。

29．XXIX 型胶原

XXIX 型胶原报道信息较少，是一种非纤维胶原，主要存在于表皮、肺、小肠、结肠和睾丸的基底上层细胞中。

二、胶原的分组

目前确定的 29 种胶原中某些显示出高度的独特性，大多数胶原之间存在高度相关性，但是仅限于特定的组织位置。根据它们的一级结构、三股螺旋结构域的长度、分子量、沿螺旋线的电荷分布、三股螺旋的中断方式、末端结构域的大小和形状、超分子聚集体裂解或保留、翻译后修饰的变化等方面，可以将胶原分为七组[6,59,60]。

1. 成纤维胶原

第一组为成纤维胶原（fibril-forming collagen）。包括Ⅰ型、Ⅱ型、Ⅲ型、Ⅴ型、Ⅺ型、ⅩⅩⅣ型和ⅩⅩⅦ型7种，是目前胶原家族中数量仅次于纤维相关胶原的一类。各种胶原的结构域如图2-8所示。它们都具有一个主要的三股螺旋结构，由约300nm长的连续"Gly-X-Y"片段构成。但是ⅩⅩⅣ型和ⅩⅩⅦ型胶原中这些"Gly-X-Y"延伸片段中间有间断，说明这些蛋白的三股螺旋结构中有非常短的间断，因此一般将Ⅰ型、Ⅱ型、Ⅲ型、Ⅴ型和Ⅺ型胶原称为经典的成纤维胶原。

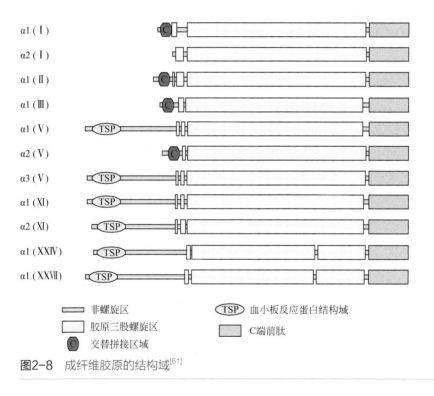

图2-8 成纤维胶原的结构域[61]

在动物体内，成纤维胶原最初是以前胶原的形式进行合成和分泌的。前胶原是由3部分组成：N端前肽、长的三股螺旋区和C端前肽。经典的成纤维胶原N端前肽包括一个短的三股螺旋区和2个非螺旋区。在成纤维胶原生物合成过程中，前胶原的C端和N端前肽全部（如Ⅰ型、Ⅱ型）或部分（如Ⅴ型、Ⅺ型）被蛋白酶水解去除，前胶原转变为原胶原，该步骤是成纤维胶原分子自组装形成纤维的先决条件。真皮、肌腱和其他组织中的成纤维胶原是不同类型胶原的混合物，通常以Ⅰ型、Ⅲ型和Ⅴ型胶原为主。这些混合纤维称为异型纤维，与仅由一种类型胶原组成的同型纤维（如锚定胶原中的Ⅶ型胶原）形成对比。由成纤维胶原形成的超分子组装体结构如图2-9所示。

图2-9　成纤维胶原的超分子组装体[61]

2．纤维相关胶原

第二组为纤维相关胶原（fibrillar-associated collagens with interrupted triple-helix, FACIT），是目前胶原家族中数量最多的一类，包含Ⅸ型、Ⅻ型、ⅩⅣ型、ⅩⅥ型、ⅩⅨ型、ⅩⅩ型、ⅩⅪ型和ⅩⅫ型8种，每种胶原的结构域组成如图2-10所示。纤维相关胶原的命名是因为最初发现的Ⅸ型、Ⅻ型和ⅩⅣ型胶原自身并不形成纤维，而是通常依附在成纤维胶原的表面。尽管纤维相关胶原α链的构造差别较大，但是都具有以下特征：①在C端第1个非螺旋区和第1个三股螺旋区的连接处，2个半胱氨酸残基被4个其他氨基酸残基隔开；②第1个三股螺旋区中含有2个非螺旋中断序列；③最左端的三股螺旋区旁边紧接一个血小板反应蛋白结构域的N端结构序列。

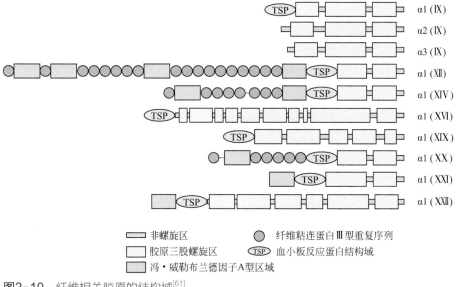

图2-10　纤维相关胶原的结构域[61]

除了上述共同结构特征外，纤维相关胶原在三股螺旋区的数量、N 端非螺旋区的组成方面仍存在明显差异。Ⅻ型、ⅩⅣ型、ⅩⅩ型和ⅩⅪ型胶原都含有 2 个三股螺旋区，而Ⅸ型、ⅩⅥ型、ⅪⅩ型和ⅩⅫ型胶原分别含有 3 ～ 10 个三股螺旋区。血小板反应蛋白（thrombospondin，TSP）结构域是Ⅸ型、ⅩⅥ型和ⅪⅩ型胶原 N 端非螺旋区的唯一结构部件，而ⅩⅪ型和ⅩⅫ型胶原的 TSP 结构域旁还有一个与冯·威勒布兰德因子（von Willebrand factor）A 型区域同源的序列结构 VWA，此外Ⅻ型、ⅩⅣ型和ⅩⅩ型胶原的 N 末端非螺旋区由 VWA 及与纤维粘连蛋白Ⅲ型重复序列同源的序列结构 FN3 组成。纤维相关胶原的超分子组装体结构如图 2-11 所示。

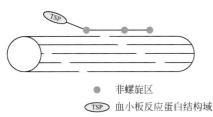

● 非螺旋区
(TSP) 血小板反应蛋白结构域

图2-11 纤维相关胶原的超分子组装体[61]

3．网状结构胶原

第三组为网状结构胶原，包括Ⅳ型、Ⅷ型和Ⅹ型胶原，结构域组成如图 2-12 所示。Ⅳ型胶原分子可以通过 C 端非螺旋区（NC1）的相互作用形成二聚体形式或通过 7S 区域（Ⅳ型胶原不能被胶原酶分解且沉降系数为 7S 的区域）的共价交联形成四聚体形式。Ⅳ型胶原的三股螺旋区中含有 21 ～ 26 个中断序列，使得三股螺旋区可向任意方向延伸，提供了胶原网络所需的弹性，而且可以作为细胞结合位点和链间交联点，与层粘连蛋白、蛋白聚糖及其他糖蛋白分子共同构成基底膜，对维持细胞的正常形态起到支架作用。Ⅷ型和Ⅹ型胶原能够形

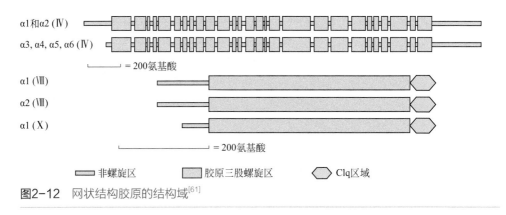

α1和α2 (Ⅳ)

α3, α4, α5, α6 (Ⅳ)

└────┘ = 200氨基酸

α1 (Ⅷ)

α2 (Ⅷ)

α1 (Ⅹ)

└──────────┘ = 200氨基酸

▭ 非螺旋区   ▭ 胶原三股螺旋区   ⬡ Clq区域

图2-12 网状结构胶原的结构域[61]

成空间六边晶格结构（图2-13），这两个分子的三股螺旋区的长度仅为成纤维胶原分子中大三股螺旋长度的一半，因此也称为短链胶原。Ⅷ型和Ⅹ型胶原具有极高的同源性，在C端非螺旋区都含有由大约130个氨基酸残基构成的与补体C1q类似的序列。

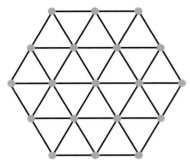

图2-13　Ⅷ型和Ⅹ型网状结构胶原的超分子组装体[61]

4．珠状细丝胶原

第四组为珠状细丝胶原，特指Ⅵ型胶原，其胶原结构域组成如图2-14所示，因其超分子结构呈珠状细丝而得名。Ⅵ型胶原分子呈现哑铃型，中间为长约105nm的三股螺旋区，N端和C端都为球状区域。与成纤维胶原显著不同的是，Ⅵ型胶原并未通过赖氨酸氧化酶来加强分子结构的稳定性。在细胞内部两个Ⅵ型胶原分子呈反向平行排列形成二聚体形式，中间重叠的三股螺旋区长度为75nm，两端未重叠的区域长度均为30nm，分别以球状的N末端和C末端终止。两个二聚体通过未重叠区域之间的二硫键侧向聚集生成一个四聚体，接着四聚体被分泌到细胞外，作为基本单元进一步聚集形成更大的超分子结构（图2-15）。

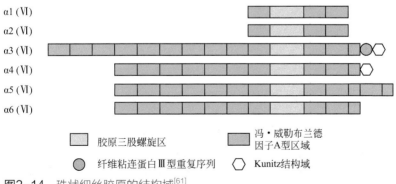

α1 (Ⅵ)
α2 (Ⅵ)
α3 (Ⅵ)
α4 (Ⅵ)
α5 (Ⅵ)
α6 (Ⅵ)

☐ 胶原三股螺旋区　　　▨ 冯·威勒布兰德因子A型区域

● 纤维粘连蛋白Ⅲ型重复序列　　⬡ Kunitz结构域

图2-14　珠状细丝胶原的结构域[61]

图2-15 珠状细丝胶原的超分子组装体[61]

5. 锚定胶原

第五组为锚定胶原，特指Ⅶ型胶原，能够聚集形成锚定纤维，将表皮基底膜与真皮基质连接在一起，有助于真皮‐表皮的黏附。由于其三股螺旋区的长度为467nm，大于Ⅰ型胶原（300nm）的长度，因此也称为长链胶原（图2-16）。Ⅶ型胶原在组织中以长度为785nm的二聚体形式存在，由两个胶原单体相互连接形成反向伸展的尾对尾二聚体，经过C端非螺旋区蛋白酶水解，在重叠区生成分子间二硫键使二聚体趋于稳定。形成的二聚体再进一步侧向聚集形成锚定纤维，通过两端的非螺旋区与基底膜或者基质相连，这种结构在上皮基底膜与底层基质之间起着稳固和支撑的作用（图2-17）。

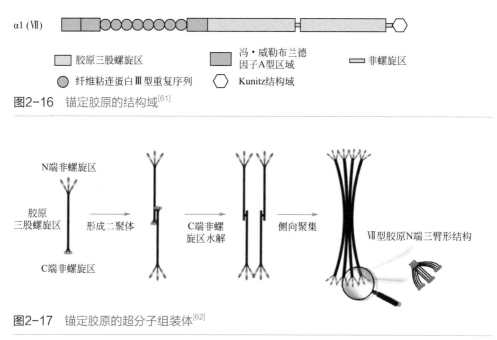

图2-16 锚定胶原的结构域[61]

图2-17 锚定胶原的超分子组装体[62]

6. 跨膜胶原

第六组为跨膜胶原，包含ⅩⅢ型、ⅩⅦ型、ⅩⅩⅢ型和ⅩⅩⅤ型胶原，它们都属于Ⅱ型跨膜蛋白，即含有1个细胞内N端区域、1个疏水的跨膜结构域和1个包括若干胶原三股螺旋序列的细胞外C端区域（图2-18）。研究表明跨膜胶原合成过程中三股螺旋的折叠方向是从N端到C端，而成纤维胶原等其他类型胶原分子的合成都是从 C 端向 N 端延伸。跨膜胶原的连接域中含有蛋白酶水解位点，在蛋白酶作用下，跨膜胶原的细胞外 C 端区域能够从细胞膜上脱落。由于具有这种先水解后脱落的性能，这类胶原在体内往往以跨膜形式或脱落形式存在，因而跨膜胶原具有作为细胞表面受体和细胞外基质的双重功能。

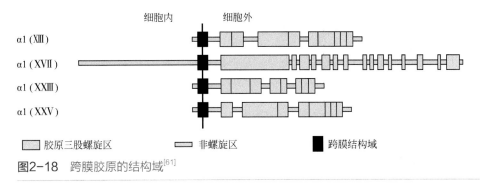

图2-18 跨膜胶原的结构域[61]

7．内皮抑制素相关胶原

第七组为内皮抑制素相关胶原，是指胶原分子中含有与内皮抑制素结构同源的序列结构，包含 XV 型和 XVIII 型胶原（图 2-19）。XV 型和 XVIII 型胶原在结构上具有高度的同源性，都含有一个血小板反应蛋白结构域和多个糖基化位点。

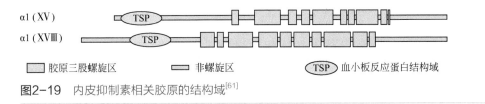

图2-19 内皮抑制素相关胶原的结构域[61]

在以上分类中，第二至第七组均属于非成纤维胶原。非成纤维胶原的 α 链构造、分子及超分子结构完全不同于成纤维胶原，极大地丰富了胶原家族的多样性。

参考文献

[1] He L, Theato P. Collagen and collagen mimetic peptide conjugates in polymer science [J]. European Polymer Journal, 2013, 49(10): 2986-2997.

[2] Shoulders M D, Raines R T. Collagen structure and stability [J]. Annual Review of Biochemistry, 2009, 78: 929-958.

[3] Pawelec K, Best S, Cameron R. Collagen: a network for regenerative medicine [J]. Journal of Materials Chemistry B, 2016, 4(40): 6484-6496.

[4] 彭争宏，郭云，岳超，等. 从 I 型到 IX 型人胶原蛋白 α 链的一级结构与氨基酸组成 [J]. 明胶科学与技术，2009, 29(2): 60-73.

[5] John R, Veronica G. Biophysical and chemical properties of collagen: biomedical applications [M]. IOP Publishing, 2019.

[6] Sorushanova A, Delgado L M, Wu Z, et al. The collagen suprafamily: from biosynthesis to advanced biomaterial development [J]. Advanced Materials, 2019, 31(1): 1801651.

[7] Myllyharju J. Intracellular post-translational modifications of collagens [J]. Topics in Current Chemistry, 2005, 247(115): 47.

[8] Morello R, Bertin T, Chen Y, et al. CRTAP is required for 3-prolyl-hydroxylation and loss of its function causes recessive osteogenesis imperfecta [J]. Cell, 2006, 127: 291-304.

[9] Myllylä R, Wang C, Heikkinen J, et al. Expanding the lysyl hydroxylase toolbox: new insights into the localization and activities of lysyl hydroxylase 3 (LH3) [J]. Journal of Cellular Physiology, 2007, 212(2): 323-329.

[10] Tuckwell D. Identification and analysis of collagen α1(XXI), a novel member of the FACIT collagen family [J]. Matrix Biology, 2002, 21(1): 63-66.

[11] Engel J, Bächinger H P. Structure, stability and folding of the collagen triple helix [J]. Collagen, 2005, 247: 7-33.

[12] Ottani V, Martini D, Franchi M, et al. Hierarchical structures in fibrillar collagens [J]. Micron, 2002, 33(7-8): 587-596.

[13] Ramachandran G N, Kartha G. Structure of collagen [J]. Nature, 1954, 174(4423): 269-270.

[14] Rich A, Crick F H. The molecular structure of collagen [J]. Journal of Molecular Biology, 1961, 3(5): 483-506.

[15] Bella J, Eaton M, Brodsky B, et al. Crystal and molecular structure of a collagen-like peptide at 1.9 Å resolution [J]. Science, 1994, 266(5182): 75-81.

[16] Kramer R Z, Bella J, Mayville P, et al. Sequence dependent conformational variations of collagen triple-helical structure [J]. Nature Structural Biology, 1999, 6(5): 454-457.

[17] Bella J. Collagen structure: new tricks from a very old dog [J]. Biochemical Journal, 2016, 473(8): 1001-1025.

[18] 张珊珊. 重组胶原蛋白及其生物材料的制备和性质研究 [D]. 兰州：兰州交通大学，2017.

[19] Mouw J K, Ou G, Weaver V M. Extracellular matrix assembly: a multiscale deconstruction [J]. Nature Reviews Molecular Cell Biology, 2014, 15(12): 771-785.

[20] 么林妍. 胶原蛋白仿生多肽的设计与性质研究 [D]. 兰州：兰州大学，2021.

[21] Niyibizi C, Eyre D R. Structural characteristics of cross-linking sites in type V collagen of bone [J]. European Journal of Biochemistry, 1994, 224: 943-950.

[22] Kannu P, Bateman J, Savarirayan R. Clinical phenotypes associated with type II collagen mutations [J]. Journal of Paediatrics and Child Health, 2012, 48(2): 38-43.

[23] Li S, Prockop D, Helminen H, et al. Transgenic mice with targeted inactivation of the Col2 alpha 1 gene for collagen II develop a skeleton with membranous and periosteal bone but no endochondral bone [J]. Genes & Development, 1995, 9: 2821-2830.

[24] Brand D D, Kang A H, Rosloniec E. Immunopathogenesis of collagen arthritis [J]. Springer Seminars in Immunopathology, 2003, 25(1): 3-18.

[25] 黄丽红. 胶原基因变异性疾病研究进展 [J]. 国际免疫学杂志，2004, 27(2): 72-74.

[26] Bao X, Zeng Y, Wei S, et al. Developmental changes of Col3a1 mRNA expression in muscle and their association with intramuscular collagen in pigs [J]. Acta Genetica Sinica, 2007, 34: 223-228.

[27] Liu X, Wu H, Byrne M, et al. Type III collagen is crucial for collagen I fibrillogenesis and for normal

cardiovascular development [J]. Proceedings of the National Academy of Sciences of the United States of America, 1997, 94(5): 1852-1856.

[28] 陈秋. Ⅳ型胶原与糖尿病肾病 [J]. 国外医学内分泌学分册，1998, 18(4): 206-209.

[29] Gould D B, Phalan F C, Mil S V, et al. Role of COL4A1 in small-vessel disease and hemorrhagic stroke [J]. The New England Journal of Medicine, 2006, 354(14): 1489-1496.

[30] Fichard A, Kleman J P, Ruggiero F. Another look at collagen Ⅴ and Ⅺ molecules [J]. Matrix Biology, 1995, 14(7): 515-531.

[31] Fitzgerald J, Holden P, Hansen U. The expanded collagen Ⅵ family: new chains and new questions [J]. Connective Tissue Research, 2013, 54(6): 345-350.

[32] Zou Y, Zhang R Z, Patrizia S, et al. Muscle interstitial fibroblasts are the main source of collagen Ⅵ synthesis in skeletal muscle: implications for congenital muscular dystrophy types Ullrich and Bethlem [J]. Journal of Neuropathology & Experimental Neurology, 2008, 67(2): 144-154.

[33] Ruhl M, Sahin E, Johannsen M, et al. Soluble collagen Ⅵ drives serum-starved fibroblasts through S phase and prevents apoptosis via down-regulation of bax [J]. Journal of Biological Chemistry, 1999, 274(48): 34361-34368.

[34] Fujii K, Fujimoto W, Ueda M, et al. Detection of anti-type Ⅶ collagen antibody in Sjgren's syndrome/lupus erythematosus overlap syndrome with transient bullous systemic lupus erythematosus [J]. British Journal of Dermatology, 1998, 139(2): 302-306.

[35] Kittelberger R, Davis P F, Flynn D W, et al. Distribution of type Ⅷ collagen in tissues: an immunohistochemical study [J]. Connective Tissue Research, 1989, 24: 303-318.

[36] Sorushanova A, Delgado L M, Wu Z, et al. Gene expression profiling of the tumor microenvironment during breast cancer progression [J]. Breast Cancer Research, 2009, 31(1): 1801651.

[37] Wang W, Xu G, Ding C L, et al. All-transretinoic acid protects hepatocellular carcinoma cells against serum-starvation-induced cell death by upregulating collagen 8A2 [J]. FEBS Journal, 2013, 280(5): 1308-1319.

[38] Koelling S, Kruegel J, Klinger M, et al. Collagen Ⅸ in weight-bearing areas of human articular cartilage in late stages of osteoarthritis [J]. Archives of Orthopaedic and Trauma Surgery, 2008, 128(12): 1453-1459.

[39] Eyre D R. The collagens of articular cartilage [J]. Semin Arthritis Rheum, 1991, 21(3): 2-11.

[40] Kwan K M, Pang M K M, Zhou S, et al. Abnormal compartmentalization of cartilage matrix components in mice lacking collagen Ⅹ [J]. Journal of Cell Biology, 1997, 136(2): 459-471.

[41] Bowen K, Reimers A, Luman S, et al. Immunohistochemical localization of collagen type Ⅺ alpha1 and alpha2 chains in human colon tissue [J]. Journal of Histochemistry & Cytochemistry, 2018, 56(3): 275-283.

[42] Koch M, Bonnemann C G, Chiquet M, et al. Collagen Ⅻ: protecting bone and muscle integrity by organizing collagen fibrils [J]. The International Journal of Biochemistry and Cell Biology, 2014, 53: 51-54.

[43] Zou Y, Daniela Z, Yayoi I, et al. Recessive and dominant mutations in COL12A1 cause a novel EDS/myopathy overlap syndrome in humans and mice [J]. Human Molecular Genetics, 2014, 23(9): 2339-2352.

[44] Latvanlehto A, Fox M, Sormunen R, et al. Muscle-derived collagen Ⅷ regulates maturation of the skeletal neuromuscular junction [J]. Journal of Neuroscience, 2010, 30: 12230-12241.

[45] Ansorge H L, Meng X, Zhang G, et al. Type ⅩⅣ collagen regulates fibrillogenesis: premature collagen fibril growth and tissue dysfunction in null mice [J]. The Journal of Biological Chemistry, 2009, 284(13): 8427-8438.

[46] Hurskainen M, Ruggiero F, Hagg P, et al. Recombinant human collagen ⅩⅤ regulates cell adhesion and migration [J]. Journal of Biological Chemistry, 2010, 285(8): 5258-5265.

[47] Ratzinger S, Eble J A, Pasoldt A, et al. Collagen ⅩⅥ induces formation of focal contacts on intestinal

myofibroblasts isolated from the normal and inflamed intestinal tract [J]. Matrix Biology, 2010, 29(3): 177-193.

[48] Jonsson F, Bystr M B, Davidson A, et al. Mutations in collagen, type XVII, alpha 1 (COL17A1) cause epithelial recurrent erosion dystrophy (ERED) [J]. Human Mutation, 2015, 36(4): 463-473.

[49] Ramchandran R, Dhanabal M, Volk R, et al. Antiangiogenic activity of restin, NC10 domain of human collagen XV : comparison to endostatin [J]. Biochemical and Biophysical Research Communications, 1999, 255(3): 735-739.

[50] Sumiyoshi H. Esophageal muscle physiology and morphogenesis require assembly of a collagen XIX-rich basement membrane zone [J]. The Journal of Cell Biology, 2004, 166(4): 591-600.

[51] Chou M Y, Li H C. Genomic organization and characterization of the human type XXI collagen (COL21A1) gene [J]. Genomics, 2002, 79(3): 395-401.

[52] Charvet B, Guiraud A, Malbouyres M, et al. Knockdown of col22a1 gene in zebrafish induces a muscular dystrophy by disruption of the myotendinous junction [J]. Development, 2013, 140(22): 4602-4613.

[53] Burgeson R E, Song R, Veit G, et al. Expression of type XXIII collagen mRNA and protein [J]. Journal of Biological Chemistry, 2006, 281: 21546-21557.

[54] Wang W, Olson D, Liang G, et al. Collagen XXIV (Col24a1) promotes osteoblastic differentiation and mineralization through TGF-β/Smads signaling pathway [J]. International Journal of Biological Sciences, 2012, 8(10): 1310-1322.

[55] Hashimoto T, Wakabayashi T, Watanabe A, et al. CLAC: a novel alzheimer amyloid plaque component derived from a transmembrane precursor, CLAC-P/collagen type XXV [J]. The EMBO Journal, 2002, 21(7): 1524-1534.

[56] Sato K, Omogida K, Wada T, et al. Type XXVI collagen, a new member of the collagen family, is specifically expressed in the testis and ovary [J]. Journal of Biological Chemistry, 2002, 277: 37678-37684.

[57] Plumb D A, Dhir V, Mironov A, et al. Collagen XXVII is developmentally regulated and forms thin fibrillar structures distinct from those of classical vertebrate fibrillar collagens [J]. Journal of Biological Chemistry, 2007, 282(17): 12791-12795.

[58] Schiller H B, Fernandez I E, Burgstaller G, et al. Time- and compartment-resolved proteome profiling of the extracellular niche in lung injury and repair [J]. Molecular Systems Biology, 2015, 11(7): 819.

[59] Hulmes D. Building collagen molecules, fibrils, and suprafibrillar structures [J]. Journal of Structural Biology, 2002, 137(1-2): 2-10.

[60] Gelse K, Pöschl E, Aigner T. Collagens-structure, function, and biosynthesis [J]. Advanced Drug Delivery Reviews, 2003, 55(12): 1531-1546.

[61] Ricard-Blum S. The collagen family [J]. Cold Spring Harbor Perspectives in Biology, 2011, 3(1): a004978.

[62] Birk D E, Brückner P. Collagens, suprastructures, and collagen fibril assembly[M]. Berlin: Springer, 2011: 77-115.

第三章

胶原的合成降解、性质与分析鉴定

随着科学技术的发展，人们在利用胶原的同时，对胶原降解和性质的探索也一直在进行。胶原的代谢过程是一系列信号转导通路和细胞因子共同调控的结果。研究胶原的降解过程不仅可以深入探讨胶原代谢相关疾病的发生过程，也为相关疾病的防治提供了更可靠的干预靶点。胶原的性质决定了其应用领域，对胶原化学、物理、生物学性质的探索，有助于认识和开辟胶原应用的新领域。此外，胶原作为构建多用途材料的原料，在使用前需要进行系统的定性和定量分析以确保质量的稳定性。胶原类型的鉴定对后续分离纯化工艺的选择及最终材料产品的制备与功能的呈现具有决定性的意义。不同来源的胶原可采用不同类型的鉴定方法，对于组织来源的胶原，其性质决定鉴定方法的选择；对于经过提纯或发酵生产的可溶胶原，由于其性质相对简单，多种鉴定方法可以对其进行全面的质量鉴定，为后续应用奠定基础。

第一节
胶原的生物合成与降解

一、胶原的生物合成

对胶原生物合成的认识主要是通过研究间质胶原得到的，但是该研究结果也普遍适用于其他类型的胶原。总体来说胶原的生物合成是一个复杂的多步过程，包含基因转录、翻译、修饰、分泌和组装等途径，需要在时间和空间上协调一系列的生化反应，如图 3-1 所示。本书采用胶原生物合成的两阶段说法，即胶原生物合成分为细胞内和细胞外合成两大阶段 [1]，进一步描述胶原的生物合成过程。大多数胶原在细胞内的合成过程都是共通的，但是在分泌和后加工过程可能会有所不同。

1. 细胞内合成阶段

胶原的最终目标是细胞外基质，最初的生物合成过程都发生在内质网中，然后通过高尔基体运输，最终从细胞内分泌出去。携带胶原遗传信息的 mRNA 通过核糖体合成一条完整的胶原多肽链，随后转入到内质网中进一步加工，此时胶原的 DNA 遗传信息传递到蛋白质分子中。合成的多肽链比通常所指的胶原 α 链更大，称为前胶原 α 链（pro-α 链）。前胶原 α 链包括六个区域，分别为信号肽、N

端肽、N 端前肽、三股螺旋区、C 端肽和 C 端前肽。其中信号肽与前胶原 α 链在
细胞中的转运和分泌有关，一般由 20～40 个氨基酸残基组成，当信号肽被识别
切掉后，前胶原 α 链在内质网腔中开始加工。三股螺旋区是胶原的特征区域，为
连续的 Gly-X-Y 重复序列。新合成的前胶原 α 链在氨基端和羧基端都有附加肽段，
其中氨基端多 100 个左右的氨基酸残基，包括甘氨酸、脯氨酸及羟脯氨酸残基等，
羧基端多 200～300 个氨基酸残基。前胶原 α 链中的一条 α 链合成时间约为 6.7min。

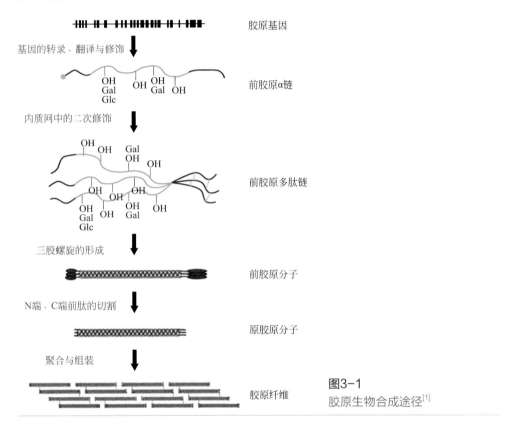

图3-1
胶原生物合成途径[1]

  胶原分子中特有的羟脯氨酸和羟赖氨酸是前胶原 α 链中的脯氨酸和赖氨酸残
基在内质网中经过羟基化反应生成的。参与反应的酶包括脯氨酰 -4- 羟化酶、脯
氨酰 -3- 羟化酶和赖氨酰羟化酶。这些酶都需要 Fe^{2+}、O_2 和维生素 C 作为辅助因
子，α- 酮戊二酸作为辅助底物。前胶原 α 链在核糖体上合成的同时，羟基化作用
也在逐步发生。脯氨酸羟化酶是合成胶原的关键酶，脯氨酰残基的催化作用随着
α 肽链的终止而完成，当存在三股螺旋时羟化酶会失活。羟基化作用对胶原三股
螺旋结构的稳定性非常重要，这是因为形成的羟脯氨酸有利于前胶原 α 链之间形
成氢键，以促使三条前胶原 α 链相互结合并扭转成三股螺旋，进而从细胞内分泌

出去。羟基化对三股螺旋的坚固性有重要作用，当细胞内前胶原 α 链羟基化不足时，不能在体温下形成坚固的三股螺旋分泌出去。正常情况下每条前胶原 α 链中有将近 100 个脯氨酸残基被羟基化为羟脯氨酸，大约 10 个赖氨酸残基转化为羟赖氨酸。此外胶原中的羟脯氨酸含量可以作为胶原热稳定性的评判指标，胶原中羟脯氨酸含量越高，其热稳定性越好。

糖基化作用紧接着羟基化之后，发生在前胶原 α 链三股螺旋区的羟赖氨酸和 C 端前肽的天冬酰胺位点。半乳糖或者葡萄糖 - 半乳糖通过 O- 糖苷键连接在羟赖氨酸的羟基上，富含甘露糖的寡糖链则通过 N- 糖苷键与天冬酰胺连接。在内质网中，糖基由羟赖氨酰半乳糖基转移酶和羟赖氨酰葡萄糖基转移酶连接至 5-羟赖氨酸残基上，一般先转移半乳糖，再转移葡萄糖。不同组织中胶原分子所含共价连接的糖基为 0.4% ~ 12%，主要包括葡萄糖、半乳糖以及它们的二糖，这些糖基主要由尿苷二磷酸半乳糖和尿苷二磷酸葡萄糖提供。研究表明糖基位于胶原纤维中原胶原分子的接头处，因此糖基化可能与胶原纤维的定向排列有关，但是糖基化修饰的作用机制较为复杂，尚未完全阐明。

当三条前胶原 α 链经过羟基化和糖基化修饰后，前胶原 α 链的球状 C 端前肽相互识别形成二硫键来连接形成三聚体，此时成纤维胶原开始折叠。C 端前肽中的识别区域还负责链的选择，在形成异源三聚体或同源三聚体过程中发挥重要作用。当 C 端前肽形成三聚体后，三股螺旋在 C 端富含 Gly-Pro-Hyp 的区域形成三股螺旋核心，随后以类似拉链的方式从 C 端向 N 端延伸，其中亚氨基酸的顺反异构化是蛋白加工过程中的限速步骤。细胞体内的顺反脯氨酸异构酶加速了这种异构化，指导胶原三股螺旋的正确折叠。当胶原形成三股螺旋后，羟脯氨酸和羟赖氨酸的二次修饰反应就不会再发生。

胶原在内质网中形成三股螺旋状态后，一种特殊的分子伴侣——热激蛋白47（HSP47）与螺旋结合，这种结合可以增加胶原的热稳定性，并防止胶原分子过早地在胞内聚集。此外，内质网中的蛋白质二硫键异构酶（PDI）和肽基脯氨酰顺反异构酶（PPI）对三股螺旋的形成也至关重要。PDI 能够催化胶原上的半胱氨酸之间形成二硫键，这些二硫键是三股螺旋具有稳定性的必要条件。而 PPI 与 HSP47 则是胶原三聚体正确构象形成的保证。已有研究表明，当 PPI 活性受到抑制时，胶原无法折叠形成三聚体结构。合成完的前胶原从内质网进入高尔基体后，HSP47 从原胶原三聚体上释放，再返回到内质网，此时可以观察到前胶原分子侧向聚集的现象。胶原分子通过囊泡的形式向细胞表面靠近，最终通过胞吐作用释放出胶原分子。研究发现胶原在分泌胞体中已经发生聚集[2]。

2. 细胞外合成阶段

在细胞外，前胶原分子通过特异性蛋白酶对 C 端前肽和 N 端前肽进行切割，从而形成原胶原分子。前胶原分子转化为原胶原分子后，溶解性降低为原来的0.1%。在胶原构象的形成过程中，胶原单体之间的疏水作用及静电作用有助于胶原单体之间形成 1/4 嵌入结构，这种结构再聚积成链的纤维结构，在此基础上形成更高级的纤维结构。但是最初的纤维结构并不稳定，需要经过共价交联使之进一步固定。具有高级纤维结构的纤维在不同的组织中存在不同的取向。例如在肌腱中，Ⅰ型胶原纤维彼此平行排列形成纤维束，而在皮肤中，胶原纤维的取向随机得多，胶原纤维相互交织，形成一种复杂的网络结构[3]。

无论是在体外还是体内，胶原分子的氨基酸序列包含了使胶原形成天然纤维状结构的所有信息，单个胶原能够自组装形成有序的纤维结构。多肽链在体内的加工程度、装配时不同类型胶原多肽链的比例以及其他基质分子的存在对胶原纤维在体内的形成起调节作用。

采用电子显微镜观察肌腱中Ⅰ型胶原纤维，发现胶原以 $4D$（$1D = 67\text{nm}$）交错的分子排列方式出现[4]。胶原分子的长度为 $4.4 \times D = 4.4 \times 67 \approx 300\text{nm}$，$D$ 的长度以氨基酸残基数计算，相当于约 234 个氨基酸残基。同列上的胶原分子有 $0.6D$ 的空隙区，两列分子重叠的交叠区为 $0.4D$（图 3-2）。以 $4D$ 交错排列的胶原是指平面排列，在空间上胶原的排列方式是以 Smith 提出的微纤维模型呈现的。按照此模型，微纤维的断面呈正五角形，五个顶点就是胶原分子，这五个胶原分子按照 $4D$ 交错的方式排列形成微纤维，每个纤维直径为 4.0nm。一个微纤维分子是胶原纤维的一个结构单位。多束微纤维集合就形成原纤维。原纤维的断面呈扇形张开。原纤维集合在一起形成纤维，纤维进一步缠绕形成纤维束，最终形成皮肤等组织。

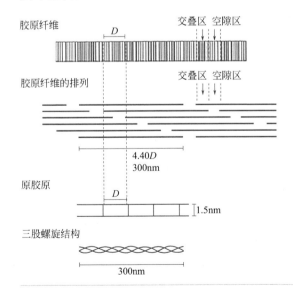

图3-2
胶原分子在原纤维内的排列示意图

胶原通过细胞内合成和细胞外加工，最终聚集成胶原纤维。但是不同组织中的胶原是由不同的细胞合成的，例如结缔组织中的胶原主要由成纤维细胞合成，软骨中的胶原由软骨细胞合成，骨中的胶原由骨细胞合成，基底膜中的胶原则由上皮或内皮细胞合成。以成纤维细胞为例，在合成胶原过程中涉及 10 种蛋白酶的作用，包括脯氨酰 -4- 羟化酶、脯氨酰 -3- 羟化酶和赖氨酰羟化酶 3 种羟化酶；羟赖氨酰半乳糖基转移酶和羟赖氨酰葡萄糖基转移酶 2 种糖基转移酶；肽脯氨顺反异构酶和蛋白质二硫键异构酶 2 种异构酶；N 端前肽酶和 C 端前肽酶 2 种前肽剪切酶；以及 1 种赖氨酸氧化酶[5]。

二、胶原的生物降解

细胞外胶原降解是胶原代谢非常重要的组成部分。胶原的降解一部分原因是正常的生理需要，如胶原的正常更替或者某一组织的改建或者调整。此外通过降解还可以消除过多的和一些有缺陷的胶原。胶原的生物降解与一般蛋白质不同，它的转换率较慢，半衰期可以长达数周甚至数年。天然胶原因为具有稳定而保守的三股螺旋结构，对普通蛋白酶有很强的抵抗能力，不易发生降解，只有在高温、极端酸碱环境下才会部分解旋发生水解。胶原酶能够在体温附近有效解旋胶原，使其成为易被蛋白酶水解的单股肽链。胶原酶来源于动物、植物或微生物中，但主要研究对象为基质金属蛋白酶（matrix metalloproteinase，MMP）和微生物胶原酶（collagenase）两类[6]。

1. 基质金属蛋白酶

基质金属蛋白酶是一大类依赖钙离子激活和锌离子结合催化域体现水解活性的蛋白肽链内切酶，迄今为止已发现该酶系 28 种结构相似、功能接近的酶，其主要是脊椎动物自身基质分泌的一类酶。MMP 类胶原酶可由基质细胞、上皮细胞、巨噬细胞和白细胞等分泌。根据结构的差异和底物特异性的不同，MMP 分为六个亚族，分别是胶原酶、明胶酶、间质溶解素、基质溶解因子、膜型 MMP 及其他类型 MMP，它们在调节生理功能中共同发挥重要作用。MMP 在结构上有几个共同特征：都包含氮端前导肽（P）、前肽结构域（Pro）、催化域（Cat）、血红结合素域（Hpx）及连接域（H）等功能域。其中催化域结构高度保守，均是由五条 β 片和三条 α 螺旋组成一个边界明晰的"口袋"，可以根据"口袋"中残基的差异来判断不同的 MMP 类型。各结构域并非各自独立，而是具有交互作用，共同决定不同 MMP 的特异性，协作完成整个分子催化水解过程。

以 MMP-1 酶解胶原为例，具体的过程拆分为四步（图 3-3）。第一步如图 3-3（a）所示，MMP-1 在闭合 - 打开 / 扩展（closed-open/expended）构型之间

处于平衡状态，MMP-1 的 Cat（蓝色）及 Hpx（红色）结构域反向旋转，从打开 /
扩展构型（右图）转变为闭合构型（左图）；图 3-3（b）显示了 Hpx 结构域首
先锚定胶原多肽，Cat 结构域通过柔性多肽连接链被引导至胶原 α(Ⅰ) 链 Gly775-
Ile776 附近。第二步如图 3-3（c）所示，通过同轴旋转使得 Cat 结构域锚定至胶
原多肽链，同时胶原发生解旋。第三步如图 3-3（d）所示，局部解旋的胶原多肽
在酶切位点水解，但发生水解的多肽链依旧与 MMP-1 连接。第四步如图 3-3（e）
所示，被水解的胶原多肽链脱落，MMP-1 继续水解其余胶原多肽[7]。

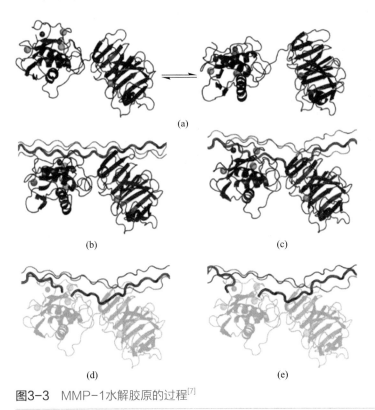

(a)

(b)   (c)

(d)   (e)

图3-3 MMP-1水解胶原的过程[7]

2. 微生物胶原酶

20 世纪生物学家发现微生物具有降解人体组织使伤口溃败、加重感染的能
力，其原因在于构成人体组织的胶原被微生物某种酶类降解导致微生物侵入，从
而发现了微生物胶原酶。微生物胶原酶相较基质金属蛋白酶有更多样的蛋白切
割位点、更丰富的来源和更广泛的应用，因此受到研究者的重点关注。经长时
间物理化学及生物化学研究，研究者将典型胶原酶产生菌——产气荚膜梭菌及
溶组织梭菌分泌的胶原酶分为两类：第一类酶能够较好地水解胶原但对合成的

胶原多肽（FALGPA）无明显降解作用，第二类酶则正好相反。这些酶均由多个功能域构成，主要包括一段用作指导分泌的信号肽、一段前肽域（pre-peptidase c-terminal，PPC）、一段催化功能域（activator domain，AD）、至多两个类多囊肾病样结构域（polycystic kidney disease-like domain，PKD）以及至多三个胶原结合域（collagen-binding domain，CBD），而PKD与CBD两个域的多寡正是区别微生物一类胶原酶和二类胶原酶的重要依据。在梭状芽孢杆菌所产的胶原酶G（ColG胶原酶）中，CBD结构域通过识别胶原特殊的三股螺旋结构能够与之良好结合，与MMP不同的是CBD提高的是与胶原纤维结合的能力，即CBD的多寡决定了与胶原纤维结合力的强弱。PKD结构域进一步加强了与胶原纤维的结合能力，AD结构域则将结合的胶原纤维水解。

在水解之前，胶原也将发生构型解旋的变化，这一机理被Eckhard等称为"吞消机理"（chew-and-digest mechanism）[8]。如图3-4所示，其水解过程大体分为两步：第一步微生物胶原酶通过多组功能域与含有三股螺旋结构的胶原或完整胶原纤维结合，胶原酶逐渐由打开构型［图3-4（a）、图3-4（d）］变为闭合构型［图3-4（b）、图3-4（e）］；第二步胶原酶恢复半开-半闭构型过程中，含有三股螺旋结构的胶原或完整胶原纤维在强结合力作用下被解旋，其二级结构暴露在活性位点下完成水解［图3-4（c）、图3-4（f）］。此时，含有三股螺旋结构的胶原或完整胶原纤维被解旋酶解，胶原酶也随之恢复打开构型，胶原纤维未解旋或尚未水解的部分可进行下一轮水解，开始新的周期。此外，影响微生物胶原酶活性和水解水平的除了结构的完整性、酶活性中心的结合情况外，Ca^{2+}也发挥

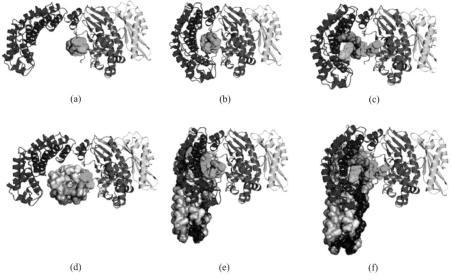

(a) (b) (c)

(d) (e) (f)

图3-4 含有三股螺旋结构的胶原及完整胶原纤维被胶原酶水解示意图[8]

了至关重要的作用。其核心在于改变胶原酶局部构型，使之更适宜改变结构以催化胶原，这也是胶原酶活性测定中需加入 Ca^{2+} 的原因。

第二节
胶原的性质

一、胶原的物理性质

1. 两性电解质性质

胶原与其他蛋白质一样，也是一种聚两性电解质，这是由于：①胶原的每条肽链含有许多酸性和碱性的侧基；②胶原每条肽链的两端有 α- 羧基和 α- 氨基。这些基团都具有接受或者给予质子的能力，在溶液中随着溶液 pH 值的变化，胶原成为带有许多正电荷或者负电荷的蛋白质。

$$HOOC-P-NH_3^+ \underset{+H^+}{\overset{-H^+}{\rightleftharpoons}} {}^-OOC-P-NH_3^+ \underset{+H^+}{\overset{-H^+}{\rightleftharpoons}} {}^-OOC-P-NH_2$$

正离子　　　　　　　　两性离子　　　　　　　　负离子

氨基酸也是两性电解质，在溶液中也表现出带正电荷或带负电荷。但是，胶原链侧基的 pK_a 值与其组成氨基酸侧基的 pK_a 值略有不同，这是由于在蛋白质分子中受到邻近电荷的影响，一些可解离基团由于被埋藏在三股螺旋分子内部或者参与氢键形成而被抑制。

蛋白质分子实际是一个多价离子，所带电荷的性质和数量是由蛋白质分子中的可解离基团的种类和数目以及溶液的 pH 值来决定的。对某一蛋白质来说，它在某一 pH 值的溶液中表现出不带电荷，呈两性离子状态，则这一 pH 值为该蛋白质的等电点。将蛋白质溶液进行电泳时，如果溶液呈酸性，则蛋白质带正电荷，向负极移动；如果溶液呈碱性，则蛋白质带负电荷，向正极移动。蛋白质在等电点时，既不向负极移动，也不向正极移动。可以通过 Zeta 电位法、荧光光度法、中和法电位滴定和等电聚焦圆盘电泳法等方法计算胶原的等电点。在等电点时，胶原的物理化学性质都有较大的变化，如溶解度、黏度、渗透压、电导率、膨胀作用等都达到最低值。

pH 值对胶原稀溶液的黏度影响较大，因为稀溶液中大分子链因带电荷而发生一定程度的变形。在等电点时，胶原整个分子的净电荷为零，分子呈电中性，因不带电的高分子一般趋向于卷曲状态，并且氢键之间的作用变小，卷曲的分子运动阻力小，所以表现出溶液黏度最小的性质。而当pH值高于或低于等电点时，胶原的净电荷不为零，分子链带有负电荷或正电荷，电离的聚电解质分子会由于电荷斥性而使分子伸展，胶原分子在偏离等电点的溶液中也处于伸展状态。在伸展状态下，大分子的侧链基团暴露得比较多，因而分子链间容易发生相互缠结和黏结，刚性结构逐渐增大，溶液的黏度也逐渐增大。通常偏离等电点越远，分子上所带的净电荷就越多，电荷密度就越大，斥力就越大，因而黏度也越大。

对于胶原的酸碱膨胀机理有不同观点。一种观点认为热力学的平衡造成渗透膨胀，电解质溶液中的离子向胶原内部渗透，当渗透达到平衡时，可扩散离子在胶原的内部和外部造成浓度差，从而产生渗透压，水分子由外向内渗透产生膨胀。另外一种观点是静电排斥学说，认为胶原在偏离等电点的酸性或碱性溶液中时，肽链侧基上会带同一种电荷，同种电荷互相排斥，增大了胶原肽链间的距离而发生膨胀。

在等电点时，胶原分子上所带的净电荷为零，所以电导率最小，在偏离等电点时，胶原的电导率变大。在等电点附近，由于净电荷最少，其渗透压和浊度也都最小。

2．胶原的变性

在蛋白质的一级结构保持不变的情况下，即肽链的共价键并未断开，其他类型的共价键也还完整，因受到外界一些物理因素或化学因素的影响，就会发生溶解度降低、生物活性丧失、一些物理化学常数变更等性质上的改变，蛋白质的这一类变化通常称为变性作用。蛋白质变性理论的核心是指蛋白质的空间构象被破坏而引起若干物理化学和生物学性质的改变，也就是说，外部条件的改变破坏了维持蛋白质空间构象的次级键（如氢键、范德华力）或二硫键、盐键，使蛋白质分子构象改变，变成松散的、紊乱的结构。分子大小和形状也受到破坏，从而使蛋白质分子的性质发生了改变。胶原从体内提取时会遭遇变性，这时的胶原为弱变性胶原，在进一步加工时还会因为工艺过程的不同发生不同程度的再变性。

影响胶原变性的因素有以下几种。

（1）紫外光照射变性

裴莹等[9]以胶原溶液为研究对象，探索紫外光（UV）照射对皮胶原黄变及溶液性质的影响。结果表明紫外光照射可以使胶原发生黄变，胶原黄变程度随照射时间的延长而增加。紫外光波长在240～300nm范围内胶原的肩峰逐渐消失，说明胶原分子链中的芳香族氨基酸被破坏，导致胶原发生黄变。胶原溶液的黏度随紫外光照射时间的增加呈现下降趋势，照射时间大于4h后，胶原溶液黏度急剧降低。紫外光照射32h后，胶原三股螺旋结构的衍射峰消失。结合紫外光作用下胶原黄变情况和胶原结构变化可知，胶原明显黄变主要发生在其三股螺旋结构被严重破坏的阶段。

Sionkowska 等[10] 研究了胶原溶液、胶原膜以及鼠尾腱胶原经紫外光照射后胶原的热转变行为。在紫外光波长为 254nm 处照射一定时间，紫外光辐射引起胶原分子的构象转变，胶原分子内和分子间部分氢键断裂，控制 H—O—H—胶原键（如键的数量和肽键间的距离）中的水被释放，导致部分三股螺旋链结构转变成无规则形态。紫外光照射对胶原的热螺旋无规则转变影响很大。光化学变化使胶原溶液、胶原膜及鼠尾腱胶原中的三股螺旋结构的热稳定性降低。紫外光照射后胶原的热变性取决于水合程度和辐射量的大小。进一步将鼠尾腱胶原浸于水中以保证胶原充分水合，在紫外光波长为 302nm 处进行辐照，观察辐照前后胶原的热变形行为。经过较短时间（如 1 ～ 3h）的照射后，胶原分子间形成更多的交联结构。样品的 DSC 曲线光滑、峰形尖锐，形状为单峰，说明胶原分子链中的三股螺旋链结构未破坏。而经过长时间（20 ～ 36h）照射后，胶原分子链发生断裂，胶原降解为具有不同链长的多肽链[11]。

（2）无机试剂的处理

① 酸、碱对胶原的作用。胶原对酸、碱有一定的缓冲能力。在酸、碱溶液中，其分子链上的酸性基团和碱性基团可与酸或碱结合，胶原分子内和分子间的离子键交联和氢键交联被打开，胶原因充水而膨胀。在 pH 值低于胶原等电点的溶液中，胶原带正电荷，其充水呈现酸膨胀，在 pH 值高于胶原等电点的溶液中，胶原带负电荷，其充水呈现碱膨胀，并且胶原的酸容量是碱容量的近 2 倍。胶原经受酸或碱的长时间作用，其分子间的交联被破坏，胶原就能溶于水中而变成明胶，这种作用称为胶解。酸、碱的胶解能力不一样，氢氧化钡和氢氧化钙的胶解能力最大，强酸的胶解能力又比强碱的大。

Saga 等[12] 研究了酸性环境对不可溶胶原、酸性可溶胶原溶液加盐沉淀出的胶原纤维以及酸性可溶胶原溶液热稳定性能的影响。结果显示随着 pH 值的减小，不可溶胶原和盐沉淀胶原纤维在热稳定性方面表现出极大的波动，然而 pH 值对溶液中单个分子的热稳定性影响较小，因此稀释的可溶胶原热稳定性基本没有受到影响。当用 3% 氢氧化钠和 1.9% 单甲胺溶液处理Ⅰ型胶原后，其等电点从 9.3 降低至 4.8。其原因是胶原分子中的天冬酰胺、谷氨酰胺转化成了天冬氨酸和谷氨酸。随着等电点的酸性化，经 20 天处理后胶原的变性温度从 42℃降低到 35℃。与酸溶胶原不同，碱处理胶原在生理条件下、中性 pH 值时失去了形成原胶原纤维的能力，甚至 4h 的处理就会使此能力丧失；然而在 30℃、酸性条件下，会形成直径为 50 ～ 70mm 的纤维状沉淀[13]。

② 无机盐对胶原的作用。不同的中性盐对胶原的作用差别很大。有的可以使胶原膨胀，有的则使胶原脱水、沉淀。使胶原膨胀、溶解的盐能降低构象的

稳定性，而使胶原脱水析出的盐能增加构象的稳定性。按照它们对胶原作用的区别，可以把盐分为以下三类。第一类是引起纤维强烈膨胀的盐类，如碘化物、钙盐、钡盐、镁盐和锂盐等，膨胀作用的发生使纤维缩短、变粗，并引起胶原的变性，导致收缩温度降低；第二类是低浓度时有轻微膨胀作用，增大浓度时又引起脱水的盐类，这类盐对胶原的构象影响不大，氯化钠是这类盐中最具有代表性的一个；第三类是脱水性盐，如硫酸盐、硫代硫酸盐、碳酸盐等。

Bianchi 等[14]研究了 pH 值、温度、盐的种类、浓度对胶原的结晶、螺旋、无规卷曲结构的影响。结果指出在等电位的情况下，盐溶液胶原反应引起了晶体结构的变化，发生了从无规卷曲结构到晶体结构，乃至最后形成螺旋结构的转变。

盐对胶原的膨胀、脱水作用的机理比较复杂。一般认为，胶原分子的螺旋构象以及维持构象的各种化学键赋予胶原纤维不溶的性质，不同的盐对维持胶原构象的氢键和离子键具有不同程度的影响。任何使胶原膨胀的盐类都可能降低分子的内聚作用（削弱、破坏化学键）并增加其亲溶剂性。

③ 热变性。由于胶原对热敏感，加热时易发生热变性，三股螺旋结构被破坏，其特性随之改变。胶原热稳定性包括胶原纤维的热收缩温度和胶原的热变性温度。胶原纤维的热收缩温度是指胶原纤维被加热时，发生轴向收缩，缩短至原长的 5% 左右时的温度。胶原的热变性温度是指胶原在介质中受热，达到一定温度后，三股螺旋结构发生解旋，各自形成单链，三股螺旋解旋到 50% 时的温度。

影响胶原热变性温度的因素很多，大致可分为生物学因素和非生物学因素。生物学因素与动物的种类、生活条件、环境、动物的年龄以及动物的部位有关。不同学者的研究结果证实了胶原的热收缩温度与胶原中的氨基酸含量、氨基酸在主链中的位置以及氨基酸的羟基化作用有关。例如鱼皮中亚氨基酸的含量较低，其热收缩温度就比哺乳动物低。非生物学因素包括加热介质的性质、离子环境、盐等[15]。

④ 其他因素引起的变性。机械作用主要指高速剪切对胶原分子的破坏，引起胶原变性。在生产过程中经挤压、均质和高速搅拌处理，胶原都可能发生变性。剪切速率越高，胶原变性程度越大。

超声波对溶液中胶原的作用通过多种机理来体现，这些机理可分为热机理和非热机理两个方面。超声波在介质中传播时，部分能量不断地被胶原溶液吸收并转变为热能，而使溶液的温度升高；超声波传播时的振动对胶原产生剪切作用。另外，超声波在溶液中传播时，若声强足够大，溶液受到的压力足够大，溶质分子间的平均距离就会增大以至超过临界距离，从而破坏胶原的完整结构。

很多有机溶剂是蛋白质的变性剂，如乙醇、丙酮、尿素、苯酚及其衍生物等。它们和蛋白质的多肽链竞争氢键，从而破坏维持蛋白质分子高级结构的氢键，并通过改变溶液的介电常数来改变维持蛋白质分子高级结构的疏水相互作用。非极性有机溶剂还能渗入蛋白质分子的疏水性区域，破坏疏水相互作用。这些因素都可能导致蛋白质变性。

蛋白质的变性过程中，性质的变化表现在很多方面：a. 溶解度大幅度降低，分子互相凝集，形成沉淀。一般在等电点区域不溶解，有时溶剂分子被固定在肽链的网架中，形成胶冻。b. 黏度明显上升，扩散系数降低，摩擦比值加大。c. 失去生物活性，这是蛋白质变性的主要特征。d. 化学反应能力增大，这是由于原来在分子内部包藏的不易与化学试剂起反应的侧链活性基团，如酪氨酸侧链上的苯酚基、组氨酸侧链上的咪唑基等，在结构伸展松散后暴露出来，变得易于反应。e. 分子的大小改变。f. 结晶性能被破坏。g. 由于变性后分子结构伸展松散，易被蛋白酶分解。蛋白质变性后，蛋白酶对它的消化速度比天然蛋白质快很多。

3．胶原的光谱性质

（1）胶原的 X 射线衍射

X 射线衍射（X-ray diffraction，XRD）具有不破坏样品的特点，可用于胶原结构变化过程中各个参数的定量测定，例如测定胶原分子中分子链间的间距、分子中非结晶形态的比例，以及分子链中重复结构单元沿三股螺旋的轴向距离等。胶原 X 射线衍射谱通常有 3 个主峰，峰 1 的 2θ 值约为 $10°$，形状尖锐，与胶原三股螺旋结构有关；峰 2 的 2θ 值约为 $20°$，代表胶原内部非结晶成分的含量比例大小；峰 3 的 2θ 值约为 $30°$，代表胶原无侧链肽链之间的距离[16,17]。以水母胶原和牛胶原为例，三个峰的形状如图 3-5 所示。水母和牛胶原在峰 1 处的 d 值（胶原分子链之间的距离）分别为 1.244nm 和 1.226nm，在 $20°$ 附近出现一个宽大峰（峰 2），是胶原纤维内部众多结构层次引起的漫散射，在 $30°$ 附近的峰较小，水母和牛胶原在峰 3 的 d 值非常接近，分别为 0.295nm 和 0.296nm。数据显示水母胶原和牛胶原都保持了完整的三股螺旋结构[18]。

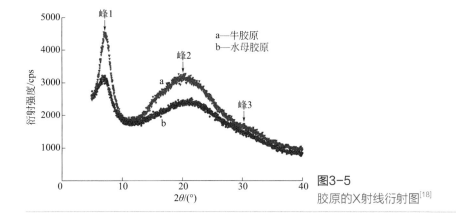

图3-5
胶原的X射线衍射图[18]

（2）胶原的红外光谱

每一种低分子化合物都具有其特殊的红外光谱，高分子化合物中的不同基团也具有不同的红外吸收。红外光谱以其灵敏度高、操作简便等特点，在有机化合物官能团结构辨认中起着重要作用，近年来，红外光谱在生物大分子的结构辨认中的作用也日趋明显。以水母胶原和牛胶原为例，通过傅里叶变换红外光谱仪分析，水母胶原的酰胺 A 吸收峰为 3288cm^{-1}，牛胶原的酰胺 A 吸收峰为 3294cm^{-1}，表明氢键存在于胶原结构中。胶原分子中—CH$_2$基团的不对称伸缩振动产生了酰胺 B 特征吸收峰[19,20]，其中水母胶原的酰胺 B 吸收峰在 2933cm^{-1} 处，牛胶原的酰胺 B 吸收峰在 2936cm^{-1} 处。酰胺 I 带是由蛋白质肽链骨架的 C═O 伸缩振动产生的[21]，是蛋白质二级结构变化的特征区域，水母胶原的酰胺 I 带出现在 1641cm^{-1} 处，与牛胶原的酰胺 I 带位置接近（1629cm^{-1}）。水母胶原和牛胶原酰胺 II 带吸收峰分别出现在 1543cm^{-1} 和 1546cm^{-1}，可能由 C—N 键的伸缩振动和 N—H 键的弯曲振动产生。水母胶原和牛胶原的酰胺 III 带分别位于 1236cm^{-1} 和 1237cm^{-1} 处，主要由脯氨酸侧链和甘氨酸骨架的—CH$_2$摇摆振动产生，结果说明胶原三股螺旋结构完整性较好（图 3-6）[18,21-23]。

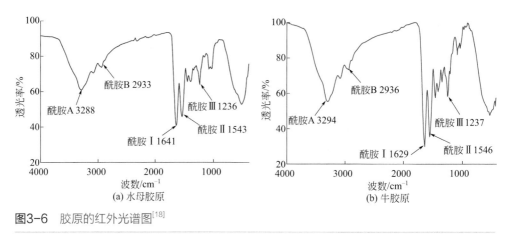

图3-6　胶原的红外光谱图[18]

（3）胶原的紫外光谱

溶液中的蛋白质分子能够吸收一定波长范围的紫外光，产生紫外吸收光谱。这是因为蛋白质通常含有芳香族氨基酸酪氨酸（Tyr）残基、色氨酸（Trp）残基和苯丙氨酸（Phe）残基，这些氨基酸含有苯环共轭双键系统，在特定波长（280nm 和 251nm）处有最大吸收峰。由于胶原中这些氨基酸含量少，其紫外吸收峰主要集中在 220～230nm，这主要是由肽键 C═O 的 n→π* 跃迁做出的贡献。牛胶原和水母胶原的紫外光谱如图 3-7 所示，最强吸收峰均在 218～220nm 处[18,24]。

（4）胶原的圆二色谱

圆二色谱技术能够很灵敏地检测生物大分子的结构，也能监视生物大分子的二级结构变化。圆二色谱的产生是由光学活性物质对左右圆偏振光的吸光率之差引起的。蛋白质远紫外区的圆二色谱随着其结构的变化而改变，所以圆二色谱可以用于检测蛋白质二级结构的变化。胶原圆二色谱的特征是在 190 ～ 200nm 有一个负吸收峰，在 210 ～ 230nm 范围内有一个弱的正吸收峰[25]。石服鑫等对鸡Ⅱ型胶原、猪膝关节软骨Ⅱ型胶原、鸡胸软骨Ⅱ型胶原和羊软骨Ⅱ型胶原的二级结构进行研究，结果如图 3-8 所示，不同来源的Ⅱ型胶原溶液在波长 221nm 处均出现正吸收峰，是左旋聚脯氨酸（P-Ⅱ）构型肽链圆二色谱的典型特征，在波长 197nm 处出现负吸收峰，是Ⅱ型胶原分子构象中无规卷曲结构的典型特征[26]。

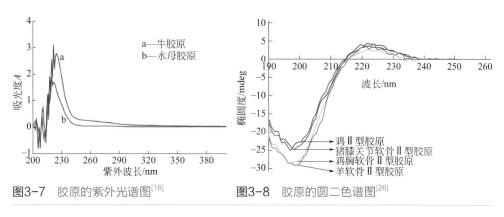

图3-7　胶原的紫外光谱图[18]　　　　　图3-8　胶原的圆二色谱图[26]

（5）胶原的荧光光谱

由于蛋白质分子在水溶液中的聚集主要是依靠氨基酸残基的疏水相互作用，因此可以借助荧光光谱技术对蛋白质的疏水性研究表征其聚集行为[27]。蛋白质分子中含有三种荧光基团，分别为色氨酸（Trp）残基、酪氨酸（Tyr）残基和苯丙氨酸（Phe）残基，由于这三种氨基酸中的侧链生色基团不同，因而具有其特定的荧光发射光谱，可以利用其内源荧光特性研究胶原分子的构象和动态变化。研究表明将丝胶与胶原共混，胶原的荧光峰位置由 306nm 红移至 318nm（图 3-9），说明丝胶的引入降低了胶原的聚集程度[28]。通过同步荧光光谱技术发现甘油可促使胶原聚集体逐渐松散[29]。

4. 胶原的化合物功能性质

蛋白质的功能性质主要包括：①蛋白质与水之间相互作用产生的性质，如吸水性、持水性、润湿性、溶胀性、黏合性、分散性、溶解性和黏度等；②蛋白质与蛋白质之间相互作用产生的性质，如沉淀性、胶凝性等；③蛋白质的表面性质，如表面张力、乳化性与发泡性等。

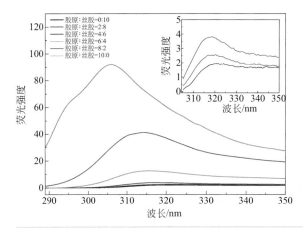

图3-9
不同比例胶原与丝胶混合溶液的荧光光谱图

蛋白质的这些功能性质是互相影响的，如蛋白质的胶凝过程中既有蛋白质与蛋白质之间的相互作用，又存在蛋白质与水之间的相互作用；蛋白质的黏度和溶解度特性不仅包括蛋白质与水的相互作用，也取决于蛋白质之间的相互作用。从本质上来说，蛋白质的功能性质取决于分子组成与结构特征，同时受外界环境因素的影响，如温度、pH值、电解质浓度、压力等。

（1）水合性质

由于蛋白质与水的相互作用，使蛋白质内一部分水的物理化学性质不同于正常水，通常将这部分水称为"结合水"。蛋白质的水合性质包括吸水性、持水性、润湿性和溶胀性等。

蛋白质的水合作用是一个逐步的过程，即首先形成化合水和邻近水，再形成多分子层水，如若条件允许，蛋白质将进一步水化，这时表现为：①蛋白质吸水充分膨胀而不溶解，这种水化性质通常称为膨润性；②蛋白质继续水化被水分散而逐渐变为胶体溶液，具有这种水化特点的蛋白质称为可溶性蛋白。大多数食品为水合的固态体系。食品蛋白质及其他成分的物理化学性质和流变学性质，不仅强烈地受到体系中水的影响，而且还受水分活度的影响。干的浓缩蛋白质或离析物在应用时必须水合，因此食品蛋白质的水合性质和复水性质具有重要的实际意义。

胶原与水结合的性质，主要是胶原分子中极性基团的含量及极性的强弱决定的，影响胶原与水结合的因素包括胶原的氨基酸组成、构象特征、表面性质、pH值、温度、离子的种类和浓度。胶原的吸水性和持水容量可以通过相对湿度法、溶胀法、过量水法以及水饱和法测得。其中溶胀法、过量水法和水饱和法能够测定结合水、不可冻结的水以及胶原分子借助物理作用保持的毛细管水。

（2）溶解度

胶原的溶解度较差，主要原因是一方面在其定向结构中分子间存在化学键，另一方面原纤维束上包盖着的薄膜阻碍了分子间键的破坏。胶原在水中的膨胀过程与其他纤维状结构的蛋白质不同。当加热至 $60 \sim 70℃$ 时胶原能熔化，并导致结构产生如下变化：胶原束急剧地缩短变粗；分子链在结构中的规律、整齐的排列消失，从而破坏氢键，使等电点向较高的 pH 值移动；由低弹性向高弹性转变，但失水后，这种状态又消失，胶原的强度改变。胶原的溶解度主要取决于胶原分子与水的相互作用，即胶原的水合作用程度，而水合程度又与胶原中可电离的基团和亲水基团的多少有关。因此，胶原的溶解度受多种因素影响，包括样品的分离方法、增溶方法、分子量大小、氨基酸组成、离子强度、环境的 pH 值、温度等。

① pH 值。胶原的溶解度与溶液的 pH 值关系很大，在胶原的等电点时达到最低值。用酶法提取的水解胶原蛋白的溶解度先随 pH 值的增大而降低，在 pH 值为 6.8 时出现溶解度的最低值，之后又随 pH 值的增大而增加。这是由于胶原氨基端、羧基端、侧链酸性基团和碱性基团的存在。胶原在水溶液中电离为大分子离子，带有一定的电荷，即呈现复杂的阳离子或阴离子状态。所带净电荷越高，胶原的溶解度就越大。在等电点时，胶原主要以两性离子状态存在，电荷平衡，净电荷为零，因此溶解度最低。

② 温度。温度对胶原（特别是水解胶原蛋白）溶解度的影响比较特殊，在 $10℃$ 下，水解胶原蛋白溶解度达到 95.2%，到 $20℃$ 时几乎达到 100%，说明水解胶原蛋白易溶于水。温度达到一定程度后，随着温度的升高溶解度基本没有变化，这是由于水解胶原蛋白受热后分子链很快伸展，使胶原分子与水分子有很强的作用，从而起到增溶作用。胶原分子伸展到一定程度，其产生的水化作用达到了平衡状态。$60℃$ 以后，随着温度的升高溶解度反而快速下降，这是由于胶原空间构象中的弱键发生断裂，肽键的特定结构遭到破坏，分子逐渐变性，原来在分子内部的非极性疏水基团暴露出来，使溶解度降低。

③ 离子强度。离子强度不同，对溶解度的影响也不同。同样是氯化物，不同的阳离子对溶解度的影响顺序是：$Ca^{2+}>Mg^{2+}>Li^+>Na^+>K^+>NH_4^+$；同样是钠盐，不同的阴离子对溶解度的影响顺序是：$SCN^->ClO_4^->I^->NO_3^->Br^->Cl^->CH_3COO^->HPO_4^{2-}>SO_4^{2-}$。盐浓度能够改变蛋白质分子的相互作用，一般而言，盐浓度在 $0.10 \sim 0.15mol/L$ 时，蛋白质吸水量增加，称为盐溶；当盐浓度高达近 $2mol/L$ 时，吸水量降低，表现为盐析。就实质而言，盐溶主要取决于蛋白质表面电荷的分布及其与溶剂的极性相互作用，盐析主要取决于疏水基团的相互作用。

（3）起泡性和泡沫稳定性

蛋白质的起泡性是指蛋白质在水中搅打起泡的能力，泡沫稳定性是指泡沫保持稳定的能力。蛋白质分子组成中疏水氨基酸含量越多，乳化能力就越强，且易吸附在液滴表面形成泡沫。泡沫是蛋白质膜包围液滴形成的。在泡沫表面膜上形成的分子间聚合的网状结构是泡沫稳定的必要条件。

温度能够影响胶原的起泡性和泡沫稳定性。在泡沫形成前，适当的加热能改进胶原的起泡性，但泡沫稳定性会降低。胶原的分子量越高，越有利于泡沫的形成和稳定。此外，胶原分子间的氢键、静电的相互作用和范德华力也是泡沫稳定的重要条件。在食品工业中，胶原被广泛用作起泡剂和乳化剂[30]。

（4）黏度

胶原的水溶液具有黏度，胶原大分子在水溶液中比较舒展，如果加以搅拌使一些链与另一些链脱开，溶液的黏度就会降低。如果将此溶液静置，链与链之间互相缠结和粘连，刚性结构逐渐增长，溶液的黏度将增大。静置的时间越长，溶液的黏度越大。决定胶原水溶液黏度高低的最主要因素是胶原自身的分子量大小，分子量越大，溶液黏度就越高，而小分子肽的黏度就很小。此外环境条件也会影响黏度。

① 温度。随着温度的升高，胶原溶液的表观黏度降低。以温度对鲢鱼鱼鳞胶原溶液黏度的影响为例，随着温度升高，胶原分子的无规则热运动加剧，使胶原溶液内部形成了更多的孔穴，胶原的分子链更容易运动，使溶液的表观黏度下降。当温度升高到 20 ~ 25℃时，黏度大幅度降低，这是由于胶原已经发生变性，三股螺旋结构开始解旋，从三聚体变为单体或二聚体[31]。

② 浓度。在胶原分子量相同的情况下，溶液浓度越大，其黏度就越高。这是因为当胶原浓度增加时，胶原分子键间的缠结增多，分子间的摩擦力变大，胶原分子链段跃迁变慢，使胶原的黏度增大。但是，溶液黏度与其浓度并不呈线性关系，而是函数关系，这种情况在高分子量胶原溶液中尤其明显。作为聚电解质的胶原溶液，分子量越大，溶液中多聚体越多，分子链之间的缔合作用和水合作用越大，较小的浓度增大会引起较大的黏度增加。分子量低的胶原溶液，其黏度浓度曲线接近于线性关系。

③ pH 值。胶原作为聚两性电解质，其水溶液的 pH 值为等电点时，整个分子呈电中性，分子链趋向于卷曲状态，氢键等引起的分子间作用力最小，分子间运动阻力也最小，所以，此时溶液的表观黏度最低，新配制的溶液这种现象更为显著。随着 pH 值与等电点的差值的绝对值增加，溶液的黏度随之增加。pH 值对溶液黏度的影响也与胶原的分子量有关。一般来说，分子量越高，聚电解质性质越明显，黏度随 pH 值的变化也越明显；反之，分子量越低，聚电解质性质越不明显，黏度随 pH 值的变化就变小。但不论分子量高低，变化的总趋势基本一致，先随 pH 值的增大而降低，到等电点达到最低值之后，又随 pH 值的增大而升高。

④ 电解质。胶原是聚两性电解质，其在溶液中的电荷会受到电解质的影响，

因此其溶液黏度会随外加电解质NaCl浓度的增加而增大。NaCl的介入会起到以下几种作用：a. 使溶剂的极性加强，从而使胶原的疏水缔合作用增强，使之易于形成具有大流体力学体积的聚集体。离子强度越大，这种作用越大，黏度增加越大。b. 能屏蔽胶原分子内正负基团的相互作用，使内盐键受到破坏，分子链伸展，从而使溶液黏度升高。c. 使离子强度增高，对蛋白质侧基电荷的屏蔽作用增强，易引起分子链的卷曲，使浓度下降。

⑤ 存放时间。新配制的动物组织来源的胶原溶液在等电点时黏度最低，在室温下，胶原溶液的黏度随存放时间的延长而增加，到48h时，达到最大值。然后下降，到96h时出现一个低值。之后又上升，到120h又下降，之后存放时间越长，黏度下降越严重。这说明动物组织来源的胶原溶液的储存稳定性不好，为防止黏度的下降，应该低温存放。

（5）凝胶性

胶原是高分子化合物，在水溶液中具有胶体性质。胶原分子的表面有许多极性侧基，如氨基、酰氨基、羧基、羟基等，都能与水分子以氢键结合，在胶原分子周围形成一层水分子膜。这是胶原的水合作用，发生了胶原的膨胀，同时放出热量，一般情况下，可吸收30%～35%的水分。升高温度，延长在水中的浸泡时间，膨胀的胶原可进一步吸水，能结合自身质量10倍以上的水，形成凝胶。

胶原凝胶的形成，是胶原之间及胶原与溶剂之间相互作用的结果。胶凝过程包括两个步骤：首先是胶原的变性、分子伸展，然后是变性胶原分子有规律地排列，形成三维网状结构。少量胶原就能够固定大量的水，形成三维网状结构。胶原形成凝胶后，不但是水的载体，还是风味剂、糖及其他配合物的载体，这一性质在食品行业很有用处。

胶原的浓度、提取方法、加热温度和时间、冷却条件、离子强度和硫醇的存在等都会影响胶原的胶凝作用。水解胶原蛋白因为分子量较低，只具有较弱的胶凝能力，在浓度较低的情况下不能形成凝胶，只有在高浓度时才具有形成凝胶的能力。

二、胶原的化学性质

胶原具有一般蛋白质的化学性质，在分子中保留有自由的末端氨基和羧基，以及侧链上的各种官能团，因此具有生物活性，在体内可以进行一系列的生物化学反应。

1. 胶原的酸碱性质

（1）酸碱作用

具有两性特征的胶原在酸性介质或碱性介质中能够发生膨胀，这一性质对于制革和胶原的提取过程特别重要。其实质就是组织中的胶原肽链间的氢键和离子键乃至共价键在酸或碱的作用下有所破坏，使胶原结构松散。

（2）盐的作用

在盐溶液中，胶原肽链间的离子键被盐解离的阴、阳离子打开，从而吸水膨胀。各种离子对胶原膨胀能力影响的大小如下：阳离子 $Ca^{2+}>Li^+>Na^+>K^+>Rb^+>Cs^+$；阴离子 $SCN^->NO_3^->Cl^->CH_3COO^->SO_4^{2-}>$ 酒石酸根 > 柠檬酸根。

胶原的滴定曲线形状和等电点，在有中性盐的存在下可以发生明显的变化。这是由于胶原分子中一些可解离基团与中性盐中的阳离子（如 Ca^{2+} 或 Mg^{2+}）或阴离子（如 Cl^- 或 HPO_4^{2-}）相结合的结果。因此，观察到的等电点在一定程度上取决于介质中的离子组成。有些多元酸盐如硫酸钠、硫酸铵、磷酸二氢钾、磷酸氢二钠可以用作胶原的沉淀剂。

2. 胶原的氨基反应

胶原肽链上的活性基因可以进行一系列的化学反应。亚氨基的活性虽然较小，但在一些活性较强的试剂作用下，也能发生某些化学反应。氨基上的反应，既可以用来修饰胶原，使其改性，也可以用来保护氨基，使氨基在随后进行的反应中不与其他试剂反应。

（1）脱氨基反应

胶原的氨基与亚硝酸反应，侧氨基或端氨基被分解，并放出氮气，放出的氮气可用气体分析仪测量体积。此反应具有定量关系，1mol 的自由氨基产生 1mol 的氮。这一关系式可用来测定蛋白质的氨基氮，进而判断蛋白质的水解程度和速度。

$$R\!\!-\!\!\underset{\underset{NH_2}{|}}{CHCOOH} + HNO_2 \longrightarrow R\!\!-\!\!\underset{\underset{OH}{|}}{CHCOOH} + H_2O + N_2$$

（2）与甲醛的反应

甲醛滴定法常用于测定氨基酸和蛋白质含量。其原理是甲醛在氨基上发生加成反应生成 N-羟甲基衍生物，这个反应可以继续进行，生成 N-二羟甲基衍生物，从而将自由氨基封闭保护。氨基被保护后，氨基胶原的碱性消失，即可用标准碱溶液滴定自由羧基的数量，从而计算出蛋白质的含量。

$$R\!\!-\!\!\underset{\underset{NH_2}{|}}{CHCOOH} + HCHO \longrightarrow R\!\!-\!\!\underset{\underset{N=CH_2}{|}}{CHCOOH} + H_2O$$

甲醛反应也可发生在亚氨基和酰氨基上，形成二羟甲基衍生物。随后发生亚甲基化反应，使胶原分子交联。

甲醛、乙醛、苯甲醛等活性较大的醛类可与胶原的侧氨基反应生成弱碱，即席夫碱

$$R—CHCOOH + R'CHO \longrightarrow R—CHNCHR' + H_2O$$
$$\quad\ |\qquad\qquad\qquad\qquad\qquad |$$
$$\quad NH_2\qquad\qquad\qquad\qquad COOH$$

（3）胍基化反应

胶原肽链上的侧 $\varepsilon\text{-}NH_2$ 活性较大，可与 $O\text{-}$ 甲基异脲或 $S\text{-}$ 甲基异脲反应，使其成为胍基

$$\text{Col—NH}_2 + CH_3—O—\overset{NH}{\overset{\|}{C}} \longrightarrow \text{Col—NH—}\overset{NH}{\overset{\|}{C}} + CH_3OH$$
$$\qquad\qquad\qquad\quad |\qquad\qquad\qquad\qquad\ |$$
$$\qquad\qquad\qquad\ NH_2\qquad\qquad\qquad\quad NH_2$$

$\alpha\text{-}NH_2$ 的活性不如 $\varepsilon\text{-}NH_2$ 活性大，同时可能有位阻，所以不易发生此反应。

（4）甲基化反应

胶原的氨基可与甲基化试剂如重氮甲烷、硫酸二甲酯等发生甲基化反应

$$\text{Col—NH}_2 + CH_2N_2 \longrightarrow \text{Col—NH—}CH_3 + N_2$$

$$\text{Col—NH}_2 + CH_3—O—SO_2—O—CH_3 \longrightarrow \text{Col—NH—}CH_3 + CH_3—O—SO_3H$$

这个反应可以用来保护胶原的氨基。当然，甲基化反应不但会在胶原的氨基上进行，也可与其羧基反应生成甲酯。重氮甲烷还可以与胶原的羟基、酰氨基、酚羟基等反应。

（5）与氮丙啶的反应

氮丙啶是一个三元氮杂环化合物，开环后可以与胶原侧链上的氨基发生反应

$$\text{Col—NH}_2 + H_2\overset{}{C}\underset{NH}{\diagdown}CH_2 \longrightarrow \text{Col—NH—}CH_2—CH_2—NH_2$$

显然，这个反应使胶原增长了侧链，并增加了一个氨基。氮丙啶同样可以与胶原的羧基甚至羟基发生反应。

（6）巯基化反应

胶原氨基的巯基化有以下两种方法。第一种是与 $N\text{-}$ 乙酰基高半胱氨酸硫代内酯反应，在 pH 值为 7.5 的条件下，用 Ag^+ 作催化剂。

$$\text{Col—NH}_2 + \begin{matrix} CH_2—S—C=O \\ |\qquad\qquad \\ CH_2—CH—NH—C—CH_3 \\ \qquad\qquad\qquad \| \\ \qquad\qquad\qquad O \end{matrix} \longrightarrow HS—CH_2—CH_2—\begin{matrix} CONH—Col \\ | \\ CH—NH—C—CH_3 \\ \quad\ \| \\ \quad\ O \end{matrix}$$

第二种是与 $S\text{-}$ 乙酰基硫代丁二酸酐反应。

$$\text{Col—NH}_2 + \begin{matrix} CH_3COS·CH—C \\ |\qquad\quad \diagdown \\ \qquad\qquad\quad O \\ CH_2—C \diagup \\ \qquad\ \| \\ \qquad\ O \end{matrix} \longrightarrow \begin{matrix} CH_3COS·CH—CONH—Col \\ | \\ CH_2—COOH \end{matrix}$$

（7）与环氧化合物的反应

胶原的氨基可以与环氧化合物反应，不过在室温下的反应速率很慢，需要几

天时间。环氧化合物同样可以与胶原的羧基反应。

$$\text{Col}-\text{NH}_2 + \text{R}-\text{HC}\underset{\text{O}}{\overset{}{\diagup}}\text{CH}_2 \longrightarrow \text{Col}-\text{NH}-\text{CH}_2-\underset{\text{OH}}{\overset{}{\text{CHR}}}$$

（8）与乙烯砜的反应

乙烯砜中的双键可以与胶原的氨基发生加成反应，这个反应可以用来进行胶原的交联。

$$\text{Col}-\text{NH}_2 + \begin{matrix}\text{H}_2\text{C}=\text{CH}\\ \\ \text{H}_2\text{C}=\text{CH}\end{matrix}\diagdown\text{SO}_2 \longrightarrow \begin{matrix}\text{Col}-\text{NH}-\text{CH}_2\text{CH}_2\\ \\ \text{Col}-\text{NH}-\text{CH}_2\text{CH}_2\end{matrix}\diagdown\text{SO}_2$$

3. 胶原的羧基反应

胶原肽链中的谷氨酸含量很高，谷氨酸是二元酸，只有一个羧基参与形成肽键，另一个羧基就成为侧链羧基。因此，胶原肽链上的侧链羧基较多。当然胶原的侧链羧基不仅仅由谷氨酸提供，肽链中还有其他二元酸，羧基的反应活性也很大，可以与许多化合物反应。与氨基一样，既可以利用这个特点来合成许多胶原的衍生物，也可以为进行其他反应而将其保护起来。

（1）酯化反应

胶原的羧基可以与醇在酸（一般是盐酸）的催化下发生酯化反应

$$\text{Col}-\underset{\text{NH}_2}{\overset{}{\text{CH}}}-\text{COOH} + \text{C}_2\text{H}_5\text{OH} \xrightarrow[\text{回流}]{\text{干燥HCl}} \text{Col}-\underset{\text{NH}_2\cdot\text{HCl}}{\overset{}{\text{CH}}}-\text{COOC}_2\text{H}_5 + \text{H}_2\text{O}$$

胶原的羧基也可与硫酸二甲酯发生酯化反应

$$\text{Col}-\text{COOH} + \text{CH}_3-\text{O}-\text{SO}_2-\text{O}-\text{CH}_3 \longrightarrow \text{Col}-\text{COOCH}_3 + \text{CH}_3-\text{O}-\text{SO}_3\text{H}$$

（2）酰胺化反应

胶原的侧链羧基可以与碳化二亚胺反应，反应的第一步是生成酰基脲中间体，经转移重排，形成尿素衍生物；第二步是胶原中的氨基取代这个尿素衍生物，形成交联。

$$\text{Col}-\text{COOH} + \text{R}_1-\text{N}=\text{C}=\text{N}-\text{R}_2 \xrightarrow{\text{H}^+} \text{Col}-\overset{\text{O}}{\overset{\|}{\text{C}}}-\text{O}-\text{C}\underset{\text{NR}_2}{\overset{\text{NHR}_1}{\diagup}}$$

$$\xrightarrow{\text{重排}} \text{Col}-\overset{\text{O}}{\overset{\|}{\text{C}}}-\overset{\text{R}_2}{\overset{|}{\text{N}}}-\overset{\text{O}}{\overset{\|}{\text{C}}}-\text{NHR}_1 \xrightarrow{\text{Col}-\text{NH}_2} \text{Col}-\overset{\text{O}}{\overset{\|}{\text{C}}}-\text{NH}-\text{Col} + \text{R}_1\text{NH}-\text{CO}-\text{NHR}_2$$

（3）与环氧化合物的反应

环氧化合物也可以与胶原的羧基反应，但在室温下反应速率很慢，需数天时间。

$$\text{Col}-\text{COOH} + \text{R}-\text{HC}\underset{\text{O}}{\overset{}{\diagup}}\text{CH}_2 \longrightarrow \text{Col}-\text{COO}-\text{CH}_2-\underset{\text{OH}}{\overset{}{\text{CHR}}}$$

（4）与氮丙啶的反应

胶原的羧基也能与氮丙啶发生反应

$$Col—COOH + H_2C—CH_2 \longrightarrow Col—COO—CH_2—CH_2—NH_2$$
$$\underset{NH}{\diagup\diagdown}$$

4. 胶原的甲硫基反应

甲硫氨酸中的甲硫基可以与过氧化氢、卤代烷、叠氮化合物、β-丙内酯等反应。这些试剂在高 pH 值时，可以与胶原中的其他活性基团反应，但在低 pH 值时，仅能与甲硫基反应。

$$Col—S—CH_3 + H_2C—CH_2 \longrightarrow Col—S^+—CH_2CH_2OO^-$$
$$\underset{O—C=O}{|} \qquad \underset{CH_3}{|}$$

5. 胶原的胍基反应

胶原中的精氨酸含量是较高的，精氨酸中有胍基，在强酸性介质（6 ～ 12mol/L HCl）中，可以与1,3-羰基化合物反应，形成环状化合物。

$$Col—NH·C\underset{NH_2}{\overset{NH}{\diagup}} + O=C\underset{O=C}{\overset{R}{\underset{CH_2}{|}}} \xrightarrow{H^+} Col—NH·C\underset{N}{\overset{N=C}{\diagup}}\underset{R'}{\overset{R}{\diagup}}CH + H^+ + 2H_2O$$

如果在碱性介质中，可与1,2-二羰基化合物反应，形成环状化合物。

$$Col—NH·C\underset{NH}{\overset{NH_2}{\diagup}} + \underset{O=CH}{\overset{O=CR}{}} \xrightarrow{OH^-} Col—NH·C\underset{N—CH—OH}{\overset{NH—C—OH}{}}\overset{R}{|}$$

6. 胶原的羟基反应

胶原中的羟基可以与重氮甲烷反应

$$Col—OH + CH_2N_2 \longrightarrow Col—O—CH_3 + N_2$$

也可与氮丙啶反应

$$Col—OH + H_2C—CH_2 \longrightarrow Col—O—CH_2—CH_2—NH_2$$
$$\underset{NH}{\diagup\diagdown}$$

7. 胶原的非酶磷酸化反应

胶原的磷酸化都是通过酶促反应进行的。但是，近来研究发现，三聚磷酸钠可与胶原水解多肽在水溶液中发生非酶磷酸化反应。在胶原多肽浓度为3%、三聚磷酸钠浓度为0.7%、pH 值为8.0、温度为42℃的条件下，恒温4.4h，产物经后处理，测得磷酸化水平为14.78g 磷 /mol 胶原多肽。温度对磷酸化水平有显著影响，磷酸化水平随温度的升高而升高，80℃时磷酸化水平最高。反应介质为中性时没有明显的影响，当 pH 值调节到 9 时，磷酸化水平明显升高。反应时间超过 3h 以后，磷酸化水平未见明显升高，时间再延长，甚至会降低磷酸化水平。在最佳反应条件下，即胶原多肽浓度为 3%、三聚磷酸钠浓度为 1%、pH 值为 9.0、反应温度为 90℃、反应时间为 3h，胶原多肽的磷酸化水平达到 52.87～55.78g 磷 /mol 胶原多肽，接近于每分子胶原多肽共价连接 2 分子磷酸基团[32]。

8. 胶原与金属离子的作用

胶原是一种天然高分子配体，其分子结构中的氨基、羧基、羟基、胍基等侧基在不同条件下可与一些金属离子发生配位反应，生成金属胶原配位化合物，从而对胶原的各种性能产生影响。这种作用无论是在感光化学还是在分子生物学中都十分重要。

（1）银离子与胶原的螯合

通过红外光谱可以发现，胶原与银离子的作用，不但有 S—Ag 键存在，而且还有 N—Ag 键生成。胶原与 Ag^+ 的作用可通过甲硫氨酸和甲硫氨酸亚砜残基中的 S 原子与 Ag^+ 的作用来实现，在水溶液中，pH≈8 时，胶原与 Ag^+ 发生反应，形成配位化合物。用 NaOH 溶液调节溶液的 pH 值在 7.6～8.4 范围内，Ag^+ 与胶原配合完全。用分光光度法测定，此时的吸光度达到最大值。

胶原和 Ag^+ 在 pH 值 10～12、温度低于 60℃时形成一种较为复杂的多核配位化合物，高于 60℃时配位化合物中的 Ag^+ 被还原为银微粒而形成较细的银凝胶。

胶原能够稳定紫外光照射制得的 Ag^+ 团簇。此外，甲硫氨酸、甘氨酸、谷氨酸、羟脯氨酸也能稳定 Ag^+ 团簇，而且甲硫氨酸的稳定作用最强，Ag^+ 团簇在高 pH 值比在低 pH 值更易生成，胶原与 Ag^+ 的这些复杂作用，是生产照相胶卷的化学作用基础。甲硫氨酸与银形成配合物的结构如下。

（2）铜离子与胶原的螯合

在一定 pH 值下，胶原与 Cu^{2+} 能够发生配位反应，形成配位化合物。胶原中含有 α、β、γ 不同构象，其游离基团与 Cu^{2+} 以配位的形式稳定存在。

（3）铁离子与胶原的相互作用

胶原与铁离子有很强的配位能力，胶原中的铁结合形态很复杂，既有 Fe^{2+}、Fe^{3+}，还有过渡价态的铁。胶原对外来杂质 Fe^{3+} 有很强的还原能力，还原后的铁以配位形式存在于胶原中，其微观配位化学环境与胶原本身存在的铁的配位环境有所差异。杂质 Fe^{3+} 的加入，不仅影响到胶原中泛醌自由基信号的自旋浓度，而且还影响到自由基的产生和消退[33]。范代娣团队[34]对胶原进行巯基化改性，以增加蛋白载体对铁离子的结合位点来提高铁的结合能力。同时有效地预防反应过程中二价铁离子的氧化，进一步提高铁离子的结合量，并且通过工艺改进制备出新型巯基化胶原铁复合物高效补铁剂，不仅可以补充人体所需的蛋白质和氨基酸，而且在一定程度上能够补充人体所缺少的微量元素铁，预期能够有效地预防和治疗缺铁性贫血。

（4）过渡金属离子与胶原的相互作用

利用荧光猝灭法对 Mn^{2+}、Co^{2+}、Ni^{2+}、Hg^{2+} 四种过渡金属离子与胶原间的相互作用进行研究，发现 Mn^{2+}、Co^{2+}、Ni^{2+} 与胶原中的酰胺键发生了作用，形成了基态螯合物，三种金属离子与胶原相互作用的强度为：$Mn^{2+} > Ni^{2+} > Co^{2+}$。

三、胶原的生物学性质

胶原能够广泛应用于生物医药、美容护肤等领域，主要是基于胶原的一些良好生物学性能，例如低抗原性能、凝血性能、易被人体降解吸收以及有利于细胞的存活和生长等性能。

（1）细胞功能调节性能

细胞外基质（extracellular matrix，ECM）与细胞支架相互作用可将化学和机械信号通过细胞膜上的受体进行转换，并导致细胞形态、蛋白质和其他细胞功能发生变化。在 ECM 与细胞膜成分之间的相互作用关系中，胶原能直接与细胞膜受体相互作用，或间接与 ECM 中的糖蛋白或糖胺聚糖相互作用，对细胞膜受体施加作用以参与细胞行为的调控。而在生理或病理机制的调控下，胶原有机地参与细胞迁移和代谢，从而使细胞更准确地发挥其功能[35]。

（2）低抗原性能

胶原的抗原性与其他蛋白质相比要低得多，而且胶原常被认为是没有抗原性的蛋白质，但是不同制备方法得到的胶原表现出来的抗原性不同。长期以来，异体胶原组织器械如猪和牛的心包、心脏瓣膜被认为是可长期植入人体的器械。胶原产生免疫反应最强烈的部位是三股螺旋两端的端肽结构。胃蛋白酶能去除胶原分子的端肽，因此采用胃蛋白酶法制备的胶原抗原性最低。

（3）凝血性能

胶原是一种很好的止血剂，已有许多学者对胶原的止血性能机制进行了研究。得出的普遍结论是血小板首先黏附在胶原表面，诱导血小板释放。紧接着血小板聚集，产生最终的止血栓。胶原的止血活性依赖于胶原聚集体的大小和分子的天然结构，而变性的胶原（明胶）诱导止血作用明显减弱。胶原的天然结构尤其是足够发达的四级结构，是胶原具有凝聚能力的基础，而采用胶原制备的凝血材料，如胶原／壳聚糖复合材料的止血性能比明胶等一般材料要好得多[36-39]。

（4）易被人体降解吸收的性能

胶原作为体内移植材料使用时，可被人体降解吸收。组织中提取的胶原三股螺旋结构较稳定，未变性胶原和弱变性胶原一般不能直接被普通的蛋白酶水解，只有胶原酶才能对胶原的体内降解起关键作用。胶原酶可以作用于胶原分子的特定位点，对于 I 型胶原而言，胶原分子在距离其 N 末端 3/4 的位置被切断，此外切断的碎片可以进一步被其他蛋白酶水解。

胶原在生物体内分解代谢时，因场所不同而分为细胞外和细胞内两种途径。细胞外代谢途径是指在细胞外，胶原纤维经胶原酶、弹性蛋白酶等中性蛋白酶的作用，先分解为小分子多肽和氨基酸，再进入血液循环的过程，而细胞内代谢途径为胶原分子经酶作用被打断成分子量适当的片段后被细胞吞噬，在细胞内进一步被分解成小分子多肽和氨基酸的过程[40]。

（5）美容性能

通常皮肤中的胶原以 I 型胶原为主，随着人们年龄的增长，分子间架桥日益增多，胶原纤维亦越紧密，使得皮肤容易老化而变僵硬、松弛。胶原与人体组织的亲和性很好，有利于自身组织的修复再生。研究发现，当注射胶原几周后，动物体内形成正常的结缔组织，使受损老化的皮肤得到填充和修复，从而达到延缓皮肤衰老的目的。胶原溶液还有很强的抗辐射作用，在皮肤表面形成较强的保水层保护皮肤。

第三节
胶原的定量分析与鉴定

一、胶原的定量分析方法

胶原的定量分析有多种方法，对于已知是胶原的样品，凯氏定氮法是最可靠的。其次可用双缩脲法、紫外吸收法、福林（Folin）- 酚法和考马斯亮蓝 G250 染色法等。此外胶原总量也可以通过测量胶原中的特异性氨基酸来确定。

1. 凯氏定氮法

凯氏定氮法是国际通用的蛋白质测定法，测定结果相对准确可靠，因而也适合于胶原的定量分析。

凯氏定氮法通过测定试样的含氮量来换算蛋白质的含量。在催化剂的存在下用硫酸加热分解有机物，使试样中的含氮物转变成硫酸铵，再加入浓氢氧化钠溶液蒸馏，硫酸铵与氢氧化钠反应生成氢氧化铵。氢氧化铵受热分解为氨和水，氨被蒸出，由硼酸吸收，再用酸滴定，计算出含氮量，乘以氮与蛋白质的换算系数计算出蛋白质含量[41]，计算如式（3-1）

$$粗蛋白质含量 = \frac{N(V_2 - V_1) \times 0.014 \times \alpha}{m \times \dfrac{V'}{V}} \times 100\% \tag{3-1}$$

式中　V_2——滴定试样时消耗盐酸标准溶液的体积，mL；

　　　V_1——滴定空白时消耗盐酸标准溶液的体积，mL；

　　　N——盐酸标准溶液的浓度，mol/L；

　　　m——试样质量，g；

　　　V——试样消化液总体积，mL；

　　　V'——试样消化液蒸馏用体积，mL；

　0.014——氮的摩尔质量，g/mmol；

　　　α——氮换算成蛋白质的平均系数（不同类型胶原的凯氏定氮系数由其理论序列计算）。

2. 双缩脲法

具有 2 个以上酰胺键（肽键）的化合物在碱性溶液中能与铜离子发生双缩脲反应生成紫色配合物，其色泽深浅与该化合物的含量成正比，可以比色定量。由测得的光密度查找对应的蛋白质含量（mg）[41]。

按式（3-2）计算

$$蛋白质含量 = \frac{C}{1000W} \times 100\% \tag{3-2}$$

式中　C——标准蛋白质含量，mg；

　　　W——样品质量，g；

　1000——将 mg 换算成 g。

蛋白质分子链中含有众多的肽键，因此可用双缩脲反应对蛋白质进行定量，且与蛋白质的氨基酸组成及分子量无关。

3. 紫外吸收法

蛋白质及其降解的大或小肽段和氨基酸所含有的芳香环残基在紫外区内对一定波长（280nm）的光具有吸收作用。在此波长下光的吸收程度与蛋白质浓度（3～8mg/mL）呈直线关系，因此，通过测定蛋白质溶液的吸光度，并参照用凯氏定氮法绘制的标准曲线，即可求出样品蛋白质的含量。

紫外吸收法操作简便迅速，常用于生物化学研究和生物样品的分析测定，同样可以用于胶原的测定。但是胶原中色氨酸和酪氨酸含量比一般蛋白质少，苯丙氨酸含量与大多数蛋白质差不多，因此，紫外吸收法虽然可以用于测定胶原，但是同样浓度的胶原在280nm处的吸光度要小于其他蛋白质。因此较多情况下是使用改进的方法，即将胶原样品先与含有芳香环的试剂反应，制备成其衍生物，再进行紫外测定。此外，紫外吸收法主要用作离子交换色谱分离、高效液相色谱分离或测定胶原的检测手段。

4. 考马斯亮蓝 G250 染色法

考马斯亮蓝 G250 染色法（Coomassie brilliant blue G250）是一种快速且适用于所有蛋白质的定量分析方法，也常用于胶原的定量分析。考马斯亮蓝 G250 是一种红色的染料，与胶原结合后呈青色，在595nm处的吸光度与胶原含量成正比[41]。按式（3-3）计算样品中胶原的含量

$$胶原含量 = C \times 溶液体积（mL）/样品质量（g） \tag{3-3}$$

式中 C——标准曲线对应的蛋白质浓度，$\mu g/mL$。

5. 天狼猩红法

天狼猩红与胶原特异性结合，经 NaOH 溶液洗脱、离心后获得红色复合物，在特定波长540nm条件下通过测定吸光度确定胶原含量。此法的灵敏度为1g，最适检测范围为3～100g，天狼猩红与胶原结合的特异性较高，常见蛋白质例如胃蛋白酶、胰蛋白酶、人免疫球蛋白 G（IgG）、人血浆铜蓝蛋白、溶菌酶多不与天狼猩红结合，常用的试剂 NaCl、KCl、$MgCl_2$、KH_2PO_4、三羟甲基氨基甲烷（Tris）、聚乙二醇辛基苯基醚（triton X-100）等也对测定结果无影响。

6. 胶原特异性氨基酸的测定

胶原的一个特点是含有大量的特异性氨基酸，即羟脯氨酸（Hyp）和羟赖氨酸（Hyl），且含量比较稳定。除了弹性蛋白、伸展蛋白及乙酰胆碱酯酶等蛋白质中存在羟脯氨酸外，大多数蛋白质中不存在这些特异性氨基酸，因此通常可以通过测定水解后羟脯氨酸的含量来表征胶原总量。多种方法可用于测定羟脯氨酸含量，操作简便的韦斯纳（Woessner）比色法仅适合测定羟脯氨酸含量高的样品，

例如从组织液、动植物中提取的蛋白质样品；对于羟脯氨酸含量少的样品则需使用操作较为复杂的 Kivirikko 比色法等方法[42]。此外，也可采用氨基酸分析仪对羟脯氨酸和羟赖氨酸进行定量测定。

（1）韦斯纳（Woessner）比色法

对于几乎是纯胶原的样品，可用 Woessner 比色法测定胶原含量。试样在氯化亚锡的盐酸溶液中水解，释放出羟脯氨酸，经氯胺 T 氧化，生成含有吡咯环的氧化物。用高氯酸破坏过量的氯胺 T。羟脯氨酸氧化物与对二甲氨基苯甲醛反应生成红色化合物，在波长 558nm 处进行比色测定。计算方法如下

$$X = \frac{6.25C}{mV} \tag{3-4}$$

式中　X——样品中L(−)-羟脯氨酸的含量，%；

　　　C——标准曲线对应的 L(−)- 羟脯氨酸浓度，μg/mL；

　　　m——试样质量，μg；

　　　V——吸取滤液的体积，mL。

当误差符合规定的要求时，取两次测定结果的算术平均值作为结果，结果精确到 0.01%，同一分析者同时或相继进行的两次测定结果之差不得超过平均值的 5%。

（2）Kivirikko 比色法

同 Woessner 比色法，即使在有其他氨基酸存在的情况下，Kivirikko 比色法对羟脯氨酸也具有相当高的特异性。

将测得的羟脯氨酸含量乘以 100 再除以 12.5 即可换算出该样品组织中胶原的含量（g/100g 样品）。胶原中的羟脯氨酸含量也有一些国家按 14.1% 计，而不是按 12.5% 计，此时需除以 14.1。组织中含有脂肪会干扰比色，样品不脱脂测得的羟脯氨酸含量比样品脱脂后测得的羟脯氨酸含量低得多，因此应该用丙酮、乙醚（各 2 次，每次 0.5h）对组织样品进行脱脂处理。

二、组织中胶原的定量分析方法

胶原及其类型的确定，不但对判断器官的病理变化具有重要意义，而且对胶原的分离、提取、纯化及其制品的使用具有重要的作用。到目前为止，一般都是用组织化学染色法来鉴定组织中的胶原，常用的检测方法为范吉逊氏染剂（Van Gieson）染色法和苦味酸 - 天狼猩红染色偏振光法，前者只适用于疏松结缔组织的胶原检测。

1. Van Gieson 染色法

组织化学染色法是基于胶原分子富含碱性氨基酸，常可与酸性染料起强烈的

反应。酸性品红是含有三个磺酸基的酸性染料，呈紫红色，能与胶原发生染色化学反应。此外，组织的上色还与染料分子的大小及组织的渗透性有关，而组织的渗透性取决于组织的结构密度。不同的组织细胞成分、空隙大小不同。空隙小、结构致密的组织渗透性较小，需选择分子量小的染料进行染色；空隙大、结构疏松的组织相应的渗透性大，染料的渗透不受分子量的限制。酸性品红的分子量较大，因此只适合染色结构比较疏松、组织渗透性较大的结缔组织的胶原纤维。在光学显微镜下观察，胶原纤维呈品红色，其余部分若有平滑肌纤维、神经胶质存在则呈黄色，细胞核呈紫褐色。此染色法无法显示胶原纤维的偏振光性，所以不能识别胶原的类型。

2. 苦味酸 - 天狼猩红染色偏振光法

天狼猩红（sirius red）是一种强酸性染料，每个分子含有 6 个磺酸基，呈鲜红色，可与胶原发生染色反应，染色后的胶原也呈鲜红色，与呈浅黄色的肌纤维形成对比，色彩鲜艳，易于区分。天狼猩红不仅对疏松结缔组织中的胶原易染色，而且对比较致密的肌束之间的胶原以及血管内膜中的微量胶原纤维也能快速染色，并能明显地增强胶原的双折射现象——许多染料分子在胶原长轴方向以彼此平行排列的方式附着于每个胶原分子上，故而产生了强烈的双折射现象。不同类型的胶原具有不同的偏振光性质，在偏振光显微镜下可区分 I 型、II 型、III 型和 IV 型胶原，同时可以揭示组织内胶原的分布状态。I 型胶原紧密排列，显示很强的双折射性，为黄色或红色的纤维；II 型胶原显示弱的双折射性，为不同颜色的疏松网状；III 型胶原呈疏松网状，显示弱的双折射性，为绿色的细纤维；IV 型胶原显示为双折射的基底膜，浅黄色。

3. 复合染色法

一种由阿尔辛蓝（Alcian blue）、间苯二酚（resorcin）、碱性品红（basic fuchsin）、丽春红（ponceau）和苦味酸（picric acid）组成的复合染色法，能同时检测组织中的黏蛋白、弹力蛋白和胶原，色彩鲜艳、对比清晰。在光学显微镜下，可以观察到组织中的黏蛋白呈绿色、弹力蛋白呈紫色、胶原呈红色、基质呈黄色，结构分布清晰。

三、可溶胶原的鉴定

可溶胶原制剂（包括组织胶原提取物）的质量和特性可以运用多种方法进行评估。一般首先测量可溶胶原制剂的 pH 值，因为 pH 值可能影响胶原制剂的溶解度。含低聚物的样品在酸性 pH 值下更易溶解，而在中性 pH 值下不易溶解并可能沉淀。胶原制剂 pH 值受到其缓冲溶液中盐的影响，因此需要通过灰分或电导率分析等方法来确定胶原制剂中盐的存在。可溶胶原的常用鉴定方法包括：凝胶色谱法、高效液相色谱法、质谱法、电泳法、光学检测法和核磁共振法等。此外，可溶胶原制剂存在的一个关键问题是胶原会降解和变性。常用胶原鉴定方法无法区分样品中的胶原是否变性，可以利用天然和变性胶原在醇（例如甲醇或乙醇）中发生相分离，进而分别对不同相中特定形式的胶原进行定量。

1．凝胶色谱法

凝胶色谱法（gel filtration chromatography，GFC）是体积排阻色谱法中典型的一种，可以依据多孔的载体（凝胶）对不同体积、不同形状和不同分子量的物质排阻能力的不同，对混合物进行分离。通常是大分子在前，小分子在后；同样分子量的分子，线状分子在前，球状分子在后。凝胶色谱法常用来分析水溶性蛋白质的分子量及其分布，对于水解的胶原，也同样适用。凝胶色谱法是一种简便、廉价、经验性的分子量测定方法。这种技术需用已知分子量的标样来校正，并且要求标样与样品的形状及水合作用相似。

现在采用的凝胶大多是葡聚糖凝胶（Sephadex），也用琼脂糖等。Sephadex凝胶柱测定胶原分子量时，可以用已知分子量的葡聚糖T10和葡聚糖T70校正，获得分子量-洗脱体积（$\lg M\text{-}V_e$）标准曲线。分子量大于20000时，葡聚糖T70的各测定点呈线性关系；而分子量在2500～20000范围内，葡聚糖T10的各测定点呈线性关系；分子量在2500以下的部分，可由葡聚糖T10的分子量-洗脱体积（$\lg M\text{-}V_e$）曲线的相应测定点及其连线的延长线标定。

2．高效液相色谱法

高效液相色谱法常用于测定胶原的含量，属于一种体积排阻色谱法，与常规凝胶色谱法的不同之处在于：①凝胶色谱法所用的载体是软性的亲水凝胶，而高效液相色谱法采用的是涂覆或化学键合上一层亲水相的刚性多孔硅胶（SW）。②软性凝胶不耐压，只能在常压下进行色谱分离，因此平衡和分离时间长达数小时甚至数天。而刚性硅胶耐高压，可在高压下进行色谱分离，大幅度缩短时间，且有更好的分离效果。

在分析胶原样品时，流动相一般为水溶性缓冲液，其pH值会影响样品的离子化程度，从而影响样品与带电固定相的结合。水溶性流动相又分为非变性和变性洗脱液两种，前者常含有0.1～0.3mol/L NaCl以减小次级离子的作用；后者常添加尿素、胍或十二烷基硫酸钠（SDS）作为变性剂。

3．质谱法

质谱法（MS）是研究有机化合物结构的方法之一，早期主要用于解析分子质量为 1000Da 以下的有机化合物，20 世纪 90 年代发展出了电喷雾电离技术（ESI），可以分析分子质量高达 20×10^4Da 的有机化合物。电喷雾电离质谱（ESI-MS）的特点是电喷雾源头处于常温，所以通常生成分子离子峰而不易产生分子碎片，能得到更为确切的高分子化合物分子量信息，对高分子化合物的研究具有重要的意义。现在利用电喷雾电离质谱不但可以分析蛋白质的分子量，还可以对蛋白质的肽段进行氨基酸序列分析。利用电喷雾电离质谱研究胶原的分子量已经取得了很好的成果，测定时，需要先确定样品的高效液相色谱条件，在高效液相色谱上对样品进行分离，当得到某个需分析的组分峰时将其直接导入质谱，即可得到一张 ESI-MS 谱图，即分子量分布图。通过 HPLC/ESI-MS 联用技术对几种胶原样品的分子量进行测定，可直接得到组分的分子量及其分布[42]。由于 ESI-MS 谱峰的积分强度与样品在溶液中的浓度成正比，所以质谱图也能给出样品中各胶原组分的浓度。

4. 电泳法

电泳法是带电荷的粒子在直流电场中沿电场做平行移动，由于粒子电荷状态及其形状、大小不同而显示出不同的迁移率，出现不同的区带从而实现分离。凝胶电泳是蛋白质生物化学中应用最广泛和最有力的工具，多用于定性、定量分析，还可进行少量样品的分离、纯化，也可以进行蛋白质分子量的测定。多种电泳技术被用于定量分析胶原和分子量检测，这些方法通常便宜、操作方便且可重复进行，特别是使用市售的预制凝胶。但在电泳法中使用的胶原组分染色系统通常不具有胶原特异性，因此蛋白质污染物对检测结果影响较大。如果使用敏感的银染法，可以看到非常少量的杂质。如果用细菌胶原酶预处理样品以消化存在的所有胶原，则杂质带变得更加明显。所以在使用电泳技术分析胶原样品时对使用的对照蛋白和酶的品质要求非常高。

最常用的电泳方法是十二烷基硫酸钠 - 聚丙烯酰胺凝胶电泳（SDS-PAGE）。该方法能够检测变性后各组分的分子量分布，因此三股螺旋胶原分子将被分解为单链，除非存在天然交联的二聚体（β）、三聚体（γ）或更高的聚合物种类。Ⅲ 型胶原 α 链是通过二硫键形成三聚体单元，因此需要额外使用 2- 巯基乙醇（BME）、二硫苏糖醇（DTT）或三 -（2- 羧乙基）膦（TCEP）等还原剂将三聚体还原为单链。但由于每单位胶原结合十二烷基硫酸钠（SDS）的量较少，胶原的迁移率与其分子量的对数值之间的线性关系不是很好，因此可能导致准确性不高。在电泳分析中，单链组分 α 链是完整胶原中移动最快的组分。任何比 α 链移动得更快的条带都可能表明杂质或降解产物的存在。如果样品在电泳前在 100℃加热超过 2min，胶原就可能发生水解，水解产物会在 α 链之前形成条带。交联链组分，例如二聚体 β 链和三聚体 γ 链，在凝胶上移动得更慢。交联组分可以来自分子内或分子间键，通常表明存在残留的端肽，可能增加产物的免疫原性。

SDS-PAGE 的主要缺点是导致胶原分子变性，不能直接使用构象依赖性抗体（例如大多数单克隆抗体）进行免疫印迹分析。特别是对于 α 链移动到凝胶中不同位置的异源三聚体，只能使用高度多孔凝胶在非变性条件下进行电泳。在非变性条件下胶原二聚体能够进入凝胶，但不溶性或高度聚合的胶原则无法进入，而且这种分离不能解析大小相似的完整链，例如间质胶原。非变性电泳也可用于检测胶原的等电点，在不同 pH 值下天然凝胶中胶原的迁移方向可以指示胶原的 pI 值。天然胶原具有高 pI 值，通常在 pH=9 附近，这与从氨基酸序列数据得到的计算值一致。如果使用来自氨基酸分析的组成数据确定 pI 值，须考虑胶原水解时天冬酰胺和谷氨酰胺残基发生的脱酰胺作用。需要特别注意的是由碱处理材料制备的胶原，例如来自皮革加工的胶原，由于其天冬酰胺和谷氨酰胺残基会发生脱酰胺化，因此具有较低的 pI 值[43]。

来自不同类型胶原的 α 链在凝胶上有可能延伸至相似位置，例如 I 型胶原 α1 链和 III 型胶原 α1 链不论是分子量还是结构都非常相似，区别在于 III 型胶原存在两个链间二硫键而 I 型胶原没有，因此需要通过间断电泳（interrupted electrophoresis），即在电泳开始后的短时间内进行 III 型胶原三聚体的还原，来实现 I 型和 III 型胶原混合物中相似 α 链的分离。来源于不同物种的胶原可以通过向分离缓冲液中加入尿素来分离。SDS-PAGE 还可应用于胶原溴化氰（CNBr）片段分析来表征胶原，CNBr 试剂在甲硫氨酸残基（Met）处切割胶原，Met 残基在不同胶原链中的特定位置导致不同类型胶原具有其特征性 CNBr 片段图谱，从而实现不同类型胶原的鉴别。对于 CNBr 片段分析，因为较大的 CNBr 片段不易分离，可以选择通过二维电泳进行分离，通常使用等电聚焦电泳作为第一维电泳，然后在第二维中使用 SDS-PAGE[44]。除了按蛋白质大小分离不同片段外，这些凝胶还显示片段群内电荷的变化，这可能是由于脱酰胺或其他修饰引起的。此外一系列其他电泳系统包括毛细管电泳系统，也用于表征分析胶原和胶原片段，毛细管电泳经常与质谱分析联合使用。

5．光学检测法

在对胶原制品的质量评价中，紫外和可见光谱能够确定存在的任何浊度程度，还能够检测和定量制品中存在的任何外源材料。优质的可溶胶原（小于 5mg/mL）应该是无色清澈的溶液。如果存在不可溶胶原或聚集体，都将导致白色浊度升高。存在的不可溶胶原可以通过离心除去，但所得溶液就不再代表原胶原总样品。

红外光谱（IR）能够检测胶原制剂中存在的任何其他有机材料，包括有机缓冲剂或有机防腐剂，而拉曼光谱也可用于检查胶原，但更常用于组织和复合材料的分析。此外，在高分辨率下 IR 光谱还能提供一些有用的结构信息。如果发生胶原向明胶的任何变性，则在 1660cm^{-1} 和 1633cm^{-1} 处将出现条带强度的相对差异。随着变性程度和明胶含量的增加，1660cm^{-1} 峰下降，1633cm^{-1} 峰增加，从而可以通过检测明胶含量评价胶原样品的质量。

旋光光谱（ORD）利用胶原具有特征旋转值提供一种快速简便的胶原定量方法。圆二色谱（CD 光谱）也可用于确定天然胶原浓度。胶原具有独特的 CD 光谱，三股螺旋结构的最大值接近 222nm（平均残留椭圆率为 5000deg·cm^2·dmol^{-1}），最小值接近 198nm（平均残留椭圆率为 60000deg·cm^2·dmol^{-1}）。此外，CD 光谱法可以测定胶原的熔解温度（T_m），温度升高导致 222nm 处信号丢失，在 50% 信号丢失时即可获得胶原 T_m 值。在检测时需要注意避免紫外光对蛋白质样品的损害，影响检测的准确性。

扫描电子显微镜（SEM）可以指示胶原制剂中任何纤维或颗粒组分的性质和程度。取决于样品制备使用的特定方法，脂质污染可能在图像中显示为斑点。SEM 的主要用途是评估胶原海绵和其他制造材料（如电纺丝膜）孔隙率[45,46]。透射电子显微镜（TEM）可以提供关于制剂中存在的任何聚集体的额外信息，而旋转阴影可以用于研究新材料，例如细菌胶原。TEM 还可用于确定胶原纤维结构是否仍保持 D- 周期性条带图案。原子力显微镜可以识别单个原纤维，但可能最适用于检查胶原涂层材料的表面特征。

上述光学方法主要用于研究可溶胶原，对于不溶性组织衍生胶原材料，例如不溶性粉碎胶原和纤维分散体，或重建的胶原产品如海绵，则可以使用折射率（RI）进行评价。胶原的理论 RI 值在 1.544～1.548，可以使用贝克线（Becke line）测试估计胶原样品 RI 值，将胶原样品与硝基苯（1.550）和水杨酸甲酯（1.522）的混合物进行比较，直到相互匹配，从而确定样品 RI 值。当存在杂质时，理论值与预期值之间的差异会增加。

6. 核磁共振法

在蛋白质的结构研究中，核磁共振谱已发挥出越来越重要的作用，能够提供许多信息，如：①可以测定蛋白质分子中的螺旋含量；②可以记录蛋白质分子中螺旋与无规卷曲之间的转化过程；③可以观察小分子或金属离子与蛋白质特定区域的结合过程；④可以测定蛋白质特定区域的构象；⑤可以测定电子传递蛋白质分子中的顺磁性活性部位。目前核磁共振谱在胶原上的应用仍然较少，使用 AC-80 高分辨傅里叶变换核磁共振波谱仪对明胶（与胶原的结构最类似）进行了 ^{1}H-NMR 和 ^{13}C-NMR 谱研究，提供了明胶的标准氢谱（^{1}H-NMR）和碳谱（^{13}C-NMR），并对部分谱线进行了归属[47]。

参考文献

[1] Ramshaw J A M, Glattauer V, Werkmeister J A. Encyclopedia of polymer science and technology [M]. New York: Wiley, 2003.

[2] Hulmes D. Collagen diversity, synthesis and assembly [M]. Boston: Springer, 2008.

[3] Bou-Gharios G, Crombrugghe B D. Principles of Bone Biology [M]. Academic Press, 2008.

[4] Nimni M E. The cross-linking and structure modification of the collagen matrix in the design of cardiovascular prosthesis [J]. Journal of Cardiac Surgery, 1988, 3(4): 523-533.

[5] Myllyharju J, Kivirikko K I. Collagens, modifying enzymes and their mutations in humans, flies and worms [J]. Trends in Genetics, 2004, 20(1): 33-43.

[6] 宋易航, 王楚浩, 方柏山. 胶原酶研究进展与应用 [J]. 化工学报, 2019, 70(9): 3213-3227.

[7] Bertini I, Fragai M, Luchinat C, et al. Structural basis for matrix metalloproteinase 1-catalyzed collagenolysis [J]. Journal of the American Chemical Society, 2012, 134(4): 2100-2110.

[8] Eckhard U, Schönauer E, Nüss D, et al. Structure of collagenase G reveals a chew and digest mechanism of bacterial collagenolysis [J]. Nature Structural & Molecular Biology, 2011, 18(10): 1109-1114.

[9] 裴莹, 郑学晶, 刘捷, 等. 紫外照射对胶原黄变及结构的影响 [J]. 中国皮革, 2016, 45(12): 29-31.

[10] Sionkowska A, Kamińska A. Thermal helix-coil transition in UV irradiated collagen from rat tail tendon [J]. International Journal of Biological Macromolecules, 1999, 24(4): 337-340.

[11] Sionkowska A. Thermal denaturation of UV-irradiated wet rat tail tendon collagen [J]. International Journal of Biological Macromolecules, 2005, 35(3-4): 145-149.

[12] Saga Y, Wazawa T, Mizoguchi T. Effect of pH on thermal stability of collagen in the dispersed and aggregated states [J]. Biochemical Journal, 1974, 137(1): 599-602.

[13] Shunji H, Eijiro A, Tetsuya E, et al. Alkali-treated collagen retained the triple helical conformation and the ligand activity for the cell adhesion via α2β1 integrin [J]. Journal of Biochemistry, 1999, 125(4): 676-684.

[14] Bianchi E, Conio G, Ciferri A, et al. The role of pH, temperature, salt type, and salt concentration on the stability of the crystalline, helical, and randomly coiled forms of collagen [J]. Journal of Biological Chemistry, 1967, 242(7): 1361-1369.

[15] Flandin F, Buffevant C, Herbage D. A differential scanning calorimetry analysis of the age-related changes in the thermal stability of rat skin collagen [J]. Biochimica et Biophysica Acta (BBA)/Protein Structure and Molecular Enzymology, 1984, 791(2): 205-211.

[16] Zhu S, Gu Z, Xiong S, et al. Fabrication of a novel bio-inspired collagen-polydopamine hydrogel and insights into the formation mechanism for biomedical applications [J]. RSC Advances, 2016, 6(70): 66180-66190.

[17] Li Q, Xu B, Xu X, et al. Dissolution and interaction of white hide powder in [Etmim][$C_{12}H_{25}SO_4$] [J]. Journal of Molecular Liquids, 2017, 241: 974-983.

[18] 仇雷雷, 王博, 邹帅军, 等. 水母胶原蛋白的提取及性能研究 [J]. 药学实践杂志, 2020, 38(6): 509-515.

[19] Noorzai S, Verbeek C R, Lay M C, et al. Collagen extraction from various waste bovine hide sources [J]. Waste and Biomass Valorization, 2020, 11(1-2): 5687-5698.

[20] Lin X, Chen Y, Jin H, et al. Collagen extracted from bigeye tuna (*Thunnus obesus*) skin by isoelectric precipitation: physicochemical properties, proliferation, and migration activities [J]. Marine Drugs, 2019, 17(5): 261-272.

[21] Song W K, Liu D, Sun L L, et al. Physicochemical and biocompatibility properties of type I collagen from the skin of Nile tilapia (*Oreochromis niloticus*) for biomedical applications [J]. Marine Drugs, 2019, 17(3): 137.

[22] Rastian Z, Pütz S, Wang Y, et al. Type I collagen from jellyfish catostylus mosaicus for biomaterial applications

[J]. ACS Biomaterials Science and Engineering, 2018, 4(6): 2115-2125.

[23] Chang M C, Tanaka J. FT-IR study for hydroxyapatite/collagen nanocomposite cross-linked by glutaraldehyde [J]. Biomaterials, 2002, 23(24): 4811-4818.

[24] Noor-Atikah A A, Norazlinaliza S, Mohammad Z, et al. Extraction, anti-tyrosinase, and antioxidant activities of the collagen hydrolysate derived from *Rhopilema hispidum* [J]. Preparaive Biochemistry & Biotechnology, 2020, 51(1): 1-10.

[25] Mas-Oliva J, Moreno A, Ramos S, et al. Monolayers of apolipoproteins at the air/water interface [J]. The Journal of Physical Chemistry B, 2001, 105: 5757-5765.

[26] 石服鑫，曹慧，徐斐，等．不同来源Ⅱ型胶原结构及其免疫活性 [J]．食品与发酵工业，2014, 40(2): 22-26.

[27] 杨同香，陈俊亮，吴孔阳，等．水牛奶酪蛋白胶束结构的荧光光谱研究 [J]．食品科学，2014, 35(23): 84-87.

[28] Duan L, Yuan J, Yang X, et al. Interaction study of collagen and sericin in blending solution [J]. International Journal of Biological Macromolecules, 2016, 93: 468-475.

[29] Li J, Li G. The thermal behavior of collagen in solution: effect of glycerol and 2-propanol [J]. International Journal of Biological Macromolecules, 2011, 48(2): 364-368.

[30] Zhang H, Taxipalati M, Que F, et al. Microstructure characterization of a food-grade U-type microemulsion system by differential scanning calorimetry and electrical conductivity techniques [J]. Food Chemistry, 2013, 141(3): 3050-3055.

[31] 熊文飞，陈日春，蔡一楠，等．鲢鱼鱼鳞胶原蛋白的流变特性 [J]．食品与发酵工业，2014, 40(1): 69-72.

[32] 史景熙，郭睿，蔡国平．胶原蛋白水解肽磷酸化的研究 [J]．生物技术，2003, 13(3): 16-18.

[33] Rubin A L, Riggio R R, Nachman R L, et al. Collagen materials in dialysis and implantation [J]. ASAIO Journal, 1968, 14(1): 169-175.

[34] Zhu C H, Yang F, Fan D D, et al. Higher iron bioavailability of a human-like collagen iron complex [J]. Journal of Biomaterials Applications, 2017, 32(1): 82-92.

[35] Glowacki J, Mizuno S. Collagen scaffolds for tissue engineering [J]. Biopolymers, 2010, 89(5): 338-344.

[36] 范代娣，马晓轩，米钰，等．一种可生物降解止血海绵材料及其制备方法 [P]．CN 1820789. 2006-08-23.

[37] 范代娣，米钰，郑晓燕，等．一种新型类人胶原蛋白止血敷料 [P]．CN 105536043A. 2016-05-04.

[38] Pan H, Fan D D, Cao W, et al. Preparation and characterization of breathable hemostatic hydrogel dressings and determination of their effects on full-thickness defects [J]. Polymers, 2017, 9(12): 727.

[39] 段志广．类人胶原蛋白止血海绵的性能研究 [D]．西安：西北大学，2008.

[40] 李国英，刘文涛．胶原化学 [M]．北京：中国轻工业出版社，2013.

[41] 骆艳娥，范代娣，刘树文，等．类人胶原蛋白 3 种测定方法的比较 [J]．西北农林科技大学学报：自然科学版，2005, (3): 153-156.

[42] Ariane N, Stephanie S, Christian I, et al. Quantitative analysis of denatured collagen by collagenase digestion and subsequent MALDI-TOF mass spectrometry [J]. Cell and Tissue Research, 2011, 343: 605-617.

[43] 关静，叶萍，武继民．胶原海绵的羟脯氨酸含量测定 [J]．氨基酸和生物资源，2000, 22: 52-54.

[44] Benya P D. Two-dimensional CNBr peptide patterns of collagen types Ⅰ, Ⅱ and Ⅲ [J]. Collagen & Related Research, 1981, 1: 17-26.

[45] Jiang X J, Wang Y, Fan D D, et al. A novel human-like collagen hemostatic sponge with uniform morphology, good biodegradability and biocompatibility [J]. Journal of Biomaterials Applications, 2017, 31(8): 1099-1107.

[46] Zhu C H, Ma X X, Xian L, et al. Characterization of a co-electrospun scaffold of HLC/CS/PLA for vascular tissue engineering [J]. Bio-Medical Materials and Engineering, 2014, 24(6): 1999-2005.

[47] 何有节，张迈华，刘其则，等．明胶的标准 ^{1}H 和 ^{13}C-NMR 谱 [J]．皮革科学与工程，1990, (2): 5-10.

第四章

重组胶原蛋白概述

目前市面上广泛应用的胶原蛋白主要来自动物皮，如猪皮、牛皮、鱼皮、鹿皮、驴皮等，动物源胶原蛋白具有价格低廉、制备工艺简单等优势。但是传统的提取制备方法常导致胶原蛋白结构改变，且不同批次的动物原料有差异，因此生物功效和临床效果不稳定，而且此类胶原蛋白存在排异反应大、病毒隐患（疯牛病）等缺陷。伴随着基因工程、蛋白质工程、合成生物学等现代生物技术的快速发展，蛋白质的重组表达已经十分普遍。重组胶原蛋白是指采用重组 DNA 技术，对编码所需胶原蛋白的基因进行遗传操作和修饰，利用质粒或病毒载体将目的基因导入适当的宿主细胞中，表达并翻译成胶原蛋白或类似胶原蛋白的多肽，并经过提取和纯化等步骤制备而成的一类物质。重组胶原蛋白作为天然动物组织胶原的替代物，因其生物相容性优异、免疫原性低、可加工及生物功效可控等特点，具有广泛应用于生物材料和生物医学等领域的潜力（图 4-1）。

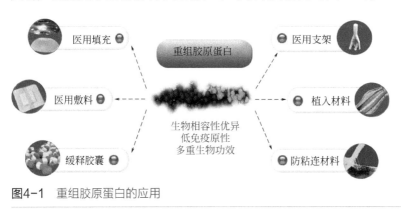

图4-1 重组胶原蛋白的应用

第一节
重组胶原蛋白的发展

　　动物组织提取的胶原蛋白在应用上存在以下几个问题：①动物组织存在动物源疾病的传染危险（如瘟疫、疯牛病、禽流感等）；②虽然胶原蛋白总体上非常安全，但是异种胶原蛋白存在排斥反应，会导致移植部位的发炎，而且由于排斥反应的存在，移植后并不能持续维持治疗效果，需要重复植入或注射；③胶原蛋白刚性强，加工过程中易引起分子链断裂；④异种来源的胶原蛋白绝大多数是不溶于水的，在加工过程中所用的溶剂很难脱除完全，从而导致细胞毒性；⑤直接提取的胶原蛋白分为弱变性和强变性两类，组分体系复杂，即使是弱变性胶原蛋白也会有微量其他组分存在，例如I型胶原和III型胶原经常伴生出现，而强变性胶原蛋白包括短肽、长链、双链、片段三股螺旋、全长完整结构的混合物，因此均一性差，临床效果不均一，严重制约其在生物医药领域的应用（图4-2）。此外，动物胶原的收集、加工等各个环节也都存在不确定性。人I型和III型胶原蛋白生物学功效优于动物胶原，但受制于伦理和法律，不能用人体组织提取，并且也存在病毒隐患及赋型加工难等缺陷，因此功效稳定的胶原蛋白的生产，特别是无病毒隐患、分子量均一、性状稳定、生物学相容性好的胶原蛋白的生产亟待解决。

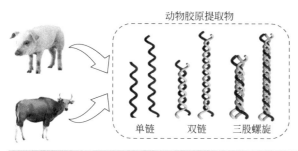

图4-2
动物胶原提取物类型

1997年，芬兰奥卢大学胶原蛋白研究中心在毕赤酵母中表达出III型胶原蛋白[1]。1998年，Vaughan等[2]在啤酒酵母中表达出了携带羟基化片段的类人III型胶原蛋白。1999年，Bruin等[3]分别利用汉森酵母和毕赤酵母作为宿主菌，表达人I型胶原蛋白的α1肽链。2000年，Myllyharju等[4]使用甲基酵母表达生产准人纤维胶原蛋白I、II、III型。2005年，Olsen等[5]在毕赤酵母X-33中成功表达了长度仅为101个氨基酸的小分子量重组人胶原蛋白，高拷贝筛选后发酵获得具有生物活性的人源型胶原，产量为1.47g/L，纯化之后可替代动物来源的胶原蛋白，并应用于疫苗稳定剂中。2006年，芬兰胶原蛋白研究中心在毕赤酵母中选择性地分泌表达了去除C端肽的单链重组胶原蛋白片段（9～45kDa），而具有C端肽的胶原蛋白片段只能形成非分泌形式的三股螺旋结构，从一定程度上阐明了胶原蛋白分泌表达与蛋白质分子量大小的关系，以及三股螺旋构象与C端肽的关系，为以后的研究奠定了很好的理论基础[6]。

此外在转基因烟草、转基因蚕、昆虫细胞中也有报道人胶原蛋白的表达。2002年，Merle等[7]在烟叶中利用瞬时表达技术共转化人I型胶原基因和嵌合的脯氨酸-4-羟化酶（P4H）基因，成功表达了羟基化的同源三聚体重组胶原蛋白。Tomita等[8]通过转基因蚕的丝腺分泌表达人III型胶原蛋白片段，但是片段长度只有人全长胶原蛋白的1/5，含量也仅占蚕茧干重的1%左右。为了解决蚕丝腺

中脯氨酸 -4- 羟化酶活力偏低导致脯氨酸不能被充分羟基化的问题，Adachi 等[9]采用多基因共表达技术，通过胶原蛋白和高活力 P4H 的共表达，在一定程度上解决了以上问题。Nokelainen 等[10] 构建两株杆状病毒表达系统，分别编码人 II 型原胶原 α 链和人脯氨酸 -4- 羟化酶的 α 和 β 亚基，共感染昆虫细胞后，成功表达了具有稳定三股螺旋结构的人胶原蛋白，表达量为 50mg/L。

虽然很多实验室已经可以成功制备重组胶原蛋白，但是表达量很低，难以实现工业化生产，主要是因为胶原蛋白在生产中会遇到很多的技术挑战。例如由于胶原蛋白特征序列 "Gly-X-Y" 的高度重复，可能会为互补的 GGN 和 CCN 密码子序列提供潜在的干扰修饰；另外大肠杆菌 / 酵母等作为宿主菌，由于先天缺乏胶原蛋白翻译后修饰中发挥重要作用的脯氨酸 -4- 羟化酶，从而影响重组胶原蛋白的生物学功效。而昆虫细胞、转基因烟叶、转基因蚕等表达体系虽翻译后修饰相对完善，但成本及技术要求非常高，不适合大规模生产。

范代娣团队经过多年的研究，采用基因工程技术、发酵工程技术、蛋白质分离纯化技术、生物医学工程的有机结合，开发了基因工程技术生产系列重组胶原蛋白的方法，建立了重组胶原蛋白高效表达体系、高密度发酵工艺及工程控制策略、高效分离纯化方法和产业化技术路线[11-14]（图 4-3）。目前已开展了系列重组胶原蛋白的生物学功效研究，证明了该类材料不但具有无病毒隐患、低免疫原性

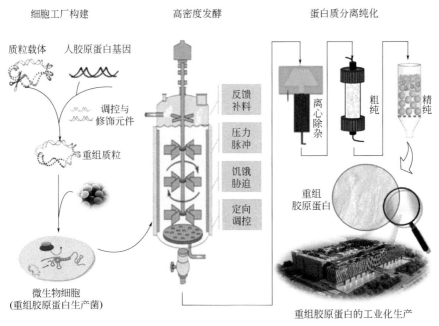

图4-3 重组胶原蛋白的合成示意图

及更好的促新细胞形成及生物相容性等特性，还具有促黏膜修复和止血等功能，潜在应用前景广阔[15]。

第二节
重组胶原蛋白的分类

　　根据重组胶原蛋白的来源，本书将其细分为三种类型：①重组人胶原蛋白（recombinant human collagen protein），是指由DNA重组技术制备的，含有人胶原蛋白特定型别基因编码的全长或部分基因序列（至少含有螺旋结构域）的重组蛋白，有或无三股螺旋结构，具有胶原蛋白理化性质和生物学功能；②重组类人胶原蛋白（recombinant human-like collagen protein），是指由DNA重组技术制备的，含有人特定型别或不同型别胶原蛋白基因编码的部分序列，经基因编辑、组合、拼装、剪辑等制备的人胶原蛋白类似物，具有蛋白质结构，可有或无三股螺旋结构；③重组类胶原蛋白（recombinant collage-like protein），是指由DNA重组技术制备的胶原蛋白类似物，其基因编码序列或氨基酸序列与人胶原蛋白的基因编码序列或氨基酸序列同源性很低，但具有胶原蛋白的理化性质和生物学功能。这三类可以涵盖市场上和研发中有关重组胶原蛋白的所有情况。

　　关于重组胶原蛋白的研究绝大部分是针对不同类型的人胶原蛋白。研究内容包括对人Ⅰ型和Ⅲ型胶原蛋白的鉴定、表征和功能研究，还有一部分是为了达到规模化生产以满足生物医学材料的应用。目前已经使用不同的表达系统来制备重组胶原蛋白，表4-1给出了部分研究汇总。

表4-1　人胶原蛋白在不同系统中的表达[16]

表达系统	宿主细胞	胶原类型	羟基化程度
在含有内源性脯氨酸-4-羟化酶（P4H）活性的系统中表达			
细胞	HT 1080细胞	Ⅰ α1链	内源羟基化
	CHO细胞	Ⅳ	内源羟基化
	HEK 293细胞	Ⅹ	内源羟基化
	Sf9昆虫细胞	Ⅰ	内源羟基化
		Ⅱ	增强内源羟基化
		Ⅲ	内源羟基化
		Ⅸ	增强内源羟基化
		ⅩⅢ	内源羟基化

表达系统	宿主细胞	胶原类型	羟基化程度
转基因动物	老鼠	Ⅰα1链	内源羟基化
	蚕	Ⅲ片段	内源羟基化
在无P4H活性的系统中表达			
转基因植物	烟叶	Ⅰα1链	无
	玉米	Ⅰα1链	无
	大麦	Ⅰα1链和Ⅰα1链片段	无
微生物	大肠杆菌	ⅡCB8, CB10	无
		Ⅰ	无
在增加P4H活性的系统中表达			
转基因植物	烟叶	Ⅰα1链	外源羟基化
	玉米	Ⅰα1链	外源羟基化
微生物	酿酒酵母	Ⅰ，Ⅱ和Ⅲ	外源羟基化
	毕赤酵母	Ⅰ，Ⅱ和Ⅲ	外源羟基化
	大肠杆菌	Ⅰ，Ⅱ和Ⅲ	外源羟基化

此外，非人源胶原蛋白的研究也取得了一些进展，特别是细菌胶原蛋白和鸡来源的胶原蛋白。

1. 细菌胶原蛋白的生产

通过对细菌基因组数据库的分析和挖掘，发现至少存在 100 多种重组类胶原蛋白，尽管这类胶原蛋白缺乏羟脯氨酸，但它们的性质非常稳定，如表 4-2 所示，这些细菌胶原均可以形成稳定的三股螺旋结构[17]。例如在化脓性链球菌中发现的具有胶原样重复序列的基因 Scl2，研究表明该蛋白虽然不存在任何羟脯氨酸，但具有典型的胶原三股螺旋结构，热稳定温度可达 35 ～ 39℃，与羟基化重组胶原蛋白的温度相当[18]。Peng 等[19,20] 研究发现这种胶原蛋白由 N 末端球状结构域（V-domain）及胶原骨架（CL-domain）两部分组成，重组胶原骨架蛋白无细胞毒性，可以促进细胞的黏附。通过高密度发酵优化，将 Scl2 在大肠杆菌中的表达量提高到 19g/L，为该蛋白的规模化生产奠定了基础。未经改造的 Scl2 胶原只有胶原的骨架结构，并不具备生物功能，与细胞几乎无相互作用。通过人工设计改造，将一些具有特殊功能的氨基酸序列与该蛋白质融合，可赋予重组蛋白新的功效。例如整合素结合位点（GERGFPGERGVE）可使该蛋白质对细胞具有更好的黏附作用和促进伤口愈合等作用[21-23]。肝素结合位点（GRPGKPGKQGQK）可使该蛋白质具有结合肝素的能力[23]。RGD 序列能介导细胞与细胞间的黏附作用[24]，含有 RGD 的多肽可阻止肿瘤细胞的转移并诱导肿瘤细胞死亡[24]，因此在生物医学材料和组织工程等方面具有广泛的应用前景。

表4-2　能形成稳定三股螺旋结构的细菌胶原

细菌	基因名称
S. pyogenes（酿脓链球菌）	*SclA/ Scl1*
S. pyogenes（酿脓链球菌）	*SclB/ Scl2*
B. anthracis（炭疽杆菌）	*BclA*
L. pneumophila（嗜肺军团菌）	*Lcl*
C. perfringens（产气荚膜梭菌）	—
R. palustris（沼泽红假单胞菌）	—
*Methylobacterium sp*4-46（甲基杆菌）	—

2．动物胶原蛋白的生产

　　Ⅱ型胶原是类风湿性关节炎最主要的自身免疫抗原。迄今为止主要在医药研究领域对Ⅱ型胶原进行了研究，结果表明来源于鸡的Ⅱ型胶原，包括天然蛋白、含有耐受表位的重组肽或编码全长序列的胶原，可有效治疗类风湿性关节炎，且无异种排斥问题。奚永志团队采用 pcDNA-CCOL2A1 基因疫苗策略论证了其治疗类风湿性关节炎的科学性和可行性。将来源于鸡Ⅱ型胶原蛋白基因 *4837bpbp* 的全长序列与表达载体 pcDNA3.1 连接，将成功构建的基因疫苗 pcDNA3.1-CCOL2A1 在 COS-7 细胞中进行瞬时表达，虽然目的蛋白的脯氨酸没有被羟基化，但是胶原诱导的关节炎（collagen induced arthritis，CIA）大鼠在注射 pcDNA3.1-CCOL2A1 基因疫苗后疗效显著，为临床治疗人类风湿性关节炎提供了新的策略[25]。进一步研究表明 CCOL2A1 具有耐受原表位肽 CTE1 和 CTE2，并且 CTE1 为鸡Ⅱ型胶原独有表位，同时 CTE1 和 CTE2 在诱导免疫耐受功能上完全可替代 CCOL2A1 全长分子，因此从 CCOL2A1 中克隆了仅含编码 CTE1 和 CTE2 的基因片段，并设计构建了大肠杆菌表达系统，最终通过优化表达条件获得浓度为 704.272μg/mL 的多肽。经过 CIA 小鼠关节炎指数变化及组织病理检查，结果表明，该重组多肽能有效降低 CIA 小鼠的发病率，抑制关节病理改变[26]。

　　本书以范代娣团队深入研究的系列人胶原蛋白基因在大肠杆菌中的原核表达，以及全长人Ⅰ型、Ⅲ型胶原蛋白基因在毕赤酵母中的真核表达为主要内容，具体内容分别在第五章和第六章展开。

第三节
重组胶原蛋白的特点

重组胶原蛋白相比于传统方法提取的胶原蛋白,水溶性好、排异反应低、可加工性能好,并且具有组分单一、过程可控、生产周期短、产物可控、无病毒隐患等特征,产品品质也更稳定,见表4-3。因此,重组胶原蛋白在不改变天然胶原蛋白的功能特性下,克服了传统方法提取的胶原蛋白的大多数缺点,具体包括:

① 无病毒隐患。一般情况下,从动物组织中提取的胶原蛋白存在病毒隐患。这种致命的缺点,在很大程度上限制了胶原蛋白的应用和发展。重组胶原蛋白可以完全弥补这个缺陷,使其生物安全性显著提高。

② 较低的排异反应。重组胶原蛋白可以是天然人胶原蛋白序列,因此免疫原性很低,也可以是非天然人胶原蛋白序列。为了降低重组胶原蛋白的免疫原性,通常对天然胶原蛋白基因序列进行重新优化设计。因此经重组免疫原化处理的胶原蛋白引起人体免疫排斥的可能性较低。

③ 良好的水溶性。动物胶原由于保留了较完整的纤维结构,通常水溶性较差。单链重组胶原蛋白水溶性良好,具有三股螺旋结构的胶原蛋白可以通过替换非编码氨基酸序列中的疏水性氨基酸为亲水性氨基酸,从而提高重组胶原蛋白的亲水性。

④ 无细胞毒性。重组胶原蛋白良好的水溶性,使其分离过程不需要酸碱溶剂处理,因此没有酸碱溶剂的残留,避免了对细胞代谢的影响。

⑤ 良好的可加工性能。天然胶原蛋白是一种三股螺旋结构,溶解时其结构会发生改变,分子量也会发生改变,这不利于胶原蛋白的后加工应用。而重组胶原蛋白常以单链形式存在,溶解时不改变分子量和基本特性,具有良好的可加工性能。

⑥ 质量可控,易于规模化生产。基因工程技术可表达特定分子量的胶原分子,并且发酵成本低、生产周期短、产量高、易于大批量产业化生产,产物的分子量均一性和质量稳定性更高。而动物提取法因工艺及原材料来源等问题,不利于质量控制。

表4-3 重组胶原蛋白与天然动物胶原蛋白的差异

参数	重组胶原蛋白	天然动物胶原蛋白
主要生产方式	高密度发酵	化学提取法
来源/资源	细胞蛋白/不受限	动物组织/受限
病毒隐患	否	是
排异反应	低	高
水溶性	溶于水	不溶于水

参数	重组胶原蛋白	天然动物胶原蛋白
变性温度	高，有的高达72℃	低，37~40℃
纯度	单一组分	混合胶原，成分复杂
全生产周期	短	长

　　除了用于生产天然结构的胶原蛋白外，基因重组技术还能够轻松地生产天然胶原蛋白结构的新变体、选择特定结构域制备多个重复功能序列的新结构以及开发基于与其他胶原或其他分子类型（如生长因子）嵌合构建体的新结构。这种特定序列修饰的重组蛋白技术可以针对特定应用的靶向胶原蛋白的生产，因而重组胶原蛋白可广泛应用在生物材料、组织工程和化妆品等领域。

第四节
重组胶原蛋白的表征

　　重组胶原蛋白经发酵、提取、纯化形成胶原蛋白原液。原液的检验取决于工艺的验证、一致性的确认和预期成品相关杂质与工艺相关杂质的水平。采取适当方法对原液质量进行检测，并与参比品进行比较。根据中国食品药品检定研究院发布的《重组胶原蛋白》行业标准征求意见，重组胶原蛋白的表征包括如下几个方面。

一、重组胶原蛋白的理化性质表征

　　重组胶原蛋白的外观可以通过肉眼观测，应为白色/淡黄色/无色透明液体或凝胶，或白色/类白色冻干粉或海绵状固体。可见异物检测可按照《中华人民共和国药典》"可见异物检查法"的"灯检法"进行，应无明显异物。胶原蛋白的溶解性是指在某一溶液中（部分、全部或多数）的溶解程度，可分为水可溶、酸可溶、盐可溶，即在水、稀酸或中性盐溶液中的溶解性，具体溶解性质应进行表征和阐述。胶原蛋白的水分检测方法为取样品0.1g，按照《中华人民共和国药典》"水分测定法"的"烘干法"测定，或按照《中华人民共和国药典》"热分析法"——热重法（TGA）测定。升温程序：从室温以10℃/min速率升温至105℃，保持10min，减失重量应符合所标示范围。重组胶原蛋白的炽灼残渣应按照《中华人民共和国药典》"炽灼残渣检查法"测定，应符合所标示范围。pH值检测用0.85%～0.90%氯化钠溶液将样品制成1mg/mL的溶液，按照《中华人民共和国药典》"pH值测定法"

测定，应符合所标示范围。渗透压摩尔浓度检测用 0.85% ～ 0.90% 氯化钠溶液将样品制成 1mg/mL 的溶液，或根据临床预期使用将样品配制成相应溶液，按照《中华人民共和国药典》"渗透压摩尔浓度测定法"测定，应符合所标示范围。天然的胶原蛋白具有一定的黏弹性，重组胶原类产品的黏度取决于多种因素，包括但不限于溶液种类、分散/悬浮状态、浓度、分子组成、分子大小、温度、操作条件等。重组胶原蛋白是否具有天然胶原蛋白类似的黏弹性应予以表征。按照《中华人民共和国药典》"黏度测定法"的"旋转黏度计测定法"测定，需要详细描述实验条件，动力黏度值应符合所标示范围。热稳定性检测采用差示扫描量热分析（DSC）进行解聚温度分析，按照《中华人民共和国药典》"热分析法"进行。初始温度 20℃，以 2℃/min 速度升温至 200℃，记录热分析曲线。根据样品的通常贮存性状（如冻干粉等）和预期使用性状进行相同或相似样品条件下的差示扫描量热分析。将样品原液或重组胶原蛋白冻干粉或海绵制成 10mg/mL 的溶液，置于（57±0.5）℃水浴中保温 4h 后，用可见异物检查装置检查，肉眼观察应无凝胶化或絮状物。

二、重组胶原蛋白的结构表征

重组胶原蛋白一级结构的表征可采用氨基酸序列分析仪或质谱法分析氨基酸序列。其结果应符合理论序列。二级结构的确证和高级结构分析，可采用以下方法。

1. 红外光谱

每种重组胶原蛋白都有其特征的红外光谱，不同批次或不同贮存时间的样品的红外光谱图应与标准一致。傅里叶变换红外光谱（FTIR）可用于蛋白质的二级结构表征（α 螺旋、β 折叠、β 转角、无规卷曲等）。采用《中华人民共和国药典》"红外分光光度法"——衰减全反射模式（ATR）测定重组胶原蛋白，测试结果如图 4-4（a）所示，重组胶原蛋白与参比品谱图 4-4（b）基本一致。

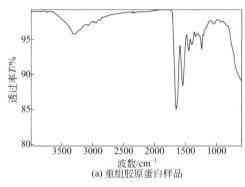
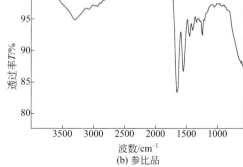

(a) 重组胶原蛋白样品　　　　　(b) 参比品

图4-4　重组胶原蛋白与参比品红外光谱图

2．圆二色谱（CD）

圆二色谱（CD）法被用于胶原三股螺旋结构的表征。生理性胶原的 CD 谱图在 195nm 左右的波长处有负峰，在 220nm 左右的波长处有正峰。正吸收峰是左旋聚脯氨酸构型的圆二色谱的典型特征，加上负峰位置，说明胶原的三股螺旋结构完整。如果检测不到 220nm 处的正峰，则表明没有三股螺旋结构。正峰与负峰的比值越大，其三股螺旋结构越完整，含量越高，因此可利用正峰与负峰的比值进行三股螺旋含量的相对定量分析。可以使用有三股螺旋结构的组织提取胶原蛋白作为参比品。将不同浓度的牛Ⅰ型胶原蛋白参比品、热变性牛Ⅰ型胶原蛋白参比品按照不同比例混合（1∶1、1∶3 和 3∶1）。天然牛Ⅰ型胶原蛋白参比品在 CD 光谱 220nm 处均有正峰，且峰高幅度与蛋白浓度成正比关系（图 4-5），并呈线性（图 4-6）。热变性牛Ⅰ型胶原蛋白参比品在 220nm 处无正峰，在牛Ⅰ型胶原蛋白中加入热变性胶原蛋白，随着热变性胶原蛋白比例的增加，220nm 处正峰幅度逐渐降低（图 4-7）。通过圆二色谱测试在 220nm 处是否有正峰说明三股螺旋结构是否存在。

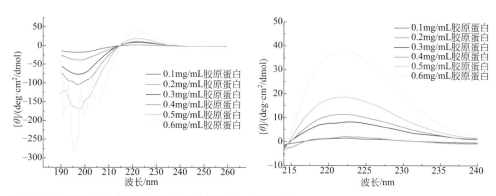

图4-5 不同浓度牛Ⅰ型胶原蛋白参比品的圆二色谱组合

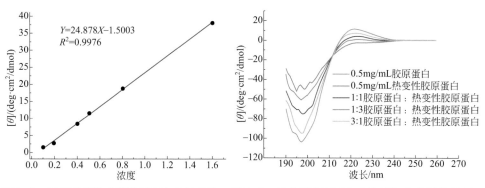

图4-6 不同浓度牛Ⅰ型胶原蛋白参比品的圆二色谱220nm峰值的线性关系

图4-7 牛Ⅰ型胶原蛋白参比品和变性后的胶原蛋白参比品按照不同比例混合的圆二色谱图

3. 拉曼光谱

拉曼光谱可以用于区分蛋白质的特征二级结构（α螺旋、β折叠、β转角、无规卷曲等）。拉曼光谱中，α螺旋含量高的蛋白质峰中心在1645～1657cm⁻¹，以β折叠结构为主的峰在1665～1680cm⁻¹，无规卷曲结构多在1660cm⁻¹附近。基于上述原理，对1600～1700cm⁻¹范围内的酰胺Ⅰ带进行多峰拟合处理，用于定量表征胶原蛋白的α螺旋结构及各种二级结构。将不同浓度的牛Ⅰ型胶原蛋白参比品、热变性牛Ⅰ型胶原蛋白参比品按照不同比例混合（1:1、1:3和3:1），结果显示，在表征胶原蛋白的二级结构时，结构完整的Ⅰ型胶原蛋白具有以α螺旋为主体的特征拉曼信号，而热变性的Ⅰ型胶原蛋白α螺旋特征拉曼信号完全消失。当变性和未变性Ⅰ型胶原蛋白按不同比例混合时，其α螺旋特征拉曼信号比例与未变性Ⅰ型胶原蛋白比例呈正比（图4-8）。各种重组胶原蛋白的α螺旋特征拉曼信号不同，反映了其不同的二级结构特征（图4-9）。

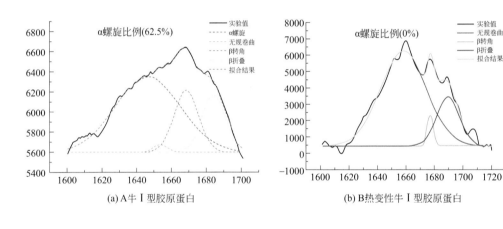

(a) A牛Ⅰ型胶原蛋白　　　　　　　　　(b) B热变性牛Ⅰ型胶原蛋白

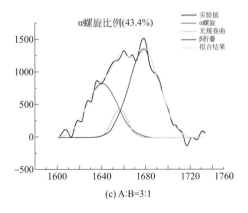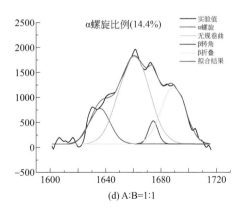

(c) A:B=3:1　　　　　　　　　　　　　(d) A:B=1:1

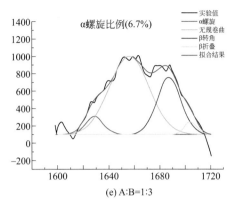

(e) A:B=1:3

图4-8 牛Ⅰ型胶原蛋白和热变性牛Ⅰ型胶原蛋白的拉曼光谱图

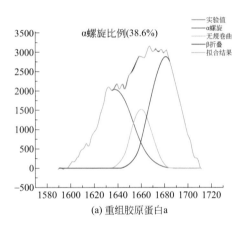

(a) 重组胶原蛋白a

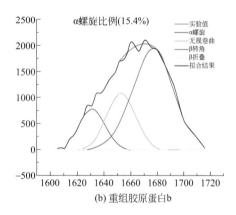

(b) 重组胶原蛋白b

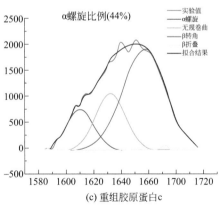

(c) 重组胶原蛋白c

图4-9 重组胶原蛋白的拉曼光谱图
重组胶原蛋白a、b、c分别代表重组类人Ⅰ型（CF-1552）、重组人Ⅰ型、重组人Ⅲ型胶原蛋白

4. 蛋白酶敏感性分析

可用胰蛋白酶、胃蛋白酶或其他蛋白酶敏感性试验，判定有无三股螺旋结构，检测没有螺旋结构的单链含量，间接获得三股螺旋结构的含量比。对加热变性处理和非加热变性处理样品的蛋白酶酶解产物中的特征多肽含量进行分析，如果二者特征多肽检测的响应强度（谱峰高度或面积）一致，则判定无三股螺旋结构；如果加热变性处理后样品的响应强度明显高于非加热变性处理样品，则可能含有三股螺旋结构。再进行非加热变性样品酶解产物中特异性胶原蛋白特征多肽的定量检测，得到非三股螺旋的单链胶原蛋白特征多肽 / 蛋白含量，从加热变性的总胶原蛋白特征多肽含量 / 质量中减去单链胶原蛋白特征多肽含量 / 质量，即可得到具有三股螺旋结构的胶原蛋白特征多肽含量 / 质量。

参考文献

[1] Annamari V, Johanna M, Ritva N, et al. Assembly of human prolyl 4-hydroxylase and type III collagen in the yeast *Pichia pastoris*: formation of a stable enzyme tetramer requires coexpression with collagen and assembly of a stable collagen requires coexpression with prolyl 4-hydroxylase [J]. The EMBO Journal, 1997, 16(22): 6702-6712.

[2] Vaughan P R, Maria G, Kim M R, et al. Production of recombinant hydroxylated human type III collagen fragment in *Saccharomyces cerevisiae* [J]. DNA and Cell Biology, 1998, 17(6): 511-518.

[3] Bruin E, Wolf F, Laane N. Expression and secretion of human α1(I) procollagen fragment by *Hansenula polymorpha* as compared to *Pichia pastoris* [J]. Enzyme and Microbial Technology, 2000, 26(9): 640-644.

[4] Myllyharju J, Nokelainen M, Vuorela A, et al. Expression of recombinant human type I - III collagens in the yeast *Pichia pastoris* [J]. Biochemical Society Transactions, 2000, 28(4): 353-357.

[5] Olsen D, Jiang J, Chang R, et al. Expression and characterization of a low molecular weight recombinant human gelatin: development of a substitute for animal-derived gelatin with superior features [J]. Protein Expression and Purification, 2005, 40(2): 346-357.

[6] Pakkanen O, Pirskanen A, Myllyharju J. Selective expression of nonsecreted triple-helical and secreted single-chain recombinant collagen fragments in the yeast *Pichia pastoris* [J]. Journal of Biotechnology, 2006, 123(2): 248-256.

[7] Merle C, Perret S, Lacour T, et al. Hydroxylated human homotrimeric collagen I in *Agrobacterium tumefaciens*-mediated transient expression and in transgenic tobacco plant [J]. FEBS Letters, 2002, 515(1-3): 114-118.

[8] Tomita M, Munetsuna H, Sato T, et al. Transgenic silkworms produce recombinant human type III procollagen in cocoons [J]. Nature Biotechnology, 2003, 21(1): 52-56.

[9] Adachi T, Tomita M, Shimizu K, et al. Generation of hybrid transgenic silkworms that express *Bombyx mori* prolyl-hydroxylase alpha-subunits and human collagens in posterior silk glands: production of cocoons that contained collagens with hydroxylated proline residues [J]. Journal of Biotechnology, 2006, 126(2): 205-219.

[10] Nokelainen M, Helaakoski T, Myllyharju J, et al. Expression and characterization of recombinant human type II collagens with low and high contents of hydroxylysine and its glycosylated forms [J]. Matrix Biology, 1998, 16(6): 329-338.

[11] 范代娣. 一种类人胶原蛋白及其生产方法 [P]. CN 1196712C. 2005-04-13.

[12] Li L B, Fan D D, Ma X X, et al. High-level secretory expression and purification of unhydroxylated human collagen α1(Ⅲ) chain in *Pichia pastoris* GS115 [J]. Biotechnology & Applied Biochemistry, 2015, 62(4): 467-475.

[13] 范代娣，马晓轩，严建亚，等. 重组胶原蛋白 [P]. CN 102351954B. 2013-12-18.

[14] Ma X X, Zhu C H, Shang Z F, et al. An approach for enhancing the production of human-like collagen Ⅱ by enlarging the metabolic flux at pyruvate node [J]. Pakistan Journal of Pharmaceutical Sciences, 2014, 27: 2109-2117.

[15] Xing M M, Fu R Z, Liu Y N, et al. Human-like collagen promotes the healing of acetic acid-induced gastric ulcers in rats by regulating NOS and growth factors [J]. Food & Function, 2020, 11(5): 4123-4137.

[16] John A R, Veronica G. Biophysical and chemical properties of collagen: biomedical applications [M]. IOP Publishing, 2019.

[17] Yu Z, An B, Ramshaw J A M, et al. Bacterial collagen-like proteins that form triple-helical structures [J]. Journal of Structural Biology, 2014, 186(3): 451-461.

[18] Xu C, Yu Z, Inouye M, et al. Expanding the family of collagen proteins: recombinant bacterial collagens of varying composition form triple-helices of similar stability [J]. Biomacromolecules, 2010, 11(2): 348-356.

[19] Peng Y Y, Yoshizumi A, Danon S J, et al. A *Streptococcus pyogenes* derived collagen-like protein as a non-cytotoxic and non-immunogenic cross-linkable biomaterial [J]. Biomaterials, 2010, 31(10): 2755-2761.

[20] Peng Y Y, Howell L, Stoichevska V, et al. Towards scalable production of a collagen-like protein from *Streptococcus pyogenes* for biomedical applications [J]. Microbial Cell Factories, 2012, 11(1): 1-8.

[21] Munoz-Pinto D J, Guiza-Arguello V R, Becerra-Bayona S M, et al. Collagen-mimetic hydrogels promote human endothelial cell adhesion, migration and phenotypic maturation [J]. Journal of Materials Chemistry B, 2015, 3(40): 7912-7919.

[22] Cereceres S, Touchet T, Browning M B, et al. Chronic wound dressings based on collagen-mimetic proteins [J]. Advances in Wound Care, 2015, 4(8): 444-456.

[23] Peng Y Y, Stoichevska V, Schacht K, et al. Engineering multiple biological functional motifs into a blank collagen-like protein template from *Streptococcus pyogenes* [J]. Journal of Biomedical Materials Research, 2014, 102(7): 2189-2196.

[24] Bellis S L. Advantages of RGD peptides for directing cell association with biomaterials [J]. Biomaterials, 2011, 32(18): 4205-4210.

[25] 宋新强，骆媛，王丹，等. 鸡Ⅱ型胶原基因疫苗 pcDNA-CCOL2A1 能有效治疗大鼠类风湿性关节炎 [J]. 中国科学：生命科学，2006, 36(6): 534-542.

[26] Xi C, Tan L, Sun Y, et al. A novel recombinant peptide containing only two T-cell tolerance epitopes of chicken type Ⅱ collagen that suppresses collagen-induced arthritis [J]. Molecular Immunology, 2009, 46(4): 729-737.

第五章

原核体系重组胶原蛋白的
生物制造

当前市场上销售的胶原蛋白产品大多数取自猪、牛、鱼等动物组织，很难避免病毒感染，同时这些动物源胶原蛋白的基因序列和人胶原蛋白序列也存在一定的差异性，导致无法与人体相容而产生免疫排斥和过敏症状。

用细胞工厂高效生产性能优良的高分子生物材料一直是生物化工领域研究的重点[1]，因为它关系着医用材料、医药、化工、美容等领域的发展。利用原核细胞体系生产胶原蛋白具有周期短、操作方便、易于规模化放大生产等优势，而大肠杆菌因为具有清晰的遗传背景，是目前应用最广泛的原核细胞表达系统。因此西北大学范代娣团队最先研发的系列重组类人胶原蛋白 CF-5 选择的原核表达体系为大肠杆菌体系[2]。本章着重介绍大肠杆菌细胞工厂生产重组类人胶原蛋白 CF-5。

第一节
重组类人胶原蛋白细胞工厂的构建

大肠杆菌是一种典型的革兰氏阴性菌原核表达系统，也是最有效、应用最广泛的一种异源蛋白生产者。该系统具有遗传背景清晰、发酵成本低、生产周期短、效率高等优势，因此具备规模化生产外源蛋白的潜力。表 5-1 列举了近些年以大肠杆菌作为表达宿主生产的生物药品，表 5-2 列出了由大肠杆菌生产的一些生物化学产品。

表5-1　大肠杆菌作为表达宿主生产的生物药品[3]

产品	临床作用
重组人胰岛素	糖尿病
人粒细胞集落刺激因子	中性粒细胞减少症
α2b型干扰素	癌症、肝炎
地尼白介素	皮肤T细胞淋巴瘤
甘精胰岛素	糖尿病
阿那白滞素	类风湿性关节炎
瑞替普酶	急性心肌梗死
兰尼单抗	湿性年龄相关性黄斑变性
促生长激素	生长激素缺乏症；Turner综合征
聚乙二醇赛妥珠单抗	克罗恩病
聚乙二醇干扰素α2b	慢性丙型肝炎
重组人血小板生成素拟肽	慢性免疫性血小板减少性紫癜
干扰素β1b	多发性硬化症
聚乙二醇尿酸特异性酶	慢性痛风症
甲状旁腺激素	骨质疏松症、甲状旁腺功能减退症
卡普赛珠单抗	获得性血栓性血小板减少性紫癜

表5-2 大肠杆菌生产的生物化学产品[4]

化学品	作用	*Escherichia coli*菌株
牡丹皮葡萄糖苷	抗氧化剂、食品着色剂	BL21 Star (DE3)
翠菊色苷	抗氧化剂、食品着色剂	rpoA14 (DE3)（K12衍生）
苯甲醇	溶剂	ATCC 31884
戊二烯	药物组成	BL21 (DE3)
香草醛	风味添加剂	MG1655 (DE3)
肉桂醛	风味添加剂	W3110
醋酸异丁酯	风味添加剂	BW25113衍生
乙酸、丙酸和丁酸酯	风味添加剂	BW25113衍生
醋酸苯乙酯	风味添加剂	MG1655
柠檬烯	风味添加剂、生物燃料	DH1
石竹烯	风味添加剂、生物燃料	DH1
芳樟醇	风味添加剂、生物燃料	DH1衍生
酪醇	药物前体	BW25113 (DE3)衍生
苯乳酸	抗生素	BW25113 (DE3)衍生
紫色杆菌素	抗生素、抗癌	BL21 Star
富马酸	化学原料	W3110衍生
己二烯二酸	化学原料	BW25113衍生
芹菜素	功能食物	BL21 Star
芫花素	功能食物	BL21 Star
丁醇	生物燃料	BW25113衍生
紫穗槐二烯	药物	DH1

一、重组类人胶原蛋白表达系统的构建

胶原蛋白因其分子量过大、序列中特定氨基酸含量过高、各功能元件与大肠杆菌间适配性差等问题，导致其产量低，难以对其进行结构设计与改造，无法满足实际生产和应用的需求。西北大学范代娣团队在国际上较早开始了重组类人胶原蛋白的研究，首次提出了强化人胶原蛋白功效片段的作用，发明了利用大肠杆菌体系生产系列重组类人胶原蛋白的方法，构建了若干不同类型、不同分子量、不同重复片段、不同功效的重组类人胶原蛋白。以下为构建的部分重组类人胶原蛋白氨基酸序列（文中 CF 代码为实验室胶原分子库编号）。

CF-5：

HDPVVLQRRDWENPGVTQLNRHLAHAHPPFASDHPMGAPGPAGAPGPP

GAPGPAGPPGSAGAPGPPGAPGPAGPPGSAGAPGPPGAPGPAGPPGSAGAPG
PPGAPGPAGPPGSAGAPGPPGAPGPAGPPGSAGAPGPPGAPGPAGPPGSAGAP
GPPGAPGPAGPPGSAGAPGPPGAPGPAGPPGSAGAPGPPGAPGPAGPPGSAGA
PGPPGAPGPAGPPGSAGAPGPPGAPGPAGPPGSAGAPGPPGAPGPAGPPGSAG
APGPPGAPGPAGPPGSAGAPGPPGAPGPAGPPGSAGAPGPPGAHGPAGALGA
HGPAGPLGPAGPPGSAGAPGAHGPAGPLGAHGPAGPLGAHGPAGPLGAHGPA
GPLGAPGPAGPPGSAGAPGPPGAPGPAGPPGSAGAPGPPGAPGPAGPPGSAGA
PGPPGAPGPAGPPGSAGAPGPPGAPGPAGPPGSAGAPGPPGAPGPAGPPGSAG
APGPPGAPGPAGPPGSAGAPGPPGAPGPAGPPGSAGAPGPPGAPGPAGPPGSA
GAPGPPGAPGPAGPPGSAGAPGPPGAHGPAGPLGAHGPAGPLGAHGPAGPLG
AHGPAGPLGAPGPAGSAGAPGPPGAPGPAGPPGSAGAPGPPGAPGPAGPPGS
AGAPGPPGAPGPAGPPGSAGAPGPPGAPGPAGPPGSAGAPGPPGAPGPAGPPG
SAGAPGPPGAPGPAGPPGSAGAPGPPGAPGPAGPPGSAGAPGPPGAPGPAGPP
GSAGAPGPPGAPGPAGPPGSAGAPGPPGAPGPAGPPGSAGAPGPPGAPGPAGP
PGSAGAPGPPGAHGPAGPLGAHGPAGPLGAHGPAGPLGAHGPAGPLGAPGPA
GPPGSAGAPGPPGAPGPAGPPGSAGAPGPPGAPGPAGPPGSAGAPGPPGAPGP
AGPPGSAGAPGPPGAPGPAGPPGSAGAPGPPGSAGAPGPPGAPGPAGPPGSAG
APGPPGAPGPAGPPGSAGAPGPPGAPGPAGPPGSAGAPGPPGAPGPAGPPGSA
GAPGPPGAPGPAGPPGSAGAPGPPGAHGPAGPLGAHGPAGPLGAHGPAGPLG
AMGAPGATGLSAGATHGLVTCGL

CF-1552:

GAPGAPGSQGAPGLQGAPGAPGSQGAPGLQGAPGAPGSQGAPGLQGAPG
APGSQGAPGLQGAPGAPGSQGAPGLQGAPGAPGSQGAPGLQGAPGAPGSQGA
PGLQGAPGAPGSQGAPGLQGAPGAPGSQGAPGLQGAPGAPGSQGAPGLQGAP
GAPGSQGAPGLQGAPGAPGSQGAPGLQGAPGAPGSQGAPGLQGAPGAPGSQG
APGLQGAPGAPGSQGAPGLQGAPGAPGSQGAPGLQGAPGAPGSQGAPGLQG
APGAPGSQGAPGLQGAPGAPGSQGAPGLQGAPGAPGSQGAPGLQGAPGAPGS
QGAPGLQGAPGAPGSQGAPGLQGAPGAPGSQGAPGLQGAPGAPGSQGAPGL
QGAPGAPGSQGAPGLQGAPGAPGSQGAPGLQGAPGAPGSQGAPGLQGAPGA
PGSQGAPGLQGAPGAPGSQGAPGLQGAPGAPGSQGAPGLQGAPGAPGSQGAP
GLQGAPGAPGSQGAPGLQGAPGAPGSQGAPGLQGAPGAPGSQGAPGLQGAP
GAPGSQGAPGLQGAPGAPGSQGAPGLQGAPGAPGSQGAPGLQGAPGAPGSQG
APGLQGAPGAPGSQGAPGLQGAPGAPGSQGAPGLQGAPGAPGSQGAPGLQG
APGAPGSQGAPGLQGAPGAPGSQGAPGLQGAPGAPGSQGAPGLQGAPGAPG
SQGAPGLQGAPGAPGSQGAPGLQGAPGAPGSQGAPGLQGAPGAPGSQGAPG

LQGAPGAPGSQGAPGLQGAPGAPGSQGAPGLQGAPGAPGSQGAPGLQGAPG
APGSQGAPGLQGAPGAPGSQG APGLQGMPGE RGAAGLPGPK GDRGDAGAP
GAPGSQGAPG LQGMPGERGAAGLPGPKGDRGDA

CF-15G9:

GAPGAPGSQGAPGLQGAPGAPGSQGAPGLQGAPGAPGSQGAPGLQGAPG
APGSQGAPGLQ GAPGAPGSQGAPGLQGAPGAPGSQGAPGLQGAPGAPGSQG
APGLQGAPGAPGSQGAPGLQ GAPGAPGSQGAPGLQGAPGAPGSQGAPGLQGE
RGDRGDAGAPGAPGSQGAPGLQGAPGAP GSQGAPGLQGAPGAPGSQGAPGL
QGAPGAPGSQGAPGLQGAPGAPGSQGAPGLQGAPGAP GSQGAPGLQGAPGA
PGSQGAPGLQGAPGAPGSQGAPGLQGAPGAPGSQGAPGLQGAPGAP GSQGAP
GLQGERGDRGDAGAPGAPGSQGAPGLQGAPGAPGSQGAPGLQGAPGAPGSQ
GAP GLQGAPGAPGSQGAPGLQGAPGAPGSQGAPGLQGAPGAPGSQGAPGLQ
GAPGAPGSQGAP GLQGAPGAPGSQGAPGLQGAPGAPGSQGAPGLQGAPGAPG
SQGAPGLQGERGDRGDAGAP GAPGSQGAPGLQGAPGAPGSQGAPGLQGAPG
APGSQGAPGLQGAPGAPGSQGAPGLQGAP GAPGSQGAPGLQGAPGAPGSQGA
PGLQGAPGAPGSQGAPGLQGAPGAPGSQGAPGLQGAP GAPGSQGAPGLQGAP
GAPGSQGAPGLQGERGDRGDAGAPGAPGSQGAPGLQGAPGAPGSQ GAPGLQ
GAPGAPGSQGAPGLQGAPGAPGSQGAPGLQGAPGAPGSQGAPGLQGAPGAPG
SQ GAPGLQGAPGAPGSQGAPGLQGAPGAPGSQGAPGLQGAPGAPGSQGAPGL
QGAPGAPGSQ GAPGLQ

CF-2715:

GERGAPGFRGPAGPNGIPGEKGPAGERGERGAPGFRGPAGPNGIPGEK
GPAGERGERGAPGFRGPAGPNGIPGEKGPAGERGERGAPGFRGPAGPNGI
PGEKGPAGERGERGAPGFRGPAGPNGIPGEKGPAGERGERGAPGFRGPAG
PNGIPGEKGPAGERGERGAPGFRGPAGPNGIPGEKGPAGERGERGAPGFRGP
AGPNGIPGEKGPAGERGERGAPGFRGPAGPNGIPGEKGPAGERGERGAPGF
RGPAGPNGIPGEKGPAGERGERGAPGFRGPAGPNGIPGEKGPAGERGERGA
PGFRGPAGPNGIPGEKGPAGERGERGAPGFRGPAGPNGIPGEKGPAGERGER
GAPGFRGPAGPNGIPGEKGPAGERGERGAPGFRGPAGPNGIPGEKGPAGER

CF-2421:

GAPGFRGPAGPNGIPGEKGPAGERGAPGFRGPAGPNGIPGEKGPAGERGAP
GFRGPAGPNGIPGEKGPAGERGAPGFRGPAGPNGIPGEKGPAGERGAPGFRGPA
GPNGIPGEKGPAGERGAPGFRGPAGPNGIPGEKGPAGERGAPGFRGPAGPNGIP
GEKGPAGERGAPGFRGPAGPNGIPGEKGPAGERGAPGFRGPAGPNGIPGEKGPA
GERGAPGFRGPAGPNGIPGEKGPAGERGAPGAPGSQGAPGLQGMPGERGAPG

APGSQGAPGLQGMPGERGAPGAPGSQGAPGLQGMPGERGAPGAPGSQGAPG
LQGMPGERGAPGAPGSQGAPGLQGMPGERGAPGAPGSQGAPGLQGMPGERG
APGAPGSQGAPGLQGMPGERGAPGAPGSQGAPGLQGMPGERGAPGAPGSQG
APGLQGMPGERGAPGAPGSQGAPGLQGMPGERGAPGAPGSQGAPGLQGMPG
ERGAPGAPGSQGAPGLQGMPGERGAPGAPGSQGAPGLQGMPGERGAPGAPGS
QGAPGLQGMPGERGAPGAPGSQGAPGLQGMPGERGAPGAPGSQGAPGLQGM
PGERGAPGAPGSQGAPGLQGMPGERGAPGAPGSQGAPGLQGMPGERGAPGAP
GSQGAPGLQGMPGERGAPGAPGSQGAPGLQGMPGERGAPGAPGSQGAPGLQ
GMPGERGAPGAPGSQGAPGLQGMPGERGAPGAPGSQGAPGLQGMPGERGAP
GAPGSQGAPGLQGMPGERGAPGAPGSQGAPGLQGMPGERGAPGAPGSQGAP
GLQGMPGERGAPGAPGSQGAPGLQGMPGERGAPGAPGSQGAPGLQGMPGER
GAPGAPGSQGAPGLQGMPGERGAPGAPGSQGAPGLQGMPGERGAPGAPGSQ
GAPGLQGMPGERGAPGAPGSQGAPGLQGMPGER

  由于不同重组胶原蛋白生物制造工艺相似，本章内容以重组类人胶原蛋白 CF-5 序列为代表进行详细描述。将上述氨基酸序列对应的基因序列进行扩增，100μL PCR 反应（聚合酶链式反应）体系为：高保真 PCR Mix 预混液（镁离子、聚合酶和 dNTP 等混合液）50μL，模板 2μL，引物 F/R 0.5μL，无酶水补足至 100μL。分别对质粒和 PCR 产物进行双酶切并回收目的片段和载体。连接后转化至大肠杆菌感受态细胞中，利用含有卡那霉素（50μg/mL）的 LB 平板和菌落 PCR 筛选阳性转化子。发酵过程中，成功筛选的阳性转化子在温敏型启动子 P_LP_R 的控制下，通过调控温度诱导胶原蛋白的表达。通过十二烷基硫酸钠 - 聚丙烯酰胺凝胶电泳（SDS-PAGE）、蛋白质免疫印迹（western blot）和基质辅助激光解析电离飞行时间质谱（MALDI-TOF-MS）鉴定，可以实现在重组大肠杆菌 BL 21 细胞中重组类人胶原蛋白 CF-5 的高效表达。

  此外，为了高效表达重组类人胶原蛋白的目的基因，对目的基因进行了密码子偏好性设计，优化了一系列表达元件，成功构建了系列重组类人胶原蛋白表达菌株（图 5-1）。如替换上述温敏型启动子 P_LP_R，构建以 Ptac 或 Plac 为启动子，通过异丙基 -β-D- 硫代半乳糖（isopropyl-β-D-thiogalactoside，IPTG）诱导胶原蛋白的表达。此外，为了减少大肠杆菌内毒素的干扰，选择 ClearColi®BL21（DE3）为宿主细胞，该细胞缺乏用于 hTLR4 / MD-2 激活的外膜激动剂，因此与大肠杆菌野生型细胞相比，ClearColi®BL21（DE3）对 hTLR4 / MD-2 信号的激活作用要低几个数量级。将构建的重组质粒转入 ClearColi®BL21（DE3）中，由于 ClearColi®BL21（DE3）制备的异源蛋白几乎没有内毒素活性，无需进行下游内毒素的清除。

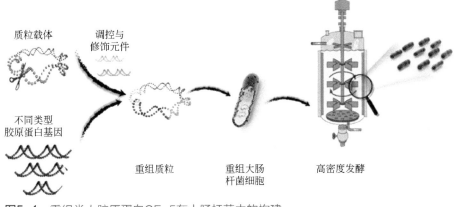

图5-1 重组类人胶原蛋白CF-5在大肠杆菌中的构建

质粒载体　调控与修饰元件

不同类型胶原蛋白基因

重组质粒　　重组大肠杆菌细胞　　高密度发酵

为进一步提升大肠杆菌生产重组类人胶原蛋白的能力，范代娣团队[5]从代谢调控、发酵优化等方面对菌株做了深入的研究。由于构建的菌株较多，每株菌的研究思路差别较小。因此本节内容以一株表达重组类人胶原蛋白CF-5的菌株BL21 CF-5为代表，对菌株的改性及优化进行说明。

二、*ptsG*基因敲除对表达重组类人胶原蛋白CF-5的影响

葡萄糖能够被细胞快速吸收利用，并且价格便宜，因此成为大肠杆菌高密度发酵过程的首选碳源。大肠杆菌主要通过磷酸烯醇式丙酮酸 - 糖磷酸转移酶系统（PTS系统）中葡萄糖特异性透性酶及其他能够转运葡萄糖的透性酶，对葡萄糖进行吸收与摄取。因此，PTS系统对于大肠杆菌碳源物质的吸收摄取和各种分解代谢、碳代谢阻遏效应、碳源物质的储存备用、平衡细胞的碳源代谢和氮源代谢等具有重要的生理学意义[6,7]。如图5-2所示，该系统主要由EⅠ（酶Ⅰ）、HPr（磷酸转移蛋白）和EⅡs（各种糖类特异性的酶Ⅱ）组成，EⅠ和HPr分别由*ptsI*、*ptsH*编码，以可溶解的形式存在于细胞质中，在几乎所有的PTS糖类转运中扮演着重要的角色。与EⅠ和HPr不同的是，EⅡs对一种或多种PTS糖类具有特异性[8]，可以由三个结构域组成的单个蛋白的形式存在，也可以由两个结构域组成的蛋白复合体的形式存在，还可以由两个以上结构域组成的蛋白复合体的形式存在。葡萄糖可以利用EⅡ^Glc、EⅡ^Man、EⅡ^Fru和EⅡ^Bgl来完成它的跨膜转运。EⅡ^Glc在葡萄糖的跨膜转运中起到决定性的作用，它由A、B、C三个结构域构成，一般EⅡA^Glc以单个蛋白的形式存在（*crr*基因编码），而EⅡC^Glc和EⅡB^Glc则会组成EⅡCB^Glc蛋白复合体发

挥作用（*ptsG*基因编码），该酶能够特异性地识别与转运葡萄糖，对葡萄糖的跨膜转运起到重要作用。

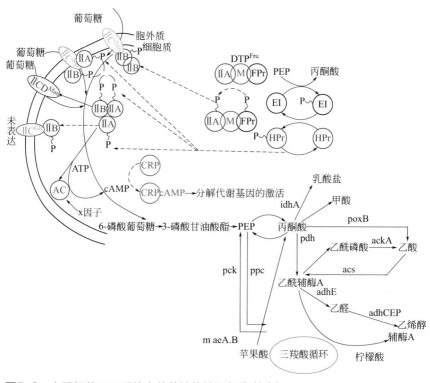

图5-2 大肠杆菌PTS系统中葡萄糖的转运与代谢途径

在有氧发酵过程中，大肠杆菌对碳源的过流代谢，导致大量丙酮酸的产生，使细胞碳代谢速率不平衡，最终造成乙酸等不利于菌体生长的物质大量积累，菌体生长受到抑制。乙酸的产生不但是碳源和能量的一种浪费，而且是抑制重组类人胶原蛋白表达和细胞生长的主要因素。利用基因工程技术构建*ptsG*敲除菌，有望降低葡萄糖的吸收速率，减少乙酸积累，并且提高重组类人胶原蛋白的表达。敲除*ptsG*基因后，细胞可通过其他转运酶的作用摄取葡萄糖，但进入糖酵解途径的总碳代谢流有所减少，使其进入三羧酸（TCA）循环的碳代谢大体平衡，从而避免副产物乙酸的积累，使细胞在生长过程中可大量摄取葡萄糖用于菌体生长和蛋白表达。

1．*ptsG* 敲除菌的构建

为了实现重组类人胶原蛋白 CF-5 的高效表达，范代娣团队[9,10] 采用 Red 同源重组技术构建 *ptsG* 敲除菌（如图 5-3 所示）。以质粒 pIJ773 为模板，通过 PCR 扩增构建出两端与 *ptsG* 基因上下游序列同源的片段，中间为含有 FRT 位点的安普霉素抗性基因的打靶片段，通过电转化将打靶片段导入原始菌 BL21 CF-5 中，在分泌的 Red 重组酶作用下，大肠杆菌基因组上的 *ptsG* 基因就被两端含有 FRT 位点的安普霉素抗性基因代替。在质粒 pCP20 表达的 FLP 内切酶的作用下，安普霉素抗性基因被消除，最后就得到了完全敲除 *ptsG* 基因的菌株 BL21 CF-5Δ*ptsG*（简称 *ptsG* 敲除菌）。

步骤1：PCR扩增两端有FRT位点的抗生素抗性基因

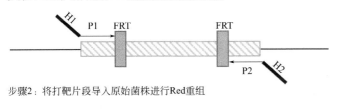

步骤2：将打靶片段导入原始菌株进行Red重组

步骤3：挑选具有抗生素抗性的转化子

步骤4：通过能表达FLP内切酶的质粒消除抗生素抗性基因

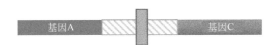

图5-3 基因敲除示意图
H1 和 H2 表示靶基因的同源壁，P1 和 P2 表示引物

2．*ptsG* 敲除菌的高产菌株筛选

挑取 5 株上述 *ptsG* 敲除菌的转化子，与活化之后的原始菌 BL21 CF-5 以 8% 接种量接种于含 50mL 培养基的 250mL 锥形瓶中，34℃、220r/min 发酵生产重组类人胶原蛋白 CF-5。当发酵到 6h 时，将温度提高到 42℃诱导重组类人胶原

蛋白 CF-5 的表达，再诱导 3h，即发酵到 9h 时将温度调为 39℃，使菌体继续生长并表达重组类人胶原蛋白 CF-5，到 14h 时发酵结束。测定不同转化子的重组类人胶原蛋白 CF-5 产量，筛选出一株高产重组类人胶原蛋白 CF-5 的大肠杆菌工程菌。如图 5-4（a）所示，1～5 号 *ptsG* 敲除菌无论在最终的细胞密度还是重组类人胶原蛋白 CF-5 产量上都比 6 号原始菌表现出显著的优势。5 株 *ptsG* 敲除菌的最终细胞密度（OD_{600}）最高的与最低的分别为 7.94 和 7.34，分别是原始菌的 1.33 倍和 1.23 倍（原始菌的最终细胞密度 OD_{600} 为 5.99）。由此可以得出，*ptsG* 基因敲除对于提高重组类人胶原蛋白 CF-5 工程菌的生长性能有显著的作用。由图 5-4（b）可以看出，5 株 *ptsG* 敲除菌的最高与最低的重组类人胶原蛋白 CF-5 产量分别为 0.28g/L 和 0.23g/L，分别为原始菌的 1.33 倍和 1.10倍。由这些数据可以得出，*ptsG* 敲除菌比原始菌在重组类人胶原蛋白 CF-5 的生产上具有显著的优势，*ptsG* 基因敲除对提高重组类人胶原蛋白 CF-5 的产量比较有效。

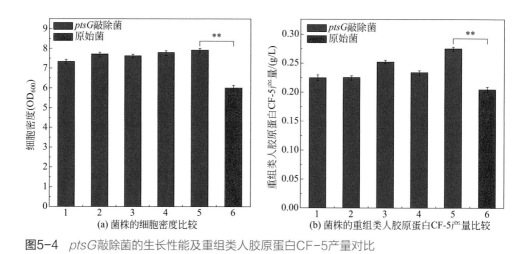

图5-4　*ptsG* 敲除菌的生长性能及重组类人胶原蛋白CF-5产量对比

综上所述，5 号 *ptsG* 敲除菌无论在生长性能还是在重组类人胶原蛋白 CF-5 产量上较原始菌和其他 *ptsG* 敲除菌菌株均有明显的优势，所以挑选 5 号菌株进行后续的实验。

3. *ptsG* 敲除菌对菌株代谢的影响

对 *ptsG* 敲除菌与原始菌在发酵培养基与 M9 修饰培养基中的重组类人胶原蛋白 CF-5 产量进行比较，结果如图 5-5 所示，经过 14h 的发酵，在 M9 修饰培养基中，*ptsG* 敲除菌能够积累 0.22g/L 的重组类人胶原蛋白 CF-5，而原始菌的重组类人胶原蛋白 CF-5 产量仅为 0.19g/L，*ptsG* 敲除菌的重组类人胶原蛋白 CF-5 产量是原始菌的 1.16 倍。在发酵培养基中，*ptsG* 敲除菌能够积累 0.28g/L 的重组类人胶原蛋白 CF-5，而原始菌的重组类人胶原蛋白 CF-5 产量仅为 0.21g/L，*ptsG* 敲除菌的重组类人胶原蛋白 CF-5 产量是原始菌的 1.33 倍。由 *ptsG* 敲除菌和原始菌重组类人胶原蛋白 CF-5 产量的差异可以得出，在同样的培养条件下，无论是在 M9 修饰培养基中还是在发酵培养基中，*ptsG* 基因敲除均能促进重组类人胶原蛋白 CF-5 的合成。

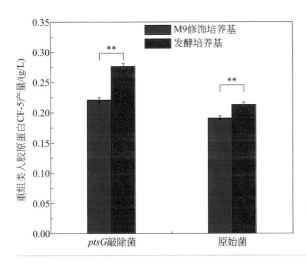

图5-5

ptsG 敲除菌与原始菌在发酵培养基与M9修饰培养基中重组类人胶原蛋白CF-5的产量比较

　　ptsG 基因敲除对细胞生长及乙酸积累的影响见表 5-3。对比 *ptsG* 敲除菌与原始菌在 M9 修饰培养基和发酵培养基的生长情况，发现在 M9 修饰培养基中，菌株的比生长速率明显变小。由图 5-6（a）可以看出，在发酵培养基中培养 6h 之后，*ptsG* 敲除菌比原始菌表现出更强的生长优势。由表 5-3 可知，*ptsG* 敲除菌最终的细胞干重（DCW）达到了 3.04g/L，而原始菌最终的细胞干重仅为 2.45g/L，*ptsG* 敲除菌的最终细胞干重是原始菌的 1.24 倍。另外，由表 5-3 和图 5-6（c）可以看出，*ptsG* 敲除菌的乙酸产率和积累量更少。从整个发酵过程来看，*ptsG* 敲除菌的平均乙酸产率仅为 0.89g/g（DCW），这个数值仅为原始菌的 62%。由这些数据可以得出，当在发酵培养基中培养时，敲除 *ptsG* 基因能够显著地提高细胞的生长能力，并且能够显著地降低乙酸积累量。

表5-3 *ptsG* 敲除菌与原始菌在发酵培养基（FM）与M9修饰培养基（MM）中的对比

名称		*ptsG*敲除菌	原始菌	相对比值
比生长速率μ/ h^{-1}	FM	0.81±0.03	0.86±0.05	0.94±0.04
	MM	0.40±0.04	0.63±0.03	0.63±0.02
乙酸产率$Y_{Ac/X}$	FM	0.89±0.06	1.44±0.03	0.62±0.04
	MM	0.50±0.04	2.11±0.07	0.24±0.02
细胞干重/(g/L)	FM	3.04±0.12	2.45±0.16	1.24±0.05
	MM	2.67±0.21	2.28±0.11	1.17±0.03
比葡萄糖吸收速率μ/ h^{-1}	FM	0.12±0.02	0.19±0.01	0.63±0.02
	MM	0.13±0.00	0.48±0.02	0.27±0.00

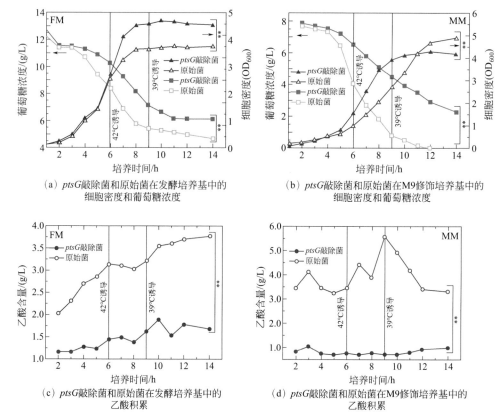

（a）*ptsG*敲除菌和原始菌在发酵培养基中的
细胞密度和葡萄糖浓度

（b）*ptsG*敲除菌和原始菌在M9修饰培养基中的
细胞密度和葡萄糖浓度

（c）*ptsG*敲除菌和原始菌在发酵培养基中的
乙酸积累

（d）*ptsG*敲除菌和原始菌在M9修饰培养基中的
乙酸积累

图5-6 *ptsG*敲除菌与原始菌在发酵培养基与M9修饰培养基发酵过程中细胞密度、乙酸含量和葡萄糖浓度随时间的变化

"**"表示$p < 0.01$

在 M9 修饰培养基中，*ptsG* 敲除菌的比生长速率较原始菌有非常显著的降低。原始菌的比生长速率为 0.63h^{-1}，而 *ptsG* 敲除菌的比生长速率仅为 0.40h^{-1}，

这个数值仅为原始菌比生长速率的 63%。由图 5-6（b）可以看出，虽然在滞后期 *ptsG* 敲除菌与原始菌没有显著差异，但是在对数期表现出了显著的差异，*ptsG* 敲除菌的对数期比原始菌晚结束大约 3h。在 11h 之前，随着发酵的进行，*ptsG* 敲除菌的细胞密度始终低于原始菌，也就是说 *ptsG* 敲除菌的生长始终比原始菌慢；但 11h 之后，*ptsG* 敲除菌的细胞密度迅速超过了原始菌的细胞密度，并且保持增长，而此时原始菌已到达了稳定期，细胞密度已不再增大。最终，*ptsG* 敲除菌的细胞干重达到了 2.67g/L，这个数值是原始菌细胞干重的 1.17 倍。此外，由表 5-3 和图 5-6（d）可以看出，*ptsG* 敲除菌的乙酸产率也远远低于原始菌的乙酸产率，在整个发酵过程中，*ptsG* 敲除菌的乙酸积累量远远低于原始菌的乙酸积累量，*ptsG* 敲除菌的乙酸积累量较原始菌降低了 70% ～ 87%。另外，在整个发酵过程中，*ptsG* 敲除菌的培养基中乙酸浓度始终低于 1.0g/L，这个浓度的乙酸对细菌生长和重组蛋白的表达没有毒害作用，这也许就是最终 *ptsG* 敲除菌的生长超越原始菌的原因所在。然而，在相同的条件下，原始菌的乙酸浓度始终高于 3.2g/L，这个浓度的乙酸显著地影响细胞的生长，这在图 5-6（b）中原始菌的生长很早就达到了稳定期可以看出。由以上数据可以得出，敲除 *ptsG* 基因对于提高细胞的生长能力有积极的影响，*ptsG* 基因敲除平衡了葡萄糖的吸收速率，从而使细胞生长速度比较均衡，降低了有毒代谢副产物乙酸的分泌。

发酵培养基中 *ptsG* 基因敲除对菌株葡萄糖吸收速率及葡萄糖消耗量的影响如图 5-6（a）所示。在前 3h，*ptsG* 敲除菌与原始菌发酵液中的葡萄糖含量无明显差异，因为在这个时期，细菌的葡萄糖摄取能力非常低，不至于引起发酵液中葡萄糖含量的太大变化。在对数期，原始菌的葡萄糖吸收速率超过了 *ptsG* 敲除菌。如表 5-3 所示，*ptsG* 敲除菌的比葡萄糖吸收速率为 $0.12h^{-1}$，而原始菌的比葡萄糖吸收速率为 $0.19h^{-1}$，*ptsG* 敲除菌的比葡萄糖吸收速率相对于原始菌降低了 37%。在这一阶段，由于原始菌持续过快地吸收葡萄糖，原始菌发酵液中的乙酸含量也持续增高，这可能是由细胞的溢流代谢引起的[11]。当在 M9 修饰培养基中培养时，发酵 4h 后，*ptsG* 敲除菌与原始菌的葡萄糖吸收速率开始有明显差异。从表 5-3 中的数据可以看到，*ptsG* 敲除菌的比葡萄糖吸收速率为 $0.13h^{-1}$，而原始菌的比葡萄糖吸收速率为 $0.48h^{-1}$，*ptsG* 敲除菌与原始菌相比葡萄糖吸收速率降低了 73%。另外，从图 5-6（a）和图 5-6（b）中可以看出，不管是在发酵培养基中还是在 M9 修饰培养基中，到发酵结束时 *ptsG* 敲除菌都比原始菌消耗更少的葡萄糖。这些数据说明，敲除 *ptsG* 基因影响了菌株的葡萄糖吸收速率，使菌株表现出更平衡的葡萄糖代谢方式，因此在不影响细胞生长及重组类人胶原蛋白 CF-5 表达的情况下，降低了菌体的葡萄糖消耗量。

在以往的研究中，一些研究者试图通过添加甲基 -*α*- 葡萄糖苷来改变重组大肠杆菌的葡萄糖吸收速率[12]。甲基 -*α*- 葡萄糖苷是一种没有任何毒害作用的竞争性抑制剂，和葡萄糖利用相同的磷酸转移酶系统，是一种葡萄糖类似物。在该研究中，通过敲除 *ptsG* 基因达到了协调与平衡细胞的葡萄糖吸收速率。*ptsG* 敲除菌可以利用其他转运酶使葡萄糖转运进入细胞，比如 EⅡ^{Man}（甘露糖）、EⅡ^{Fru}（果糖）和 EⅡ^{Bgl}（β- 葡萄糖苷）等[13]，不过转运葡萄糖的速率会有明显的下降。同时，*ptsG* 敲除菌不但能在含有葡萄糖的培养基中生长，而且消除了 β- 半乳糖苷酶的抑制作用[14]，因此当 *ptsG* 敲除菌在含有多种糖类的培养基中生长时会同时利用多种糖类，这也使一些研究者试图寻找比葡萄糖更廉价的碳源以减少生产成本，并扩大碳源的来源[15]。

为了探索 *ptsG* 基因敲除对葡萄糖主要代谢途径关键酶的影响，采用荧光定量 PCR 技术和酶活力测定对这些与葡萄糖代谢有关的基因的转录水平和酶活力水平进行研究，如图 5-7 所示。*ptsG* 敲除菌的 PTS 系统中与葡萄糖转运相关的基因，其表达水平与原始菌有非常显著的差异。图 5-7（a）中的数据显示，无论是在发酵培养基中，还是在 M9 修饰培养基中，敲除 *ptsG* 基因使菌株的 *crr*、*ptsH* 和 *ptsI* 基因表达水平发生了不同程度的变化。在发酵培养基和 M9 修饰培养基中均没有检测到 *ptsG* 基因的表达，这也从转录水平上进一步验证了 *ptsG* 基因的成功敲除。在 M9 修饰培养基中，*ptsG* 敲除菌的 *crr*、*ptsH* 和 *ptsI* 基因的表达水平分别是原始菌的 0.59、0.41 和 0.35 倍；在发酵培养基中，*ptsG* 敲除菌的 *crr*、*ptsH* 和 *ptsI* 基因的表达水平分别是原始菌的 0.34、0.48 和 0.27 倍。这些数据显示，敲除 *ptsG* 基因部分阻断或干扰了 PTS 系统中的葡萄糖转运系统。

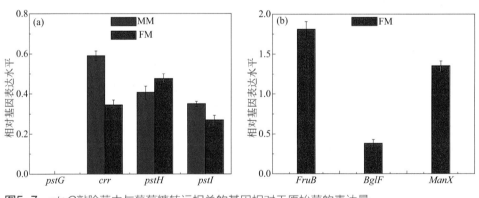

图5-7 *ptsG* 敲除菌中与葡萄糖转运相关的基因相对于原始菌的表达量

图 5-7（b）中显示的是 *ptsG* 基因敲除对 *FruB*、*BglF* 和 *ManX* 基因表达水平的影响。*FruB* 是表达果糖特异性的酶ⅡA/HPr 的基因；*BglF* 是表达 β- 葡萄糖苷特异性的酶ⅡABC 的基因；*ManX* 是表达甘露糖特异性的酶ⅡAB 的基因。这些基因表达的透性酶也能转运葡萄糖。由图 5-7（b）可以看出，*ptsG* 敲除菌的

FruB、*BglF* 和 *ManX* 的表达水平分别是原始菌的 1.81、0.38 和 1.35 倍。这些数据表明，*ptsG* 基因的敲除轻微地激活了 *FruB* 和 *ManX* 基因的表达，但是抑制了 *BglF* 基因的表达。事实上，大肠杆菌具有自我调控代谢的能力。因此，敲除 *ptsG* 基因之后，大肠杆菌通过自我调控提高或者降低某些基因的表达水平，从而以最经济的方式利用碳源。PTS 系统中的部分与葡萄糖转运有关的透性酶表达量的降低和宏观上表现出来的细胞葡萄糖吸收速率的降低，避免了葡萄糖的过快利用所造成的溢流代谢。因此，葡萄糖的平衡代谢降低了 *ptsG* 敲除菌的乙酸积累水平，从而更有利于菌体的生长与重组类人胶原蛋白 CF-5 的表达。

范代娣团队[16]进一步分析了 *ptsG* 基因的敲除对细胞代谢，特别是对葡萄糖代谢和氮代谢的影响。研究发现 *ptsG* 敲除菌的丙酮酸激酶（PYK）和磷酸烯醇式丙酮酸羧化酶（PPC）活性相对于原始菌都有明显的提高，而且编码磷酸烯醇式丙酮酸羧化酶的基因 *ppc* 转录水平也有所提高，这是由于 *ptsG* 的敲除促进了环腺苷酸（cAMP）及其受体蛋白（Crp）复合物（cAMP-Crp）的形成，进而使分解代谢物阻遏 / 激活蛋白（Cra）的合成被激活。同时 *ptsG* 敲除造成葡萄糖吸收速率的明显降低，引起糖酵解过程中果糖二磷酸（FDP）浓度的降低，因而 Cra 活性增强以平衡葡萄糖的代谢[17]。Cra 通过调节糖酵解过程相关基因如 *pykF* 等的表达来控制糖酵解碳代谢流，*pykF* 转录水平由于葡萄糖吸收的减少而降低[18]。PYK 活性的提高则是因为补偿 *ptsG* 敲除菌的相关酶通量，而这也进一步证明了 cAMP-Crp 与 Cra 的调节作用主要发生在转录水平。由以上事实可以得出，*ptsG* 敲除引起了一系列激活反应，促进了 cAMP-Crp 复合体的形成，cAMP-Crp 正向调控 Cra，而 Cra 控制进入糖酵解的碳代谢流。受 cAMP-Crp 和 Cra 调控的基因见表 5-4。

表5-4　cAMP-Crp 和 Cra 调控的基因

调控因子	调控程度	代谢途径的基因
cAMP-Crp	+	*acnAB, aceEF, focA, fumA, gltA, malT, manXYZ, mdh, mlc, pckA, pdhR, pflB, pgk, ptsG, sdhCDAB, sucABCD, ugpABCEQ*
	−	*cyaA, lpdA, rpoS*
Cra	+	*aceBAK, cydB, fbp, icdA, pckA, pgk, ppsA, ppc*
	−	*acnB, adhE, eda, edd, pfkA, pykF, zwf*

尽管 cAMP-Crp 能够激活编码柠檬酸合酶的 *gltA* 基因，但是 Cra 却通过抑制其下游的 *icdA* 和 *aceA* 达到抑制 *gltA* 的效果[19]。cAMP-Crp 和 Cra 根据培养环境及细胞吸收的葡萄糖量交互调控葡萄糖代谢的关键基因[20]。在这种交互调控的作用下，*ptsG* 敲除菌的 *gltA* 基因转录水平下降，酶活力方面其受 cAMP-Crp 激活增强的程度也很低，进入三羧酸循环的碳代谢流降低，结果如图 5-8 所示。而 Cra 对 *ppc* 的调控是正向调控，*ppc* 转录水平提高到原始菌的 1.23 倍，相应的酶

活力也是增强的，以弥补经由 PYK 碳代谢流的降低，为三羧酸循环提供足够的代谢中间体。

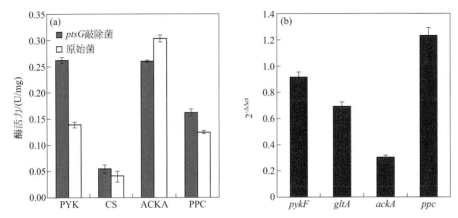

图5-8 对数期ptsG敲除菌和原始菌碳代谢相关酶活力水平和基因表达差异
pykF—编码丙酮酸激酶PYK；gltA—编码柠檬酸合酶CS；ackA—编码乙酸激酶ACKA；ppc—编码磷酸烯醇式丙酮酸羧化酶PPC

如上所述，由于 cAMP-Crp 和 Cra 的相互调节，ptsG 敲除菌葡萄糖吸收和代谢更趋于平衡。ackA 基因转录水平明显降低，为原始菌的 0.30 倍，乙酸激酶 ACKA 活性也明显减弱，见图 5-8。据文献报道，经由 ACKA 催化途径产生的乙酸占细胞产乙酸总量的 80% 以上[21]。ptsG 敲除有效地避免了大肠杆菌培养过程中碳源的过量代谢[13,22]，乙酸产量明显降低。

ptsG 基因的敲除对氮代谢有关的基因的转录水平和酶活力水平的影响如图 5-9 所示，ptsG 敲除菌与原始菌相比，谷氨酰胺合成酶（GS）的活性降低，谷氨酸脱氢酶（GDH）的活性升高，相应的基因转录水平也呈现同样的趋势，glnA 转录水平降低至原始菌的 0.84 倍，而 gdhA 的转录水平则为原始菌的 1.88 倍。尽管菌株 BL21 CF-5 及其 ptsG 敲除菌是在相同培养基和相同的条件下分别培养的，但对于 ptsG 敲除菌来说，较低的葡萄糖吸收速率意味着培养环境处于较低的碳氮比条件（与原始菌比较）。gdhA 转录水平和 GDH 酶活力水平的提高导致了 GDH 途径氮素同化通量增大，表明在含有丰富氮源的培养基中，GDH 可能在氮素同化过程中占据主导地位。氮素同化的两条途径 GDH 和 GS-GOGAT 的差异是它们对氨的 Km（米氏常数）值不同。纯的 GDH 对氨有相对较高的 Km 值，约为 1mmol/L，而纯的 GS 对氨的 Km 值为 GDH 的 1/10，也就意味着 GDH 在碳源 / 能量较低（氮源丰富）的培养基中是主导氮素同化相对"廉价"的低亲和力的酶，而 GS-GOGAT 作为高耗能高亲和力的酶通常在高碳源 / 能量（氮源限制）的培养基中发挥主要作用。GDH 途径的选择也确证了 ptsG 敲除菌中葡萄糖吸收速率的降低，由此引发了进入 TCA 循环的碳代谢流降低这种能量状态的改变。因此，氮素同化途径改变以匹配碳代谢流发生的变化。

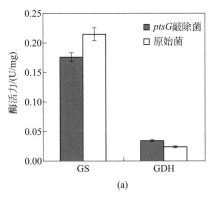
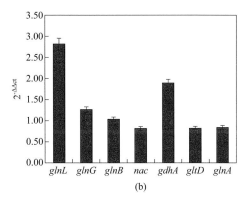

图5-9　对数期 *ptsG* 敲除菌和原始菌氮代谢相关酶活力水平和基因表达差异

glnA—编码谷氨酰胺合成酶 GS；*gdhA*—编码谷氨酸脱氢酶 GDH；*glnL*(*ntrB*)—编码氮代谢调控蛋白 NRII；*glnG*(*ntrC*)—编码氮代谢调控蛋白 NRI；*glnB*—编码氮代谢调控蛋白 P$_{\text{II}}$；*gltD*—编码谷氨酸合酶 β 亚基；*nac*—编码氮素同化全局调控子 Nac。

4. *ptsG* 敲除菌的高密度发酵优化

为了进一步证明 *ptsG* 敲除菌在实际生产中也有较强表达胶原蛋白的能力，范代娣团队[23]继续在 30L 发酵罐中，利用分批补料发酵方式，对 *ptsG* 敲除菌和重组菌进行高密度发酵，并通过对整个发酵过程中菌体生长、蛋白表达、乙酸积累、尾气组成等情况进行检测，以更准确地描述实际发酵情况。对 *ptsG* 敲除菌和原始菌进行比较，选择合适的培养基和补料培养基进行相关参数的确定。实验结果显示在 30L 发酵罐中 *ptsG* 敲除菌的最终重组类人胶原蛋白 CF-5 产量较未敲除菌有明显提高，*ptsG* 敲除菌的重组类人胶原蛋白 CF-5 产量为 7.15g/L，而原始菌的产量仅为 5.60g/L，敲除菌的重组类人胶原蛋白 CF-5 产量较原始菌提高了 28%。

三、分子伴侣对表达重组类人胶原蛋白CF-5的影响

生物体中细胞的结构及功能主要是由蛋白质来完成的，只有蛋白质折叠为有活性的自然构象时才能很好地发挥其功能活性，因此蛋白质折叠过程的准确调控及折叠机理意义重大。研究显示，分子伴侣对于新生肽的折叠具有很好的调控辅助作用，其在细胞中分布十分广泛，是细胞正常运转及内部调控的重要组成部分。分子伴侣在细胞中的功能作用主要表现在以下几个方面：

① 新生肽链折叠组装。新生肽链在翻译过程中，分子伴侣能识别并稳定多肽链的部分疏水区域，抑制新生肽链在翻译完成前发生的错误折叠，并能稳定新

生肽链，辅助其正确折叠组装。

② 蛋白质转运运输。分子伴侣可作用于蛋白质的跨膜运输过程。当核糖体上新合成的肽链需定向跨膜转运到特定目标地点时，常常需要维持其肽链展开状态，而该状态的维持需要伴侣蛋白的辅助，分子伴侣能结合到肽链的疏水区起到稳定肽链并防止其聚合的作用，保证肽链跨膜运输完成后，分子伴侣还可继续辅助肽链的折叠和组装过程。

③ 修复热变性蛋白。分子伴侣中热激蛋白（HSP）是一类机体为应付不良环境而产生的应激蛋白，能修复热变性蛋白，使错误折叠的肽链重新折叠或降解聚合的蛋白。

④ 信号转导及免疫。分子伴侣具有 DNA 合成转录和细胞内信号转导等方面的生理作用，还具有免疫抗原等特性，能激发宿主细胞内的免疫反应和细胞介导的免疫反应，具有免疫保护作用。

重组类人胶原蛋白 CF-5 在大肠杆菌中过表达常常会导致不能自主折叠成活性构象，蛋白聚合沉淀，最终导致蛋白降解，并且大肠杆菌没有完善的蛋白加工修饰体系，对外源基因表达的肽链不能进行很好的修饰及加工。范代娣团队[24,25]通过分子伴侣协同表达的手段来辅助重组类人胶原蛋白 CF-5 的解聚折叠和高效表达（图 5-10）。

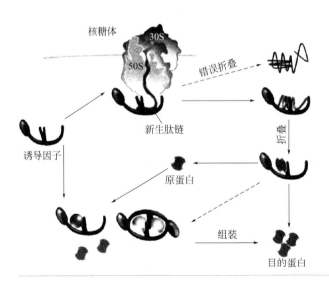

图5-10
分子伴侣协同表达对蛋白合成的影响

1. 分子伴侣基因工程菌的构建

以菌株 BL21 CF-5 和 BL21 CF-5 Δ*ptsG* 为亲本，经化学转化分别将含有不同分子伴侣的质粒 pGro7、pTf16、pGTf2、pKJE7 和 pG-KJE8 转入两株原始菌中，构建 10 株含分子伴侣质粒的转化菌株用于实验。这些伴侣质粒载有由 pACYC 衍生出的转录起始位点和氯霉素抗性基因（Cm^r）。编码分子伴侣蛋白的基因位于启动子 araB 或 Pzt-1 (tet) 的下游。实验菌株与质粒载体见表 5-5。

表5-5　实验菌株与质粒列表

菌株和质粒	说明
菌株	
BL21 CF-5	卡那抗性（Km^r），温度诱导型
BL21 CF-5ΔptsG	ptsG敲除菌，卡那抗性（Km^r）
BL21 CF-5 pTf16	含质粒pTf16，卡那抗性（Km^r），氯霉素抗性（Cm^r）
BL21 CF-5ΔptsG pTf16	ptsG敲除菌，含质粒pTf16，卡那抗性（Km^r），氯霉素抗性（Cm^r）
BL21 CF-5 pGTf2	含质粒pGTf2，卡那抗性（Km^r），氯霉素抗性（Cm^r）
BL21 CF-5ΔptsG pGTf2	ptsG敲除菌，含质粒pGTf2，卡那抗性（Km^r），氯霉素抗性（Cm^r）
BL21 CF-5 pGro7	含质粒pGro7，卡那抗性（Km^r），氯霉素抗性（Cm^r）
BL21 CF-5ΔptsG pGro7	ptsG敲除菌，含质粒pGro7，卡那抗性（Km^r），氯霉素抗性（Cm^r）
BL21 CF-5 pKJE7	含质粒pKJE7，卡那抗性（Km^r），氯霉素抗性（Cm^r）
BL21 CF-5ΔptsG pKJE7	ptsG敲除菌，含质粒pKJE7，卡那抗性（Km^r），氯霉素抗性（Cm^r）
BL21 CF-5 pG-KJE8	含质粒pG-KJE8，卡那抗性（Km^r），氯霉素抗性（Cm^r）
BL21 CF-5ΔptsG pG-KJE8	ptsG敲除菌，含质粒pG-KJE8，卡那抗性（Km^r），氯霉素抗性（Cm^r）
质粒	**说明**
pTf16	载有tig基因，具有氯霉素抗性基因 (Cm^r) 和来源于pACYC复制起点的araB启动子
pGTf2	载有tig和groEL-groES基因，具有氯霉素抗性基因 (Cm^r) 和来源于pACYC复制起点的Pzt-1启动子
pGro7	载有groEL-groES基因，具有氯霉素抗性基因 (Cm^r) 和来源于pACYC复制起点的araB启动子
pKJE7	载有dnaK-dnaJ-grpE基因，具有氯霉素抗性基因 (Cm^r) 和来源于pACYC复制起点的araB启动子
pG-KJE8	载有dnaK-dnaJ-grpE和groEL-groES基因，具有氯霉素抗性基因 (Cm^r) 和来源于pACYC复制起点的araB和Pzt-1启动子

2．分子伴侣高产菌株的筛选

通过外源标记基因的表达筛选转化成功的菌株，发酵培养基中加入卡那霉素，在转接含分子伴侣质粒菌株的培养基中加入氯霉素，8% 接种量，转速 220r/min，恒温 34℃发酵培养。培养过程中，在含有分子伴侣质粒菌株的培养液中加入阿拉伯糖和四环素以诱导分子伴侣表达。在 34℃培养到对数生长后期（发酵 6h 左右），升温到 42℃诱导重组类人胶原蛋白 CF-5 转录表达，3h 后降温到 39℃继续培养 3h，结束发酵，收集菌体。经过对分子伴侣质粒转化菌株诱导剂量和诱导时期的优化可知，初始诱导且诱导剂量为 2.0g/L 阿拉伯糖和 0.01g/L 四环素是表达重组类人胶原蛋白 CF-5 的最佳条件。实验结果表明，大肠杆菌触发因子

（trigger factor，TF）因具有较低的特异性和较高的新生肽链亲和力，可以有效地促进水溶性重组类人胶原蛋白 CF-5 的表达。groEL-groES 可以辅助重组类人胶原蛋白 CF-5 正确折叠并与 TF 协同作用，且 groEL-groES 可以增强重组类人胶原蛋白 CF-5 mRNA 的稳定性，提高重组类人胶原蛋白 CF-5 的 mRNA 量，进而提高重组类人胶原蛋白 CF-5 的表达。对于 dnaK 伴侣体系，由于 dnaK:dnaJ:grpE 表达比例不合适，特别是 grpE 的过量表达抑制了 dnaK 的调控折叠功效，因此对水溶性重组类人胶原蛋白 CF-5 的表达没有促进作用。

在宿主细胞 BL21 CF-5 中，伴侣蛋白 groEL-groES 单独表达时可促使水溶性重组类人胶原蛋白 CF-5 的表达水平提高 31.8%，在伴侣蛋白 TF 的辅助下可使水溶性重组类人胶原蛋白 CF-5 的表达水平提高 29.3%；在宿主细胞 BL21 CF-5ΔptsG 中，伴侣蛋白 groEL-groES 与 TF 的协同表达可使水溶性重组类人胶原蛋白 CF-5 表达水平提高 23.7%。

3. 分子伴侣工程菌的小试验证

为了进一步证明构建的分子伴侣基因工程菌可以提高对重组类人胶原蛋白 CF-5 的表达，在 12.8L 发酵罐中利用分批补料方式，对构建的 pGTf2 质粒诱导表达的分子伴侣基因工程菌进行高密度发酵，发现经 pGTf2 质粒诱导表达后重组类人胶原蛋白 CF-5 的表达水平比原始菌提高 34.8%，经发酵培养后，细胞密度 OD_{600} 达到 138，蛋白表达量达到 11.4g/L，蛋白表达率为 38%，乙酸表达量为 0.32g/L。

第二节
重组类人胶原蛋白的发酵调控与过程优化

微生物发酵是细胞利用新陈代谢进行物质转化的过程。为了获得高产量、高转化率和高生产强度的目标产物，需要对微生物发酵过程进行实时检测与分析，以便掌握发酵过程的动态变化，及时调控与优化发酵过程。本节以重组类人胶原蛋白 CF-5 的生产菌株 BL21 CF-5 为例，对其发酵调控和过程优化进行详细介绍。

一、菌株BL21 CF-5生长和表达过程的优化

菌株 BL21 CF-5 经温度诱导后可产生重组类人胶原蛋白 CF-5，但其生长过

程的规律及调控措施仍有许多问题等待探索和优化。

1. 菌株 BL21 CF-5 的热动力学研究

范代娣团队[26]采用微量热学的理论和技术对菌株 BL21 CF-5 进行了研究，根据热化学的原理对其代谢与生长等生物学过程的热动力学规律进行了解析，从热力学角度探讨了不同生长环境（温度、硫酸卡那霉素浓度、Mg^{2+} 浓度、pH 值、细胞浓度）对大肠杆菌系统的影响。因重组菌株温度诱导的特性，将实验分为两阶段进行：低于诱导温度和高于诱导温度。根据得到的不同阶段不同温度变化范围内菌株的热谱曲线，分别拟合出描述低于诱导温度时菌体生长代谢过程的广义逻辑斯谛（Logistic）方程和高于诱导温度时的线性生长动力学方程，并计算出低于 39℃时各种温度下的生长速率常数 k、传代时间 G、不同生长阶段的发热量 Q 和热力学参数（活化熵 $\Delta S^{\neq}$、活化自由能 $\Delta G^{\neq}$、活化焓 $\Delta H^{\neq}$ 及活化平衡常数 $K^{\neq}$）。拟合 k-T 方程，并确定了菌株 BL21 CF-5 的最佳生长温度 T_{opt} = 36.50℃ 和在此温度下的生长速率常数 k_{opt} = 0.0411min^{-1}，最低生长温度 T_{low} = 4.22℃。结果表明，当温度在 22 ～ 37℃的范围内变化时，细菌生长代谢随温度升高而加快，随温度的降低而变缓。

根据不同浓度硫酸卡那霉素作用下的热谱曲线，拟合得到相应的热动力学方程。并分别用两种不同的模型与定理对其进行分析，发现随着硫酸卡那霉素浓度 C 的增加，生长速率常数 k 与最大发热功率 P_m 均降低，但降低程度不同。当浓度 C 由 0 增至 2.5μg/mL，k 值变化率最大，降低最快，由 0.0596min^{-1} 急剧下降至 0.0387min^{-1}，继续增加浓度至 100μg/mL，k 值变化减缓，且没有添加抗生素药物时的 k 值总大于有抗生素药物时的 k 值，所以硫酸卡那霉素对菌株 BL21 CF-5 的生长代谢有抑菌作用，且浓度越大，k 值越小，抑菌效果越明显。从 $\ln k$-C 关系式求得药物的半抑制浓度 IC_{50} 为 88.45μg/mL。

采用微量量热法研究了无机盐 Mg^{2+} 对菌株 BL21 CF-5 生长状况的影响。根据产热曲线，分别计算出 k、P_m 和 Q 的值。结果表明随着 Mg^{2+} 浓度 C 的增加，生长速率常数 k 和最大发热功率 P_m 值均先增大后降低，对数期经历时间 t_D 和稳定期经历时间 t_S 先减小后增加，所以存在一个浓度极限值 2.2mg/mL。当 Mg^{2+} 浓度在 0 ～ 2.2mg/mL 的范围内变化时，BL21 CF-5 在有 Mg^{2+} 存在下释放的热量总比没有 Mg^{2+} 存在释放的热量多，k 值随着 C 的增加而逐渐增大，所以此时 Mg^{2+} 对菌体生长有促进作用；但若继续增加 Mg^{2+} 的浓度至 4.4mg/mL，生长速率常数 k 反而降低，促菌效果减弱，且当 C 在 2.75 ～ 4.4mg/mL 之间时，生长速率常数 k 值基本不再变化，为一定值。Mg^{2+} 浓度达到 2.2mg/mL 时，P_m 值为最大值 53.1μW，且在整个浓度变化范围内，有 Mg^{2+} 存在时的 P_m 总大于没有 Mg^{2+} 存在时的 P_m。因此从总体效应上看，Mg^{2+} 表现出对菌株 BL21 CF-5 的刺激作用，可促进其生长代谢。根据实验数据建立了 k - C 之间的关系方程，确定了 Mg^{2+} 的最适添加浓度 C_{opt} = 2.09mg/mL，在此浓度下的生长速率常数 k = 0.0384min^{-1}。

以不同接种量的 BL21 CF-5 菌液为研究对象，研究了细胞浓度与其生长代谢之间的关系，并获得了相关的热力学信息及热动力学方程，发现菌株在培养过程中存在细胞浓度引起的"空间效应"，正是这种"空间效应"使得随着细胞浓度的增加，培养物的发热功率会增加，单细胞的发热功率会减小，但是总的发热量 Q 保持不变。接种浓度高时细胞生长繁殖速率明显高于接种浓度低时的速率，且 k 与 P_m 值随 C 值的升高而增大，分别由 0.39×10^7cfu /mL 时的 0.0281min^{-1}、40.1μW 增大到 1.79×10^7cfu /mL 时的 0.0425min^{-1}、62.8μW。而在相应变化范围内，Q_{log} 值和 Q_{sta} 值则是由 126.62mJ、372.93mJ 变为 473.981mJ、30.144mJ。在整个变化过程中，Q 值并没有随细胞初始接种浓度的改变而有太大的变化，基本维持在 500mJ 左右。说明随细胞浓度的增加，菌株 BL21 CF-5 的生长被激活，即高浓度对细胞活性有刺激作用，有利于细胞的生长代谢。

此外，通过微量量热法研究 pH 值对 BL21 CF-5 生长代谢的影响，建立了描述不同 pH 值作用下产热曲线的广义 Logistic 方程，并得到 k、P_m 和 Q 的值。结果表明，若增加 pH 值，生长速率常数 k 与最大发热功率 P_m 都是先增大后减小，所以必然存在一个极限值 pH_{opt}。当 pH 值由 6.06 增加到 6.93 时，k、P_m 与 pH 值的变化趋势一致，它们分别由 pH 值为 6.06 时的 0.0207min^{-1}、33.0μW 增加至 pH 值为 6.93 时的 0.0394min^{-1}、59.6μW，菌体生长代谢速率加快，此时表现出促菌生长的作用。若继续增大 pH 值，k、P_m 与 pH 值的变化趋势呈相反方向变化，即 k、P_m 值不仅不会随 pH 值的继续升高而增大，反而会出现下降的现象。当 pH 值增加到 8.19 时，k、P_m 值由 6.93 时的 0.0394min^{-1}、59.6μW 减小至 8.19 时的 0.0167min^{-1}、26.1μW，即菌体生长代谢速率减缓，此时表现出抑制作用。拟合 k-pH 方程，确定了菌株 BL21 CF-5 的最佳生长 pH 值为 6.74，此时菌体生长代谢最快，生长速率常数 k = 0.0407min^{-1}。

2. 乙酸对重组类人胶原蛋白 CF-5 合成的影响

对于菌株 BL21 CF-5 发酵过程来说，其主要问题就是乙酸的产生，因为乙酸可以抑制细胞生长和重组类人胶原蛋白 CF-5 的产生。通过敲除 $ptsG$ 的方法可以降低重组菌株乙酸的分泌[9]。此外，发酵罐的操作条件对乙酸的形成也有影响。事实上，乙酸仅仅是部分被氧化，它是一个潜在的能源和碳源。因此，菌株 BL21 CF-5 吸收乙酸的能力可以从环境中移除这个有毒的产物。已经有研究表明大肠杆菌细胞分批补料培养过程中存在乙酸的吸收。Faulkner 等[27]研究表明，在重组蛋白苯丙氨酸脱氢酶的生产过程中，在补料曲线中引入两个葡萄糖饥饿阶段可成功诱导乙酸的吸收，从而达到该酶的成功生产。然而关于乙酸吸收对大肠杆菌培养过程的影响却未见研究。另外，乙酸的吸收能力也取决于使用的菌株。范代娣团队[1,28]首次研究葡萄糖饥饿阶段吸收乙酸对发酵过程的影响，考察的依据主要是重组大肠杆菌的细胞干重和重组类人胶原蛋白CF-5的产量。另外，为了研究不同细胞生长阶段乙酸对细胞生长和目的蛋白形成的影响，在培养基中添加乙酸并利用葡萄糖饥饿吸收乙酸以控制乙酸浓度。该研究对于发酵过程优化和放大具有重要意义。

好氧发酵过程中产生乙酸的水平因菌株而异，同时也因培养条件、培养液中葡萄糖的实际浓度以及发酵培养基的组成而异。因此，理解细菌细胞分泌乙酸的原因、途径及影响因素对控制乙酸的形成具有重要意义。如图5-11所示，在细胞生长代谢的各个阶段，即分批培养阶段的滞后期及滞后期以后，分批补料培养阶段的诱导前和诱导后，均有乙酸生成。在发酵结束时，乙酸浓度达到最大值2.54g/L。但是，乙酸的大量生成是在分批培养阶段的滞后期以后。在该阶段，细胞迅速生长，比生长速率达到最大，因而乙酸的生成速率也最大。在之后的分批补料培养阶段诱导前，比生长速率下降到0.15h^{-1}左右，然而，发酵液中乙酸的浓度仍然在增加。事实上，当葡萄糖为限制性基质，且细胞比生长速率大于乙酸生成的临界比生长速率时，细胞就会分泌乙酸。显然，在该发酵体系中，乙酸生成的临界比生长速率小于0.15h^{-1}。但是，诱导后乙酸的生成可能是诱导时瞬态的不平衡导致柠檬酸循环暂时堵塞造成的。因此，尽管诱导后将细胞比生长速率控制在一个更低的数值（约0.05h^{-1}），但仍然有乙酸产生。而发酵末期，乙酸的生成速率变得更高。此时，尽管溶氧值仍保持在20%，但极有可能已经发生厌氧代谢。因为在这个时候，可观察到细胞自溶的现象，从而导致对细胞的氧传递能力的下降。

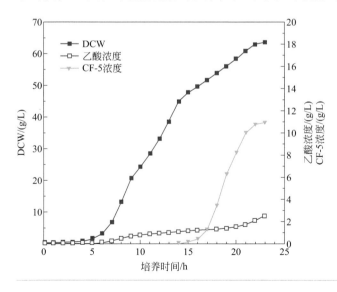

图5-11

重组类人胶原蛋白CF-5的菌株分批补料培养过程中乙酸的生成

为了吸收培养基中细胞分泌的乙酸，在细胞生长的一定阶段引入一段葡萄糖饥饿阶段，即分批培养阶段结束时、分批补料培养阶段诱导前以及诱导后停止补糖1h，考察其对发酵过程的影响。当分批培养阶段中初始葡萄糖耗完时，引入葡萄糖饥饿阶段，即延缓葡萄糖的补入。此时，如图5-12（a）所示，分批培养阶段产生的乙酸会在该阶段被吸收。然而，在葡萄糖饥饿阶段，细胞的生长速率很低但并未完全停止，可能是由细胞继续代谢时发酵液中的其他碳源物质如酵母粉等引起的。该结果与Nancib等[29]的研究结果一致，即当培养基中含有酵母粉时，可允许细胞在葡萄糖耗完后继续生长并吸收乙酸，而不含酵母粉的培养基中细胞在葡萄糖耗完后停止生长且不能吸收乙酸。因此，尽管培养时间延长，最终的细胞干重与对照批次相比却略有增加。另外，重组类人胶原蛋白CF-5浓度及含量也略有增加，可能是由于乙酸的吸收，诱导阶段培养基中的乙酸含量降低，从而使目标产物表达量增加 [图5-12（a）]。当发酵13h时，细胞密度大约是分批培养结束时的两倍，葡萄糖消耗速率较高。此时，引入葡萄糖饥饿阶段，可获得相似的实验结果 [图5-12（b）]。由于乙酸通过葡萄糖饥饿阶段被吸收，表达阶段乙酸浓度相比对照培养降低很多，从而使最终的重组类人胶原蛋白CF-5浓度增大，比对照培养高19.1%（表5-6）。该结果表明，在培养过程中引入合适的葡萄糖饥饿阶段可以提高重组蛋白产量。然而，当将葡萄糖饥饿阶段在诱导3h后引入时，却可以观察到严重的负面影响 [图5-12（c）]。最终的重组类人胶原蛋白CF-5浓度仅为1.5g/L，而葡萄糖饥饿阶段后细胞生长几乎停止。在诱导后阶段，需要更多的能量来维持细胞活性及合成目的蛋白。因此，在诱导后引入葡萄糖饥饿阶段可能使细胞将能量优先用于维持细胞活性，而停止合成外源蛋白。

表5-6　细胞生长不同阶段乙酸及其吸收对发酵过程的影响

乙酸添加时间	乙酸加入量/(g/L)	高浓度乙酸持续时间/h	最终细胞干重/(g/L)	最终CF-5浓度/(g/L)	CF-5含量/%
发酵前	2	13	50.5	9.3	18.4
发酵6h后	2	4	57.8	10.7	18.5
发酵10h后	2	3	63.0	12.9	20.5
发酵14h后	2	9	61.1	6.0	9.8
发酵19h后	2	4	62.0	8.8	14.2
空白对照培养（不加乙酸，无饥饿阶段）			63.6	11.0	17.3
不加乙酸，在分批培养阶段结束时引入饥饿阶段			64.1	12.1	18.9
不加乙酸，在分批补料培养阶段诱导前引入饥饿阶段			64.1	13.2	20.6
不加乙酸，在分批补料培养阶段诱导后引入饥饿阶段			54.5	1.5	2.8

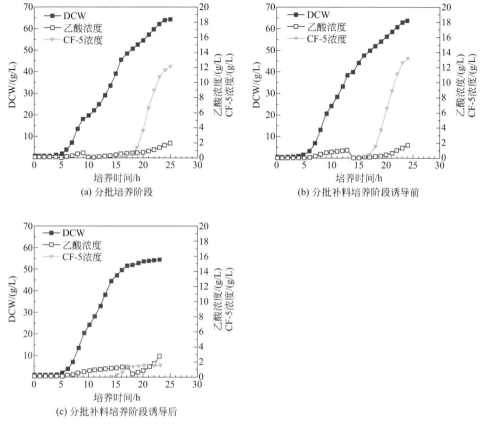

图5-12 引入葡萄糖饥饿阶段诱导乙酸吸收对重组类人胶原蛋白CF-5浓度的影响

在分批培养阶段结束时或在分批补料培养阶段诱导前引入葡萄糖饥饿阶段可以吸收乙酸,同时对发酵过程没有明显影响。这样,通过在培养基中添加乙酸,同时引入葡萄糖饥饿阶段,可以在细胞培养的特定阶段保持高的乙酸浓度。因此,乙酸在不同细胞生长阶段对细胞生长和重组类人胶原蛋白CF-5形成的影响就可以被测定。如图5-13所示,对于分批培养过程,高浓度乙酸(2g/L)对细胞生长的抑制作用明显,在高浓度乙酸存在时,细胞干重的增加比对照培养要慢得多,最后获得的细胞干重也比对照培养获得的细胞干重低。而且,发酵前在培养基中加入乙酸,抑制作用更强。该结果表明,细胞在高浓度乙酸溶液中的时间越长,乙酸抑制作用也就越强。在以前的文献中,乙酸常常在发酵前就加入到培养基中,以研究乙酸对分批或分批补料培养的影响[30]。而事实上,大量的乙酸是在培养中后期形成的,因此,在初始培养基中加入乙酸会起到抑制作用。另外,最终重组类人胶原蛋白CF-5浓度和对照培养条件下的重组类人胶原蛋白 CF-5 浓度相比也有所降低。然而两种条件下的蛋白含量却基本相同。因此可以推断，最终重组类人胶原蛋白 CF-5 浓度降低，是由最终细胞干重降低所致。

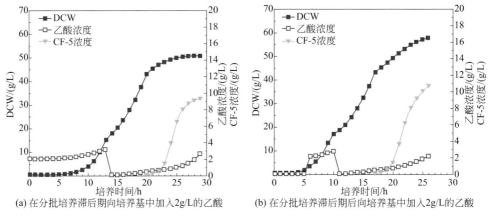

图5-13 分批培养阶段乙酸对重组*E. coli*发酵过程中重组类人胶原蛋白CF-5浓度的影响

为了研究乙酸及其吸收在分批补料培养阶段的影响，在分批补料刚开始时向发酵液中加入 2g/L 的乙酸，然后再在 3h 后引入葡萄糖饥饿阶段诱导乙酸吸收。正如预期，乙酸在葡萄糖饥饿阶段被细胞再次利用，最终获得的细胞干重和重组类人胶原蛋白 CF-5 浓度与对照培养基本相同，如图 5-14 和表 5-6 所示。其原因可能是细胞在较低的比生长速率和较高的细胞密度下，对乙酸浓度较不敏感。

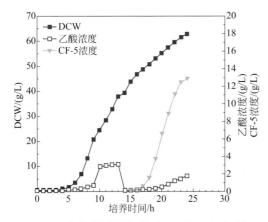

图5-14 分批补料培养阶段诱导前乙酸对重组*E. coli*发酵过程中重组类人胶原蛋白CF-5浓度的影响

分批补料培养阶段诱导后，细胞生长非常慢，底物主要用于维持细胞活性和形成目的蛋白。分别在发酵 14h 和发酵 19h 时，向发酵液中加入乙酸，结果如图 5-15 所示。在分批补料培养阶段诱导后加入乙酸时，细胞壁生长速率和最终细胞干重与对照培养中的基本相同。然而，由于乙酸对目的蛋白表达的抑制作用，最终重组类人胶原蛋白 CF-5 浓度分别下降 45.5% 和 20.0%。另外，乙酸高浓度持续的时间越长，抑制作用也就越强。

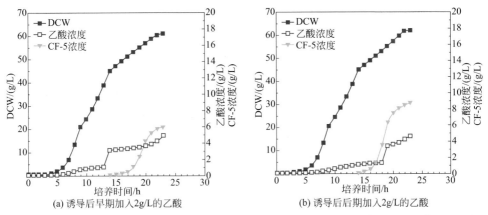

图5-15　分批补料培养阶段诱导后乙酸对重组 *E. coli* 发酵过程中重组类人胶原蛋白CF-5浓度的影响

综上所述，该实验研究了利用葡萄糖饥饿阶段吸收乙酸对发酵过程的影响。研究结果表明，诱导后引入葡萄糖饥饿阶段吸收乙酸对发酵过程没有负面影响，同时乙酸在该阶段可被细胞有效吸收，在分批培养阶段乙酸对大肠杆菌细胞有明显的抑制作用，但在分批补料培养阶段，其影响却并不明显。

3.氨基酸对重组类人胶原蛋白 CF-5 代谢通量扩增的研究

大肠杆菌虽然可以大量表达外源重组蛋白，但是在外源蛋白表达翻译过程中，难免会遇到使用频率不同的密码子，也就是偏好密码子和稀有密码子。当稀有密码子过量表达时，一系列的问题，如核糖体的停止、慢速的转录和翻译时出现的错误将会更加突出，而这些问题最终将导致对菌体细胞生长的抑制和外源蛋白表达的抑制。另外，在大肠杆菌细胞组成成分和重组类人胶原蛋白 CF-5 的氨基酸组成成分分析中，有些氨基酸含量比较高，有些氨基酸的合成步骤比较少，由氨基酸的合成途径可知，在发酵体系中加入这些稀有密码子对应的外源氨基酸前体物质，可能既有利于大肠杆菌的生长，又有利于重组类人胶原蛋白 CF-5 的表达。范代娣团队[31-33]从稀有密码子对应的氨基酸和氨基酸的添加策略两个方面出发，进行摇瓶小试试验的发酵培养基的优化，并运用响应面分析方法分析各种氨基酸的添加量对大肠杆菌表达重组类人胶原蛋白 CF-5 的影响，筛选出富含几种氨基酸的摇瓶发酵培养基。然后在小罐高密度发酵工艺中研究在分批补料培养时的氨基酸添加策略，对添加前体物质的工艺进行优化，进而得到增加重组类人胶原蛋白 CF-5 产量的方法。摇瓶发酵的单因素试验结果表明，精氨酸、脯氨酸、苏氨酸、半胱氨酸和甲硫氨酸在一定的添加量作用下可以使蛋白产量从 23.32% 增加到 66.95%。响应面分析结果表明，最终的氨基酸添加种类和添加量分别为精氨酸 5.95g/L、半胱氨酸 8.73g/L、甲硫氨酸 0.35g/L。在优化的培养基条件下，蛋白的最大产量可以达到 0.59g/L，比对照组的 0.24g/L 增加了 150.43%，同时乙酸的积累量比对照组降低了 12.51%。

在细胞生长过程中，细胞的快速生长、外源蛋白的过量表达和氨基酸的合成需要大量额外能量。当三羧酸循环（TCA 循环）不能提供充足的能量时，大肠杆菌选择了乙酸的生成途径来产生能量，因为乙酸生成途径产生了大量的 ATP 和 NADH，并且乙酸生成途径是大肠杆菌中的第二个产能量途径。在重组类人胶原蛋白 CF-5 表达过程中，在 TCA 循环过程中，由中间代谢产物产生的氨基酸浓度将会大大减小，而这一现象将会导致代谢过程中的严重不平衡，进而影响细胞的生长和蛋白的表达。正是基于此，外源氨基酸的添加可以减少合成这些氨基酸所需的能量，并且消除碳代谢过程中的不平衡。先前的研究发现，外源氨基酸库的添加可以控制碳代谢流的流向，即从乙酰辅酶 A 流向 TCA 循环途径，而不是流向乙酸生成途径，从而导致了乙酸累积量的减少，进而增加了细胞内能量库、维持了细胞的生长和蛋白的表达。

在发酵罐中实现大肠杆菌的高密度发酵，可以提高发酵罐内的菌体密度，降低生产成本，同时实现单位发酵液中目标产物的高得率。参照摇瓶实验的数据结果，精氨酸在发酵液中的作用主要是调节 pH 值，其他作用并不明显。而半胱氨酸在甲硫氨酸合成途径中作为甲硫氨酸的前体存在，可以单独添加甲硫氨酸作为小罐发酵工艺小试的初步放大研究。因此在精氨酸、半胱氨酸和甲硫氨酸三种氨基酸中，只研究了添加甲硫氨酸的影响。重点研究了发酵培养基中甲硫氨酸添加量和补加的方式对大肠杆菌菌体生长、代谢副产物和目的蛋白表达的影响，从而建立一个甲硫氨酸的最佳补加策略，即发酵底物中添加 0.6g/L 并且升温诱导后流加 1.2g/L 的甲硫氨酸。在这种方式下，蛋白浓度和生物量分别达到 0.18g/L 和 136g/L，比对照实验分别增加了 14.62% 和 8.37%，同时乙酸等有机酸代谢副产物的积累在一定程度上有明显降低。另外，当升高温度诱导蛋白表达时，添加外源甲硫氨酸可以明显增加目的蛋白的表达。在成本上，因为甲硫氨酸的添加量不是很大，并且市场价格也较低，对生产成本影响不是很大，可以考虑将其用于工业级的发酵优化过程。

4. 丙酮酸节点的代谢流量对重组类人胶原蛋白 CF-5 产量的影响

在用重组大肠杆菌表达重组类人胶原蛋白 CF-5 的过程中，丙酮酸和三羧酸循环中间代谢物浓度会持续剧烈下降，导致中心代谢途径代谢流的严重不平衡，这种严重不平衡所引起的代谢压力会进一步限制细胞的生长和蛋白的表达。范代娣团队[34]通过添加一定量的丙酮酸作为补充物质，以达到消除这种代谢流不平衡和提高外源蛋白表达的目的。利用响应曲面优化法对发酵过程中丙酮酸的添加量进行优化，经过单因素实验、PB 实验、最陡爬坡实验和全因子中心复合实验，得出了有利于提高重组类人胶原蛋白 CF-5 表达、增加细胞生长和减少成本的优化条件，即丙酮酸的添加量和磷酸缓冲液的浓度分别为8.23mmol/L 和 0.17mol/L。在这一条件下，重组类人胶原蛋白 CF-5 的产量达到28.96×10^{-2}g/L，较对照组的表达量提高了 11.72%，比实验室发酵工艺优化条件的重组类人胶原蛋白 CF-5 的产量增加了 10.53%。生物量为（8.06±0.39）g/L，比对照组增加了 30.63%。实验组乙酸的生成量是（5.36±0.22）g/L，比对照组乙酸的生成量降低了 4.85%。对于重组类人胶原蛋白 CF-5 的产量来说，丙酮酸添加量对其影响较为显著，添加量过高和过低都会使重组类人胶原蛋白 CF-5 的表达受到不利影响。过低则满足不了补充代谢中间产物的需求；过高则超过需求，过多的部分被代谢成了不利于蛋白合成和细胞生长的代谢副产物。合适的丙酮酸添加量有利于细胞生长，原因在于添加的丙酮酸能及时补充细胞被强制表达重组类人胶原蛋白 CF-5 所消耗的中间代谢物质，这些物质也是细胞生长所必需的；其次，添加的丙酮酸能够直接抑制磷酸烯醇式丙酮酸（PEP）的合成，从而间接降低葡萄糖的吸收速率，降低乙酸的生成速率，使细胞面临的危害减小。

以上实验是在 300mL 摇瓶中进行的，细胞在摇瓶和发酵罐中的生长环境不同，各种条件如溶氧情况、罐压、传质系数等发生了较大的改变，不能直接将摇瓶优化得来的数据应用于发酵罐的高密度发酵培养中。因此需要以摇瓶优化结果为基础，对在 12.8L 发酵罐高密度发酵条件下丙酮酸添加时间、添加量和磷酸缓冲液浓度对重组类人胶原蛋白 CF-5 产量、生物量（OD_{600} 和有机酸）和乙酸生成量的影响及它们的优化值进行研究。结果显示能显著提高重组类人胶原蛋白 CF-5 产量的丙酮酸的添加量为 15.84mmol/L，丙酮酸的添加时间为诱导后1h。在此条件下，细胞干重和重组类人胶原蛋白 CF-5 产量分别达到 69.6g/L 和11.87g/L。

5. 二氧化碳的生成及其对重组类人胶原蛋白 CF-5 产量的影响

CO_2 对许多好氧和厌氧发酵过程都有重要影响[35]，而由微生物生长代谢产生的 CO_2 对于微生物细胞自身的生长和蛋白的合成都可能起到抑制或促进的作用[36]。

CO_2 的抑制或促进作用在大型发酵罐中可能最为明显，因为发酵罐底部的静压力增大会引起溶解的 CO_2 浓度增大。此外，加压培养的使用也会引起溶解的 CO_2 浓度增大。而纯氧培养的使用则会极大地增加尾气中的 CO_2 浓度，因而会增加溶解的 CO_2 浓度。在近年来的研究中，一个或多个富含 CO_2 气体的脉冲被用于分批及分批补料培养中，这种方法改变了从发酵开始就一直连续向培养物中通入富含 CO_2 的气体的操作，从而避免了对 CO_2 影响的过高估计[37]。事实上，由于细胞不同生长阶段具有不同的生长代谢特征，CO_2 对发酵过程的影响在细胞生长的不同阶段也各不相同。

为了研究 CO_2 对重组大肠杆菌培养系统的影响，范代娣团队[38]对表达重组类人胶原蛋白 CF-5 的大肠杆菌细胞采用 CO_2 脉冲注入的方法进行分批补料培养。通过在细胞生长不同阶段，注入不同浓度的 CO_2 脉冲，考察 CO_2 对细胞生长和重组类人胶原蛋白 CF-5 表达的影响。研究结果如图 5-16 所示，在分批培养阶段的滞后期以后，比生长速率达到最大值，细胞浓度急剧增大。因此，尾气中的 CO_2 浓度也很高。之后，细胞生长速度降低，其比生长速率控制在 $0.15h^{-1}$ 左右，而尾气中 CO_2 的浓度也随之降低，但是在分批补料培养阶段诱导前，其浓度一直保持在 8% 以上。诱导时，温度由 32℃上升至 42℃，此时，尾气中 CO_2 的浓度也突然增大约 20%，该值对应于亨利定律常数由于温度改变的变化幅度。诱导后，尾气中的 CO_2 浓度先是随着温度降低而降低，然后逐渐上升到 12.7%（体积分数）。此时，比生长速率进一步降低到 $0.04h^{-1}$，尾气中 CO_2 浓度上升，原因可能是目的蛋白形成。

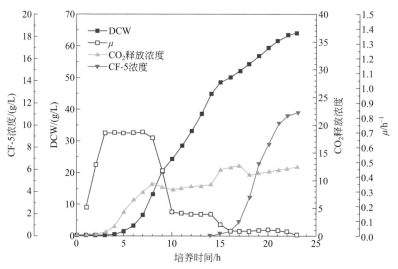

图5-16　含重组类人胶原蛋白CF-5的重组 *E. coli* 高密度培养的特征和CO_2的释放

为了估计大肠杆菌分批补料培养中CO_2对细胞生长和重组类人胶原蛋白CF-5形成的影响，设计了一系列实验：在细胞生长的不同阶段，即分批培养阶段的滞后期及滞后期后、分批补料培养阶段的诱导前及诱导后，分别通入3h CO_2浓度为20%（体积分数）的O_2、CO_2和N_2的气体混合物，考察培养过程中的细胞生长和重组类人胶原蛋白CF-5的形成速率，以确定对CO_2最敏感的细胞生长阶段。在分批培养阶段的滞后期及滞后期后分别通入3h浓度为20%（体积分数）的CO_2脉冲，其结果如图5-17（a）和图5-17（b）所示。在脉冲通入期间，可明显观测到CO_2对细胞生长的抑制作用。细胞生长与对照相比要慢得多，最终的细胞干重也比对照要低。另外，最终的重组类人胶原蛋白CF-5浓度和对照相比也有所降低，然而如表5-7所示，单位细胞的重组类人胶原蛋白CF-5含量和对照基本相同。因此，该结果表明，其最终重组类人胶原蛋白CF-5浓度下降的主要原因是最终细胞干重的下降。在分批补料培养阶段，通过控制补料速率将比生长速率控制在一个比分批培养比生长速率低得多的值（约0.15h^{-1}），以达到重组类人胶原蛋白CF-5被高效表达的目标。为了进一步考察CO_2对细胞生长的影响，在分批补料培养开始就通入3h浓度为20%（体积分数）的CO_2脉冲，其结果如图5-17（c）所示。实验结果表明，在该阶段CO_2对细胞生长几乎没有影响，比生长速率基本和对照相同。该结果和分批培养阶段CO_2对细胞生长的影响完全不同。分批培养阶段通入CO_2脉冲后尾气中CO_2浓度比该阶段通入CO_2脉冲后尾气中CO_2浓度要低得多，但前者引起了明显的对细胞生长的抑制。其原因可能是该重组工程菌在该阶段细胞生长速率低且细胞浓度高，对CO_2较不敏感。最终的细胞干重与对照相比略微增加，这可能是因为补给反应的缘故，即CO_2被直接固定进入了三羧酸循环。同时，在该情况下，最终重组类人胶原蛋白CF-5浓度增加到12.1g/L，然而重组类人胶原蛋白CF-5总含量却没有明显增加，因此重组类人胶原蛋白CF-5浓度增加主要是由于细胞密度的增加。在诱导后阶段，细胞生长非常慢，此时，已经利用的底物主要用于微生物的维持以及形成目的蛋白。在该阶段通入一个3h、浓度为20%的CO_2脉冲，结果如图5-17（d）所示。由图可见，在诱导后阶段通入CO_2脉冲后与在诱导前阶段通入CO_2脉冲后所得的细胞的比生长速率及最终的细胞干重基本相同。然而，最终的重组类人胶原蛋白CF-5浓度与对照相比，却降低了33.9%。该结果说明，CO_2对目的蛋白表达有抑制作用。同时，如图5-17所示，除了分批补料培养阶段诱导后，在其他细胞生长阶段通入CO_2脉冲，对最终的重组类人胶原蛋白CF-5含量几乎没有影响，而分批补料培养阶段诱导后恰恰是重组类人胶原蛋白CF-5的表达阶段。这种现象说明，CO_2对重组类人胶原蛋白CF-5表达的抑制只发生在重组类人胶原蛋白CF-5的表达阶段。

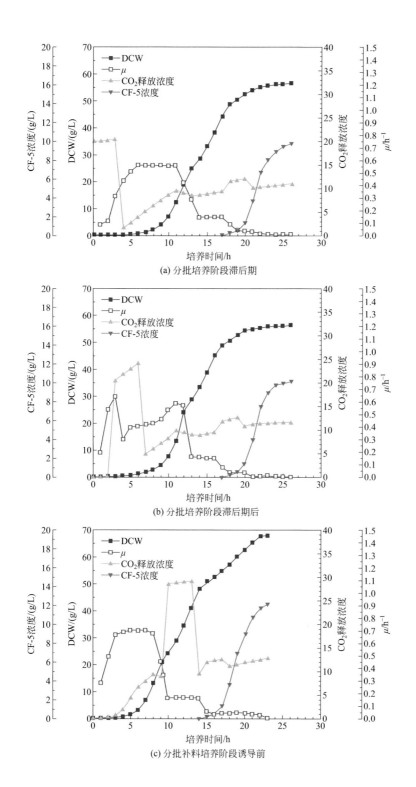

(a) 分批培养阶段滞后期

(b) 分批培养阶段滞后期后

(c) 分批补料培养阶段诱导前

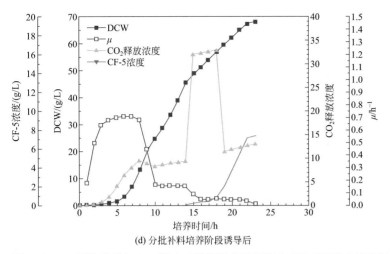

(d) 分批补料培养阶段诱导后

图5-17　不同阶段引入CO_2脉冲对重组类人胶原蛋白CF-5高密度培养过程的影响

如图 5-17 所示，大量的 CO_2 在分批培养阶段滞后期后以及分批补料培养阶段生成，而不是在滞后期生成。因此，有必要研究 CO_2 脉冲浓度和持续时间在这些阶段对发酵过程的影响。由图 5-18 可知，当 CO_2 脉冲浓度≤10% 时，不管该脉冲在细胞生长的哪个阶段引入，都对最终细胞干重和重组类人胶原蛋白 CF-5 浓度几乎没有影响。而当 CO_2 脉冲浓度＞10% 时，根据该脉冲引入的阶段不同，其对最终细胞干重和重组类人胶原蛋白 CF-5 浓度的影响也不同。如图 5-18（a）所示，当在分批培养阶段滞后期后引入 CO_2 脉冲时，最终细胞干重和重组类人胶原蛋白 CF-5 浓度相比对照都有所降低。而且，CO_2 脉冲浓度越高，最终细胞干重和重组类人胶原蛋白 CF-5 浓度越低。当在分批补料培养阶段诱导前引入 CO_2 脉冲时，最终细胞干重和重组类人胶原蛋白 CF-5 浓度均随着 CO_2 浓度的增加而增加［图 5-18（b）］。当在分批补料培养阶段诱导后引入 CO_2 脉冲时，

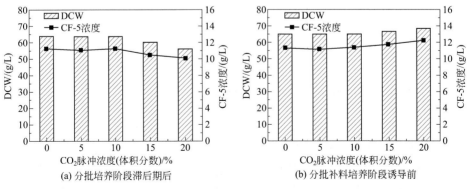

图5-18

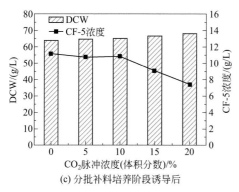

(c) 分批补料培养阶段诱导后

图5-18 不同浓度CO_2脉冲对重组类人胶原蛋白CF-5的高密度培养过程的影响

最终细胞干重变化不大，但重组类人胶原蛋白 CF-5 浓度随着 CO_2 浓度增加急剧降低［图 5-18（c）］。为了研究 CO_2 脉冲持续时间对发酵过程的影响，一个 1.5h 的 CO_2 脉冲在细胞生长的不同阶段被引入，结果如表 5-7 所示。CO_2 脉冲持续时间和 CO_2 脉冲浓度对细胞生长和产物形成的影响基本相同，即 CO_2 脉冲持续时间越长，其抑制或促进作用也越强。

表5-7 细胞生长不同阶段引入不同持续时间的CO_2脉冲下的最终细胞干重、重组类人胶原蛋白CF-5浓度及含量

CO_2脉冲引入阶段	CO_2脉冲浓度（体积分数）	脉冲持续时间/h	最终细胞干重/(g/L)	CF-5浓度/(g/L)	CF-5含量/%
分批培养阶段滞后期后	20%	1.5	60.4	10.6	17.5
		3	56.3	10.1	17.9
分批补料培养阶段诱导前	20%	1.5	66.1	11.6	17.5
		3	68.0	12.1	17.8
分批补料培养阶段诱导后	20%	1.5	65.8	9.6	14.6
		3	68.1	7.4	10.9
	无CO_2脉冲		64.2	11.2	17.4

二、重组类人胶原蛋白的高密度发酵研究

重组微生物高密度发酵技术是现代工厂实现工业规模发酵的重要手段，是促进产品从实验室通向市场的桥梁，能否实现高密度培养及高目标产物浓度，是工程菌能否以较低成本实现规模生产的决定性因素。高密度发酵研究从分子、细胞和系统不同层次解析工业环境下发酵微生物行为的基本规律，提高生物制造和生

物工艺效率，实现高产量、高转化率和高生产强度的相对统一。

1．种子扩大培养对发酵过程的影响

种子扩大培养过程对于发酵过程是一个独立的变量，而种子扩大培养过程却是影响发酵过程效率和经济性的关键因素之一。在小规模实验室发酵过程中观测到的过程变化很多都是由于接入的种子条件有所变化。在发酵放大过程中，合适的种子扩大培养过程的建立对于成功放大也至关重要。接入的种子年龄及种子密度都直接影响滞后期的长短、比生长速率、细胞得率及最终产品的质量，从而影响生产成本[39]。为了建立最优的种子扩大培养过程，范代娣团队[40]研究考察了三级种子不同移种阶段和不同种子培养基浓度对发酵过程的影响。摇瓶培养的二级种子（OD_{600}达到2.4），以4%比例接种到50L种子罐进行三级种子培养，考察其培养过程特点，结果如图5-19所示。该细胞生长过程符合一般分批培养的细胞生长动力学，即该过程基本由四个阶段组成：滞后期、对数期、稳定期与衰亡期（由于培养时间较短，衰亡期在图中表现不明显）。在对数期，细胞生长最快，比生长速率达到最大，约为$0.7h^{-1}$。而在对数期与稳定期之间还存在一个减速期。乙酸浓度在减速期就开始降低，达到稳定期时其浓度已接近于0。由于减速期持续时间较短，同时其生理特征介于对数期和稳定期之间，故在以下移种阶段的考察中未考虑该阶段。

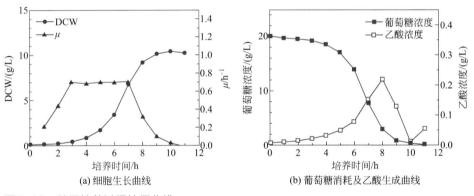

(a) 细胞生长曲线 (b) 葡萄糖消耗及乙酸生成曲线

图5-19 种子培养过程特征曲线

根据种子培养过程特征曲线，分别在细胞生长的对数期前期（培养时间3h）、中期（培养时间5h）、后期（培养时间7h）及稳定期（培养时间10h）移种，移种体积为发酵培养基初始体积的10%，结果如表5-8所示。在对数期各阶段移种，对最终的细胞干重及重组类人胶原蛋白CF-5浓度几乎没有影响，重组类人胶原蛋白CF-5表达量也基本相同，但是培养时间不同，导致重组类人胶原蛋白CF-5产率不同。在对数期后期移种，重组类人胶原蛋白CF-5产率最高，达到

0.518g/(L·h)。其原因主要为在对数期后期移种，种子培养期达到的细胞干重最高，而种子活力及比生长速率基本相同，因此接入到生产罐时，达到同样细胞密度所需的时间最短。而在稳定期移种，其后培养获得的重组类人胶原蛋白CF-5表达量最高（0.189g/g，DCW），但最终的重组类人胶原蛋白CF-5浓度却最低（9.9g/L），这是因为最终细胞干重（52.4g/L）相比对数期移种有很大程度的降低（降低约17%）。尽管有研究表明，相对对数期接种，在稳定期接种可提高质粒稳定性，但该表达体系和发酵体系质粒稳定性较好，在稳定期接种质粒稳定性的提高并不明显。而稳定期接种却导致细胞活性降低，滞后期延长，最终得到的菌体密度降低，从而使目的蛋白浓度及产率降低。

表5-8　移种阶段对发酵过程的影响

移种阶段	最终CF-5浓度/（g/L）	培养时间/h	最终细胞干重/（g/L）	CF-5平均产率/［g/(L·h)］	CF-5含量/%
对数期前期	11.3	24	63.1	0.471	17.9
对数期中期	11.2	23	62.4	0.487	17.9
对数期后期	11.4	22	63.2	0.518	18.0
稳定期	9.9	26	52.4	0.381	18.9

进一步探索种子培养基浓度对重组类人胶原蛋白CF-5的影响，结果表明提高培养基浓度，最后获得的种子密度也会相应提高，其后发酵过程所需的时间较短，重组类人胶原蛋白CF-5产率也会提高。但培养基浓度过高，会导致乙酸等有害副产物含量增加，影响移种细胞的生理状态，从而影响其后的发酵过程及重组类人胶原蛋白CF-5的产率。此外，对于重组菌培养过程，其质粒稳定性对于目的蛋白产率非常重要。培养基浓度过高，可能会延长对数期，而细胞在高速生长时，其质粒的丢失率也较大，因而会降低目的蛋白表达量。由表5-9可见，对于重组类人胶原蛋白CF-5生产过程，当种子培养基葡萄糖浓度低于20g/L时，所需的培养时间较长，导致重组类人胶原蛋白CF-5平均产率较低。而当种子培养基葡萄糖浓度高于20g/L时，由于质粒丢失，最终重组类人胶原蛋白CF-5浓度降低，同时重组类人胶原蛋白CF-5表达量降低。特别是当培养基浓度为40g/L时，不仅最终重组类人胶原蛋白CF-5表达量降低，最终细胞干重也降低较多，其原因可能是在该批次种子培养过程中，设备供氧能力有限，无法保持溶氧在20%以上，从而导致混合酸发酵副产物影响种子存活力。因此，在三级种子培养过程中，其培养基浓度应选择20g/L葡萄糖。

表5-9　培养基浓度对发酵过程的影响

培养基浓度（葡萄糖）/ (g/L)	最终CF-5浓度/ (g/L)	培养时间/h	最终细胞干重/ (g/L)	CF-5平均产率/ [g/(L·h)]	CF-5含量/%
10（LB）	11.5	24	62.8	0.479	18.3
10	11.3	23	63.1	0.491	17.9
15	11.2	22.5	62.9	0.498	17.8
20	11.4	22	63.2	0.518	18.0
25	10.2	22	63.1	0.464	16.2
30	9.7	21.5	62.9	0.451	15.4
40	7.6	23	54.3	0.330	14.0

2. 发酵过程的优化与控制

利用一般的发酵工艺生产目标产物，微生物的生物量、产物表达量在菌体内和发酵液中的浓度都比较低，难以获得理想的生产效率和经济效益。应用高密度发酵不但可获得较高的生物量，而且可显著提高目的基因表达产物的浓度，高密度发酵对发酵设备和发酵条件的要求比较高，影响高密度发酵的因素非常多，如细菌生长所需的营养物质、发酵过程中生长抑制物的积累、溶氧浓度、培养温度、发酵液的 pH 值、补料方式及发酵液流变学特性等。范代娣团队对重组类人胶原蛋白 CF-5 在分批补料培养模式下的高密度发酵优化进行了系统性的研究。

首先研究了补氮方式对重组大肠杆菌生长和重组类人胶原蛋白 CF-5 表达的影响[41]。利用一个自动控制"开 / 关"的系统进行补氮，补氮以两种模式进行，一种是快循环补氮即间隔时间为 0.5min，另一种是慢循环补氮即间隔时间为 4min，这两种方式的平均补氮速度为 $(3.34 \sim 5.06) \times 10^{-3}$L/min。在这两种补氮模式下，菌体生长和蛋白表达的趋势见图 5-20。在分批补料培养过程中，重组大肠杆菌的生长可划分为 4 个时期。第 I 阶段为大肠杆菌的适应期，适应期的长短与摇瓶培养基和分批发酵培养基的组成有关，两者的差异越小，则第 I 阶段的时间越短，反之亦然。第 II 阶段为重组大肠杆菌的对数期，在此阶段，比生长速率 $\mu = \mu_{max}$，当分批发酵培养基中葡萄糖被耗完时，此阶段结束。在第 III 阶段补料培养基按近指数的方式流加到发酵罐中，并维持比生长速率在 $0.15h^{-1}$ 左右。第 IV 阶段为诱导期，即当 OD_{600} 达到 $90 \sim 100$ 时，相应的细胞浓度为 47g/L（DCW），将温度升高至 42℃诱导表达重组类人胶原蛋白 CF-5，并降低补料速度，避免因葡萄糖浓度过高产生克勒勃屈利效应（Crabtree 效应），导致乙酸大量产生和积累。在分批补料发酵还未进入衰亡期时，根据发酵情况及时放罐，以免造成细胞自溶，为下游的分离纯化带来极大的不便。在第 III 阶段，通过调节空气的通气量维持溶氧在 20%（空气饱和度）左右；在第 IV 阶段，若增大空气的通气量也无法控制溶氧在设定值，则充入富氧空气以维持合适的溶氧水平。

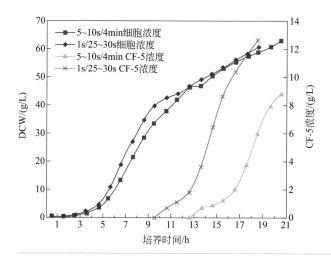

图5-20
补氮方式对细胞生长和重组类
人胶原蛋白CF-5浓度的影响

从图5-20可知，在第Ⅲ阶段补料培养基按近指数的方式流加到发酵罐中，并维持一定的比生长速率时，快循环补氮方式下的重组大肠杆菌的比生长速率高于慢循环补氮方式的，但在诱导期这两者间无显著差异。分析其原因可能是此阶段依据葡萄糖反馈调控控制重组大肠杆菌的比生长速率，葡萄糖的残留量非常低，细菌就利用酵母粉中的微量碳源满足生长所需，快循环补氮方式能及时补充微量的碳源，而慢循环补氮方式不能，因此细胞的比生长速率产生差异。

在第Ⅳ阶段，即使诱导强度和平均补氮量相同，但快循环补氮和慢循环补氮的重组类人胶原蛋白CF-5的表达量仍存在很大的差异且两者的表达量分别为12.6g/L和8.9g/L。产生这一现象的原因是快循环补氮时，发酵液中氮含量波动较小且能满足细胞生长和蛋白合成的需要；而慢循环补氮时，发酵液中氮含量波动较大，氮含量高时可能产生抑制作用，氮含量低时又无法满足细胞生长和蛋白合成的需要。

这些现象都表明及时补入氮源对细胞生长和蛋白合成十分重要，尤其是在蛋白合成期，氮源不足时，蛋白的合成受到极大的影响且其合成量显著减少，并且诱导时间也缩短了。

其次，研究了不同控氧方式对细胞生长和蛋白合成的影响[42]。在第Ⅱ阶段，通过控制葡萄糖的流加速度，使比生长速率维持在 0.15h⁻¹ 左右；在第Ⅲ阶段和第Ⅳ阶段，为维持溶氧在20%（空气饱和度）左右，采用了三种控氧方式，即提高罐压至 0.8×10^5 Pa、葡萄糖反馈调控和充入富氧空气。从图5-21可知，在大肠杆菌生长的第Ⅲ阶段，三种控氧方式对细胞生长无显著影响；但在第Ⅳ阶段，提高罐压和葡萄糖反馈调控的细胞浓度（DCW）高于充入富氧空气的，其值分别为69.8g/L、69.6g/L和61.2g/L。重组类人胶原蛋白CF-5的产量也存在显著差异，分别为 16.9g/L、13.2g/L 和 12.8g/L，适当提高罐压的蛋白产量显著高于另两种方式的蛋白产量。

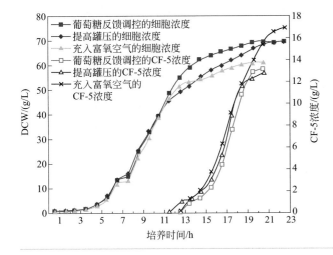

图5-21
控氧方式对细胞生长和重组类人胶原蛋白CF-5浓度的影响

产生这一结果的原因可能有：①菌株 BL21 CF-5 对 CO_2 不敏感，CO_2 通过磷酸烯醇丙酮酸的羧化反应形成草酰乙酸直接进入三羧酸循环（TCA 循环），使得发酵液中的 CO_2 浓度有所降低，同时降低发酵液中 HCO_3^- 的浓度，减轻 CO_2 浓度增加带来的毒害细胞影响。②为满足发酵液中的溶氧在 20% 左右，向空气中充入纯氧，使得空气中氧气的浓度显著增加，而高浓度的氧气对大肠杆菌有毒害作用[12]。在第 Ⅲ 阶段，细胞活力较旺盛，此毒害作用不明显；而在第 Ⅳ 阶段，由于合成重组类人胶原蛋白 CF-5 需要消耗大量能量，并给细胞增加极大的代谢负担，导致细胞抗高浓度氧气毒害的能力大幅度降低，致使细胞生长和蛋白合成都受到抑制。③在发酵中后期，发酵液的黏度显著增大，氧传递速度降低，使得发酵罐配带的溶氧电极的测定值存在滞后性，且大肠杆菌对 CO_2 不敏感，对高浓度氧气敏感，更进一步加大了这两种控氧方式发酵结果的差距。④葡萄糖反馈调控虽在一定程度上限制了细胞的生长和蛋白的合成，但不会对细胞产生毒害作用，因而这种控氧方式的发酵结果居中。综上所述，适当提高罐压能大幅度增加重组类人胶原蛋白 CF-5 的产量，葡萄糖反馈调控对许多大型生产厂家而言是获得高细胞浓度和蛋白产量的好方法。

范代娣团队[42]进一步研究发现诱导时机和诱导强度对重组大肠杆菌的生长和目的蛋白的合成的影响也非常大。在大肠杆菌生长的第 Ⅱ 阶段，质粒的拷贝数为 30 ~ 50，在第 Ⅳ 阶段则在 70 左右。当 OD_{600} 达到 90 ~ 100［细胞浓度达（47±1）g/L］时，质粒的拷贝数高且大肠杆菌的适应能力较强，其可在高温环境中生存并高效表达外源蛋白。从图 5-22 可知，诱导强度对细胞生长和重组类人胶原蛋白 CF-5

合成的影响均较大，在42℃保温1h后降温至39℃继续诱导7h，虽不降低细胞的生长速度，但是重组类人胶原蛋白CF-5的产量最低，其浓度只有11.5g/L。与在42℃只保温1h相比，一直在42℃诱导可降低细胞的生长速度，但会提高重组类人胶原蛋白CF-5的产量。在42℃保温2～3h后降温至39℃继续诱导4.5～6h不仅不降低细胞的生长速度，而且还可获得较高的蛋白产量，且其细胞浓度和蛋白浓度分别为68.9g/L（DCW）和13.2g/L。产生这种差异的原因可能是在最初的2h，重组类人胶原蛋白CF-5表达量较低，而热激蛋白开始大量合成，使得大肠杆菌能适应高温环境，从而获得高的细胞浓度和高的蛋白表达量。因此重组大肠杆菌的最佳诱导强度是42℃保温2～3h后降温至39℃继续诱导4.5～6h，以降低热激蛋白的合成速度，恢复正常蛋白的合成，且最终细胞和重组类人胶原蛋白CF-5浓度分别为68.9g/L（DCW）和13.2g/L。

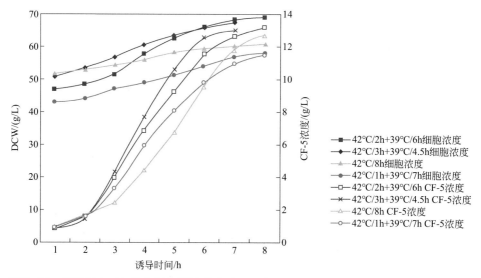

图5-22 诱导强度对细胞生长和重组类人胶原蛋白CF-5浓度的影响

　　比生长速率是高密度发酵过程中的一个非常重要的参数，不仅对细胞生长有决定性的影响，而且还影响目标产物和代谢副产物的生成量。在发酵结束时，诱导前比生长速率为0.10h^{-1}、0.15h^{-1}、0.20h^{-1}、0.25h^{-1}的细胞干重（DCW）分别为69.4g/L、69.5g/L、69.4g/L和68.8g/L，重组类人胶原蛋白CF-5的浓度分别为11.6g/L、13.6g/L、12.5g/L和9.6g/L，重组类人胶原蛋白CF-5的平均产率分别为0.35g/(g·h)、0.57g/(g·h)、0.54g/(g·h)、0.46g/(g·h)。综合考虑细胞和重组类人胶原蛋白CF-5的产量和生产效率，诱导前的最适比生长速率为0.15～0.20h^{-1}。诱导前的比生长速率不仅对第Ⅲ阶段的细胞生长产生影响，而且对表达期（第Ⅳ

阶段）的重组类人胶原蛋白 CF-5 的合成产生影响。在第Ⅲ阶段，随着比生长速率的增大，进入磷酸戊糖（PP）途径的碳流量先增大后减小，当比生长速率为 0.15h⁻¹时达到最大值，其次是 0.20h⁻¹ 的，以合成足够的前体和 NADPH 满足细胞生长所需。在诱导后，随着诱导前比生长速率的增大，进入磷酸戊糖途径的碳流量逐渐减小，而进入三羧酸循环的碳流量随着重组类人胶原蛋白 CF-5 产率的增大而稍有减小。诱导后的比生长速率对表达期的细胞生长和重组类人胶原蛋白 CF-5 的表达产生显著影响，在此期间比生长速率过高或过低均不利于目的蛋白的合成。在诱导后，随着比生长速率的增大，磷酸戊糖途径的碳流量增大，以满足细胞生长的前体和能量需求；TCA 循环的碳流量随着比生长速率的增大先减少后大幅度增加，0.04 ～ 0.05h⁻¹ 时 TCA 循环的碳流量最小，且在诱导后比生长速率过大会造成极大的能量浪费，故诱导后的最佳比生长速率为 0.04 ～ 0.05h⁻¹。随着发酵的进行，进入磷酸戊糖途径的碳流量显著减少，且从磷酸戊糖途径回流到糖酵解途径的碳流量也显著减少，同时进入三羧酸循环的碳流量显著增大，在诱导后为重组类人胶原蛋白 CF-5 的合成提供足够的能量。最终发酵结束时细胞和重组类人胶原蛋白 CF-5 的浓度可分别达到 69.5g/L（DCW）和 13.8g/L。

随着计算机技术的快速发展，为了实现数字化和自动化控制并优化反应器和生产操作，对不同的生化反应建立合理的数学模型已经越来越被重视。重组大肠杆菌分批补料发酵生产重组类人胶原蛋白 CF-5 的过程分为 3 个阶段，第Ⅰ阶段为分批培养阶段，平衡方程主要是细胞平衡和碳平衡，速度方程主要是细胞生长速度方程；第Ⅱ阶段为补料培养阶段，平衡方程除细胞平衡和碳平衡外还包括体积平衡；第Ⅲ阶段为重组类人胶原蛋白 CF-5 表达阶段，速度方程除细胞生长速度方程外还包括重组类人胶原蛋白 CF-5 生成速度方程。利用 MATLAB 最小二乘法（lsqnonlin）和四五阶 Runge-Kutta（ode45）对动力学模型的参数进行优化求解，结果表明动力学模型与实验值吻合良好，且动力学模型参数的置信区间较窄。这说明此动力学模型能较好地反映实际情况，是菌株 BL21 CF-5 分批补料培养过程的有效数学表达式。

在分批培养阶段，动力学模型如式（5-1）

$$\mu = \frac{0.727s}{0.674 + s} \qquad \frac{\mathrm{d}s}{\mathrm{d}t} = -\frac{0.727sx}{0.352(0.674 + s)} \qquad （5\text{-}1）$$

补料培养阶段（诱导前）的动力学模型如式（5-2）

$$\mu = \frac{0.727s}{0.674 + s} \qquad \sigma = \frac{\mu}{0.321} + 0.054 \qquad （5\text{-}2）$$

在 CF-5 表达阶段动力学模型如式（5-3）

$$\mu = \frac{0.727s}{0.674 + s} \quad \sigma = \frac{\mu}{0.321} + 0.054 + \frac{\pi}{0.064} \quad \pi = -2.160\mu + 0.489 - \frac{0.003}{\mu} \quad （5\text{-}3）$$

随着工程控制和工业生产中一系列最优化问题的出现，对被控系统实现最优化控制的要求日渐迫切。不仅要求被控系统完成指定的动作，而且要求在使某种指标达到"最佳"的前提下完成。近年来发酵行业关于发酵流加过程最优化的研究报道不断增多，流加发酵的最优化研究不仅有助于提高发酵水平而且为计算机控制应用于发酵过程提供了潜力。以获得最高重组类人胶原蛋白 CF-5 产量为目标函数，根据庞特里亚金最小值原理，利用 MATLAB 的多变量有约束最优化（fmincon）求解已建立的动力学模型，得出流加速率（F_s）的最优解，且在单一控制阶段，其方程式与动力学模型中的补料速率方程完全一致。其原因可能是：①建立的动力学模型是经验模型，其数据来源于实验的测定值，而且在求解动力学模型参数时已经对模型进行了优化，使其计算值和测定值的残差平方和降至最低。②用于优化此流加过程的数据是最佳实验条件下所得的数据，因而此模型的计算值与测定值之间无明显差异。此结果证明了所选择的最佳实验条件是合理的，另一方面也说明动力学经验模型虽然应用范围比较狭窄，但建立在一个特定微生物上的动力学模型完全可以表述此微生物的动力学反应。因此在分批补料发酵过程中，限制性基质葡萄糖的流加曲线应尽可能接近维持最佳比生长速率的指数补料曲线以获得最大重组类人胶原蛋白 CF-5 产量。

3．脉冲补料对重组类人胶原蛋白 CF-5 工程菌高密度发酵过程的影响

目前，分批补料发酵被频繁应用在重组菌的高密度发酵中，这种培养方式能够提高目标产物的量和减少所需成本。然而在高密度发酵过程中由于质量传递受限制和碳源的量超过了 TCA 循环的能力，会导致乙酸的产生，因此范代娣团队提出脉冲补料策略[43]，其目的是为了得到较多目标产物的同时，平衡乙酸的产量和蛋白的表达量。通过在发酵过程中引入一个合适的饥饿时间段，使菌体在葡萄糖限制状态下适当地将乙酸作为碳源被利用，而菌体的氮源采用的是酵母粉和硫酸铵，酵母粉作为氮源时细胞可以吸收分泌的乙酸从而减少乙酸的抑制作用，而不含酵母粉的培养基中细胞就没有重利用乙酸的能力。同时脉冲补料和 OUR（摄氧率）的变化也能判断菌体生长处于"盛宴"还是"饥饿"的生理状况。

实验以 12.8L 发酵罐中分泌表达的重组类人胶原蛋白 CF-5 为研究对象，通过分段培养方法，分别研究了脉冲补料对诱导前阶段和诱导阶段细胞干重、发酵液中葡萄糖浓度、乙酸浓度、重组类人胶原蛋白 CF-5 浓度和质粒稳定性的影响。设置的不同阶段脉冲补料模式如表 5-10 所示。结果显示诱导前补料阶段，脉冲补料对细胞干重的影响较为明显，在 R1 ～ R6 模式中细胞增长率分别为 1.61 倍、1.81倍、1.59 倍、2.12 倍、1.54 倍和 1.50 倍。此阶段葡萄糖的浓度控制在一个较低的范围内（0.5 ～ 2g/L），乙酸积累量也较低（低于 0.5g/L），表明不管发酵液中葡萄糖存在与否，乙酸能够作为碳源提供菌体生长的营养和所需的能量，OUR 和 CER

（二氧化碳释放率）的变化幅度也表明此阶段能够排除细胞摄取率不足造成的乙酸分泌。质粒的稳定性说明在诱导前补料阶段葡萄糖处于限制性培养，提供一个合适的细胞"饥饿"时间有利于带质粒细胞的繁殖。诱导脉冲补料阶段，对细胞干重的影响不太明显，大量葡萄糖加入后葡萄糖浓度控制在相对较低的范围，表明大量的葡萄糖被用于目标产物的合成。此阶段外源蛋白的表达降低了宿主细胞的生理活性和细胞摄糖率，导致乙酸产生条件的降低。乙酸的积累量在此阶段迅速增加，在 R7～R12 中，乙酸浓度分别达到 2.79g/L、2.31g/L、2.68g/L、2.55g/L、2.64g/L 和 2.79g/L。此阶段 OUR、CER 和 RQ（呼吸商）的变化幅度较诱导前补料阶段有所降低，说明外源蛋白表达使细胞摄氧率降低并导致乙酸不断积累。在重组类人胶原蛋白 CF-5 表达方面，R8 模式下蛋白表达量最高，为 7.26g/L。

表5-10　不同阶段脉冲补料模式

| | 诱导前补料 | | | 诱导阶段补料 | |
模式	间隔时间/s	补料时间/s	模式	间隔时间/s	补料时间/s
R1	110	5	R7	16	2
R2	134	6	R8	24	3
R3	157	7	R9	32	4
R4	180	8	R10	41	5
R5	192	9	R11	47	6
R6	217	10	R12	55	7

为了进一步扩大发酵规模，根据 12.8L 发酵罐分批阶段起始葡萄糖的含量，将其放大到 30L 的发酵罐中，再通过建立细胞生长动力学来确定分批阶段最合适的起始葡萄糖浓度。依据上一步优化后得到的最佳脉冲补料条件与恒速补料策略，恒定发酵液中葡萄糖浓度补料策略，与溶氧反馈的脉冲补料策略等操作方式比较，综合考虑了 DO（溶氧）的变化和补料策略的改变，以期望达到高重组类人胶原蛋白 CF-5 产量和合理的基质浓度，提高整个发酵过程的产量和效率，并为发酵的逐级放大提供有效的支持。

实验中发现分批阶段葡萄糖大约在发酵进行 7.5h 时消耗完，此后的补料操作采用恒速补料，在整个过程中葡萄糖作为限制性基质以恒定速度添加。对于菌体生长来说其浓度保持在一个相对较低的范围，因此细胞生长也较为缓慢，总体来说菌体浓度会随着发酵的持续呈现线性增加。考虑到产物的表达也需要大量的碳源为其提供能量，因此发酵第Ⅱ阶段按照 97.1mL/h 的补料速率进行补料（约发酵 14h）；第Ⅲ阶段补料速率为 255.5mL/h，20h 补料结束，补料液浓度为 1.03g/mL。发酵结果如图 5-23 所示，从图中可以看出，菌体生长的整个趋势符合其生长规律，发酵结束后细胞干重达到 48.62g/L。从残余葡萄糖浓度的变化曲线看出，整个发酵过程中碳浓度的变化幅度不是很大，而且开始补料阶段由于菌体处于对数期中期，消耗的葡萄糖量较多，发酵8～12h此处底物浓度较低接近于0，而且此阶段细胞基本不处于"饥饿"状态，使得此阶段由于细胞快速增长所积累的乙酸并没有作为碳源被细胞吸收利用。当进入第Ⅲ阶段，细胞生长所需葡萄糖量减少，加之乙酸的持续快速增加对细胞活力的影响，造成了恒速补加的葡萄糖在发酵液中的残余量上升，最终重组类人胶原蛋白CF-5的表达量为2.89g/L。说明了此阶段细胞整体的代谢活力降低，主要是因为在诱导前补料阶段的乙酸没有被再次利用影响了细胞的活性，导致细胞在进入诱导阶段后对葡萄糖的吸收率降低，且乙酸的积累影响了目标产物的表达。

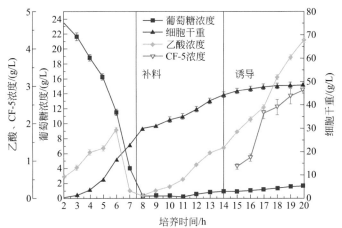

图5-23
恒速补料发酵策略

大肠杆菌在整个生长代谢过程中是好氧的，保证培养液中相当的溶解氧浓度能防止细胞进入糖酵解代谢途径，影响菌体的生长和目的蛋白的表达。此外大肠杆菌的培养中，比摄氧率和比摄糖率存在一个相互影响的关系，当细胞达到最大的比摄氧率后，会导致细胞分泌乙酸，也会影响细胞对葡萄糖的摄取。当然，发酵液中氧气含量太高也会产生细胞毒性。葡萄糖添加速率的改变也会体现在溶氧的变化上。当发酵液中葡萄糖含量影响到细胞的代谢强度时，在溶解氧的变化上也有体现。因此，发酵过程中通过改变葡萄糖的添加速率来控制DO处于稳定的水平是非常有意义的。从图5-24可以看出，发酵结束后细胞干重达到73.45g/L，与恒速补料相比，细胞干重增加了51.07%。8～20h发现葡萄糖浓度没有发生剧烈的变动，第Ⅲ阶段（14～20h）发酵液中葡萄糖浓度没有持续增加。说明通过控制溶氧补加基质，能很好地控制菌体的比摄氧率，即使在诱导阶段细胞的比摄氧率达到最大，也不会使大量的葡萄糖转向乙酸代谢途径，糖浓度曲线也能很好地解释这点。最终，重组类人胶原蛋白CF-5的浓度达到7.89g/L，说明此补料策略在蛋白表达阶段的有效性。同时，观察乙酸的变化也发现乙酸的积累还是比较缓慢的，且最终乙酸积累量为 1.72g/L，这一值也低于对细胞造成负面影响的理论值（2g/L）。

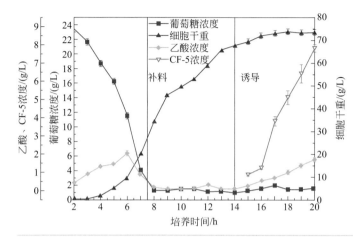

图5-24
恒定溶氧脉冲补料发酵策略

继续分析恒速补料，通过恒葡萄糖浓度补料的发酵结果可以清楚地判断底物浓度和葡萄糖的含量对细胞增长和重组类人胶原蛋白 CF-5 的影响。从图 5-25 可以看出，发酵结束后细胞干重为 68.72g/L，重组类人胶原蛋白 CF-5 浓度达到 7.90g/L，与溶氧恒定脉冲发酵相比产量接近。从图中葡萄糖的浓度变化可知，葡萄糖的控制不会完全达到 1.5g/L，整个发酵过程葡萄糖的消耗量为 134.4g/L。同时在第 II 阶段乙酸的积累量控制在一个较低的范围，第 III 阶段乙酸的增长也较为缓慢并最终达到 2.41g/L，而重组类人胶原蛋白 CF-5 浓度在诱导 3h 内增长迅速，随着诱导时间增加蛋白浓度增长缓慢。

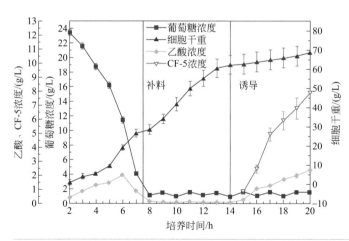

图5-25
恒葡萄糖浓度补料发酵策略

根据 12.8L 发酵罐中的脉冲补料发酵策略优化 30L 发酵罐，即第Ⅱ阶段补料采用每 188s 补料 8s，第Ⅲ阶段采用每 27s 补料 3s，补料浓度为 0.96g/mL。从图 5-26 可知，发酵结束后细胞干重和重组类人胶原蛋白 CF-5 浓度分别达到 75.46g/L 和 7.26g/L。在第Ⅱ阶段中乙酸的积累量被控制在较低的浓度（<0.5g/L）。

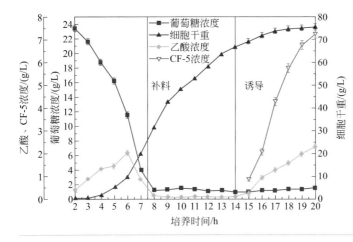

图5-26
脉冲补料发酵策略

通过研究恒定溶氧脉冲补料发酵方式，发现其既能满足发酵过程中菌体生长所需要的氧气，为细胞新陈代谢提供能量，降低氧气含量过多对细胞的毒性，同时也能使菌体不再处于较高的基质浓度范围内，减轻在诱导阶段细胞临界比摄氧率和临界比摄糖率下降对乙酸积累的影响，以减少细胞分泌乙酸。发酵结束时乙酸浓度、细胞干重和重组类人胶原蛋白 CF-5 的浓度分别为 1.72g/L、73.45g/L 和 7.89g/L。恒葡萄糖浓度补料发酵展现了良好的实用性，但是其操作不易实现，最终乙酸积累量达到 2.41g/L。相比恒定溶氧和恒葡萄糖浓度补料策略，恒速补料在发酵初期能提供较多的营养物质，但在诱导前补料阶段乙酸的浓度增加较快，细胞干重和重组类人胶原蛋白 CF-5 的浓度分别为 48.62g/L 和 2.89g/L。具体比较结果如表 5-11 所示。虽然脉冲补料发酵的最终重组类人胶原蛋白 CF-5 浓度

表5-11　不同分批补料策略下发酵参数的比较

模式	细胞干重/（g/L）	CF-5浓度/（g/L）	乙酸含量/（g/L）
FBC	48.62	2.89	4.23
FBDP	73.45	7.89	1.72
FBCG	68.72	7.90	2.41
FBP	75.46	7.26	2.31

注：FBC—恒速补料发酵；FBDP—恒定溶氧脉冲补料发酵；FBCG—恒葡萄糖浓度补料发酵（1.5g/L）；FBP—脉冲补料发酵。

低于恒定溶氧脉冲补料发酵和恒葡萄糖浓度补料发酵，但其在工业化扩大生产中更具有可操作性。

4. 重组类人胶原蛋白 CF-5 的 500L 中试发酵规模放大方法优化

重组大肠杆菌的高密度培养是重组类人胶原蛋白 CF-5 生产过程的核心单元，其放大的成功与否直接关系到整个工艺过程。因此，在过程放大前，必须首先研究影响发酵过程的关键因素。范代娣团队[40]采用探测补料技术发酵培养重组大肠杆菌，进行重组类人胶原蛋白 CF-5 的放大生产。首先在实验室规模下，采用该方法进行非诱导培养和诱导培养，考察其培养特点，然后将该过程放大到中试规模。在中试规模下，为了使重组类人胶原蛋白 CF-5 的产量达到最大，优化了其诱导时机，从而快速获得中试规模的最佳补料曲线。

采用探测补料技术的实验室规模的非诱导培养曲线如图 5-27（a）所示，图中包含了补料前的培养阶段（0 ~ 10h）。最终细胞干重达到了 80.3g/L，同时，没有发现明显的乙酸积累。在最初的分批培养阶段，乙酸浓度最高超过了 0.7g/L，但在分批培养阶段结束前又被细胞利用了，在补料前细胞干重达到了 18.6g/L。在分批补料培养的开始阶段，比生长速率保持在约 $0.14h^{-1}$，当 DO 达到允许的最低值（20%）时（此时转速已达到最高），细胞生长受到氧传递的限制，比生长速率连续下降。在诱导培养中，在细胞干重约 50g/L 时诱导，诱导后的比生长速率很快就降到了约 $0.04h^{-1}$ 并一直维持，诱导培养最终达到的细胞干重为 69.1g/L，最终重组类人胶原蛋白 CF-5 浓度可达到 13.1g/L[图 5-27（b）]。

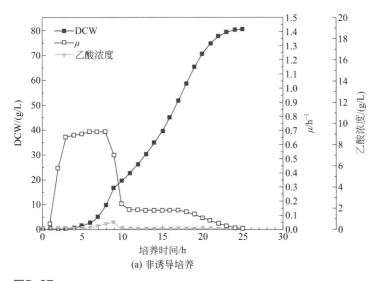

图5-27

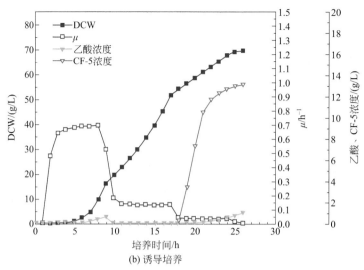

图5-27 探测补料策略对细胞培养及重组类人胶原蛋白CF-5表达的影响

利用从实验室规模即 12.8L 发酵罐中得到的结果，将发酵过程放大到 500L 中试规模的发酵罐中，主要目标是得到和实验室规模相同的单位质量菌体的重组类人胶原蛋白 CF-5 含量。中试规模发酵罐培养温度控制在 32℃，空气流量保持在 600L/min，初始培养体积为 240L。用 25% 氨水（质量分数）自动调节 pH 值为 6.8。在培养过程中，通过提高搅拌转速控制 DO 在 20% 空气饱和度（中试规模发酵罐，初始搅拌速度设为 50r/min）。中试规模发酵为加压操作，操作表压为 0.02MPa。和实验室规模发酵相比，放大后的中试规模的发酵需要额外增加一个种子培养阶段，其目的是得到足够多的接种物。由图 5-28 可见，应用探测补料技术分批补料培养大肠杆菌生产重组类人胶原蛋白 CF-5 可被成功放大到 500L规模。在非诱导的分批补料培养过程中无乙酸积累，同时充分应用了发酵罐的最大氧传递能力。细胞干重随时间变化的曲线和实验室规模相比仅有微小不同，即 500L 规模生长速度更快。其区别可能是由额外增加的种子培养阶段造成的。额外增加的种子培养阶段即三级种子的培养在一个 50L 的种子发酵罐中进行，培养过程控制 pH 值，培养基和分批发酵培养基相同。最终得到的细胞干重为 54.1g/L，该值比实验室规模非诱导培养获得的细胞干重低，其原因可能是中试规模发酵罐的氧传递能力比实验室规模发酵罐低。

诱导时机对最终重组类人胶原蛋白 CF-5 浓度的影响如图 5-29 所示。显然，诱导时机越晚，即诱导时的细胞浓度越高，最终的细胞干重也越大。然而，当在细胞干重约为 50g/L 时诱导，虽然最终的细胞干重最大，但重组类人胶原蛋白 CF-5 的浓度却最低，其原因可能是诱导时细胞在反应器最大氧传递速率下的生长速率太低，以致诱导后无法维持一定的比生长速率支持高速率的重组类人胶原蛋白 CF-5 表达。而当诱导过早时，即在细胞浓度约为 30g/L 时诱导，虽然能保持诱导后一定的比生长速率，单位细胞干重的重组类人胶原蛋白 CF-5 含量也较高，但最终重组类人胶原蛋白 CF-5 浓度却由于细胞干重太低而较低。在细胞浓度约为 40g/L 时诱导，既能在诱导后保持一定的比生长速率，又达到了较高的细胞干重（51.7g/L），最终的重组类人胶原蛋白 CF-5 浓度（9.6g/L）也最高。

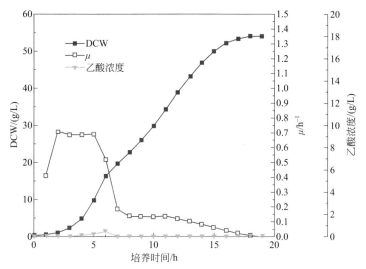

图5-28　中试规模下探测补料策略对重组 *E.coli* 细胞的非诱导培养特征

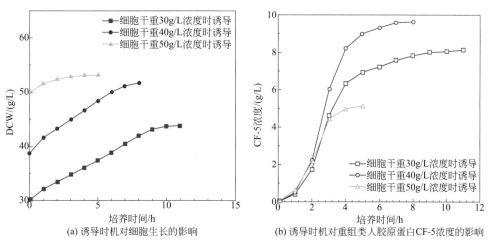

(a) 诱导时机对细胞生长的影响　　　(b) 诱导时机对重组类人胶原蛋白CF-5浓度的影响

图5-29　中试规模下诱导时机对细胞生长及重组类人胶原蛋白CF-5浓度的影响

直接放大后重组类人胶原蛋白 CF-5 产量下降的原因之一可能是不同规模发酵罐氧传递能力不同。针对该问题，通过测定不同规模发酵罐的体积氧传递系数，建立了体积氧传递系数对操作参数（通气体积流量、搅拌速度和装液体积）的关联方程，使得不同规模的发酵罐在氧传递方面具有可比性。采用亚硫酸钠法测定了实验室规模和中试规模发酵罐的体积氧传递系数，实验室规模发酵罐氧传递系数 $k_L a$ 对操作参数的经验关联式如式（5-4）所示

$$(k_L a)_L = 0.0111 Q^{0.3185} N^{1.5131} V_L^{-0.4803} \tag{5-4}$$

中试规模发酵罐 $k_L a$ 对操作参数的经验关联式如式（5-5）所示

$$(k_L a)_P = 0.2690 Q^{0.2983} N^{1.2727} V_L^{-0.404} \tag{5-5}$$

式中　$k_L a$——氧传递系数，h^{-1}；

$\quad\quad Q$——通气体积流量，L/min；

$\quad\quad N$——搅拌速度，r/min；

$\quad\quad V_L$——装液体积，L。

最后，根据体积氧传递系数的关联方程，分别以 $k_L a$ 和 $pk_L a$ 为放大基准进行放大。

（1）$k_L a$ 相同法放大

为了使分批阶段细胞的生产能力达到最大，在实验室规模和中试规模发酵中，使用该规模设备可提供的最大能力，即在实验室规模发酵中，空气流量为 18L/min，搅拌速度为 1500r/min，初始装液体积为 6L。在该条件下，由式（5-4）计算可得到

$$(k_L a)_L = 753.6 h^{-1}$$

在中试规模发酵中，空气流量最大为 600L/min，搅拌速度为 500r/min，使

$$(k_L a)_P = (k_L a)_L = 753.6 h^{-1}$$

得初始装液体积为 105L。在上述条件下，保持其他过程参数不变，分别进行诱导和非诱导的分批补料培养，结果如图 5-30 所示。

对于非诱导的分批补料培养，在实验室规模可得到的最终细胞干重为 80.3g/L ［图 5-31（a）］，以体积氧传递系数相同放大获得的最终细胞干重为 90.0g/L ［图 5-30（a）］。放大后细胞干重增加的原因可能是在中试规模操作中采取了加压操作（0.02MPa 表压），因此尽管体积氧传递系数相同，但总的氧传递速率（OTR）在中试规模操作中更大。因为 $OTR = k_L a(C^* - C_L)$，在加压操作中 C^* 增加，故而 OTR 增加。

对中试规模和实验室规模的培养均在 OD_{600} 约为 100 时诱导，结果如图 5-30（b）和图 5-31（b）所示。诱导后细胞的生长代谢发生了很大变化，而诱导目标产物的浓度主要由细胞的生长状态和诱导时的细胞浓度决定。由图 5-30 和图 5-31

比较可得，尽管二者非诱导培养时所得的最终细胞干重不同，但若在相同的时机诱导，最后获得的细胞干重和重组类人胶原蛋白 CF-5 浓度却基本相同。该结果进一步说明了重组蛋白的过表达对宿主是有害的，尽管诱导后反应器的供氧能力还可以支持细胞进一步以指数方式增长，但重组蛋白的过表达却使细胞提前结束生长。所以对于氧传递能力不同的反应器，应重新优化其诱导时机。此外，中试规模总培养时间更短，前期细胞生长更快。由于中试规模发酵的三级种子培养基组成和发酵培养基组成完全相同，所以在中试规模培养中滞后期更短，同时得到的种子密度更高，达到相同细胞干重所需的时间更短。以上两个原因使得中试规模培养的时间比实验室规模培养的时间缩短约 3h，从而使得产率更高。

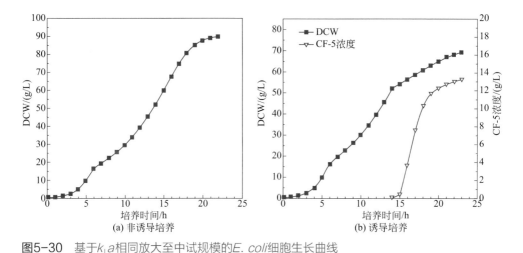

图5-30　基于$k_L a$相同放大至中试规模的$E.\ coli$细胞生长曲线

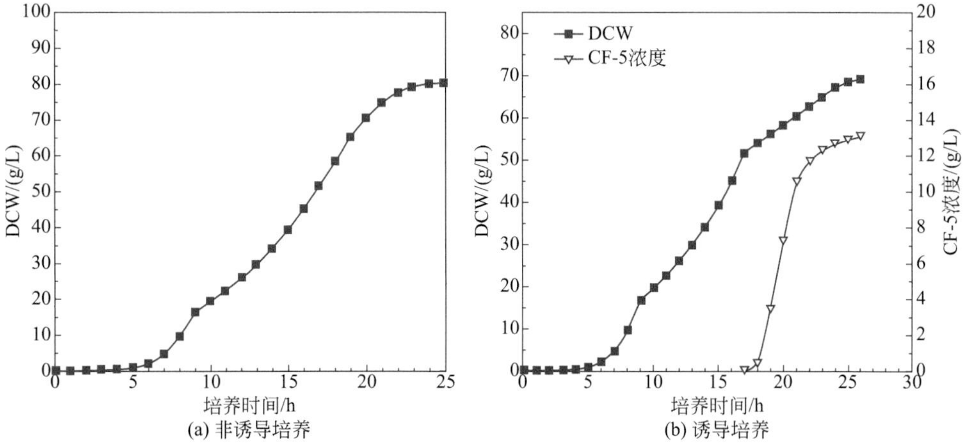

图5-31　实验室规模$E.\ coli$细胞生长曲线

（2）pk_La 相同法放大

在实验室规模，由于在发酵过程中没有加压，即罐压为 1bar（10^5Pa），采用同 k_La 相同法放大的操作条件，则 $p(k_La)_L=753.6h^{-1}$

在中试规模发酵过程中，罐压可提高到 1.5bar，因而

$$p_P(k_La)_P=p_L(k_La)_L=753.6h^{-1}$$
$$(k_La)_P=503.1h^{-1}$$

可得初始装液体积应为 285L。即在中试规模发酵中，通气体积流量为 600L/min，搅拌速度最大为 500r/min 时，发酵罐操作压力为 1.5bar，其他过程参数同实验室规模小试发酵，分别进行诱导和非诱导的分批补料培养，结果如图 5-32 所示。

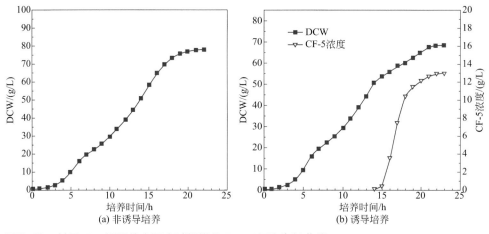

图5-32 基于pk_La相同放大至中试规模的*E. coli*细胞生长曲线

由图 5-32（a）可知，以 pk_La 为放大基准进行放大，最终获得的细胞干重为 77.9g/L，略低于实验室规模培养获得的细胞干重（80.3g/L），也低于以 k_La 为放大基准中试规模培养获得的最终细胞干重（90.0g/L）。但以 pk_La 为基准放大，初始装液体积（285L）远高于以 k_La 为基准放大时的初始装液体积（105L）。此外，以 pk_La 为放大基准进行放大，分批补料培养诱导后最终细胞干重达到 68.4g/L，最终重组类人胶原蛋白 CF-5 浓度为 13.0g/L，和实验室规模基本相近（最终细胞干重和 CF-5 浓度分别为 69.1g/L、13.1g/L），使得以该方法放大更具优势，即不用在放大规模培养中进行诱导时机的优化，从而可大大节约成本。

对于两种不同的放大策略，其前提均为保持 DO 相同，仅是设备在不同放大策略下可达到的最大氧传递速率不同，因而在发酵过程中其生长曲线基本相同。采取三阶段式补料方式：即诱导前指数补料，当氧传递能力达到最大时采取溶氧反馈补料保持 DO 在 20% 空气饱和度，诱导后采取指数补料。不同规模的发酵

过程和采取不同准则的放大培养，其区别仅在于诱导前指数补料的时间不同。氧传递能力高的生物反应器，其诱导前指数补料持续的时间长。该结果也说明，对于重组大肠杆菌的分批补料培养，特别是质粒稳定性优良的重组菌株，其放大过程引发的问题相对容易解决。

第三节
重组类人胶原蛋白的分离与纯化

蛋白类产品的分离纯化非常重要，尤其是大分子蛋白，纯化工作对产品后续应用场景至关重要。分离纯化方法多种多样，但操作流程具有共同的特点，一般都包括预处理、细胞破碎（胞内产物）、初纯、精纯及成品加工等步骤。图 5-33 显示了生物技术产品分离提纯的基本流程及每一步骤中经常采用的单元操作。高效的分离纯化技术不但保证了产品的质量，而且直接决定产品的成本和经济效益。范代娣团队[44-46]对大肠杆菌表达的重组类人胶原蛋白分离与纯化做了一系列深入分析。本节内容以重组类人胶原蛋白 CF-5 为代表，对重组类人胶原蛋白的分离纯化进行详细介绍。

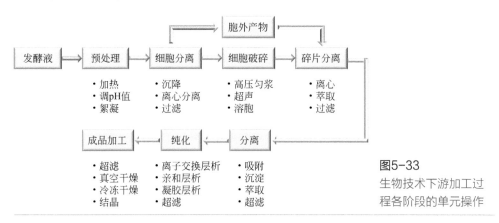

图5-33
生物技术下游加工过程各阶段的单元操作

一、重组类人胶原蛋白的粗提

1. 发酵液的预处理
生物反应的产物一般是由细胞、游离的细胞外代谢产物、细胞内代谢产物、残存底物及惰性组分组成的混合液，因此从微生物发酵液中提取发酵产品的第一个步骤是采用离心或过滤等方法进行预处理。由于目标产物重组类人胶原蛋白 CF-5 为胞内产物，故需收集菌体。过滤设备造价较高，且过滤介质更换较复杂，因此本实验采用离心分离的方法收集菌体。其目的不仅在于分离菌体和其他悬浮颗粒，还着眼于除去部分可溶性杂质，以利于提取和精制等后续工艺的顺利进行。将发酵液置于低速冷冻离心机内，以 5000r/min、恒温 18℃离心 1h，取出后肉眼观察，上清液澄清透明，固液分离良好。菌体收集后，需水洗三遍，以洗去表面残留的培养基。

2. 细胞破碎

菌体收集后，要对细胞内代谢产物进行提取，首先要将其从细胞中释放出来。而细胞破碎的目的就是使细胞壁和细胞膜受到破坏或破碎，释放其中的目标产物。通过比较高压匀浆破碎法、间歇超声破碎法、连续超声破碎法和酶溶法在相同条件下的细胞破碎率，选择最佳破碎方法。在实验中将收集到的菌体以菌体质量：溶剂体积为 1：12 的比例在磁力搅拌器中重悬起来，用上述几种方法进行破碎，破碎结果见图 5-34。细胞破碎的效果用细胞破碎率衡量，细胞破碎率的计算方法如下

$$细胞破碎率 = \left(1 - \frac{破碎后菌体数}{破碎前菌体数}\right) \times 100\% \qquad (5\text{-}6)$$

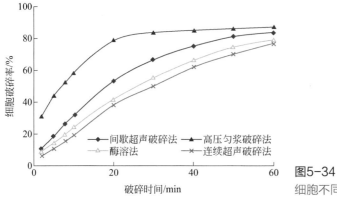

图5-34
细胞不同破碎方法的比较

从图 5-34 可看出用高压匀浆破碎法最优，间歇超声破碎法次之，连续超声破碎法和酶溶法最差。因为达到相同细胞破碎率所需的时间高压匀浆破碎法最少。酶溶法加入的溶菌酶会对后面分离纯化带来一定的麻烦，超声破碎法会因超声波振荡引起温度的剧烈上升而使蛋白变性。故实验选用高压匀浆破碎法进行细胞破碎。由图 5-34 还可以看出，当破碎时间达到 20min 后，随着时间的延长，

细胞破碎率的增长不大。考虑能耗等经济因素，实验破碎时间在 10 ～ 30min 之间选择，通过重组类人胶原蛋白 CF-5 的释放率来最终确定细胞破碎时间。

高压匀浆破碎时，不同的操作方式对细胞破碎率最终目的蛋白释放量、菌体悬浮液发热情况也有影响，结果如表 5-12 所示。发现采取连续循环与排放方式时细胞破碎率最高，最终目的蛋白释放量居中，菌体悬浮液发热最严重。为了减少由于发热引起的蛋白变性以及设备的损耗，采取批式循环方式进行高压匀浆破碎。

表5-12　不同高压匀浆操作方式的比较

操作方式	细胞破碎率/%	最终CF-5释放量/（g/L）	菌体悬浮液发热情况/℃
单程操作	88.53	10.21	5
批式循环	95.36	12.89	10
连续循环与排放	96.72	11.32	21

在高压匀浆破碎过程中由于破碎强度不同，细胞破碎率及目的蛋白释放量的变化曲线如图 5-35 所示。由图可以看出，当破碎强度上升到 70MPa 以后，继续提高强度，细胞破碎率变化不大，目的蛋白 CF-5 释放量增幅较小。为了减少能耗及设备磨损，选择高压匀浆破碎的强度为 70MPa。

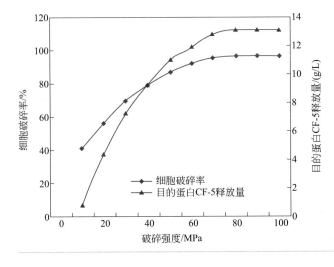

图5-35

不同破碎强度下细胞破碎率及目的蛋白CF-5释放量的变化曲线

均质次数对细胞破碎率及目的蛋白释放量的影响如表 5-13 所示。最终目的蛋白释放量先增加后减小，菌体悬浮液发热情况逐渐严重，操作时间明显增加。为了获得较大的细胞破碎率、目的蛋白释放量以及缩短操作时间，选择均质 2 次，即批式循环，循环 1 次。

均质次数	细胞破碎率/%	最终CF-5释放量/（g/L）	菌体悬浮液发热情况/℃	操作时间/h
1	88.53	10.21	5	1.8
2	95.36	12.89	11	3.6
3	96.72	11.32	19	5.4

菌体悬浮液浓度的选择结果如表 5-14 所示，可以看出随着水体积的增加，细胞破碎率、最终目的蛋白释放量、操作时间都有所增加。菌体质量与水体积比达到 1:10 后再增加水的体积，细胞破碎率、最终目的蛋白释放量的增幅较小，相比之下操作时间则明显增加。因此为了减少设备的损耗和操作时间，选择菌体质量与水体积比为 1:10。

表5-14　不同菌体悬浮液浓度的比较

菌体质量：水体积	细胞破碎率/%	最终CF-5释放量/（g/L）	操作时间/h
1:6	85.56	8.92	1.9
1:8	91.03	10.89	2.45
1:10	95.37	12.38	3.0
1:12	95.71	12.95	3.6
1:14	96.08	13.12	4.2

细胞破碎仅仅是为了释放目标产物，不同的破碎溶剂对于目标产物的溶解会有一定的影响，因此比较水、磷酸盐缓冲液、细胞破碎液的效果。发现以磷酸盐缓冲液为介质的破碎效果和以水为介质的破碎效果相差不大。虽然细胞破碎液 Tris 可使 pH 值在 8.0 左右，同时 EDTA 具有抗氧化剂和蛋白酶抑制剂的作用，能与稳定细胞壁的镁离子螯合，但如果两者效果相差不大，可以用水来代替细胞破碎液进行细胞破碎。故实验用水作为细胞破碎的缓冲液，且破碎时间为 20min，继续延长破碎时间并不能使重组类人胶原蛋白 CF-5 浓度大幅提高，且增加动力消耗。

3. 盐析

蛋白质在高离子强度的溶液中溶解度降低、发生沉淀的现象称为盐析。用于盐析的盐有很多种，选取常用的硫酸铵、氯化钠和氯化钾进行比较。在盐浓度均为 25%、室温、相同 pH 值条件下，比较盐析后重组类人胶原蛋白 CF-5 的浓度，结果见图 5-36（a）。用硫酸铵盐析后 CF-5 的浓度最高，另外，硫酸铵具有盐析 pH 值范围广、溶解度高、溶液散热少和经济适用等优良特性，因此选择硫酸铵进行盐析。为了确定硫酸铵的饱和度范围，取一部分料液分成等体积的若干份，将饱和度达到 5% ~ 100% 所需的硫酸铵在搅拌条件下分别加到料液中，继续搅拌 1h 以上，温度保持在 18℃，离心后分别测上清液中总蛋白和 CF-5 蛋白的浓度，结果如图 5-36（b）所示。重组类人胶原蛋白 CF-5 不出现沉淀的最大饱和度约为 20%，使其完全沉淀的最小饱和度约为 50%。因此，沉淀分级操作的硫酸铵饱和度范围为 20%～50%。此外，pH 值、温度、蛋白质浓度对蛋白质的盐析都起着重要作用，采用 L$_9$（3^3）正交实验来进行盐析条件的优化，最终结果显示 pH 值为 2.9、温度为 18℃及蛋白质浓度为 3g/L 是最佳盐析条件。最终盐析后重组类人胶原蛋白 CF-5 纯度达 36.8%，回收率达 92.7%。

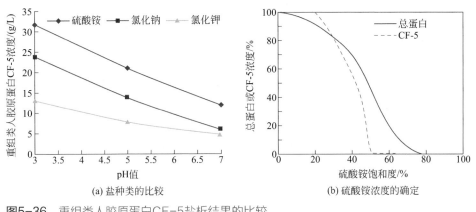

图5-36 重组类人胶原蛋白CF-5盐析结果的比较

4.超滤

收集盐析后的蛋白沉淀溶于 20mmol/L Tris-HCl（pH 值为 8.0）缓冲液中。盐析沉淀之后盐浓度较高，而后续的色谱分离过程需较低的离子强度，因此采用超滤法进行脱盐。在实验中用截留分子质量为 30kDa 的膜包进行超滤，色素、无机盐及小分子物质可透过膜，而分子质量较大的重组类人胶原蛋白 CF-5（分子质量 90～120kDa）被截留，从而可同时实现浓缩、脱色、脱盐的目的。

当料液温度为 25℃、pH 值为 7.0、总蛋白质浓度为 0.3%、料液体积流量为 1.5L/min 时，超滤膜通量随操作压力的变化如图 5-37（a）所示。当操作压力开始增加时，膜通量随操作压力的升高而线性增加，随着操作压力的继续增大，膜通量逐渐趋于平稳。在 0.3MPa 时达到临界压力，如果再增加压力不会带来膜通量的增加，反而容易增加浓差极化。所以为了得到较高的膜通量，并将对设备的损害降到最低，选择的压力为 0.2MPa。

固定操作压力为 0.2MPa，膜通量随 pH 值的变化如图 5-37（b）所示。溶液的 pH 值对膜通量有较明显的影响，在等电点处，膜通量达到最低值，当 pH 值偏离等电点时，膜通量有不同程度的升高。这是因为蛋白质在等电点处溶解度最小，溶质分子间的静电排斥力也最小，蛋白质最易析出和聚集在膜的表面，形成的吸附层最紧密，对流体的阻力最大，因而膜通量最低。当偏离等电点时，重组类人胶原蛋白 CF-5 带有电荷，此时溶质分子间的静电排斥力变大，不易聚集和形成浓度较高的富集层，膜通量较大。为了增大膜通量、减少对膜的损耗，以及便于操作，选择在 pH 值为 7～8 进行操作。

当固定 pH 值为 7 时，膜通量随蛋白质浓度的变化如图 5-37（c）所示。蛋白质浓度对膜通量影响较大，膜通量随蛋白质浓度的增加呈指数下降，这是因为随着蛋白质浓度的提高，物料的黏度增大，在一定的压力下，浓差极化加重，凝胶层加厚，透过阻力增加，同时也增加了膜污染的机会。因此降低蛋白质浓度可减少浓差极化，增加膜通量。为了延长设备的使用寿命，选择蛋白质浓度为 0.3%。

当固定蛋白质浓度为 0.3% 时，膜通量随料液温度的变化如图 5-37（d）所示。由图可以看出，膜通量随着料液温度的升高而增加，因为随着温度的上升，一方面料液的黏度减小，溶剂更容易透过膜，另一方面增加了蛋白质分子的活性，使分子运动加剧，传质系数增加，扩散速度加快，进而使膜通量增大。为了保持蛋白质的活性以及便于操作，选择超滤操作时的料液温度为 25℃。

当固定料液温度为 25℃ 时，膜通量随料液体积流量的变化如图 5-37（e）所示。由图可以看出，膜通量随着料液体积流量的增加而增加，因为在一定的压力下，料液体积流量增加，增大了流体主体的湍流程度，在膜表面形成的凝胶层以及在凝胶层上的边界层都会由于物料沿着膜管方向的切线流动而减弱，即减弱了浓差极化和边界层的阻力，使浓差极化现象减弱，使得渗透通量增加并趋于稳定。虽然高的切线流速会增加膜通量，但是由于泵加在膜上的流量不能无限增加，为了减少对泵以超滤系统的损耗，实验选取 2L/min 为料液体积流量。

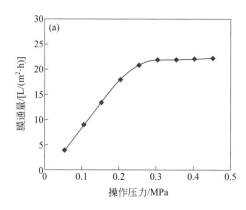
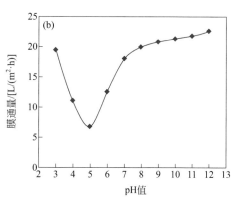

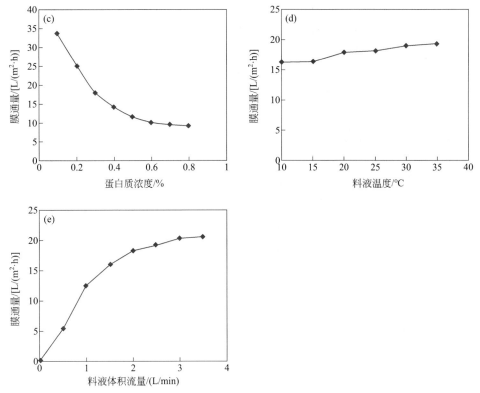

图5-37 重组类人胶原蛋白CF-5超滤结果的比较

在最佳的超滤条件下，即料液温度 $T = 25℃$、pH $= 7.0$、进料液蛋白质浓度 $C = 0.3\%$、操作压力 $p = 0.2MPa$、料液体积流量为 2L/min 时，重组类人胶原蛋白 CF-5 的纯度达到 47.62%，回收率达到 91.04%。

超滤是一种压力驱动的膜分离过程，在超滤膜分离过程中，影响膜应用的一个重要问题是膜的污染。污染是指进料中悬浮粒子和未通过膜的可溶性溶质在膜表面上的沉积和聚积，以及通过膜的更小的溶质在膜表面和膜孔内的结晶和沉积。污染表现为膜通量随操作时间的延长而衰减。膜污染由两部分组成：一部分是由于蛋白质吸附沉积在膜表面而引起的，这部分沉淀可以通过膜清洗除去，称为可逆污染；另一部分是由于溶液中的小分子物质或杂质堵塞在膜孔内造成的，这种污染不能通过溶液清洗除去，称为不可逆污染。

污染可导致下列负面结果：
① 通量衰减致使基建费用和操作费用增加；
② 增加恢复通量的清洗费用；
③ 频繁的酸、碱等化学清洗致使膜损伤；

④ 膜对溶质的不可逆吸附，使其产率减少，造成一定的经济损失。

对于蛋白质溶液造成的可逆污染，一般采用稀 NaOH 溶液清洗。超滤结束后，先用蒸馏水快速循环 30min，以洗出膜上残留的大部分蛋白质，再用 40℃、0.5mol/L 的 NaOH 溶液循环清洗 30min，最后再用蒸馏水洗去碱液，膜通量可恢复到初始蒸馏水通量的 95% 左右。

二、重组类人胶原蛋白的纯化

1．离子交换批量层析与凝胶过滤层析相结合的纯化

离子交换层析在纯化蛋白质的层析手段中使用最为广泛。它对蛋白质的分辨率高、操作简易、重复性好、成本低。并且批量层析的特点在于层析用的树脂不放在柱中，而是放在烧杯或瓶子等容器中，通过搅拌或摇动而混匀层析，以过滤或离心的办法分出层析液。此方法的一大优点就是简单快速、处理量大，尤其适用于蛋白质粗提物的初始纯化。利用离子交换层析纯化蛋白质首先要做好两个决定：①选择最佳的离子交换树脂；②选择最佳的缓冲体系。

在用离子交换树脂进行批量层析时，可以通过改变 pH 值让目的蛋白不被吸附而杂蛋白被吸附在离子交换树脂上。采用相同的 Tris-HCl 缓冲液，在不同的 pH 值下比较了用阴离子交换树脂和用阳离子交换树脂吸附杂蛋白的效果，结果如表 5-15 所示。从表中数据可以看出，CM52 对杂蛋白的吸附能力比 DE52 差，经 CM52 处理后，上清液中重组类人胶原蛋白 CF-5 的纯度普遍不高，而经 DE52 处理后，在 pH 值为 6.0 时，上清液中重组类人胶原蛋白 CF-5 纯度虽然只有 80.4% 左右，但回收率也能保持在 84.6% 左右。因此从综合的角度考虑在 pH 值为 6.0 下采用 DE52 树脂进行批量层析，过滤收集吸附后的上清液。

表5-15　阴阳离子交换树脂层析的比较

离子交换介质	DE52				CM52			
pH值	4.0	5.0	6.0	7.0	4.0	5.0	6.0	7.0
CF-5纯度/%	53.7	68.6	80.4	48.6	61.5	67.3	51.8	49.1
CF-5回收率/%	93.6	92.7	84.6	43.8	69.4	73.8	91.5	94.6

注：进样浓度均为 3g/L。

缓冲液可以抗衡蛋白质溶液中 pH 值的改变，选择合适的缓冲液对于维持一定 pH 值下蛋白质的稳定性及保证实验的重复性十分重要。选取 Na_2HPO_4-NaH_2PO_4 缓冲液、Tris-HCl 缓冲液、KH_2PO_4-NaOH 缓冲液、巴比妥钠 - 盐酸缓冲液四种缓冲液进行比较，以确定最佳缓冲体系。结果如表 5-16 所示，从表中数据可见，用 Tris-HCl 缓冲液作为离子交换的缓冲体系，纯化效果最佳。

表5-16　缓冲液体系的比较

缓冲液	Na₂HPO₄-NaH₂PO₄	Tris-HCl	KH₂PO₄-NaOH	巴比妥钠-盐酸
pH值		6.0		
CF-5纯度/%	68.8	79.8	65.3	64.2
CF-5回收率/%	86.8	85.6	83.7	84.9

用超滤好的蛋白质溶液进料，控制其浓度为 3g/L，将 pH 值为 6.0、浓度为 20mmol/L 的 Tris-HCl 缓冲溶液与平衡好的 DE52 树脂均匀混合，缓慢搅拌，分别在 5min、10min、20min、30min、40min、50min、60min、70min、80min 时取样测定其总蛋白浓度和 CF-5 纯度。结果如图 5-38 所示。由图可以看出，当吸附时间达到 60min 后蛋白浓度变化已经不大，考虑操作周期及经济因素，选择 60min 的吸附时间为最优。

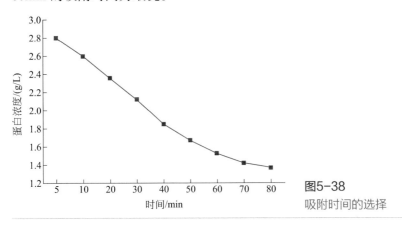

图5-38
吸附时间的选择

为了让目的蛋白尽可能多的不被吸附而杂蛋白被吸附，必须选择合适的离子强度。离子强度的增加会影响上清液中正负电荷的分布从而影响树脂对蛋白质的吸附，而且相对于蛋白质，无机离子更容易被树脂上所带的官能团吸附。这样上清液中的目的蛋白纯度就会受离子强度的影响。用超滤好的蛋白质溶液进料，控制其浓度为 3g/L，用 20mmol/L、pH＝6.0 的 Tris- HCl 缓冲液配制。分别取 NaCl 为 0mol/L、0.2mol/L、0.4mol/L、0.6mol/L、0.8mol/L 进行批量层析。测定 CF-5 和总蛋白浓度，结果如图 5-39 所示，随着离子强度的增加，树脂对蛋白的吸附能力减小，但对于 CF-5 和其他杂蛋白的减小幅度不同从而导致 CF-5 的纯度先增大后减小。故取 NaCl 的浓度为 0.2mol/L 进行吸附。

用超滤好的蛋白质溶液进料，还需要考虑蛋白进样浓度，控制其浓度分别为 1g/L、2g/L、3g/L、4g/L、5g/L，用浓度为 20mmol/L、NaCl 含量为 0.2mol/L、pH 值为 6.0 的 Tris-HCl 缓冲液配制后进行批量层析。测定 CF-5 纯度和回收率，结果如图 5-40 所示。由图可见，虽然蛋白进样浓度越低，目的蛋白的纯度越高，但蛋白浓度过低导致树脂的浪费，更主要的是蛋白回收率会随之降低。综合考虑，确定适宜的蛋白进样浓度为3g/L。这样蛋白纯度在85%以上，同时回收率也在80%以上。

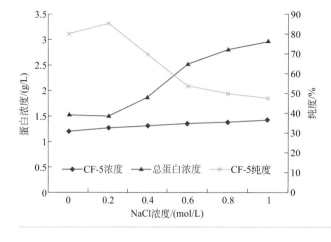

图5-39
离子强度对吸附的影响

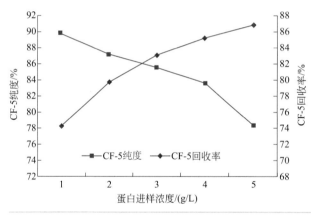

图5-40
蛋白进样浓度对吸附的影响

综上所述，批量层析的最优条件为：选用 DE52 阴离子交换树脂、Tris-HCl 缓冲液，在 pH 值为 6.0、NaCl 浓度为 0.2mol/L、蛋白进样浓度为 3g/L 的条件下缓慢搅拌 60min 后，在 500r/min 下离心 30min 后取上清液。最终的重组类人胶原蛋白 CF-5 的纯度为 85.58%。

由于离子交换批量层析对蛋白的分离度不高，如果要得到高纯度的目的蛋白，必须进一步采用凝胶过滤层析。凝胶过滤层析是根据蛋白质分子大小不同而达到分离效果的，凝胶过滤填料中含有大量微孔，只允许缓冲液及小分子量蛋白质通过，而大分子蛋白质及一些蛋白复合物则被阻挡在外。因此，高分子量的蛋白质在填料颗粒间隙中流动，比低分子量蛋白更早地被洗脱下来。

在凝胶过滤层析中，首先要根据蛋白质的分子量选择具有相应分离范围的凝胶。所要分离的重组类人胶原蛋白 CF-5 的分子质量均大于 90kDa，而 sephadex G-75、sephadex G-100、sephadex G-150、sephadex G-200 这四种介质的分离范围均包括 90kDa，因此对这四种树脂在相同条件下的分离效果进行了比较。结果如表 5-17 所示。从表中结果可看出，用四种介质纯化后 CF-5 的回收率基本相近，而纯度却有差别，其中 sephadex G-100 纯化后纯度最高，因此选用 sephadex G-100 作为凝胶过滤层析的介质。样品经 sephadex G-100（φ1cm×30cm）柱，用 20mmol/L Tris-HCl（pH 值为 7.5，含 20mmol/L NaCl）缓冲液作为洗脱液，洗脱图谱如图 5-41 所示。

表5-17　凝胶过滤层析介质的选择

树脂	sephadex G-75	sephadex G-100	sephadex G-150	sephadex G-200
CF-5纯度/%	93.2	97.6	92.3	90.4
CF-5回收率/%	79.8	80.1	80.2	79.4

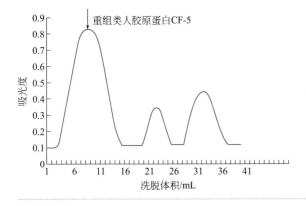

图5-41
sephadex G-100柱洗脱图

超滤后的样品，通过 DE52 离子交换层析、凝胶过滤层析后即可得到纯度较高（97.6%）的重组类人胶原蛋白 CF-5，总回收率为 63.0%。

最终的纯品为乳白色液体，经 SDS-PAGE 并以考马斯亮蓝染色后得单一条带，可见重组类人胶原蛋白 CF-5 分子质量在 97kDa 左右，与基因序列推导的一致。经过 N 端 15 个氨基酸测序，与基因设计序列一致。整个纯化过程的结果见表 5-18，纯化过程各步骤的 SDS-PAGE 电泳图谱见图 5-42。

表5-18　重组类人胶原蛋白CF-5纯化过程

纯化步骤	总蛋白/g	CF-5/g	CF-5纯度/%	CF-5回收率/%	纯化倍数
超声破碎	28	8.2	29.3	100	1
盐析	20.4	7.5	36.8	92.7	1.3
DE52吸附	7.4	6.3	85.58	84.0	2.92
sephadex G-100凝胶过滤层析	5.23	5.1	97.6	80.9	3.3

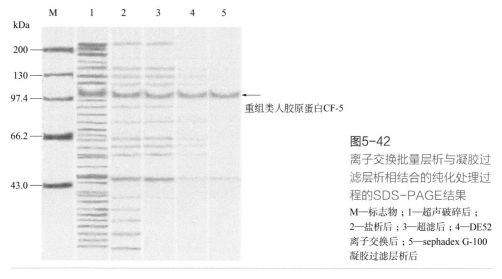

图5-42

离子交换批量层析与凝胶过滤层析相结合的纯化处理过程的SDS-PAGE结果

M—标志物；1—超声破碎后；2—盐析后；3—超滤后；4—DE52离子交换后；5—sephadex G-100凝胶过滤层析后

2. 离子交换柱层析

离子交换批量层析具有简单快速、处理量大等优点，但它对蛋白质的分辨率不高，只适合于初分离，要提高其分离度还需要用凝胶过滤层析。因而在需要较高纯度的目的蛋白时，离子交换批量层析就显示出其局限性。相比较而言，离子交换柱层析的分离度就要高得多，并且是一步操作。

选择DE52阴离子交换树脂和CM52阳离子交换树脂进行实验。其结果如表5-19所示。从表中可以看出，经DE52吸附后重组类人胶原蛋白CF-5的纯度虽然没有CM52吸附后的纯度高，但相差不大。DE52吸附后回收率可达到85%以上，而经CM52处理后CF-5的回收率不到75%。综合考虑，最终选用DE52树脂进行吸附。

表5-19　阴阳离子交换树脂层析的比较

离子交换介质	DE52			CM52		
吸附条件	pH值：7.0	流速/（mL/min）：3.0	进样浓度/（g/L）：3.0	pH值：4.0	流速/（mL/min）：3.0	进样浓度/（g/L）：3.0
脱附条件	pH值：7.0	NaCl浓度/（mol/L）：0.5		pH值：7.0	NaCl浓度/（mol/L）：0.5	
CF-5纯度/%	79.4			82.9		
回收率/%	86.7			73.4		

温度对DE52离子交换树脂吸附的影响如图5-43（a）所示。由图可见，温度对树脂的吸附等温线基本符合Langmuir方程，且温度对吸附树脂的最大吸附量的影响在5%以内。故选择在室温条件下操作。

为将蛋白质吸附于阴离子交换树脂上，pH值应高于蛋白质的等电点，而低于树脂上官能团的pK_a值，即$pI<pH<pK_a$。CF-5的pI为5.5，DE52的pK_a为9.0。故pH值选择在5.5～9.0之间，设置pH值为6.0、6.5、7.0、7.5、8.0五个

实验点进行实验。CF-5 起始进样浓度为 3g/L，以不同 pH 值的浓度为 0.02mol/L 的 Tris-HCl 为缓冲液，分别在 DE52 上以 3.0mL/min 的流速进行前端层析实验。DE52 的部分流出曲线如图 5-43（b）所示。当 pH 值为 6.0、8.0 时，在完全穿透初期会出现一个峰，这可能是由于 CF-5 在载体上吸附不牢被冲刷下来。由此可见，pH 值过高或过低，均使吸附量下降。pH＝7.0 是 DE52 的适宜吸附条件。

离子强度对吸附的影响通过含量为 0mol/L、0.05mol/L、0.10mol/L、0.15mol/L、0.20mol/L、0.25mol/L、0.30mol/L、0.35mol/L、0.40mol/L、0.50mol/L 的 Tris-HCl 缓冲液考察。CF-5 起始进样浓度为 3g/L，NaCl 浓度为 0.020mol/L，pH 值为 7，在 DE52 上以 3.0mL/min 的流速进行吸附实验，结果如图 5-43（c）所示。随着离子强度的升高，CF-5 的吸附量开始几乎无变化，然后急剧降低。NaCl 浓度为 0.25mol/L 时为拐点，证明这时已达到洗脱 CF-5 所需的离子强度，而在实际操作中应选择比洗脱点低至少 0.1mol/L 的盐浓度，故选择 0.15mol/L 的 NaCl 浓度为吸附的操作条件。

流速对吸附实验的影响，通过在 DE52 上以 1.5mL/min、3.0mL/min、8.0mL/min、15.0mL/min 流速进行前端层析检测，CF-5 起始进样浓度为 3g/L。结果如图 5-43（d）所示，在较低流速下，较易达到吸附平衡，表现出载体有较高的动态吸附量。当流动相流速增加时，由于孔内扩散速率和吸附平衡的限制，动态吸附量下降，造成突破峰提前出现。太高或太低的流速均不适于重组类人胶原蛋白 CF-5 的吸附。进样流速太慢，流动相物料在柱中轴向扩散影响增大，使流出峰严重拖尾，操作周期延长，产率降低，故取 3.0mL/min 作为吸附条件。

进样浓度对吸附的影响通过设定 CF-5 起始进样浓度为 1g/L、2g/L、3g/L、4g/L、5g/L、7g/L、8g/L、10g/L 等不同条件，在 DE52 上以 3.0mL/min 流速进行吸附实验测得，结果如图 5-43（e）所示。当进样浓度较低时，对载体的吸附量影响较小，但随着浓度的升高，层析过程的非线性增强，表现为载体的表观吸附能力降低。但进样浓度太小，不仅处理量小且操作周期长。综合以上因素考虑，取 3g/L 的进样浓度为吸附条件。

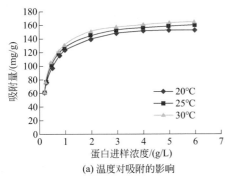

(a) 温度对吸附的影响

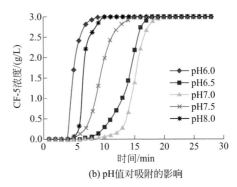

(b) pH值对吸附的影响

图5-43

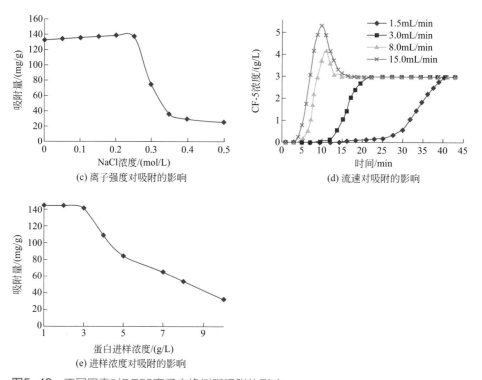

图5-43　不同因素对DE52离子交换树脂吸附的影响

为了考察 pH 值对脱附的影响，分别以 pH 值为 6.0、6.5、7.0、7.5、8.0，浓度为 0.01mol/L NaCl 含量为 0.5mol/L 的 Tris-HCl 缓冲液作为洗脱液进行脱附，洗脱液体积为层析柱床层体积的 12 倍，结果如图 5-44（a）所示。可以看出，DE52 在 pH 值为 6.0 的条件下脱附率最高，pH 值为 7.0 时最低。

为了考察离子强度对脱附的影响，分别以 pH 值为 6.0，浓度为 0.01mol/L NaCl 含量为 0.20mol/L、0.25mol/L、0.30mol/L、0.50mol/L、0.75mol/L、1.0mol/L 的 Tris-HCl 缓冲液进行脱附，洗脱液体积为层析柱床层体积的 12 倍，结果如图 5-44（b）所示，发现 DE52 在离子强度为 0.30mol/L 时脱附率最高，1.0mol/L 时最低。

通过对离子交换批量层析与凝胶过滤层析相结合的方法和离子交换柱层析一步纯化法的比较，发现两种方法对目的蛋白的提纯纯度以及纯化倍数相差不大，但离子交换柱层析的回收率高且得到的重组类人胶原蛋白 CF-5 纯品多。故当产品纯度要求在 95% 以上时，采用离子交换柱层析更优越。不过当对产品纯度要求不高时，采用离子交换批量层析可以提高处理量、缩短操作时间、降低成本。

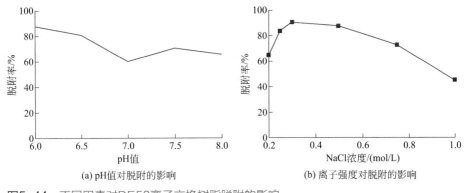

图5-44　不同因素对DE52离子交换树脂脱附的影响

三、重组类人胶原蛋白CF-5内毒素的去除

内毒素主要来源于革兰氏阴性菌的外膜，当少量内毒素进入人体血液中时，即可引起发热、休克甚至死亡。因此，内毒素的去除成为生物产品开发过程中一个非常重要的问题。大肠杆菌表达系统发酵得到的胞内蛋白会在细胞破碎时释放大量内毒素。范代娣团队[47,48]对重组类人胶原蛋白CF-5溶液中内毒素的去除做了一系列分析。

1．相分离法去除内毒素

相分离法去除内毒素的原理是：内毒素类脂A的疏水长链烷基可以与非离子表面活性剂的疏水基团发生非极性作用，使内毒素随表面活性剂富集于下相中，从而与仍然保留在水中的水溶性蛋白分离。以优化聚氧乙烯单叔辛基苯基醚（triton X-114）双水相分离法去除重组类人胶原蛋白CF-5中的内毒素为目的，采用单因素实验、Plackett-Burman实验、最陡爬坡实验、中心复合实验对操作条件中的多个因素进行逐一研究，选择出对于响应值具有显著性影响的因素进行后续优化实验，最终得出了最优实验条件，即蛋白含量 $X_1 = 205.86$mg，反应温度 $X_2 = 44.71$℃，反应时间 $X_3 = 3$h，溶液 pH $X_4 = 7$。优化过程中拟合方程回归性良好，模型显著，得出的最优条件真实可信。在此条件下，双水相分离系数 $K = 9.58$，蛋白中内毒素含量由 $10000 \sim 25000$EU/mg 下降为 $1.5 \sim 2.0$EU/mg，蛋白回收率为95.6%。由此可知，用 triton X-114 双水相分离法去除 CF-5 中的内毒素可以在保证蛋白回收率的前提下大幅度降低蛋白中内毒素的含量，方法简单且效果显著。

2．亲和层析法去除内毒素

亲和层析是一种高效去除内毒素的方法，由于亲和介质专一性地和内毒素结合，可以有效去除目标分子，避免样品被吸附而降低回收率。Pierce高载量内毒素去除树脂是以多孔球状纤维素颗粒为基质，表面共价连接修饰后的多聚 ε-L-赖氨酸（ε-poly-L-lysine）的一种亲和层析树脂。修饰后的多聚赖氨酸基团对于内毒素分子具有很强的亲和作用力，因此可以作为除去热源的亲和配基。

进行Pierce高载量内毒素去除树脂多因素正交实验设计，对亲和层析去除CF-5中的内毒素的操作条件做优化，主要考察缓冲液离子强度、盐浓度、pH值三个影响因素。根据直观分析及方差分析的结果，得出了最优实验条件组合：缓冲液离子强度30mmol/L、盐浓度0.4mol/L、pH = 8，在此条件下进行的亲和层析操作可使CF-5中的内毒素含量由10000～25000EU/mg降至10EU/mg左右，去除率达99%以上，且保证了蛋白较高的回收率。

3. 相分离与亲和层析偶联法去除内毒素

虽然相分离法和亲和层析法两种方式均能除去蛋白中98%～99%的内毒素，但由于大肠杆菌发酵液的重组蛋白本身含有的内毒素量很大，即使除去98%～99%后，残留的量仍然无法满足生物医用材料对于热源的要求。此外，亲和层析法成本较高，不仅层析系统价格昂贵，作为层析分离纯化核心的亲和树脂更是消耗品，直接增大了纯化成本。而triton X-114双水相分离法的操作简单，能够一次性处理大量样品，成本低廉，如果作为内毒素去除的第一步，将极大程度地降低样品中内毒素的含量，使它处于一个比较低的水平，再用亲和层析进一步纯化，可大幅度提高亲和层析的效率，节约成本。

Triton X-114双水相分离法和亲和层析法偶联除去重组类人胶原蛋白CF-5中内毒素的效果及不同方法间的比较见表5-20。由表可知，单独用triton X-114或用亲和树脂处理均能使蛋白中的内毒素水平下降3～4个数量级，去除率达98%～99%。通过两种方式偶联操作，内毒素水平可在原有基础上再下降2～3个数量级，达到0.025～0.25EU/mg。同时，CF-5回收率可达81.9%。经超滤后，蛋白中的triton X-114残留量小于1μg/mg。

表5-20　不同方法去除重组类人胶原蛋白CF-5中内毒素的结果比较

内毒素去除方法	内毒素含量/ (EU/mg)
CF-5源蛋白	10000～25000
经triton X-114双水相分离法处理后的CF-5（1）	1.5～10
经亲和层析法处理后的CF-5（2）	12.5～25
经（1）和（2）步骤处理后的CF-5	0.025～0.25

SDS-PAGE可以消除样品所带电荷大小和分子形状的影响，迁移率可直接反映出蛋白质的分子量大小，进而判断出triton X-114双水相分离和亲和层析反应前后CF-5是否降解或发生其他变化。结果显示，无论是triton X-114双水相分离

过程，还是亲和层析操作，对 CF-5 的分子大小均没有影响，反应过程中 CF-5 不会降解或聚合，而反应中杂蛋白也不受影响。

紫外 - 可见光光谱分析可以对一定波段内样品的吸光度进行检测，最大吸收峰的偏移情况可反映出是否有新物质产生，为判断化合物结构的改变提供了初步依据。由图 5-45 可知，源蛋白的最大紫外吸收峰为 224nm，这是由于氨基酸中的 C=O 的 n→π* 跃迁引起的。胶原蛋白中没有色氨酸，且其他芳香族氨基酸的含量也很低，因此最大紫外吸收峰不在 280nm 处。经两步处理去除内毒素后的重组类人胶原蛋白 CF-5 依然在 224nm 下出现最大紫外吸收峰，表明无论是 triton X-114 双水相分离还是亲和层析树脂吸附都没有改变重组类人胶原蛋白 CF-5 本身的化学结构，反应结束后没有新物质生成。

Triton X-114 是低毒物质，在经过了超滤步骤后仍然会有极少量残留在蛋白中，因此残留的物质是否对细胞生长造成影响需要用细胞毒性实验加以验证。如图 5-46 所示，无论在 BHK21 培养 24h、48h 还是 72h 后，用加入重组类人胶原蛋白 CF-5 的培养液培养细胞时对细胞生长的促进效果更加明显。而相比于未经处理的 CF-5 所配制的培养液组（控制组），经两步除内毒素操作后的 CF-5 配制的培养液组（样品组）对细胞生长没有明显的抑制作用。计算细胞相对增值率（relative growth rate，RGR）可知，相比于对照组，样品组的 RGR > 100%，细胞毒性为 0 级，即为细胞毒性实验合格的产品。

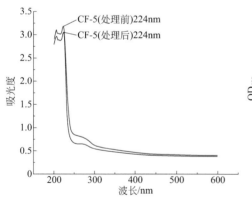

图5-45 处理前后重组类人胶原蛋白CF-5的紫外吸收谱图

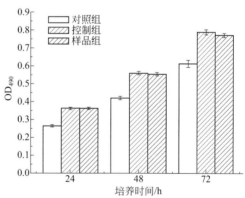

图5-46 BHK21细胞在培养不同时间的增殖情况

综上所述，triton X-114 双水相分离法和亲和层析法偶联操作是一种高效的内毒素去除方式，可用于实验室中重组胶原蛋白中内毒素污染的消除，为大规模工业化提供了基本依据。

4．硝酸铈法去除内毒素

使用 EDTA 二钠螯合菌体外膜中的钙、镁离子溶解菌体外膜，经过低温超声破碎菌体后，离心收集上清液中的胞内可溶性蛋白，检测其内毒素的残余量。用正交实验优化其处理菌体外膜的条件，最优实验条件为 25mmol/L EDTA 二钠，1.0g/mL 菌体浓度，pH 值为 6.5，胞内蛋白中内毒素的残余量为（485.96±23.45）EU/mg，远远高出限定值。镧系元素（镧、铈等离子）对细菌外膜有一定的破坏力，因此通过此种方法去除胞内重组蛋白中的内毒素是可行的。通过优化铈离子与菌体外膜作用的条件，最大限度地破坏菌体外膜以去除胞内重组类人胶原蛋白 CF-5 中的内毒素，并对其作用机理进行初步探索。

采用响应面优化其处理菌体外膜的条件，实验设计因素水平包括硝酸铈浓度、pH 值、硝酸铈与菌体作用时间、硝酸铈与菌体相互作用的温度、相互作用的次数以及被作用菌体的浓度，最终得出最优条件为 43.2mmol/L 硝酸铈、45.2min 作用时间、37.2℃，胞内蛋白中内毒素残余量为 2.43EU/mg。在实验中铈离子与菌体外膜作用实现了内毒素的去除，但蛋白中残余的硝酸铈为（10.290±1.203）mg/mg，超过了医药规定，所以对硝酸铈的去除是必要的。因为重组类人胶原蛋白 CF-5 的分子质量为 97kDa，属于大分子蛋白，而硝酸铈属于小分子，所以可以通过超滤的方法去除蛋白中的铈离子。超滤过程采用截留量为 30kDa 的膜，超滤方式采用切线流过滤。超滤完成后取少量超滤液进行铈离子的检测，铈离子残余含量的数据如表 5-21 所示，可以看到硝酸铈的含量明显减少，并已经达到了医药生物材料的限定值。

表5-21　超滤前后蛋白中铈离子含量对比

项目	超滤处理前硝酸铈含量	超滤处理后硝酸铈含量
硝酸铈含量/（mg/mg）	10.290	0.0006

此外，进一步探索了铈离子与菌体外膜作用的机理，通过透射电镜观察菌体外膜的变化（图 5-47），检测上清液中钙、镁离子的含量，结果表明铈离子只能替代部分菌体外膜内的钙、镁离子，外膜中的脂多糖在未被替代的钙、镁离子作用下，聚集形成了刺突状的物质。随着铈离子浓度的增大，这些刺突逐渐变小。当刺突与外膜之间的作用力不足以使其吸附于菌体外膜上时，就会从菌体外膜上掉落下来。从而使菌体破碎后，胞内蛋白中内毒素的含量大大减少。

经过以上的实验研究，范代娣团队对铈离子与菌体外膜的作用方式做了进一步的完善。大肠杆菌的细胞膜包括质膜、周质空间以及肽聚糖和外膜，其中内毒素的主要来源为外膜中的脂多糖。脂多糖能够稳定存在于外膜有两点原因，①如图 5-48 中 1 所示，外膜上钙、镁离子的存在增大了脂多糖之间的稳定性；②如

图 5-48 中 2 所示，脂多糖中类脂 A 的疏水链与磷脂的疏水链之间存在疏水作用，铈离子只替代了菌体外膜中的部分钙、镁离子，还有部分钙、镁离子残留在菌体的表面。此时，外膜中的脂多糖在残余钙、镁离子的作用以及外膜脂多糖的流动下，形成小簇状刺突，如图 5-48 中 3 所示。当铈离子浓度达到一定程度时，这些刺突变小（图 5-48 中 4），当小簇状刺突与外膜之间的作用力不足以使脂多糖吸附在菌体外表面时，这些小簇状的刺突就会离开菌体的表面（图 5-48 中 5），使得破碎后菌体胞内蛋白中的内毒素残余减少。菌体外膜被破坏，影响了整个质膜的通透性，就会出现小分子的胞内蛋白流出，但大分子的目的蛋白仍存在于胞内。

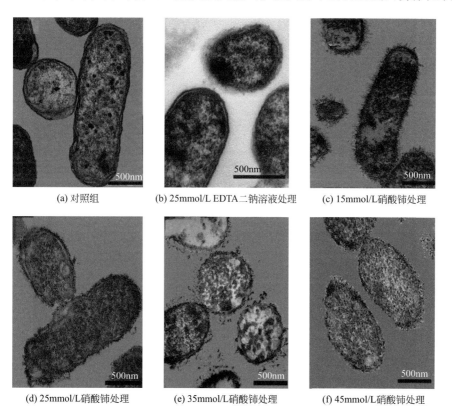

(a) 对照组　　　　(b) 25mmol/L EDTA 二钠溶液处理　　　　(c) 15mmol/L 硝酸铈处理

(d) 25mmol/L 硝酸铈处理　　(e) 35mmol/L 硝酸铈处理　　(f) 45mmol/L 硝酸铈处理

图5-47　TEM观察EDTA二钠以及不同浓度硝酸铈处理菌体后菌体外膜的变化

5．尿囊素去除内毒素

前面研究了应用硝酸铈破坏菌体外膜以使外膜上的脂多糖离开菌体，减少菌体破碎后胞内蛋白中的内毒素。通过优化条件，胞内蛋白中内毒素含量可达 2.43EU/mg。然而，此内毒素含量仍然不能达到对注射级内毒素含量的要求（0.0025EU/mg），故在破碎后进一步进行内毒素的去除是必需的。

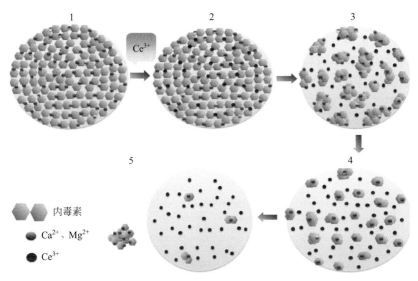

图5-48 铈离子与菌体外膜作用机理模型

当菌体破碎以后，未离开菌体外膜的脂多糖融入蛋白中。在蛋白中，内毒素的存在形式有两种，包括游离态与结合态。游离态是内毒素不与蛋白相互结合游离于蛋白中，此部分的蛋白容易分离。结合态是基于内毒素结构中类脂 A 的存在使其具有疏水链以及带负电，故其与蛋白会相互作用。对于疏水性表面的蛋白，通过类脂 A 的疏水链与蛋白表面结合；对于阴离子表面的蛋白，可以通过钙、镁盐桥与蛋白相互结合；对于阳离子表面的蛋白，通过类脂 A 上的磷酸负电与蛋白紧密结合[49]。因此，极大地增大了蛋白中内毒素的去除难度。

尿囊素又称 2,5- 二氧代 -4- 咪唑啉啶基尿素，室温下，尿囊素的溶解度为 5mg/mL。在溶液中，当尿囊素的浓度超过 5mg/mL 时，会形成直径为 500nm 的尿囊素晶体。内毒素通过其氨基作为中间态的氢键，因此能够吸附于尿囊素晶体的表面。尿囊素作为去除内毒素的吸附剂，具有以下优点。首先，尿囊素是没有毒性的物质。其次，尿囊素能够增加皮肤细胞的保湿功能，增加角质层蛋白结合水的能力，常用于化妆品中。除此之外，还存在麻醉作用，以及刺激上皮细胞的增生和使创伤尽快愈合等功能。相对于传统的去除方案（triton X-114 萃取、亲和层析等），不用考虑其残余去除的问题。因此，通过对其作用环境的优化，使重组类人胶原蛋白 CF-5 中的内毒素含量减少至目标值。

尿囊素、CF-5 浓度对内毒素去除率以及蛋白回收率的影响如图 5-49 所示。图 5-49（a）强调了尿囊素浓度对内毒素去除率的影响。尿囊素浓度为 50mg/mL 时，由于尿囊素的浓度太小不足以吸附足够的内毒素，使得内毒素去除率只有 52.3%。随着尿囊素浓度增加至 400mg/mL，内毒素去除率达到了最优值 90.2%。

继续增加尿囊素浓度，内毒素去除率不变。蛋白回收率与内毒素去除率相反，由于小部分的蛋白吸附于尿囊素晶体上，所以蛋白回收率减小。图5-49（b）表示了CF-5浓度对内毒素去除率以及蛋白回收率的影响。CF-5浓度为0.5～2.0mg/mL时，内毒素去除率在90%左右。随着CF-5浓度的增加，内毒素的去除率降低。当浓度达到3.0mg/mL时，内毒素的去除率仅为75.4%。原因如下：CF-5浓度低时，尿囊素有足够的吸附能力吸附蛋白中的内毒素，但是当CF-5浓度超过2.0mg/mL时，尿囊素已没有足够的吸附能力吸附剩余的内毒素。所以蛋白回收率在CF-5浓度为0.5～2.0mg/mL时随CF-5浓度增大而增加，当CF-5浓度超过2.0mg/mL后维持不变。说明随着蛋白浓度的增加，通过内毒素吸附于尿囊素晶体上的蛋白越来越少；当CF-5浓度超过2.0mg/mL时，尿囊素已经没有多余的空间吸附内毒素。

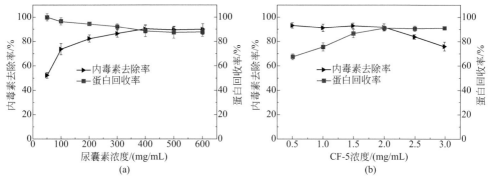

图5-49　尿囊素（a）和CF-5（b）浓度对内毒素去除率以及蛋白回收率的影响

从以上分析可以看出尿囊素能够吸附重组类人胶原蛋白CF-5中的内毒素，但是却不能吸附完全（表5-22），因为部分内毒素通过离子作用和疏水作用与蛋白紧紧结合。优化步骤是减弱重组类人胶原蛋白CF-5与内毒素之间的作用力或者增强尿囊素与内毒素之间的作用力，如图5-50所示。

表5-22　尿囊素处理前后重组类人胶原蛋白CF-5中内毒素含量对比

名称	未经过尿囊素吸附	经过尿囊素吸附
内毒素含量/（EU/mg）	2.43±0.07	0.196±0.009

实验表明25mmol/L的TAE缓冲液（三羟甲基氨基甲烷-乙酸盐-乙二胺四乙酸）去除内毒素的含量明显高于PBS缓冲液（磷酸盐）和Tris-HCl缓冲液（三羟甲基氨基甲烷盐酸盐）[图5-51（a）]，TAE缓冲液中NaCl浓度对内毒素去除率以及蛋白回收率的影响如图5-51（b）所示。说明TAE缓冲液对于重组类人胶原蛋白CF-5与内毒素之间的作用力有减弱的作用。由于EDTA存在于缓冲液中，

可以螯合 CF-5 与内毒素二价桥的钙、镁离子，除此之外，Tris-actetate 缓冲液对于 CF-5 与内毒素之间的分离也有贡献，所以 TAE 缓冲液的作用效果优于其他两种缓冲液。如图 5-51（b）所示，当 NaCl 浓度从 15mmol/L 增加到 65mmol/L 时，发现内毒素去除率减小，蛋白回收率没有受到影响。NaCl 并不能影响尿囊素与内毒素之间的氢键，但是高盐度却可以增强 CF-5 与内毒素之间的作用力。由于 NaCl 可以改变疏水基团的极性，所以适当降低盐度有利于分离 CF-5 与内毒素，增加尿囊素对 CF-5 中内毒素的吸附。因此，在缓冲液中加入少量的 NaCl 有利于提高内毒素的去除率。经过缓冲液以及缓冲液中 NaCl 浓度的优化，CF-5 中内毒素的残余量减少为（0.062±0.003）EU/mg。

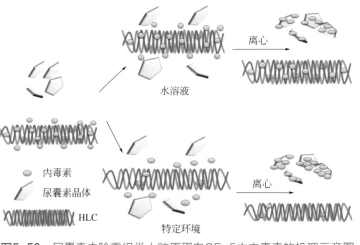

图5-50 尿囊素去除重组类人胶原蛋白CF-5中内毒素的机理示意图

　　pH 值对内毒素去除率以及蛋白回收率的影响如图 5-51（c）所示。当 pH 值为 6.5 时，CF-5 中内毒素去除率达到最优值 99.5%。随着 pH 值达到 7.5，内毒素去除率下降。因为当 pH 值为 6.5 时，内毒素（等电点约为 2）与 CF-5（等电点约为 5.5）都带负电，CF-5 与内毒素之间主要是斥力作用，内毒素就会离开蛋白被尿囊素吸附。随着碱性环境的形成，在溶液中的氢氧根与内毒素中的磷酸基团形成竞争关系，都可以与尿囊素表面的氢键结合。所以，被尿囊素吸附的内毒素减少，导致内毒素的去除率大大降低。蛋白回收率在 98% 左右，说明 pH 值不影响蛋白回收率。以上分析说明，pH 值是影响内毒素去除率的一个重要条件。最适 pH 值为 6.5 时，CF-5 中内毒素的残余量为（0.0125±0.0009）EU/mg。

　　最终通过正交实验探索了三个主要的因素：尿囊素浓度、缓冲液中 NaCl 的浓度以及 pH 值。确定出最优实验条件，此时内毒素去除率达到 99.67%，蛋白回收率为 98%。最优条件下，重组类人胶原蛋白 CF-5 中内毒素的含量为

（0.0102±0.0009）EU/mg。此研究为内毒素的去除打开了新思路，并且方案经济、操作简单，适用于工业放大。

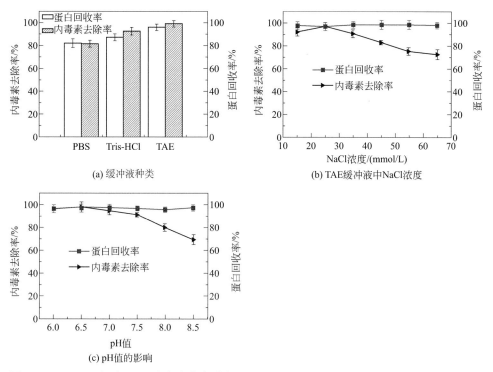

图5-51 不同因素对CF-5中内毒素去除率以及蛋白回收率的影响

参考文献

[1] Xue W J, Fan D D, Shang L, et al. Effects of acetic acid and its assimilation in fed-batch cultures of recombinant *Escherichia coli* containing human-like collagen cDNA [J]. Journal of Bioscience and Bioengineering, 2010, 109(3): 257-261.

[2] Chen Z Y, Fan D D, Shang L J. Exploring the potential of the recombinant human collagens for biomedical and clinical applications: a short review [J]. Biomedical Materials, 2020, 16(1): 012001.

[3] Gupta S K, Shukla P. Advanced technologies for improved expression of recombinant proteins in bacteria: perspectives and applications [J]. Critical Reviews in Biotechnology, 2016, 36(6): 1089-1098.

[4] 张言慧, 高先岭, 黄魁, 等. 重组大肠杆菌发酵表达及代谢调控研究进展 [J]. 食品与药品, 2021, 23(1): 85-91.

[5] 李阳, 朱晨辉, 范代娣. 重组胶原蛋白的绿色生物制造及其应用 [J]. 化工进展, 2021, 40(3): 1262-1275.

[6] Deutscher J, Francke C, Postma P W. How phosphotransferase system-related protein phosphorylation regulates

carbohydrate metabolism in bacteria [J]. Microbiology and Molecular Biology Reviews, 2006, 70(4): 939-1031.

[7] Lanz R, Erni B. The glucose transporter of the *Escherichia coli* phosphotransferase system. Mutant analysis of the invariant arginines, histidines, and domain linker [J]. The Journal of Biological Chemistry, 1998, 273(20): 12239-12243.

[8] Kotrba P, Inui M, Yukawa H. Bacterial phosphotransferase system (PTS) in carbohydrate uptake and control of carbon metabolism [J]. Journal of Bioscience and Bioengineering, 2001, 92(6): 502-517.

[9] Luo Y E, Zhang T, Fan D D, et al. Enhancing human-like collagen accumulation by deleting the major glucose transporter *ptsG* in recombinant *Escherichia coli* BL21 [J]. Biotechnology and Applied Biochemistry, 2014, 61(2): 237-247.

[10] 范代娣，骆艳娥，马晓轩. 一株高效表达类人胶原蛋白的 *ptsG* 基因敲除重组菌及其构建方法和蛋白表达 [P]. CN 103224901A. 2013-07-31.

[11] Akesson M, Karlsson E N, Hagander P, et al. On-line detection of acetate formation in *Escherichia coli* cultures using dissolved oxygen responses to feed transients [J]. Biotechnology and Bioengineering, 1999, 64(5): 590-598.

[12] Chou C H, Bennett G N, San K Y. Effect of modulated glucose uptake on high-level recombinant protein production in a dense *Escherichia coli* culture [J]. Biotechnology and Bioengineering, 1994, 10(6): 644-647.

[13] Wong M S, Wu S, Causey T B, et al. Reduction of acetate accumulation in *Escherichia coli* cultures for increased recombinant protein production [J]. Metabolic Engineering, 2008, 10(2): 97-108.

[14] Chatterjee R, Millard C S, Champion K, et al. Mutation of the *ptsG* gene results in increased production of succinate in fermentation of glucose by *Escherichia coli* [J]. Applied and Environmental Microbiology, 2001, 67(1): 148-154.

[15] Thakker C, San K Y, Bennett G N. Production of succinic acid by engineered *E.coli* strains using soybean carbohydrates as feedstock under aerobic fermentation conditions [J]. Bioresource Technology, 2013, 130: 398-405.

[16] 吕忠成. *ptsG* 敲除对重组大肠杆菌碳氮代谢的影响 [D]. 西安：西北大学，2015.

[17] Sarkar D, Shimizu K. Effect of *cra* gene knockout together with other genes knockouts on the improvement of substrate consumption rate in *Escherichia coli* under microaerobic condition [J]. Biochemical Engineering Journal, 2008, 42(3): 224-228.

[18] Ramseier T M. *Cra* and the control of carbon flux via metabolic pathways [J]. Research in Microbiology, 1996, 147(6-7): 489-493.

[19] Kazuyuki S. Metabolic regulation of a bacterial cell system with emphasis on *Escherichia coli* metabolism [J]. International Scholarly Research Notices, 2013: 645983.

[20] Luo Y E, Zhang T, Wu H. The transport and mediation mechanisms of the common sugars in *Escherichia coli* [J]. Biotechnology Advances, 2014, 32(5): 905-919.

[21] Valgepea K, Adamberg K, Nahku R, et al. Systems biology approach reveals that overflow metabolism of acetate in *Escherichia coli* is triggered by carbon catabolite repression of acetyl-CoA synthetase [J]. BMC Systems Biology, 2010, 4(1): 1-13.

[22] Lara A R, Caspeta L, Gosset G, et al. Utility of an *Escherichia coli* strain engineered in the substrate uptake system for improved culture performance at high glucose and cell concentrations: an alternative to fed-batch cultures [J]. Biotechnology and Bioengineering, 2008, 99(4): 893-901.

[23] Mu T Z, Luo Y E, Fan D D, et al. The high-cell-density fermentation of recombinant *Escherichia coli* based on the control system [J]. Advanced Materials Research, 2012, 535-537: 2312-2315.

[24] Jia Q L, Luo Y E, Fan D D. Application of molecular chaperone to increase the expression of soluble human-like collagen in *Escherichia coli* [J]. Bio Technology: an Indian Journal, 2013, 7(12): 531-536.

[25] Jia Q L, Luo Y E, Fan D D, et al. The different roles of chaperone teams on over-expression of human-like collagen in recombinant *Escherichia coli* [J]. Journal of the Taiwan Institute of Chemical Engineers, 2014, 45(6): 2843-2850.

[26] 王莉衡. 基因工程菌 *E.coli* 的热动力学研究 [D]. 西安：西北大学，2007.

[27] Faulkner E, Barrett M, Okor S, et al. Use of fed‐batch cultivation for achieving high cell densities for the pilot‐scale production of a recombinant protein (phenylalanine dehydrogenase) in *Escherichia coli*[J]. Biotechnology Progress, 2006, 22(3): 889-897.

[28] Xue W J, Fan D D. Fed-batch production of human-like collagen with recombinant *Escherichia coli* using feed-up DO-transient control [J]. Chemical Engineering(China), 2011, 39(10): 6-10.

[29] Nancib N, Branlant C, Boudrant J. Metabolic roles of peptone and yeast extract for the culture of a recombinant strain of *Escherichia coli* [J]. Journal of Industrial Microbiology, 1991, 8(3): 165.

[30] Lischke H H, Brandes L, Wu X, et al. Influence of acetate on the growth of recombinant *Escherichia coli* JM103 and product formation [J]. Bioprocess Engineering, 1993, 9(4): 155-157.

[31] Guo L, Luo Y E, Fan D D, et al. To enhance the production of human-like collagen Ⅱ by amino acid addition using response surface methodology [J]. Advanced Materials Research, 2012, 393: 1054-1059.

[32] Lei G. Improved productivity of recombinant human-like collagen Ⅱ by supplying amino acids encoded by rare codons [J]. African Journal of Microbiology Research, 2012, 6(17): 3856-3865.

[33] Lei G, Luo Y E, Fan D D. Enhancing the production of human-like collagen Ⅱ by adding l-methionine during high-cell-density fermentation of recombinant *Escherichia coli* [J]. Asian Journal of Chemistry, 2014, 26(11): 3315-3319.

[34] 张高平. 通过增大丙酮酸节点的代谢流量来提高类人胶原蛋白Ⅱ的产量 [D]. 西安：西北大学，2010.

[35] Jones R P, Greenfield P F. Effect of carbon dioxide on yeast growth and fermentation [J]. Enzyme & Microbial Technology, 1982, 4(4): 210-223.

[36] Mcintyre M, Mcneil B. Morphogenetic and biochemical effects of dissolved carbon dioxide on filamentous fungi in submerged cultivation [J]. Applied Microbiology & Biotechnology, 1998, 50(3): 291.

[37] Shang L, Jiang M, Ryu C H, et al. Inhibitory effect of carbon dioxide on the fed-batch culture of *Ralstonia eutropha*: evaluation by CO_2 pulse injection and autogenous CO_2 methods [J]. Biotechnology and Bioengineering, 2003, 83(3): 312-320.

[38] Xue W J, Fan D D, Shang L, et al. Production of biomass and recombinant human-like collagen in *Escherichia coli* processes with different CO_2 pulses[J]. Biotechnology Letters, 2009, 31(2): 221-226.

[39] Sen R, Swaminathan T. Response surface modeling and optimization to elucidate and analyze the effects of inoculum age and size on surfactin production [J]. Biochemical Engineering Journal, 2004, 21(2): 141-148.

[40] 薛文娇. 重组 *E. coli* 生产类人胶原蛋白发酵调控策略与 500L 中试规模放大方法优化 [D] . 西安：西北大学，2009.

[41] 骆艳娥，范代娣，马晓轩，等. 重组大肠杆菌高密度发酵生产类人胶原蛋白的过程控制研究 [J]. 中国化学工程学报（英文版），2005, 13(2): 276-279.

[42] Luo Y E, Fan D D, Hua X F, et al. A study on the process control for production of human-like collagen in fed-batch culture of *Escherichia coli* BL21 [J]. Journal of Northwest University: Natural Science Edition, 2005, 13(2): 276-279.

[43] Ru X, Luo Y E, Fan D D, et al. Improving the production of human-like collagen by pulse-feeding glucose during the fed-batch culture of recombinant *Escherichia coli* [J]. Biotechnology & Applied Microbiology, 2012, 59(5): 330-337.

[44] 米钰，代菊红，范代娣，等. 重组类人胶原蛋白Ⅰ的层析分离 [J]. 西北大学学报：自然科学版，2005, 6: 737-740.

[45] 侯文洁. 重组类人胶原蛋白（Ⅱ）分离纯化的工艺研究 [D]. 西安：西北大学，2006.

[46] 代菊红. 重组类人胶原蛋白 I 的分离纯化研究 [D] . 西安：西北大学，2005.

[47] Zhu X L, Fan D D, Ma R. Removal of endotoxin from human-like collagen solution by anion-exchange chromatography [J]. Chemical Engineering(China), 2011, 39(3): 67-71.

[48] Zhang H, Fan D D, Deng J J, et al. Study on endotoxin removal from human-like collagen [J]. Journal of Pure & Applied Microbiology, 2013, 7(1): 435-439.

[49] Gorbet M B, Sefton M V. Endotoxin: the uninvited guest [J]. Biomaterials, 2006, 26(34): 6811-6817.

第六章

真核体系重组胶原蛋白的生物制造

重组胶原蛋白虽然能够在原核细胞表达体系中以较短的时间快速获得，且成本相对低廉，但也存在许多难以克服的缺点，如原核表达系统翻译后加工修饰体系不完善导致表达产物的生物活性有待提升，自身产生的热源、内毒素等物质不易去除导致下游纯化成本增加等。而原核表达系统的这些不足也促进了真核表达系统的快速发展。

天然胶原分子形成了一种特殊的超螺旋结构。在生物体中，胶原蛋白的合成和修饰从原胶原开始，经历了羟基化、糖基化、相互交联等诸多化学变化，受到了多种生物酶的复杂调控。随着现代生物技术的不断发展和进步，人们不断尝试在微生物、动物、植物等表达体系中制备重组人胶原蛋白，但全长胶原蛋白的稳定高效表达体系构建非常困难，主要存在三大难题：①分子量过大；②发酵水平低；③体外合成时易降解，稳定性差，活性位点易缺失。因此重组人胶原蛋白的生物制造困难重重。

范代娣团队 [1-4] 经过多年的研究和实验，成功实现了重组人胶原蛋白在真核体系毕赤酵母中的制备，构建了一系列重组人胶原蛋白大分子化合物，如人Ⅰ型和Ⅲ型胶原蛋白。将基因工程技术、发酵工程技术、蛋白质分离纯化技术、生物医学工程有机结合，发明了基因工程技术生产系列重组人胶原蛋白的方法，建立了重组人胶原蛋白高效表达体系、高密度发酵工艺及工程控制策略和高效分离纯化方法。

第一节
重组人胶原蛋白细胞工厂的构建

胶原蛋白功效的发挥大多数取决于它的一级结构序列，即氨基酸序列，而它的高级结构对其储存稳定性、抗降解性等方面发挥了更大的作用。具有完整氨基酸序列的重组人胶原蛋白因其在生物相容性和功效性方面的显著优势成为首选生物材料。酵母表达系统因其成本较低、易高密度发酵、不产生内毒素，简化了纯化及灭菌过程，受到研究者的广泛关注，上百种原核生物、真核生物以及病毒中的蛋白质已成功在酵母中表达。因此，酵母表达系统是一种潜力巨大的真核细胞基因表达系统。

一、重组人胶原蛋白基因序列的特征

Ⅰ型胶原是动物体内含量最多、最普遍存在的一种胶原，也是人们研究得最彻底的胶原类型，约占动物体内胶原总量的90%。它的基因序列总长度大概有40kb，共含有52个外显子，可调控形成含有1464个氨基酸残基的α单链。在生物体内，Ⅰ型胶原主要负责组成骨骼、结缔组织等各种组织器官并维持其稳定存在。此外，Ⅰ型胶原还可以作为信号分子，促进细胞的分化和增殖，整合受体向细胞内传递外源信号的变化等，作为生物材料广泛应用在药物、蛋白质和基因的载体系统中[5]。

Ⅲ型胶原广泛存在于结缔组织中，如皮肤、肺、肝、肠和血管系统中，在许多组织（如皮肤、肌腱、韧带、血管壁、滑膜）中会与Ⅰ型胶原形成共聚物而起作用，在高度兼容的结缔组织中是最重要的部分[6]。Ⅲ型胶原的机械强度依赖于赖氨酰羟化酶的共价交联作用[7]。因为Ⅲ型胶原广泛存在于结缔组织中，且与皮肤关系极为密切，非常适合作为生物材料。

鉴于人Ⅰ型和Ⅲ型胶原蛋白的广泛应用价值，范代娣团队分析研究其基因序列，合成了相应基因片段用于重组人胶原蛋白的表达，其中Ⅰ型胶原蛋白对应的部分氨基酸序列为：

QLSYGYDEKSTGGISVPGPMGPSGPRGLPGPPGAPGPQGFQGPPGEPGEPG
ASGPMGPRGPPGPPGKNGDDGEAGKPGRPGERGPPGPQGARGLPGTAGLPGM
KGHRGFSGLDGAKGDAGPAGPKGEPGSPGENGAPGQMGPRGLPGERGRPGA
PGPAGARGNDGATGAAGPPGPTGPAGPPGFPGAVGAKGEAGPQGPRGSEGPQ
GVRGEPGPPGPAGAAGPAGNPGADGQPGAKGANGAPGIAGAPGFPGARGPSG
PQGPGGPPGPKGNSGEPGAPGSKGDTGAKGEPGPVGVQGPPGPAGEEGKRGA
RGEPGPTGLPGPPGERGGPGSRGFPGADGVAGPKGPAGERGSPGPAGPKGSPG
EAGRPGEAGLPGAKGLTGSPGSPGPDGKTGPPGPAGQDGRPGPPGPPGARGQA
GVMGFPGPKGAAGEPGKAGERGVPGPPGAVGPAGKDGEAGAQGPPGPAGPAG
ERGEQGPAGSPGFQGLPGPAGPPGEAGKPGEQGVPGDLGAPGPSGARGERGFP
GERGVQGPPGPAGPRGANGAPGNDGAKGDAGAPGAPGSQGAPGLQGMPGER
GAAGLPGPKGDRGDAGPKGADGSPGKDGVRGLTGPIGPPGPAGAPGDKGESG
PSGPAGPTGARGAPGDRGEPGPPGPAGFAGPPGADGQPGAKGEPGDAGAKGD
AGPPGPAGPAGPPGPIGNVGAPGAKGARGSAGPPGATGFPGAAGRVGPPGPSG
NAGPPGPPGPAGKEGGKGPRGETGPAGRPGEVGPPGPPGPAGEKGSPGADGPA
GAPGTPGPQGIAGQRGVVGLPGQRGERGFPGLPGPSGEPGKQGPSGASGERGP
PGPMGPPGLAGPPGESGREGAPGAEGSPGRDGSPGAKGDRGETGPAGPPGAPG
APGAPGPVGPAGKSGDRGETGPAGPAGPVGPVGARGPAGPQGPRGDKGETGE
QGDRGIKGHRGFSGLQGPPGPPGSPGEQGPSGASGPAGPRGPPGSAGAPGKDG
LNGLPGPIGPPGPRGRTGDAGPVGPPGPPGPPGPPGPPSAGFDFSFLPQPPQEKA
HDGGRYYRA

Ⅲ型胶原蛋白对应的氨基酸序列为：

QYDSYDVKSGVAVGGLAGYPGPAGPPGPPGPPGTSGHPGSPGSPGYQGPP
GEPGQAGPSGPPGPPGAIGPSGPAGKDGESGRPGRPGERGLPGPPGIKGPAGIPG
FPGMKGHRGFDGRNGEKGETGAPGLKGENGLPGENGAPGPMGPRGAPGERG
RPGLPGAAGARGNDGARGSDGQPGPPGPPGTAGFPGSPGAKGEVGPAGSPGS
NGAPGQRGEPGPQGHAGAQGPPGPPGINGSPGGKGEMGPAGIPGAPGLMGAR
GPPGPAGNGAPGLRGGAGEPGKNGAKGEPGPRGERGEAGIPGVPGAKGEDG
KDGSPGEPGANGLPGAAGERGAPGFRGPAGPNGIPGEKGPAGERGAPGPAGPR
GAAGEPGRDGVPGGPGMRGMPGSPGGPGSDGKPGPPGSQGESGRPGPPGPSG
PRGQPGVMGFPGPKGNDGAPGKNGERGGPGGPGPQGPPGKNGETGPQGPPG
PTGPGGDKGDTGPPGPQGLQGLPGTGGPPGENGKPGEPGPKGDAGAPGAPGG
KGDAGAPGERGPPGLAGAPGLRGGAGPPGPEGGKGAAGPPGPPGAAGTPGLQ
GMPGERGGLGSPGPKGDKGEPGGPGADGVPGKDGPRGPTGPIGPPGPAGQPG
DKGEGGAPGLPGIAGPRGSPGERGETGPPGPAGFPGAPGQNGEPGGKGERGAP
GEKGEGGPPGVAGPPGGSGPAGPPGPQGVKGERGSPGGPGAAGFPGARGLPGP
PGSNGNPGPPGPSGSPGKDGPPGPAGNTGAPGSPGVSGPKGDAGQPGEKGSPG
AQGPPGAPGPLGIAGITGARGLAGPPGMPGPRGSPGPQGVKGESGKPGANGLS
GERGPPGPQGLPGLAGTAGEPGRDGNPGSDGLPGRDGSPGGKGDRGENGSPG
APGAPGHPGPPGPVGPAGKSGDRGESGPAGPAGAPGPAGSRGAPGPQGPRGDK
GETGERGAAGIKGHRGFPGNPGAPGSPGPAGQQGAIGSPGPAGPRGPVGPSGPP
GKDGTSGHPGPIGPPGPRGNRGERGSEGSPGHPGQPGPPGPPGAPGPCCGGVG
AAAIAGIGGEKAGGFAPYYG

二、重组人胶原蛋白表达系统的构建

  酿酒酵母是传统生物技术中常用的宿主细胞，也是第一个完成全部基因组测序的真核生物。在过去的三十年中已经被用于表达多种重组蛋白，有效对抗人类病毒感染的第一类疫苗——乙肝疫苗就是重组酿酒酵母表达的。直到今天，经美国食品及药物管理局（FDA）和欧洲药品管理局（EMEA）批准的重组疗法需要的来源于真核细胞微生物的蛋白质几乎都是由酿酒酵母产生的。酿酒酵母具有安全无毒、对氧气的需求低、遗传背景清楚、操作简单等优点，广泛用于食品工业。同时也有一些不足之处，与其他的酵母菌相比，其糖基化能力更强，可导致蛋白质的过度糖基化和分泌率降低，不易进行高密度发酵，表达质粒易于丢失等。

  毕赤酵母经过 20 多年的发展，在实验室和工业规模上都取得了广泛的应用。是仅次于大肠杆菌的最常用的蛋白质表达系统，广泛应用于实验室规模的蛋白质制备、表征以及结构解析等方面，已有超过 5000 种重组蛋白在毕赤酵母中成功表达。近些年，毕赤酵母被美国 FDA 认定为 GRAS (generally recognized as safe) 微生物，为其在食品和医药上的应用铺平了道路。毕赤酵母除了具有一般酵母所具有的特点外，还具有以下几个优点：①拥有受甲醇严格调控的强启动子。乙醇脱氢酶 1（alcohol oxidase 1，AOX1）的启动子 P_{AOX1} 是一个受甲醇严格调控的启动子，在以葡萄糖或甘油为碳源的培养条件下，P_{AOX1} 的转录能力受到强烈的抑制。在甲醇诱导时，由该启动子转录表达的蛋白质的量可达到细胞中可溶蛋白量的 30%。使用受诱导剂严格调控的启动子表达重组蛋白，可以将细胞生长与重组蛋白的积累阶段分开，容易实现重组蛋白的高效表达。②合适的糖基化。毕赤酵母对蛋白质进行翻译后加工时，添加到蛋白质的甘露糖残基糖链长度比其他酵母短（毕赤酵母中每条侧链通常为 8 ~ 14 个，酿酒酵母中每条侧链则通常为 50 ~ 150 个）。因此，毕赤酵母中很少出现重组蛋白过度糖基化的现象，这样可以避免因过度糖基化导致的重组蛋白不正确折叠或具有过强的免疫原性而影响其活性。③培养过程易调控，并且毕赤酵母不需要复杂的培养条件，对培养基要求简单，能进行高密度培养，便于重组蛋白的高效生产。④分泌表达的重组蛋白易纯化。毕赤酵母自身分泌极少的胞外蛋白质，简化了重组蛋白后续的纯化过程。

以人 I 型或 Ⅲ 型胶原蛋白基因为目的基因，以 AOX1 基因为诱导型启动元件，或以 GAP 基因为组成型启动元件，在毕赤酵母中进行人胶原蛋白的表达与修饰，如图 6-1 所示。大多数外源蛋白在毕赤酵母工程菌中的表达量在一定范围内与基因的拷贝数成正相关。因此，可以通过增加外源基因整合的拷贝数使毕赤酵母更加高效地表达外源基因。

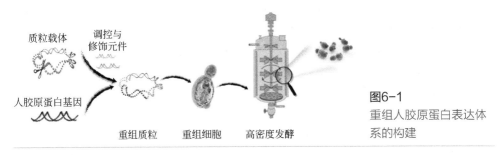

图6-1
重组人胶原蛋白表达体系的构建

三、重组人胶原蛋白的羟基化修饰

翻译后修饰对蛋白质的结构及功能有重要意义。翻译后修饰是指在蛋白质前肽形成后需要对肽链上某些氨基酸进行修饰，如脯氨酸、赖氨酸残基的羟基化。

这些经修饰后的残基在蛋白质高级结构的形成过程中起着重要的作用。脯氨酸残基作为底物的羟基化反应是一个可逆的反应，在人体中是一种最常见的翻译后修饰。这个反应由脯氨酸 -4- 羟化酶（P4H）催化，形成羟脯氨酸（hydroxyproline，Hyp）。胶原特有的稳定三股螺旋结构依赖于羟脯氨酸发挥作用。脯氨酸 -4- 羟化酶是一种内质网酶，它负责将前胶原的三联体重复单元 Gly-Pro-X 中的脯氨酸羟基化，变成羟脯氨酸。体外实验已经证实 4- 羟脯氨酸对于胶原中三股螺旋结构的热稳定性是至关重要的 [8,9]。在生理温度下，这个酶的另一个功能是作为分子伴侣将未折叠的前胶原链保留在内质网内，只有当这些链正确折叠后才会被释放分泌 [10]。

一般来说，很多有机体都有潜力生产含有羟脯氨酸的胶原，例如哺乳动物细胞，其中含有羟脯氨酸酶，能够通过翻译后修饰直接形成羟基化的胶原 [11]。而一些原核或者真核体系如毕赤酵母和大肠杆菌，因为缺乏 P4H 而不能实现胶原链中脯氨酸残基的羟基化。大多数情况下，利用微生物生产羟基化的胶原蛋白需要将胶原蛋白基因与脯氨酸 -4- 羟化酶基因共表达，利用酶的催化作用实现前胶原链的羟基化。

由于脯氨酸 -4- 羟化酶可以在细胞内质网附近对前胶原多肽进行羟基化修饰，范代娣团队 [4,12] 选择来源于人的脯氨酸 -4- 羟化酶基因与来源于拟病毒的脯氨酸 -4- 羟化酶基因（L593），分别与胞内表达载体 pPICZB 连接，构建表达载体 pPICZB-αMF-P4Hβ-P4Hα 和 pPICZB-L593，与胶原蛋白共表达。利用甲醇诱导羟化酶和胶原蛋白的表达，使胶原蛋白的脯氨酸进行羟基化修饰。目前羟脯氨酸的检测方法有比色法、氯胺 T 法、高效液相色谱法、高效液相色谱 - 质谱联用法、离子色谱法等。比色法不仅操作复杂费时，而且影响因素多，误差很大，高效液相色谱法操作也较为繁琐费时、干扰因素多。因此经过比较，选择日立 L-8900 型氨基酸自动分析仪对羟脯氨酸和常规的 17 种氨基酸进行分析测定。进一步使用液相色谱 - 质谱 / 质谱联用（LC-MS/MS）的方法对重组人胶原蛋白 α1 链中的羟脯氨酸位点进行分析。

以重组人Ⅲ型胶原蛋白为例，利用来源于拟病毒的脯氨酸 -4- 羟化酶基因（L593）对重组人Ⅲ型胶原蛋白进行羟基化修饰，将诱导培养所得的上清液中重组人Ⅲ型胶原蛋白 α1 链进行乙醇沉淀去除色素，再用饱和硫酸铵溶液进行分级沉淀并用超滤离心管进行除盐，获得重组人Ⅲ型胶原蛋白 α1 链粗纯产物，将其冷冻干燥。样品经处理后进行氨基酸组成分析，盐酸水解后大部分游离氨基酸通过分离柱分离，氨基酸的氨基与茚三酮在弱酸性溶液中共热生成蓝紫色化合物，在波长 570nm（通道一）处有最大吸收，可以根据保留时间进行分析测定。但羟脯氨酸中的 α- 氨基被羟基所取代，与茚三酮反应后生成的物质为黄色化合物，在 440nm 处（通道二）有最大吸收，可以在波长为 440nm 处进行检测。

羟脯氨酸以及其他 17 种氨基酸标品的图谱分别如图 6-2（a）和（b）所示，其中羟脯氨酸在通道二中的保留时间为 4.820min，脯氨酸在通道二中的保留时间为 8.767min。未羟基化修饰的对照菌株中未检测到羟脯氨酸的存在，如图 6-2（c）所示，而共表达脯氨酸 -4- 羟化酶基因（*L593*）后的菌株发酵得到的重组人胶原蛋白氨基酸分析结果如图 6-2（d）所示，其中通道二中出现的第一个峰与羟脯氨酸标品的保留时间吻合，通道二中出现的第六个峰与脯氨酸标品的保留时间一致，表明通过将胶原蛋白与拟病毒的脯氨酸 -4- 羟化酶共表达可以获得羟基化的胶原蛋白，这也证明 *L593* 基因在酵母中能以可溶的、有活性的状态存在。

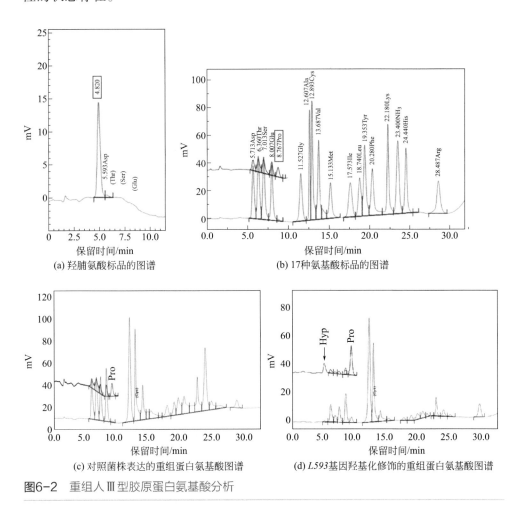

图6-2　重组人 Ⅲ 型胶原蛋白氨基酸分析

　　氨基酸组成分析只能检测到样品中是否含有羟脯氨酸，采用液相色谱 - 质谱 /

质谱联用（LC-MS/MS）分析，进一步确定重组人Ⅲ型胶原蛋白 α1 链中的羟脯氨酸位置。表 6-1 中列出了两条序列相同（GSPGAQGPPGAPGPLGIAGITGAR）、分别来自于未羟基化的 COL3A1（A 肽链）和羟基化的 COL3A1（B 肽链）的氨基酸组成及分子质量，这两条肽链的分子质量分别为 2055.0946Da 和 2087.0826Da。由于在分子质量上羟脯氨酸正好比脯氨酸大 16Da，而这两条肽链的分子质量差刚好为 32Da，说明 B 肽链的两个脯氨酸位点被羟基化（羟脯氨酸用 P* 标记）。将得到的所有数据进行整理发现，胶原蛋白的羟基化率达到 35%，还需要进一步研究以获得高羟基化的重组人胶原蛋白。

表6-1　A、B肽链的氨基酸组成及分子质量

序列	y离子	A肽链（分子质量）	B肽链（分子质量）
G	24	2055.0946	2087.0826
S	23	1999.0720	2031.0618
P	22	1912.0399	1944.0298
G	21	1814.9872	1846.9770
A	20	1757.9657	1789.9555
Q	19	1686.9286	1718.9184
G	18	1558.8700	1590.8598
P*	17	1501.8485	1533.8384
P*	16	1404.7958	1420.7907
G	15	1307.7430	1307.7430
A	14	1250.7215	1250.7215
P	13	1179.6844	1179.6844
G	12	1082.6317	1082.6317
P	11	1025.6102	1025.6102
L	10	928.5574	928.5574
G	9	815.4734	815.4734
I	8	758.4519	758.4519
A	7	645.3679	645.3679
G	6	574.3307	574.3307
I	5	517.3093	517.3093
T	4	404.2252	404.2252
G	3	303.1775	303.1775
A	2	246.1561	246.1561
R	1	175.1190	175.1190

范代娣团队[4]利用来源于人的脯氨酸-4-羟化酶基因对Ⅲ型重组胶原蛋白进行羟基化修饰，发酵结束后采取同样的氨基酸组分分析和液相色谱-质谱/质谱联用方法，发现人脯氨酸-4-羟化酶基因修饰的重组胶原蛋白菌株效果更好，胶原蛋白的羟基化率显著提高，最高的羟基化率达到了65.52%。

考虑到同种启动子诱导两种基因的表达可能会影响其单个基因的表达量，在人的脯氨酸-4-羟化酶基因基础上，采用异种启动子共表达体系[13]，即重组人胶原蛋白基因与P4H基因分别由AOX1与FLD1两种启动子控制，FLD1作为一种强诱导型启动子，可以受甲醇或甲胺诱导。结果显示异种启动子控制的体系中，脯氨酸的羟基化水平进一步提高，羟基化率达到了71.16%。

此外，还将来源于孢囊菌RH1的脯氨酸羟化酶基因（*TPH*）与人胶原蛋白α1链基因共表达[2]，将质粒pPICZB-TPH及pPIC9K-COL3A1转入毕赤酵母GS115感受态中，以G418抗性为筛选标记，筛选高拷贝转化子，即得共表达菌株。对发酵后获得的重组胶原蛋白进行氨基酸组成分析，结果显示该重组胶原蛋白中含有羟脯氨酸（图6-3）。

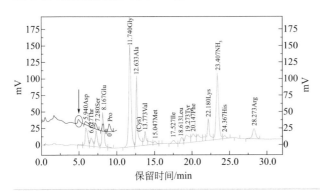

图6-3
重组羟基化人Ⅲ型胶原蛋白氨基酸组成分析图谱

通过来源于孢囊菌RH1的脯氨酸羟化酶基因与胶原蛋白基因共表达的方式可以制备羟基化重组胶原蛋白，胞内表达脯氨酸羟化酶，通过转化在三羧酸循环过程中形成的脯氨酸，在胞内形成高浓度的羟脯氨酸，使得在胶原合成过程中可以直接将羟脯氨酸添加到胶原蛋白的肽链中，从而实现胶原蛋白的羟基化。经该方法制备的重组胶原蛋白与天然胶原蛋白在氨基酸组成及空间结构上更相近。

四、重组人胶原蛋白表达菌株的摇瓶优化

为了获得较高的产物浓度和底物转化率，降低生产成本，便于下游处理，一些经过选育的或者构建的重组或优良菌种需优化其发酵条件、发酵工艺和培养基组成。对生产重组人Ⅲ型胶原蛋白α1链的基因工程菌进行摇瓶发酵条件优化，此

优化条件可作为毕赤酵母高密度发酵重组人Ⅲ型胶原蛋白α1链的参考和指导[14]。

从新鲜培养的 MD 平板上挑取单菌落接种到 50mL BMGY 液体培养基中，30℃、250r/min 摇床振荡过夜。摇瓶发酵准备若干个 500mL 的锥形瓶，每瓶中含 100mL 的 BMGY 培养基，接种过夜培养的菌液，按 2% 的接种量接种到若干个锥形瓶中，培养过夜，作为发酵罐种子液待用。待 OD_{600} 达到 4～6，室温下 4000r/min 离心 6min，弃上清液，收集菌体，并以 50mL BMMY 培养基重悬毕赤酵母菌体，使菌体终浓度 OD_{600} 达到 1.0。在 28℃、250r/min 条件下培养，每 12h 补甲醇至一定的浓度。

采用 Box-Behnken 实验设计（BBD）法，对毕赤酵母发酵表达重组人Ⅲ型胶原蛋白α1链发酵过程中影响其产量的关键因素进行研究和探讨，并进行优化，以获得其最佳水平。发酵温度、诱导初始 pH 值和甲醇添加量分别记为因素 A、B、C，以重组人Ⅲ型胶原蛋白α1链表达量为响应值，并标记为变量 Y。各因素的高、中、低水平分别编码为 +1、0 和 -1，利用 Design-Expert 软件设计三因素三水平的响应面分析实验。实验因素和水平见表 6-2。

表6-2　Box-Behnken设计的因素水平

因素	符号	水平		
		-1	0	+1
温度/℃	A	26	28	30
诱导初始pH值	B	4.0	5.0	6.0
甲醇添加量/（%/24h）	C	0.5	1.25	2.0

共设计 17 个实验点，其中 12 个为析因子，5 个为中心实验用于对误差进行充分估计。设计方案及响应值如表 6-3 所示。

表6-3　Box-Behnken实验设计方案及响应值

实验序号	实验因素			目的蛋白表达量/（mg/L）
	A/℃	B	C/（%/24h）	
1	28	4.0	0.50	275.24
2	30	4.0	1.25	295.9
3	26	5.0	2.00	188.23
4	28	5.0	1.25	475.94
5	30	6.0	1.25	228.24
6	28	6.0	0.50	443.45
7	30	5.0	0.50	154.65
8	28	5.0	1.25	521.34
9	28	5.0	1.25	509.45

实验序号	实验因素			目的蛋白表达量/
	A/℃	B	C/（%/24h）	（mg/L）
10	26	5.0	0.50	108.96
11	28	5.0	1.25	499.55
12	26	4.0	1.25	138.37
13	30	5.0	2.00	253.45
14	28	4.0	2.00	347.63
15	26	6.0	1.25	54.24
16	28	6.0	2.00	348.35
17	28	5.0	1.25	514.15

以重组人Ⅲ型胶原蛋白 α1 链表达量为响应值，运用 Design-Expert 软件，按照表 6-3 中的实验数据，进行回归拟合，得到的多元二次回归方程用下列函数表示

$$Y = 504.09 + 55.31A + 2.14B + 19.42C + 4.12AB + 4.88AC -$$
$$41.87BC - 251.12A^2 - 73.78B^2 - 76.64C^2$$

真实因素的回归方程如式（6-1）所示

$$Y = -51537.23 + 3528.99A + 752.05B + 554.53C + 2.06AB +$$
$$3.26AC - 55.83BC - 62.78A^2 - 73.78B^2 - 136.25C^2 \tag{6-1}$$

对式（6-1）进行方差分析，发现所选模型对结果的响应值具有高度显著性（$p = 0.002 < 0.05$）；并且在模型中，单个因素 A，即温度项，对响应值的影响较为显著；交互项 AB、BC 和 AC，即温度和诱导初始 pH 值、诱导初始 pH 值和甲醇添加量、温度和甲醇添加量之间对重组人Ⅲ型胶原蛋白 α1 链表达量的影响不太显著；而二次项温度、诱导初始 pH 值和甲醇添加量对表达量的影响也是显著的。

为了研究相关因素之间的相互作用，并确定最优点，通过 Design-Expert 软件做了三个影响因素对重组人Ⅲ型胶原蛋白 α1 链表达量的曲面图和等高线图，分析并确定最佳组合。在该模型中，响应曲面图（3D-Surface）能将任意两变量对于响应值的影响形象直观地表现在球体表面，而球面的最高点即是响应值的最大值，代表了最优点。等高线图则可直观地反映两自变量相互作用的显著程度，若呈椭圆状，表明两因素交互作用显著，若呈圆形，则表明两因素交互作用较弱。温度和诱导初始 pH 值对重组人Ⅲ型胶原蛋白 α1 链表达量的响应曲面图和等高线图如图 6-4 所示。

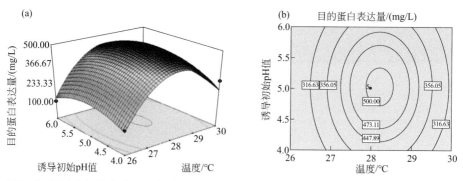

图6-4 温度和诱导初始pH值对重组人Ⅲ型胶原蛋白α1链表达量的响应曲面图（a）和等高线图（b）

　　由图 6-4 可以看出，在选定的范围内保持 B（诱导初始 pH 值）不变，随着 A（温度）的增加，重组蛋白的表达量的响应值先增加到最大，然后又开始下降。保持 A（温度）不变，重组蛋白的表达量随 B（诱导初始 pH 值）的变化情况也一样。等高线图显示 AB，即温度和诱导初始 pH 值的交互作用的显著性一般。

　　图 6-5 显示，随着 A（温度）和 C（甲醇添加量）的增大，重组人Ⅲ型胶原蛋白α1 链表达量的响应值也是呈先增大到最大值后又逐渐下降的趋势。从图 6-4 和图 6-5 中明显可以看出，温度对重组人Ⅲ型胶原蛋白 α1 链表达量的响应值的影响较为显著，这与数据分析中温度的一次项 p 值较小（p =0.0351 < 0.05）相吻合，也和模型中温度因素的二阶影响系数 p < 0.0001 非常相符。

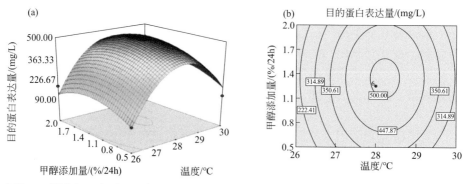

图6-5 温度和甲醇添加量对重组人Ⅲ型胶原蛋白α1链表达量的响应曲面图（a）和等高线图（b）

　　图 6-6 显示了重组人Ⅲ型胶原蛋白 α1 链表达量受 B（诱导初始 pH 值）和 C（甲醇添加量）的交互影响。在所选定的水平范围内，保持 B（诱导初始 pH 值）为一定值，随着 C（甲醇添加量）的增加，重组人Ⅲ型胶原蛋白 α1 链的表达量的响应值增大，达到峰值后又逐渐下降。同样，保持 C 为一定值，随着 B 的增

加，响应值也呈现出先增大到最大值然后再减小的趋势。等高线图表明诱导初始pH值和甲醇添加量间的交互作用不显著。

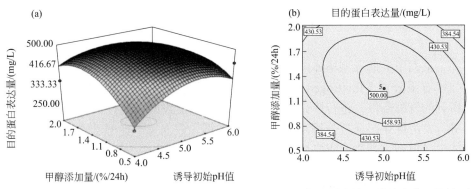

图6-6 诱导初始pH值和甲醇添加量对重组人Ⅲ型胶原蛋白α1链表达量的响应曲面图（a）和等高线图（b）

在回归分析中，残差指测定值与预测值（拟合值）之差，即实际值与回归估计值的差值，遵从正态分布。本实验模型的残差分析如图 6-7 所示。由该模型的残差正态分布图 6-7（a）看出，图中数据均匀分布于直线两侧，无异常值存在，表明潜在的残差分布近似于正态分布。

从图 6-7（b）残差与拟合值的关系图可以看出，没有出现明显的特异模式及结构，证实了该实验模型的可靠性。为验证该模型预测的准确度和可靠程度，按优化后的发酵条件，取诱导温度 28.22℃，诱导初始 pH 值 4.98，甲醇添加量 1.35%/24h，其他条件不变，进行摇瓶诱导发酵实验。重复实验三次，得到重组人Ⅲ型胶原蛋白 α1 链表达量的实际平均值为 508.46mg/L，与预测值比较接近，说明了此回归模型的拟合程度较好。

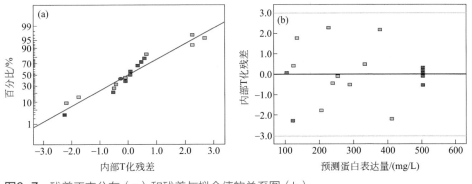

图6-7 残差正态分布（a）和残差与拟合值的关系图（b）

第二节
重组人胶原蛋白的发酵调控与过程优化

根据甲醇诱导型毕赤酵母工程菌高密度发酵的相关理论，参考美国英杰生命技术有限公司（Invitrogen）提供的发酵工艺方案，范代娣团队利用响应面优化得到的发酵条件，进行毕赤酵母工程菌的高密度发酵。此外，在 30L 的发酵罐中进行发酵优化，通过分析高密度发酵的数据，建立了毕赤酵母诱导表达阶段的菌体生成模型、产物形成模型和底物消耗模型[15]。

一、重组人胶原蛋白高密度发酵工艺研究

根据响应面优化结果，分别设定发酵条件为 28.5℃ 和 pH＝4.95，菌体生长曲线和重组人Ⅲ型胶原蛋白表达曲线如图 6-8 所示。采取两段式补料方式，在甲醇诱导补料的初期，细胞开始从以甘油为碳源的生长状态转变为以甲醇为碳源的诱导表达状态，需要一定的适应期。从图 6-8 中可以看出，从第 27h 开始甲醇诱导补料时，菌体细胞生长缓慢，甲醇消耗量极低，因此需要严格控制甲醇的补加速率。在甲醇诱导初期采取 Invitrogen 的方案，设定甲醇流加量为 3.6mL/h/L，从图中可以看出，经过 3 ~ 5h 的适应期，菌体逐渐适应利用甲醇作碳源的环境，菌体密度开始逐渐增加，重组人Ⅲ型胶原蛋白也开始诱导表达。当酵母菌体细胞完全适应甲醇的代谢后，酵母细胞会快速利用甲醇，菌体生长繁殖增快，甲醇的补加速率根据溶氧变化逐渐加大。随着酵母菌体细胞密度的增加，重组人Ⅲ型胶原蛋白表达量也逐渐增加，在甲醇诱导 33h 左右，菌体密度 OD_{600} 达到 242，重组人Ⅲ型胶原蛋白的表达量达到最大。

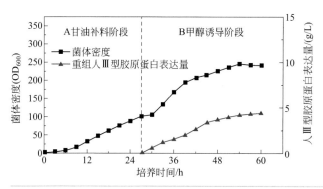

图6-8
高密度发酵菌体生长和重组人Ⅲ型胶原蛋白（α链）表达曲线

从不同时间点取样进行发酵上清液的蛋白 SDS-PAGE 分析（图 6-9），重组人Ⅲ型胶原蛋白表达量逐渐增加，同时也伴随着降解的发生。当酵母细胞培养到 54h 时，即诱导后第 27h 左右，菌体量达到一个稳定状态，而目的蛋白表达量也逐渐趋于稳定。继续发酵，目的蛋白表达量没有继续增加，分析原因为菌体密度过大而自溶，使胞内酶释放，造成对目的蛋白的降解。因此，到甲醇诱导的第 33h 时，停止发酵，经蛋白浓度检测，发酵培养到 60h 时，重组人Ⅲ型胶原蛋白表达量最高，可达 4.68g/L。

培养基对目的蛋白的表达至关重要，因此对发酵培养基的优化必不可少。在 YPD 培养基（酵母浸出粉胨葡萄糖培养基）的基础上对碳源进行分析，发现当 YPD 培养基中的 10g/L 葡萄糖换成 10g/L 甘油后，可以减少种子进入发酵罐后碳源的干扰（图 6-10）。

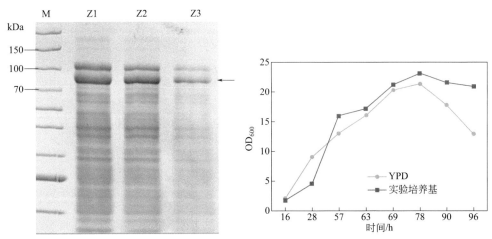

图6-9 高密度发酵中不同时间点蛋白SDS-PAGE分析　**图6-10** 重组菌株碳源优化的生长曲线

毕赤酵母生长的基础培养基为无机盐培养基，该培养基没有酵母细胞生长所需的氮源，通过实验设计分别添加终浓度为 5g/L 的硝酸钠、硝酸钾、硫酸铵和柠檬酸铵来提供细胞生长所需的氮源。相比于基础培养基，添加硝酸钾和硝酸铵对细胞生长和胶原蛋白表达效果的影响不明显，添加硫酸铵和柠檬酸铵对胶原蛋白表达有显著促进作用［图 6-11（a）］。添加 5g/L 的 NH_4^+ 对毕赤酵母生长的促进和蛋白表达量的提高效果最明显，细胞干重和表达量分别提高 14.65%、40.18%，添加 10g/L 的 NH_4^+ 对菌体生长和蛋白表达量都有显著抑制作用［图 6-11（b）］。

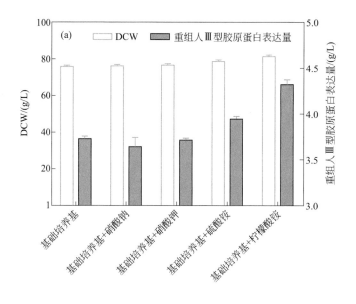

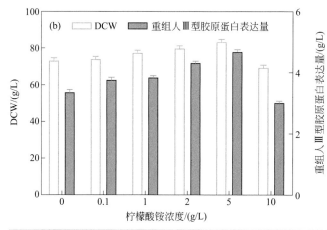

图6-11
重组菌株氮源的优化

　　在毕赤酵母表达重组人胶原蛋白的诱导阶段，甲醇浓度过高会造成细胞中毒，甲醇浓度过低会引起碳源缺乏、细胞活力差，导致细胞过早衰亡，因此重组人胶原蛋白降解严重。为实现毕赤酵母在高细胞活力状态下的蛋白持续高表达，采用甲醇＋甘油、甲醇＋山梨醇和甲醇＋甘露醇进行混合碳源诱导。结果表明，对比单一甲醇诱导，采用三种混合碳源发酵，发酵结束时细胞干重分别提高21.57%、12.68%和22.1%，重组人Ⅲ型胶原蛋白表达量分别提高8.44%、34.83%和17.61%（图6-12），重组人Ⅲ型胶原蛋白的最终表达量达到5.61g/L。

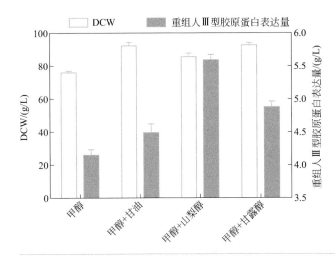

图6-12
重组菌株混合碳源的优化

二、重组人胶原蛋白发酵动力学建模

　　高密度发酵动力学，本质上是生物反应动力学，可通过数学模型法阐明生物反应过程中各个变量间的关系。在生物反应过程中应用数学模型法，复杂的反应过程可用几个关键变量来替代，能把微观现象与宏观现象关联起来，不但可用来预测生物反应的结果，而且可用来推测未知的变量和相关参数，辅助推断生物反应过程的机制。将数学模型法应用于高密度发酵动力学，为描述发酵过程中细胞的动态行为提供数学依据，便于数据化分析和处理，从而在建立模型的基础上，制订出合理高效的工艺控制策略，实现对发酵过程的监控和优化，提高反应效率和产物得率[16]。简言之，数学建模是以简化的数学形式来表征过程的行为，主要目的在于预测生物反应的生产率和转化率，进行工艺策略的优化和计算机模拟控制，阐明反应机理等。这就要求所建立的数学模型须与实验结果相吻合。数学模型法虽然不能完全代替实验，但可以减少实验的次数。

　　动力学模型的建模方式可分为三类：机制模型、数学拟合模型、正规模型。生物反应过程极其复杂，特别是分批补料发酵过程，不太可能建立机制模型。目前，国内外学者在生化反应动力学方面所构建的模型基本上都属于二、三类，数学拟合模型最为广泛。范代娣团队[15]运用数学拟合模型分析毕赤酵母基因工程菌的菌体生长、重组人Ⅲ型胶原蛋白α1链的表达与限制性基质消耗（甲醇）之间的关系。通过30L发酵罐中高密度发酵的动力学分析，为中试及大规模生产过程提供借鉴。因为毕赤酵母发酵属于分段式发酵，诱导阶段的底物消耗与产物生成紧密相关，所以实验过程中对甲醇诱导表达蛋白阶段也进行了模型的建立和分析。

1. 菌体生长模型

目前，有关生物反应体系的研究主要集中在宏观动力学方面，包括细胞生长动力学、底物消耗动力学及产物生成动力学等，要定量描述菌体反应过程的速率，菌体生长动力学是核心内容。菌体生长动力学模型常用于指导单一菌种的发酵和生长机理研究，在工业发酵上极大地提高了生产力。

应用最为广泛的微生物生长动力学模型是莫诺提出的经验模型（Monod 方程），但 Monod 方程是对菌体生长的简单化描述，属于非结构化模型，以假定细胞内部结构保持不变为先决条件。微生物菌体只有在平衡生长期才会近似于上述情况，Monod 方程只适用于细胞密度低和细胞生长慢的环境，因此 Monod 方程只能在环境条件稳定、细胞生长条件得到充分满足时，比如连续培养时才能使用。菌体生长过程中，存在代谢产物抑制和阻遏、高浓度底物抑制和营养物限制等因素，使菌体生长迟缓。在毕赤酵母表达重组人Ⅲ型胶原蛋白 α1 链的诱导表达阶段，甲醇作为碳源对菌体生长的限制作用不可忽略，因此该模型不适用于甲醇诱导表达蛋白阶段的菌体生长过程。

逻辑斯谛（Logistic）方程早先被应用于人口增长的统计，荷兰数学家 Verhust 对马尔萨斯模型（Malthus 模型）进行修正，由此得到 Logistic 方程。细胞的繁殖过程是 Logistic 模型的一个典型实例，它描述了一个菌落在一定的培养基中，不会无限制地繁殖，其原因在于很多方面。影响细胞总数变化速度的因素主要有两方面：一是细胞本身的繁殖过程，遵守一级速率过程；二是在细胞繁殖过程中，抑制其繁殖的因素是多方面的，比如每个菌体细胞都会产生一些毒性物质，当毒性物质积累到一定浓度时，不但会影响自身繁殖，也影响其他细胞的代谢繁殖[17]。根据以上情况，可以建立 Logistic 方程。

该方程是一个典型的 S 形曲线，拟合分批发酵中菌体的生长过程具有广泛的适用性。在此处，由于流加的发酵诱导培养基是近于 100% 的甲醇，且甲醇在发酵液中始终保持很低浓度，不会造成发酵液体积的明显增加，因此近似于分批培养，故可以选用它来描述毕赤酵母基因工程菌发酵表达重组人胶原蛋白过程中菌体的生长情况。在分批发酵过程中，Logistic 模型能很好地反映出菌体浓度增加对菌体自身生长的抑制作用。这种情况普遍存在于分批发酵中[18]。Logistic 方程可表示为

$$\mu = \frac{dX}{dt} = \mu_m \left(1 - \frac{X}{X_m} \right) X \tag{6-2}$$

当菌体浓度很低，即刚开始发酵时，菌体浓度 X 远远小于 X_m，X/X_m 项可忽略不计，此时菌体呈指数生长；当菌体处于稳定期，即 $X = X_m$ 时，菌体已停止生长。对式（6-2）积分，可变形为

$$X(t) = \frac{X_0 X_m e^{\mu_m t}}{X_m - X_0(1 - e^{\mu_m t})} \tag{6-3}$$

式（6-2）和式（6-3）中，X_0为初始菌体浓度（起始的生物量），g/L；X_m为最大菌体浓度，g/L；X为菌体浓度，g/L；μ为菌体的比生长速率，h^{-1}；μ_m为菌体的最大比生长速率，h^{-1}；t为甲醇诱导时间，h。

用 Origin 软件按式（6-3）对实验数据进行拟合，菌体生长模型的参数估值如表 6-4 所示，由此可得甲醇诱导补料阶段其菌体生长模型为

$$X(t) = \frac{22804.322 e^{0.13822t}}{250.617 - 90.992(1 - e^{0.13822t})} \tag{6-4}$$

由图 6-13 可看出，实验值与模型的预测值吻合较好，模型对实验数据的吻合度 R^2 为 0.9859。因此，Logistic 方程能较好地描述 30L 发酵罐中毕赤酵母表达重组人Ⅲ型胶原蛋白 α1 链过程中菌体细胞的生长情况。

表6-4　菌体生长模型的参数估值

参数	最佳拟合值	标准值
X_0	90.99258	4.59015
X_m	250.61738	5.00695
μ_m	0.13822	0.01219

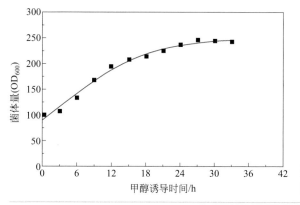

图6-13
Logistic模型拟合菌体细胞生长曲线

2. 产物形成模型

产物一般指的是菌体细胞在培养过程中，生长代谢所产生的细胞外物质，其形成机理和过程较复杂，而且代谢和调节机制也不同。产物形成动力学模型中比较通用的模型为 Luedeking 和 Piret 在描述乳酸发酵过程中提出的数学表达式。

Luedeking 和 Piret 为此总结出式（6-5）来描述产物形成与细胞生长的关系（以下简称 L-P 模型）

$$\pi = \frac{\mathrm{d}P}{\mathrm{d}t} = \alpha\frac{\mathrm{d}X}{\mathrm{d}t} + \beta X \qquad (6\text{-}5)$$

式中　π——产物生成速率；

　　　P——产物生成量。

微生物菌体细胞代谢生成的产物种类较多，Gaden 根据产物形成和细胞生长之间的关系，将产物生成分成三个主要类型。一是生长关联型，产物的生成与细胞生长同步或者完全偶联，产物的形成是菌体细胞能量代谢的直接结果。这种发酵类型比较简单，比如乙醇发酵。二是部分生长关联型，产物的形成与菌体细胞生长部分偶联，产物的生成是能量代谢的间接结果，其不仅与菌体生长速率有关，也与菌体浓度相关。这类发酵类型为中间类型，比如氨基酸发酵和柠檬酸发酵等。三是非生长关联型，产物的合成和能量代谢与菌体细胞的生长没有直接关系，产物为次生代谢产物，其生成只与菌体细胞量有关，绝大多数抗生素发酵属于该类型。

L-P 模型既能反映出伴随菌体细胞生长生成产物的速度，又能反映独立于菌体细胞生长之外，细胞催化底物生成产物的速度，因此 L-P 模型适用于一般的发酵过程。

将式（6-2）和式（6-3）代入式（6-4），积分得到式（6-6）

$$P(t) = \frac{\alpha(X_{\mathrm{m}} - X_0)}{\mu_{\mathrm{m}}}\left(1 - \frac{X_{\mathrm{m}}}{X_{\mathrm{m}} - X_0 + X_0\mathrm{e}^{\mu_{\mathrm{m}}t}}\right) + \frac{\beta X_{\mathrm{m}}}{\mu_{\mathrm{m}}}\ln\left[1 - \frac{X_0}{X_{\mathrm{m}}}(1 - \mathrm{e}^{\mu_{\mathrm{m}}t})\right] + P_0 \qquad (6\text{-}6)$$

将菌体生长模型 Logistic 方程拟合得到的参数值：$X_0 = 90.99258$，$X_{\mathrm{m}} = 250.61738$，$\mu_{\mathrm{m}} = 0.13822$，代入式（6-6），得到式（6-7）

$$P(t) = 1154.86\alpha\left(1 - \frac{250.62}{159.63 + 90.99\mathrm{e}^{0.13822t}}\right)$$
$$+ 1813.18\beta\left[1 - 0.3631(1 - \mathrm{e}^{0.13822t})\right] + P_0 \qquad (6\text{-}7)$$

同样，用 Origin 软件按式（6-7）对实验结果进行拟合，结果如表 6-5 所示，分别得到三个参数的最佳拟合值 $P_0 = -0.03855$，$\alpha = 0.00276$，$\beta = 0.00002371$，由此得到目的蛋白表达量随甲醇诱导时间的变化模型方程

$$P(t) = 3.1874\left(1 - \frac{250.62}{159.63 + 90.99\mathrm{e}^{0.13822t}}\right) + 0.04299\left[1 - 0.3631(1 - \mathrm{e}^{0.13822t})\right] - 0.03855$$

$$(6\text{-}8)$$

表6-5　产物形成模型（L-P模型）的参数估值

参数	最佳拟合值	标准值
α	0.00276	0.0003264
β	0.00002371	0.00005766
P_0	−0.03855	0.12317

　　由图6-14可以看出，该模型对于实验结果的拟合比较理想，基本上能反映出重组人Ⅲ型胶原蛋白α1链的实际表达量。该模型不能真正反映发酵后阶段重组人Ⅲ型胶原蛋白α1链的实际表达量，但是该模型拟合结果的参数估值 $\alpha =$ 2.76mg/L，$\beta = 0.02371$mg/(L·h)，β 值接近于0，因此可以判断出毕赤酵母工程菌发酵表达重组人Ⅲ型胶原蛋白α1链属于发酵的第一种类型，即产物的生成与菌体生长相关联。菌体细胞的增殖与目的蛋白的表达相关联，表现为甲醇诱导过程中，一部分甲醇作为碳源用于新生菌体细胞的生长，这部分菌体生长能够促进目的蛋白的表达。

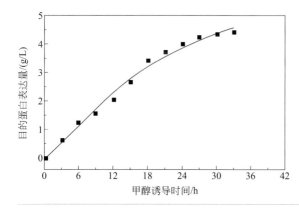

图6-14
L-P模型拟合毕赤酵母生产重组人胶原蛋白表达曲线

3. 底物消耗模型

　　毕赤酵母以甲醇作为碳源和诱导剂，甲醇可通过流加的方式补充。甲醇的消耗主要用于三个方面，分别是菌体生长的消耗、菌体维持其基本生命活动的消耗及菌体合成其代谢产物的消耗。底物消耗可以用式（6-9）中的动力学模型来表示

$$r_S = -\frac{dS}{dt} = \frac{1}{Y_{X/S}}\frac{dX}{dt} + \frac{1}{Y_{P/S}}\frac{dP}{dt} + mX \qquad (6-9)$$

　　式中，$r_S = -\dfrac{dS}{dt}$ 表示限制性底物消耗速率，g/(L·h)；S 表示甲醇消耗的累积量，mL/L；m 表示细胞的维持系数，g/(g·s)；$Y_{P/S}$ 表示产物得率；$Y_{X/S}$ 表示细胞得率。

由式（6-9）可以得到，当初始条件 $t = 0$ 时，则有 $X = X_0$，$P = P_0$，$S = S_0$，将产物形成模型式（6-5）代入式（6-9）中，得到

$$r_S = -\frac{\mathrm{d}S}{\mathrm{d}t} = \left(\frac{1}{Y_{X/S}} + \frac{\alpha}{Y_{P/S}}\right)\frac{\mathrm{d}X}{\mathrm{d}t} + \left(m + \frac{\beta}{Y_{P/S}}\right)X \qquad (6\text{-}10)$$

对式（6-10）积分可以得到

$$S(t) = \left(\frac{1}{Y_{X/S}} + \frac{\alpha}{Y_{P/S}}\right)\left[\frac{X_0 X_m e^{\mu_m t}}{X_m - X_0(1 - e^{\mu_m t})} - X_0\right] + \frac{X_m}{\mu_m}\left(m + \frac{\beta}{Y_{P/S}}\right)\ln[1 - \frac{X_0}{X_m}(1 - e^{\mu_m t})]$$

$$(6\text{-}11)$$

令 $\dfrac{1}{Y_{X/S}} + \dfrac{\alpha}{Y_{P/S}} = k_1$，$m + \dfrac{\beta}{Y_{P/S}} = k_2$，则式（6-11）变为

$$S(t) = k_1\left[\frac{X_0 X_m e^{\mu_m t}}{X_m - X_0(1 - e^{\mu_m t})} - X_0\right] + \frac{k_2 X_m}{\mu_m}\ln[1 - \frac{X_0}{X_m}(1 - e^{\mu_m t})] \qquad (6\text{-}12)$$

将菌体生长模型中已得到的参数估计值 $X_0 = 90.99258$，$X_m = 250.61738$，$\mu_m = 0.13822$ 代入式（6-12）中，得到

$$S(t) = k_1 \frac{57.953(e^{0.13822t} - 1)}{1 - 0.3631(1 - e^{0.13822t})} + 1813.18 k_2 \ln[1 - 0.3631(1 - e^{0.13822t})] \qquad (6\text{-}13)$$

同样，用 Origin 软件按式（6-13）对实验结果进行拟合，结果如图 6-15 所示，拟合结果 $R^2 = 0.9953$，两个参数的最佳拟合值 $k_1 = 1.5864$，$k_2 = 0.02874$，如表 6-6 所示，并由此得到底物累积消耗量随甲醇诱导时间变化的模型方程

$$S(t) = 1.5864\left[\frac{X_0 X_m e^{\mu_m t}}{X_m - X_0(1 - e^{\mu_m t})} - X_0\right] + \frac{0.02874 X_m}{\mu_m}\ln[1 - \frac{X_0}{X_m}(1 - e^{\mu_m t})] \quad (6\text{-}14)$$

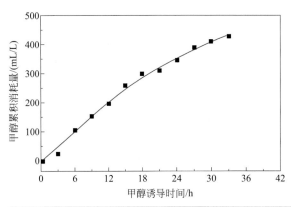

图6-15
甲醇累积消耗量

表6-6　底物消耗模型的参数估值

参数	最佳拟合值	标准误差
k_1	1.5864	0.09461
k_2	0.02874	0.00307

将初始条件 X_0=90.99258，X_m=250.61738，μ_m=0.13822 代入式（6-14），得到限制性基质甲醇的累积消耗模型，如式（6-15）所示

$$S(t) = 1.5864\left[\frac{250.62 \times 90.99 \times e^{0.13822t}}{250.62 - 90.99(1 - e^{0.13822t})} - 90.99\right] + 52.11\ln[1 - 0.3631(1 - e^{0.13822t})]$$

$$(6-15)$$

为了提高模型的通用性，将三组实验数据进行比较分析，得到表 6-7 中的模型参数。

表6-7　各模型参数表

序号	X_0	X_m	μ_m	α	β	P_0	k_1	k_2
1	101	250.62	0.13822	2.76	0.02371	−0.03855	1.5864	0.02874
2	103	253.43	0.12934	2.78	0.02545	−0.03455	1.5631	0.02793
3	95	258.15	0.13944	2.81	0.02453	−0.03744	1.5935	0.02859
平均值	100	254.07	0.1369	2.78	0.02456	−0.03685	1.5810	0.02842

表6-8　模型实验值和预测值比较

诱导时间	X/（g/L）			P/（g/L）			S/（mL/L）		
	实验值	模型值	误差/%	实验值	模型值	误差/%	实验值	模型值	误差/%
0	101	90.99	−9.91	0.00	−0.038	—	0.00	0.00	0.00
3	108	116.09	7.49	0.62	0.537	−13.39	25	48.73	94.92
6	134	141.96	5.94	1.23	1.146	−6.829	104	100.9	−2.995
9	168	166.45	−0.92	1.56	1.745	11.86	152	153.1	0.694
12	195	187.87	−3.66	2.02	2.299	13.81	194	202.3	4.292
15	208	205.32	−1.29	2.68	2.789	4.067	256	247.0	−3.521
18	215	218.74	1.74	3.41	3.208	−5.923	299	286.6	−4.154
21	226	228.61	1.15	3.72	3.565	4.167	314	321.5	2.403
24	237	235.63	−0.58	3.99	3.870	−3.008	347	352.7	1.648
27	246	240.51	−2.23	4.22	4.137	−1.967	387	381.0	−1.550
30	243	245.85	1.17	4.35	4.376	0.598	409	407.2	−0.444
33	242	246.11	1.69	4.43	4.596	3.747	428	431.9	0.909

以表 6-7 中的各模型参数的均值作为模型参数的实际值，与模型的预测值进行比较，结果如表 6-8 所示。由表可以看出，毕赤酵母高密度发酵的模型预测值

和实验值的误差基本上都在 10% 以内，表明建立的模型拟合性较好。对菌体生长模型来说，发酵初期培养基中存在有机碳源及氮源等固体物，影响了菌体浓度的检测，因此误差相对较大。对产物形成模型而言，发酵前期误差较大，因为初期菌体正处于适应甲醇的阶段，目的蛋白还没有进行表达或者表达量很小，所以产物形成模型仅适用于重组蛋白进入酵母快速生长的发酵阶段。底物即甲醇的累积消耗模型，初始阶段同样是酵母菌体适应甲醇的过程，当诱导 3 ～ 5h 后，菌体已经适应了甲醇环境，开始充分利用甲醇进行代谢和诱导，因此模型值也适用于酵母进入快速生长期时。

在优化发酵罐的间歇流加操作、诱导操作后，以 pk_La 为放大基准，进行毕赤酵母重组人Ⅲ型胶原蛋白 α1 链表达体系 500L 高密度发酵放大，结果表明，以 pk_La 为放大基准时，可获得更高的生物量。

以 pk_La 为放大基准进行放大规模的分批补料培养，发酵终止时发酵液体积达 320L，补加氨水控制 pH 值在 5.0 ～ 6.0，发酵罐罐压控制在 0.05MPa，上罐 18h 后开始诱导，每 5min 补加甲醇 0.3L，可获得目的蛋白浓度为 4.35g/L，发酵结束后，可获得总细胞 60.8kg（DCW），目的蛋白 1392g（表 6-9）。

表6-9　毕赤酵母体系发酵放大结果

项目	30L发酵罐	500L发酵罐放大
发酵液体积/L	20	320
细胞密度/（g/L）	205	190
重组人Ⅲ型胶原蛋白表达量/（g/L）	4.68	4.35
批次发酵结果	细胞4.1kg（DCW），目的蛋白93.6g	细胞60.8kg（DCW），目的蛋白1392g

第三节
重组人胶原蛋白的分离纯化

蛋白质分离纯化的目标是在提高目的蛋白纯度的同时，尽可能小地破坏其生物学活性。而对大规模纯化工艺的要求是以合理的效率、速率、收率和纯度，将需要的蛋白质从样品中分离出来或是尽可能除去样品中不需要的杂蛋白，同时还要保留目的蛋白的生物学活性和化学完整性。必须承认，蛋白质的纯化相较于 DNA（基因）的纯化更难，每一种蛋白质都有由其自身一级、二级、三级甚至四级结构决定的物理化学性质，这些性质的差异使得它们能够被单独分离出来，但同时也意味着对每一种待纯化的目的蛋白需要研究出一套新的纯化方法。理论上，任何一种蛋白质都能利用现有的方法建立一套合适的分离纯化程序来提高其纯度[19]。

一、重组人Ⅰ型胶原蛋白α1链的分离纯化

虽然通过构建基因工程菌实现了重组胶原蛋白的高表达，部分也已经实现了产业化，但是在生产过程中，主要的生产成本和工艺难点都在分离纯化阶段。范代娣团队[20]对毕赤酵母发酵生产的重组人Ⅰ型胶原蛋白α1链的分离纯化过程进行了一系列的条件探索与优化。研究发现在蛋白粗提纯方面，盐析和透析处理过程蛋白降解严重。停止培养后离心获取上清液并直接采取超滤不但能够对蛋白进行浓缩和一定程度的除盐，同时也不会造成蛋白在预处理过程的降解。

在蛋白精纯方面，胶原单链较为脆弱，不能耐受较强的酸碱条件，所以选取相对中性的pH值条件进行离子交换层析操作。经过对各种离子交换层析填料的预实验，发现CM弱阳离子交换树脂在分离蛋白时效果最好。洗脱流程如图6-16（a）所示，图中红线代表蛋白对应的峰，褐色代表盐峰。将流穿与洗脱过程中流出层析柱的蛋白进行收集，并采用SDS-PAGE的方法来分析，结果如图6-16（b）所示。从图中能够得出，离子交换层析对目的蛋白的纯化效果很好，流穿几乎无蛋白出现，说明蛋白基本全部与填料结合。

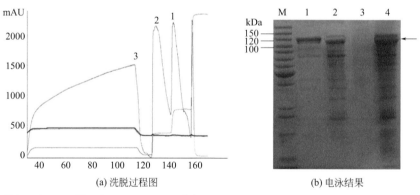

(a) 洗脱过程图　　　　　　　　　　(b) 电泳结果

图6-16 CM柱层析SDS-PAGE分析
M—标志物；1—洗脱液；2—洗杂；3—流穿；4—蛋白原液

将离子交换洗脱得到的蛋白溶液收集，经过Superdex 200层析介质处理，进一步精细纯化，洗脱曲线见图6-17（a），图中红线代表蛋白峰，褐色代表盐峰。其SDS-PAGE电泳结果如图6-17（b）和（c）所示，1和2为图6-17（b）中标

记的取样位置收集得到的样品。纯化的目的蛋白呈单一条带，表观分子质量大小约为130kDa，从层析结果和电泳图片共同分析能够发现，目标产物在蛋白溶液中所占的比重很大，在层析图中出现峰位置，其最高点之后得到的溶液含有纯度极高的目标产物。通过扫胶并进行灰度分析，发现最终目的蛋白的纯度能够达到95.5%。进行后续的工艺优化，蛋白样品浓缩后的上样总量由原来的约30mg提高到近100mg，目的蛋白的收率由之前的20%～30%提高到70%左右。

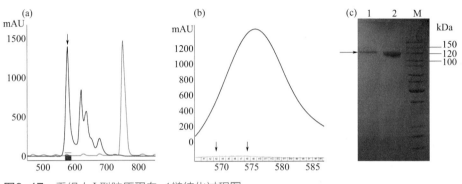

图6-17　重组人 I 型胶原蛋白α1链纯化过程图

在经过凝胶过滤层析得到的洗脱液中，电泳显示目的蛋白的纯度很高。根据干粉中蛋白含量的测定，发现干粉中含盐量较高，虽然目的蛋白在总蛋白中的纯度很高，但是蛋白在干粉中所占的比重不大。而对蛋白形貌的观察发现[图6-18（a）]样品冻干后结构较松散，形态介于盐类结晶和海绵之间，因此在进行后续实验探究之前，要对纯化得到的蛋白采取脱盐操作，才能保证高纯度的胶原蛋白在应用过程中充分体现出其功能活性。

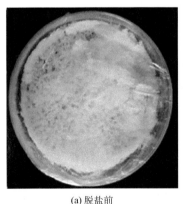
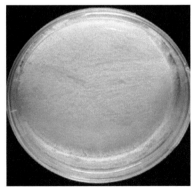

(a) 脱盐前　　　　　　　　　　　　(b) 脱盐后

图6-18　蛋白冻干品

选用 G25 脱盐柱对蛋白进行脱盐处理，发现脱盐过程蛋白稳定存在，不发生降解，并且批次上样体积可达柱体积的 20%，能在 5 ～ 10min 内完成脱盐，处理量大，作用时间短，非常适用于目的蛋白的大规模处理。在进行脱盐处理过程时得到的蛋白洗脱曲线如图 6-19 所示。图中红线代表蛋白峰，褐色代表盐峰。最后得到如图 6-18（b）的纯蛋白。可以看出，脱盐的蛋白冻干后在培养皿中形成了松软的海绵状结构，干粉中含盐量很低，且目的蛋白的纯度仍然保持在一个很高的水平。

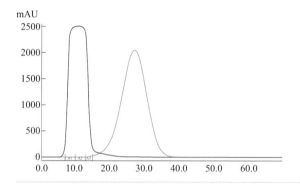

图6-19
脱盐柱洗脱过程图

毕赤酵母重组表达Ⅰ型胶原蛋白 α1 链的纯化过程及大致回收率见表 6-10。目的蛋白的最终纯度达到 95.5%，回收率为 35.94%。所用的分离手段相对较简便，单位时间处理量大，是一套适于工业放大的纯化流程。

表6-10　重组人Ⅰ型胶原蛋白 α1 链的纯化步骤及回收率

纯化过程	总蛋白/g	rhCOL1A1/g	纯度/%	回收率/%
发酵液	12.8	1.37	10.7	100
超滤浓缩	12.25	1.32	10.7	96
阳离子交换	1.6	0.75	47	54.7
凝胶过滤柱	0.55	0.52	95.5	37.7
脱盐柱	0.51	0.49	95.5	35.94

二、重组人Ⅲ型胶原蛋白α1链的分离纯化

对于重组人Ⅲ型胶原蛋白 α1 链的分离纯化，范代娣团队[13,15,21]进行了一系列的条件探索与优化。在蛋白粗提纯步骤中，分别对发酵上清液进行了不同百分比的乙醇沉淀，发现 80% 的乙醇基本上能把毕赤酵母发酵上清液中的总蛋白沉淀下来。将沉淀的总蛋白用等体积的 pH = 6.0 的 0.1mol/L 的 PBS 溶液重溶，随后进行硫酸铵分级沉淀，结果发现 20% 硫酸铵分级沉淀效果最好，基本上可以

把分子质量大于 60kDa 的蛋白沉淀下来，同时可以起到浓缩目的蛋白的作用，而 30%、40% 和 50% 的硫酸铵对分级沉淀无太大影响，几乎能使所有蛋白沉淀。分析其机理，可能是在硫酸铵分级沉淀的搅拌过程中，分子质量大于 60kDa 的蛋白（包括目的蛋白）疏水性较强，多肽链间由原来无规卷曲的结构开始逐步折叠成有一定规则的结构，多肽链侧链上疏水基团暴露出来，而亲水基团被围在蛋白内部，因此蛋白聚集而沉淀。

其次还研究了不同 pH 值条件下硫酸铵分级沉淀的效果，如图 6-20 所示，在 pH＝3.5 时，分级沉淀效果最好，目的蛋白所占总蛋白比例最高。原因可能是在强酸性溶液中，目的蛋白含有较多的丝氨酸和苏氨酸，其侧链上的羟基在酸性溶液中相互作用，使疏水性强的蛋白更容易发生聚集而沉淀。

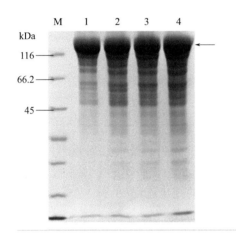

图6-20
不同pH值条件下20%硫酸铵分级沉淀蛋白效果
M—标志物；1—pH＝3.5；2—pH＝4.0；3—pH＝4.5；4—pH＝5.0

毕赤酵母高密度发酵时发酵液呈黄绿色，是因为毕赤酵母中醇氧化酶和甲醛脱氢酶结合后产生了色素[22]。在毕赤酵母高密度发酵诱导后期，随着发酵时间的延长，毕赤酵母中醇氧化酶被甲醇诱导大量表达，占胞内总蛋白的 30%，随着酵母后期的代谢和一部分酵母自溶死亡，醇氧化酶和甲醛脱氢酶的结合物会跑到发酵液中。到目前为止，去除毕赤酵母发酵液色素是一件比较困难的事情，由于色素分子量较大，通过超滤的方式无法完全去除，并且可能会与外源蛋白结合到一起，难以分离纯化。对于色素的去除，国内外报道了一些方法，但都不是非常有效，有的甚至要用四五个步骤，非常繁琐和耗时，这对于工业生产来说极为不利。Hao 等[23] 在用毕赤酵母表达葡萄球菌蛋白 A（SPA）的纯化工艺中，用了以下 5 个步骤，包括硫酸铵沉淀、活性炭吸附、乙醇沉淀、活性炭再吸附、HiPrep 26/10 柱交换，才最终把发酵液色素去除完全。

将 20% 硫酸铵沉淀的蛋白收集，并重溶于 0.1mol/L 的 PBS（pH＝6.0）溶液中，用超滤膜对其进行超滤。毕赤酵母发酵培养基中有大量的无机盐，因此其发酵上清液中盐浓度很高，经电导率检测仪检测达到 15.8mS/cm。用超滤膜对其进行超滤脱盐，通过摸索不同电导率下蛋白和色素的分离效果，发现当溶液的电导率降到约 200µS/cm 时，经过离心处理，蛋白可以与大部分色素分离，蛋白上清液基本呈无色。为了提高目的蛋白的回收率，将沉淀的色素用 0.1mol/L 的 PBS 溶解、离心，重复多次尽可能洗出更多的目的蛋白。通过检测和蛋白浓度的计算，经过三次反复洗涤沉淀色素，蛋白回收率可以提高约 20%。

综上，乙醇沉淀的蛋白经过离心，上清液显示淡绿色，表明在乙醇搅拌沉淀的过程中，部分色素是溶解于乙醇的，这样就可以去除部分色素。而沉淀的蛋白经室温风干，从表观上看呈白色，这是因为其中混合了发酵液中的无机盐。将白色沉淀溶解于乙醇沉淀前相同体积的 PBS 溶液中，蛋白溶液颜色又变回浅绿色，从图 6-21 中可以看出，其颜色相对于原发酵上清液已经较浅。分别对比了乙醇沉淀、硫酸铵分级沉淀和超滤离心后的粗蛋白溶液和其冻干品的颜色，发现乙醇沉淀后的粗蛋白冻干品带有比原发酵液浅的浅绿色，而硫酸铵沉淀后粗蛋白溶液的绿色相比乙醇沉淀后的蛋白颜色变淡，但淡绿色依然肉眼可见，且其冻干样品显现出一定的浅灰色。这些情况表明粗蛋白在乙醇沉淀和硫酸铵沉淀过程中，都能去除部分色素，但不能完全去除，而最后经过超滤离心的粗蛋白溶液颜色基本上呈现出无色，且其冻干品颜色为纯白色，表明色素已基本上去除完全。

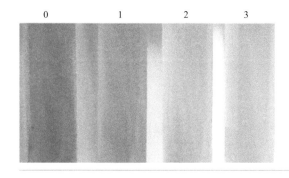

图6-21

粗蛋白与色素的分离结果

图中 0 为发酵上清液；1 ～ 3 分别为经乙醇沉淀后 PBS 溶解、硫酸铵分级沉淀后 PBS 溶解和超滤离心后的蛋白溶液

进一步尝试用各种离子交换层析填料对粗纯的蛋白进行纯化，结果发现，阳离子交换树脂层析（层析柱 CM sepharose fast flow 从 Amersham Phamacia 公司购买）对目的蛋白的纯化较为有效，如图 6-22（a）所示，收集流穿峰和洗脱峰对应的蛋白，进行 SDS-PAGE 电泳，如图 6-22（b）所示，由图可以看出，CM sepharose fast flow 对目的蛋白纯化效果很好，流穿峰 1 和流穿峰 2 都是一些分子量低于目的蛋白的粗蛋白，且目的蛋白基本上无损失，洗脱峰 1 对应的目的蛋白为单一条带（箭头所指方向），目的蛋白得到了进一步的纯化。

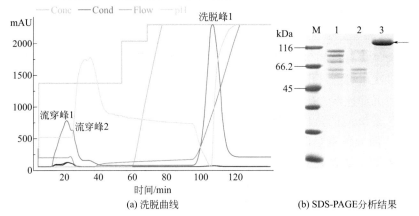

(a) 洗脱曲线

(b) SDS-PAGE分析结果

图6-22　阳离子交换树脂层析梯度洗脱结果

M—标志物；1—流穿峰1；2—流穿峰2；3—洗脱峰1

经过 sephadex G-100 凝胶过滤层析脱盐处理，洗脱曲线见图 6-23。最终纯化的 SDS-PAGE 电泳结果如图 6-24 所示，显示纯化的目的蛋白为单一条带（箭头所指），表观分子质量为 130kDa，经过凝胶成像灰度扫描分析，蛋白的纯度达到 94.6%。

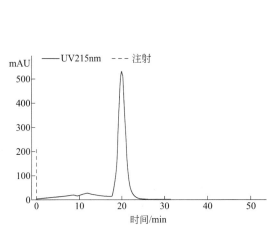

图6-23　sephadex G-100凝胶过滤层析洗脱曲线

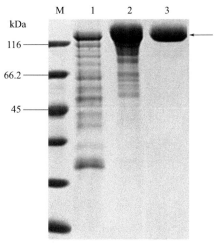

图6-24　重组人Ⅲ型胶原蛋白α1链分离纯化的SDS-PAGE分析

M—标志物；1—发酵上清液；2—硫酸铵分级沉淀的粗蛋白；3—经CM柱和凝胶过滤层析的蛋白

此种工艺下，毕赤酵母表达重组人Ⅲ型胶原蛋白α1链的分离纯化步骤和回收率见表6-11。从表中可以看出，目的蛋白最终纯度为94.6%，回收率为71.8%。

表6-11 毕赤酵母表达重组人Ⅲ型胶原蛋白α1链的纯化过程（1L发酵液）

纯化步骤	总蛋白/g	rhCOL3A1/g	纯度/%	回收率/%
发酵液	19.72	4.68	23.7	100
乙醇沉淀	19.72	4.68	23.7	100
硫酸铵分级沉淀	5.93	4.34	73.2	92.7
超滤浓缩	5.04	3.69	73.2	78.8
离子交换层析	3.68	3.43	93.2	73.3
凝胶过滤脱盐	3.55	3.36	94.6	71.8

参考文献

[1] 范代娣，马晓轩，张凤龙，等. 一种分泌表达人Ⅲ型胶原α链蛋白的毕赤酵母工程菌及其构建方法与应用 [P]. CN 103725623A. 2014-04-16.

[2] 范代娣，宇文伟刚，马晓轩，等. 重组人源型胶原蛋白的羟基化方法 [P]. CN 109022464A. 2018-12-18.

[3] Li L B, Fan D D, Ma X X, et al. High‐level secretory expression and purification of unhydroxylated human collagen α1 (Ⅲ) chain in *Pichia pastoris* GS115 [J]. Biotechnology and Applied Biochemistry, 2015, 62(4): 467-475.

[4] He J, Ma X, Zhang F, et al. New strategy for expression of recombinant hydroxylated human collagen α1(Ⅲ) chains in *Pichia pastoris* GS115 [J]. Biotechnology and Applied Biochemistry, 2015, 62(3): 293-299.

[5] Gelse K, Pöschl E, Aigner T. Collagens-structure, function, and biosynthesis [J]. Advanced Drug Delivery Reviews, 2003, 55(12): 1531-1546.

[6] Wu J J, Weis M A, Kim L S, et al. Type Ⅲ collagen, a fibril network modifier in articular cartilage [J]. Journal of Biological Chemistry, 2010, 285(24): 18537-18544.

[7] Eyre D R , Wu J J. Collagen cross-links [J]. Topics in Current Chemistry, 2005, 247: 207-229.

[8] Young R D, Lawrence P A, Duance V C, et al. Immunolocalization of collagen types Ⅱ and Ⅲ in single fibrils of human articular cartilage [J]. Journal of Histochemistry & Cytochemistry, 2000, 48(3): 423-432.

[9] Kivirikko K I, Pihlajaniemi T. Collagen hydroxylases and the protein disulfide isomerase subunit of prolyl 4-hydroxylases [J]. Advances in Enzymology and Related Areas of Molecular Biology, 1998, 72: 325-398.

[10] Walmsley A R, Batten M R, Lad U, et al. Intracellular retention of procollagen within the endoplasmic reticulum is mediated by prolyl 4-hydroxylase [J]. Journal of Biological Chemistry, 1999, 274(21): 14884-14892.

[11] Geddis A E, Prockop D J. Expression of human COL1A1 gene in stably transfected HT1080 cells: the production of a thermostable homotrimer of type Ⅰ collagen in a recombinant system [J]. Matrix, 1993, 13(5): 399-405.

[12] 史静静，高源，贺婧，等. 毕赤酵母中人Ⅲ型胶原蛋白α链与病毒羟脯氨酸酶的共表达 [J]. 西北大学学报：自然科学版, 2017, 47(2): 231-236.

[13] 史静静. 人源Ⅲ型胶原α1链的发酵纯化及羟基化α1链体系的构建 [D]. 西安：西北大学，2017.

[14] Li L B, Fan D D, Ma X X, et al. Secretory expression and optimization of human Col1a1 in *Pichia pastoris* [J]. Asia Life Sciences, 2015, 24(1): 27-35.

[15] 李林波. 毕赤酵母高密度发酵重组人Ⅲ型胶原α1链蛋白 [D]. 西安：西北大学，2014.

[16] Hua X F, Fan D D, Luo Y E, et al. Kinetics of high cell density fed-batch culture of recombinant *Escherichia coli* producing human-like collagen [J]. Chinese Journal of Chemical Engineering, 2006, 14(2): 242-247.

[17] 张志尧. 随机数学理论对 Logistic 模型的解释 [J]. 天津医科大学学报，2001, 7(1): 29-31.

[18] Nath K, Muthukumar M, Kumar A, et al. Kinetics of two-stage fermentation process for the production of hydrogen[J]. International Journal of Hydrogen Energy, 2008, 33(4): 1195-1203.

[19] Burgess R R, Deutscher M P. Guide to protein purification [M]. Gulf Professional Publishing, 1990.

[20] 高源. 全长人Ⅰ型胶原α1链的重组表达与纯化 [D]. 西安：西北大学，2018.

[21] 王利娜. 重组人Ⅲ型胶原α1链蛋白的表达及分离纯化 [D]. 西安：西北大学，2015.

[22] Carreira A, Paloma L, Loureiro V. Pigment producing yeasts involved in the brown surface discoloration of ewes' cheese [J]. International Journal of Food Microbiology, 1998, 41(3): 223-230.

[23] Hao J, Xu L, He H, et al. High-level expression of staphylococcal protein A in *Pichia pastoris* and purification and characterization of the recombinant protein [J]. Protein Expression & Purification, 2013, 90(2): 178-185.

第七章

重组胶原蛋白理化性质及生物学性质表征

重组胶原蛋白技术的发展，使得大规模制备胶原蛋白成为可能。本章系统地介绍了重组胶原蛋白的理化性能及生物学性能，对合理、有效地利用重组胶原蛋白资源具有重要的意义。

第一节
重组胶原蛋白的理化性质

根据中检院发布的标准《重组胶原蛋白》(YY/T 1849—2022)，范代娣团队对其生产的重组胶原蛋白进行理化性能的检测与鉴定。

一、原核体系表达的重组胶原蛋白的理化性质

以第五章合成的重组类人胶原蛋白 CF-5 为例，对其理化性能进行逐一分析。

1. 外观

肉眼直接观测，重组类人胶原蛋白 CF-5 为白色或类白色海绵状固体。

2. 可见异物

按照《中华人民共和国药典》"可见异物检查法"的"灯检法"进行检测，结果显示重组类人胶原蛋白 CF-5 无明显可见异物。

3. pH 值

按照《中华人民共和国药典》"pH 值测定法"进行测定，结果如表 7-1 所示，表明重组类人胶原蛋白 CF-5 配制成 1mg/mL 溶液时 pH 值范围在 4.0 ～ 7.0。

表7-1 不同浓度重组类人胶原蛋白CF-5的pH值

配制浓度/(mg/mL)	10	1
CF-5 pH值	5.91	6.12

4. 水分含量

按照《中华人民共和国药典》"水分测定法"第二法进行测定，结果如表 7-2 所示，表明重组类人胶原蛋白 CF-5 中水分含量低于 10%。

表7-2　重组类人胶原蛋白CF-5水分含量

样品	初始质量	干燥5h后质量	干燥6h后质量	干燥7h后质量
CF-5质量/g	2.5224	2.3591	2.3441	2.3422
水分含量/%	—	6.47	7.07	7.14

5. 灼烧残渣

按照《中华人民共和国药典》"炽灼残渣检查法"测定，计算出最终的重组类人胶原蛋白CF-5灼烧残渣含量为0.59%。

6. 外源性DNA残留量

按照《中华人民共和国药典》"外源性DNA残留量测定法"中第二法荧光染色法对样品进行检测，结果如表7-3所示。重组类人胶原蛋白CF-5外源性DNA残留量<10ng/mg，结果符合规定要求。

表7-3　重组类人胶原蛋白CF-5外源性DNA残留量

样品	DNA残留量/（ng/mg）	DNA残留量复测/（ng/mg）
CF-5	1.449	1.137

7. 宿主细胞蛋白质残留量

按照《中华人民共和国药典》"大肠埃希菌菌体蛋白质残留量测定法"进行测定，购买上海酶联生物的大肠埃希宿主残留蛋白酶联免疫分析试剂盒进行测定，结果如表7-4所示，测得的重组类人胶原蛋白CF-5平均蛋白质残留量为0.0113%。

表7-4　大肠埃希宿主细胞蛋白质残留量

样品	平行样1	平行样2	平行样3	平均值
大肠埃希宿主细胞蛋白质残留量/%	0.0116	0.0114	0.0111	0.0113

8. 重金属及微量元素含量

按照《中华人民共和国药典》"重金属检查法"检测，结果如表7-5所示，重组类人胶原蛋白CF-5检测结果符合限量要求。

表7-5　重组类人胶原蛋白CF-5中重金属含量检测结果

重金属	含量/（μg/g）
重金属总量（以Pb计）	≤10
砷（As）	≤5
汞（Hg）	4
铅（Pb）	15

9. 圆二色谱分析

用双蒸水配制1mg/mL样品溶液，并用0.45μm的水体系滤膜过滤溶液。在室温下，以双蒸水作为扫描基线，将各样品置于圆二色谱仪下进行扫描检测，结果如图 7-1 所示，对应的蛋白质二级结构相对含量如表 7-6 所示。

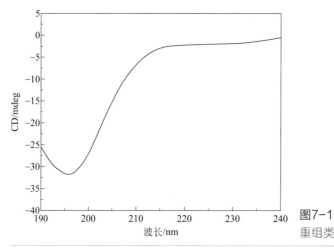

图7-1
重组类人胶原蛋白CF-5圆二色谱图

表7-6　重组类人胶原蛋白CF-5二级结构相对含量（波段范围190～240nm）

样品	α螺旋/%	β折叠/%	β转角/%	无规卷曲/%
CF-5	15.6	14.9	24.7	44.8

10. 傅里叶红外光谱分析

采用《中华人民共和国药典》"红外分光光度法 - 衰减全反射模式（ATR）"测定，其结果如图 7-2 所示，对应的蛋白质二级结构相对含量如表 7-7 所示。

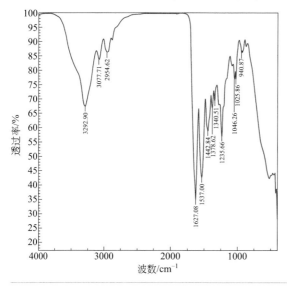

图7-2
重组类人胶原蛋白CF-5傅里叶红外光谱图

表7-7　重组类人胶原蛋白CF-5二级结构相对含量（波段范围1600 ～ 1700cm^{-1}）

样品	β折叠/%	无规卷曲/%	α 螺旋/%	β转角/%	R^2
CF-5	43.36	29.45	12.42	14.76	0.9998

11. 拉曼光谱分析

使用 HORIBA Scientific LabRAM HR Evolution 仪器对测定的光谱数据进行平滑基线校正处理，截取 1600 ～ 1700cm^{-1} 波段光谱数据，结果如图 7-3 所示，对应的蛋白质二级结构相对含量如表 7-8 所示。

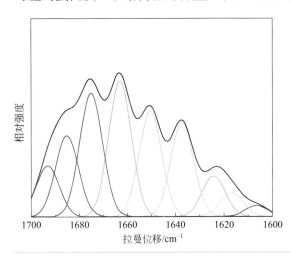

图7-3
重组类人胶原蛋白CF-5拉曼光谱图

表7-8　重组类人胶原蛋白CF-5二级结构相对含量表（波段范围1600 ～ 1700cm^{-1}）

样品	β折叠/%	无规卷曲/%	α 螺旋/%	β转角/%	R^2
CF-5	30.6	30.05	20.57	18.76	0.9879

二、真核体系表达的重组胶原蛋白的理化性质

以第六章毕赤酵母表达的 I 型胶原蛋白（α1 链）为例，对其理化性能进行逐一分析。

1. 外观

肉眼直接观测，本品为白色或类白色海绵状固体。

2. 可见异物

按照《中华人民共和国药典》"可见异物检查法"的"灯检法"进行检测，结果显示无明显可见异物。

3．pH值

按照《中华人民共和国药典》"pH值测定法"进行测定，结果如表7-9所示，结果表明重组人Ⅰ型胶原蛋白配制成1mg/mL溶液时pH值范围在4.0～7.0。

表7-9　不同浓度重组人Ⅰ型（α1链）胶原蛋白pH值

配制浓度/(mg/mL)	10	1
pH值	5.89	6.08

4．水分含量

按照《中华人民共和国药典》"水分测定法"第二法进行测定，结果如表7-10所示，结果表明重组人Ⅰ型胶原蛋白中水分含量低于10%。

表7-10　重组人Ⅰ型胶原蛋白水分含量

样品	初始质量	干燥5h后质量	干燥6h后质量	干燥7h后质量
重组人Ⅰ型胶原蛋白质量/g	2.4945	2.3351	2.3294	2.3081
水分含量/%	—	6.390	6.62	7.47

5．灼烧残渣

按照《中华人民共和国药典》"炽灼残渣检查法"测定，最终计算的重组人Ⅰ型胶原蛋白灼烧残渣含量为0.67%。

6．外源性DNA残留量

按照《中华人民共和国药典》"外源性DNA残留量测定法"中第二法荧光染色法对样品进行检测，结果如表7-11所示。重组人Ⅰ型胶原蛋白外源性DNA残留量＜10ng/mg，结果符合规定要求。

表7-11　重组人Ⅰ型胶原蛋白DNA残留量

样品	DNA残留量/（ng/mg）	DNA残留量复测/（ng/mg）
重组人Ⅰ型胶原蛋白	3.390	3.051

7．宿主细胞蛋白质残留量

按照《中华人民共和国药典》"大肠埃希菌菌体蛋白质残留量测定法"进行测定，购买上海酶联生物的毕赤酵母宿主残留蛋白酶联免疫分析试剂盒进行测定，结果如表7-12所示，测得的平均蛋白质残留量为0.0156%。

表7-12　毕赤酵母宿主细胞蛋白质残留量

样品	平行样1	平行样2	平行样3	平均值
毕赤酵母宿主细胞蛋白质残留量/%	0.0163	0.0159	0.0146	0.0156

8．重金属及微量元素含量

按照《中华人民共和国药典》"重金属检查法"检测，结果如表7-13所示，符合限量要求。

表7-13　重组人Ⅰ型胶原蛋白中重金属含量检测结果

重金属	含量/（μg/g）
重金属总量（以Pb计）	≤10
砷（As）	≤1
汞（Hg）	4
铅（Pb）	15

9．圆二色谱分析

用双蒸水配制1mg/mL样品溶液，并用0.45μm的水体系滤膜过滤溶液。在室温下，以双蒸水作为扫描基线，将各样品置于圆二色谱仪下进行扫描检测，结果如图7-4所示，对应的蛋白质二级结构相对含量如表7-14所示。

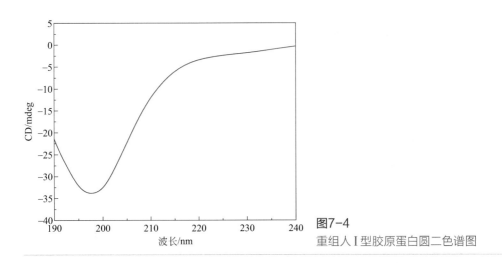

图7-4
重组人Ⅰ型胶原蛋白圆二色谱图

表7-14　重组人Ⅰ型胶原蛋白二级结构相对含量（波段范围190～240nm）

样品号	α螺旋/%	β折叠/%	β转角/%	无规卷曲/%
重组人Ⅰ型胶原蛋白	16.7	12.3	25.5	45.4

10．傅里叶红外光谱分析

采用《中华人民共和国药典》"红外分光光度法-衰减全反射模式（ATR）"测定，其结果如图7-5所示，对应的蛋白质二级结构相对含量如表7-15所示。

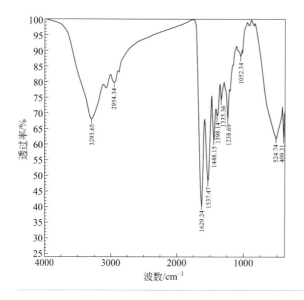

图7-5
重组人 I 型胶原蛋白傅里叶红外光
谱图

表7-15　重组人 I 型胶原蛋白二级结构相对含量（波段范围 1600～1700cm⁻¹）

样品	β折叠/%	无规卷曲/%	α螺旋/%	β转角/%	R^2
重组人 I 型胶原蛋白	39.98	31.9	13	15.1	0.9999

11. 拉曼光谱分析

使用 HORIBA Scientific LabRAM HR Evolution 拉曼光谱仪对测定的光谱数据进行平滑基线校正处理，截取 1600～1700cm⁻¹ 波段光谱数据，结果如图 7-6 所示，对应的蛋白质二级结构相对含量如表 7-16 所示。

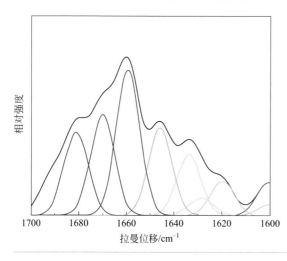

图7-6
重组人 I 型胶原蛋白拉曼光谱图

表7-16　重组人 I 型胶原蛋白二级结构相对含量（波段范围 $1600 \sim 1700cm^{-1}$ ）

样品	β折叠/%	无规卷曲/%	α螺旋/%	β转角/%	R^2
重组人 I 型胶原蛋白	32.1	25.44	25.11	17.35	0.9807

第二节
重组胶原蛋白的生物学性质

　　天然胶原是分子量非常大的蛋白质分子，若未经任何处理几乎不能透过皮肤，因此在化妆品中一般组织来源的胶原产品的功能仅限于保持水分，而重组胶原蛋白因含有丰富的未结合的活性氨基酸位点，能发挥更活跃的功效，在美容护肤领域显示了良好的应用潜力。范代娣团队[1]通过构建不同表达载体，制得了一系列重组胶原蛋白，不但保持了胶原蛋白原有的特性，并且在溶解性和稳定性等方面进行了优化设计，具有良好的生物相容性及修复皮肤屏障的功能。重组胶原蛋白因与细胞的亲和力好，能促进成纤维细胞和上皮细胞的生长，另外重组胶原蛋白与角质层中的水结合形成网状结构，保留部分水分，并通过自身的亲水基团，改善表皮细胞的微环境，恢复皮肤的屏障功能。小分子重组胶原蛋白组织易于透皮吸收，滋润角质层并促进皮肤新陈代谢，有利于清洁皮肤老化角质层，调节皮脂分泌排泄[2,3]。

一、重组胶原蛋白的生物学活性

1．修复性

　　角质层是皮肤的最外层，主要由角质形成细胞构成，是皮肤的天然屏障。表皮细胞活力会影响皮肤保湿功能，角质层的含水量低于10%，皮肤就会粗糙、干燥，进而引起皱纹。真皮细胞中的主要构成细胞是皮肤成纤维细胞，主要负责产生胶原蛋白纤维、弹力纤维和基质。真皮中成纤维细胞活力会影响胶原蛋白的分泌，成纤维细胞活力差则会导致胶原蛋白纤维数量减少、胶原蛋白纤维束构造紊乱以及胶原蛋白降解与合成失衡。胶原具有抗细胞老化效果，可以通过改善和干预细胞膜上的信号传导途径来延缓细胞老化进程，促进细胞增殖与迁移，降低结缔组织和皮肤的老化率。范代娣团队[4-6]在重组胶原蛋白的促细胞生长和细胞迁移特性等方面也进行了一系列研究。根据皮肤的分层结构，选取了上皮细胞和成纤维细胞进行研究。

上皮细胞采用了人皮肤角质形成细胞（HaCaT）和人胃黏膜上皮细胞（GES-1）。细胞增殖实验的结果显示，重组类人胶原蛋白 CF-5、重组人 I 型胶原蛋白和重组人 III 型胶原蛋白的细胞增殖率均高于牛跟腱胶原和对照组的细胞增殖率，对 HaCaT 和 GES-1 细胞均具有显著的促细胞生长作用（图 7-7）。

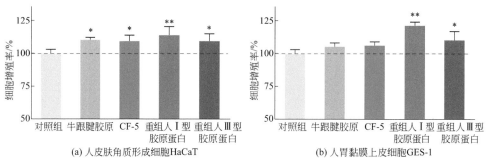

(a) 人皮肤角质形成细胞HaCaT　　　　　　(b) 人胃黏膜上皮细胞GES-1

图7-7　重组胶原蛋白对HaCaT细胞（a）和GES-1细胞（b）增殖的作用

成纤维细胞采用了人皮肤成纤维细胞（HSF）和小鼠成纤维细胞（L929）。细胞增殖实验的结果显示，与对照组相比，重组类人胶原蛋白 CF-5、重组人 I 型胶原蛋白和重组人 III 型胶原蛋白均对 HSF 和 L929 细胞具有显著的促细胞生长作用（图 7-8）。

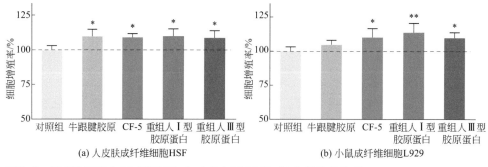

(a) 人皮肤成纤维细胞HSF　　　　　　　(b) 小鼠成纤维细胞L929

图7-8　重组胶原蛋白对HSF细胞（a）和L929细胞（b）增殖的作用

重组类人胶原蛋白 CF-5 水解多肽比未水解的胶原蛋白表现出更优异的促细胞生长功能 [7]。重组类人胶原蛋白的胰蛋白酶水解多肽（TH）和重组类人胶原蛋白的胃蛋白酶水解多肽（PH）对乳仓鼠肾细胞 BHK-21 增殖率有显著性提高，说明其对 BHK-21 细胞生长有明显的促进作用（图 7-9）。

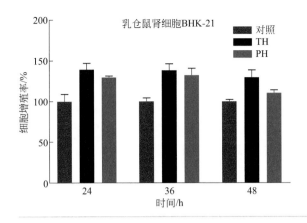

图7-9
CF-5多肽对乳仓鼠肾细胞（BHK-21）增殖的作用

细胞迁移是机体正常发育和生理活动的基础，在胚胎发育、免疫监视、损伤修复、血管生成等生理过程中扮演重要角色，贯穿了整个生命周期。在创伤愈合过程中，创面上皮化过程的主要机制是成纤维细胞与角质细胞被炎症早期产生的生长因子激活，自主增殖迁移至伤口处，通过分泌弹性蛋白、胶原蛋白和糖胺聚糖等细胞外基质帮助伤口愈合[8,9]。其中成纤维细胞在创伤愈合和坏死细胞的组织修复过程中起重要作用，也是结缔组织主要的组成细胞[10,11]。细胞划痕实验是检测细胞迁移能力较为便捷的方法，类似体外伤口愈合模型，能够有效地检验胶原蛋白的促皮肤损伤修复功能。范代娣团队采用细胞体外划痕实验，探究重组类人胶原蛋白 CF-5 对不同细胞迁移能力的影响。采用人皮肤成纤维细胞（HSF）和人皮肤角质形成细胞（HaCaT）进行划痕实验，利用软件计算比较 0h、12h 和 24h 划痕距离或面积的变化。实验结果显示，在不同细胞的划痕实验中，与对照组和动物组织胶原组（牛跟腱胶原）相比，重组人 I 型胶原蛋白、重组人 III 型胶原蛋白和重组类人胶原蛋白 CF-5 均能显著促进细胞的迁移融合，具有良好的损伤修复效果（图 7-10，图 7-11）。

2．抗氧化性

不同来源的胶原肽链均具有一定的抗氧化性，并且其乳化性能良好，在油水界面能起导向作用，对清除生物体内过量自由基、抑制膜脂质过氧化过程意义重大。胶原肽链长度随着水解的进行不断减小，越来越多的氨基酸残基（如脯氨酸、组氨酸）和侧链基团暴露出来（如—SH、—NH$_2$），它们能够捕捉活性氧，终止自由基的连锁反应，或者能够与自由基和脂质氧化产生的不稳定产物等发生反应，起到一定的抗氧化作用。相较其他来源的蛋白多肽而言，胶原蛋白多肽具有较高的抑制脂质过氧化能力，可以保护活细胞免受因自由基引起的氧化损伤。范代娣团队[7]针对重组类人胶原蛋白 CF-5，分别采用 2,2- 二苯基 -1- 吡啶并肼基

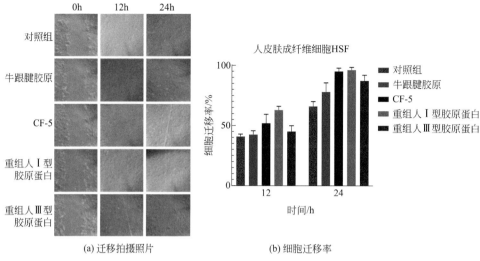

(a) 迁移拍摄照片   (b) 细胞迁移率

图7-10 重组胶原蛋白对人皮肤成纤维细胞HSF的作用

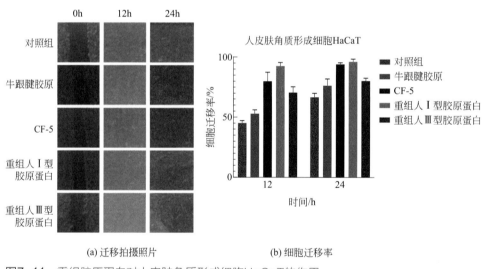

(a) 迁移拍摄照片   (b) 细胞迁移率

图7-11 重组胶原蛋白对人皮肤角质形成细胞HaCaT的作用

（DPPH）自由基、2,2′-联氮-双-3-乙基苯并噻唑啉-6-磺酸（ABTS）自由基测定清除活性以及还原能力，综合分析重组胶原蛋白胰蛋白酶水解多肽（TH）和胃蛋白酶水解多肽（PH）的抗氧化性。选取最佳工艺条件下制备的水解样品，依次用截留分子质量为5000Da、3000Da和1000Da的超滤膜进行超滤处理，得到不同组分多肽，分子质量（M_w）范围如下所示。①胃蛋白酶水解多肽。PH1：M_w

≥ 5000Da；PH2：3000Da ≤ M_w < 5000Da；PH3：1000Da ≤ M_w < 3000Da；PH4：M_w < 1000Da。②胰蛋白酶水解多肽。TH1：M_w ≥ 5000Da；TH2：3000Da ≤ M_w < 5000Da；TH3：1000Da ≤ M_w < 3000Da；TH4：M_w < 1000Da。研究发现分子质量在 3000 ~ 10000Da 之间以及小于 1000Da 的多肽均具有较强的抗氧化性。随着多肽浓度的增加，CF-5 多肽对 DPPH 自由基的清除活性显著提高，并存在明显的浓度依赖关系。对于浓度为 1.6mg/mL 的胃蛋白酶水解多肽和胰蛋白酶水解多肽，将 100μL 多肽样品加入到 10μL DPPH 溶液中时，其自由基清除率达到 57.4% 和 60.4%，且计算得到半抑制浓度 EC_{50} 值为 1.41mg/mL 和 0.91mg/mL。CF-5 多肽对 ABTS 自由基也有一定的清除作用，当 CF-5 多肽的浓度为 2mg/mL 时，PH 和 TH 清除 ABTS 值分别为 320.1μmol TEAC/g 和 350.2μmol TEAC/g。在还原能力的测定中，随着浓度的升高，CF-5 多肽的还原能力呈线性增长，加入的样品越多，则还原能力越强，与 DPPH 和 ABTS 自由基清除结果一致，不过其还原能力依然比抗坏血酸低（图 7-12）。实验结果表明，CF-5 多肽具有良好的抗氧化性。

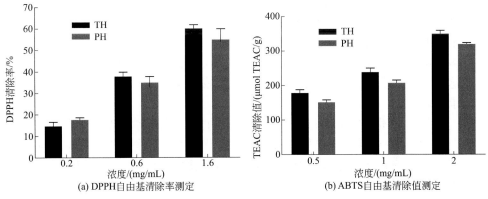

图7-12 胰蛋白酶和胃蛋白酶水解多肽清除自由基能力测定

　　重组类人胶原蛋白除了具有直接清除自由基的能力之外，还可以和具有催化氧化特性的金属离子发生螯合反应来减少氧化损伤，发挥抗氧化特性。金属离子如铁、铜、汞、镉可在机体内的氧化过程中起催化作用，例如催化过氧化氢分解生成羟基自由基，造成皮肤损伤。重组胶原蛋白具有螯合钙、铁、铜和锌等金属离子的能力[12]。重组类人胶原蛋白螯合铁能显著减缓细胞脂褐素的生成和堆积；而铜离子是酪氨酸酶的激活剂，重组类人胶原蛋白螯合铜会引起游离铜离子的缺失，使机体内酪氨酸酶活性降低，抑制黑色素的合成，利用重组类人胶原蛋白的这种离子结合功效可以达到皮肤美白效果[8]。总之，重组胶原蛋白及其水解多肽具有良好的抗氧化性，通过直接清除自由基和螯合金属离子等作用，在美容护肤领域能够发挥减少皮肤损伤和美白作用，具有良好的美白和淡斑功效。

3. 抗炎作用

复发性口腔溃疡组织病理学表现为非特异性炎症。必须对患者患处进行有效的局部治疗，加速创面愈合，促进患者正常进食，改善营养状况，提高身体抵抗力，为缩短病程提供有力保障。胶原蛋白具有促进宿主胶原沉积和组织再生的能力，因此在复发性口腔溃疡患者上皮缺损或出现炎症时通过体外补充胶原蛋白以促进细胞增殖是一种新的治疗尝试。重组类人胶原蛋白在口腔黏膜上和皮肤上使用时作用原理类似，能增强细胞膜内外物质传递，有利于细胞贴壁生长，从而促进细胞增殖，在治疗口腔黏膜溃疡方面安全、有效，能显著缩短溃疡愈合时间[13]。

胃溃疡是一种常见的消化道疾病，胃溃疡的致病机制较为复杂、病程长、发病率高，具有较强的周期性、反复性。胃溃疡经常在多种因素的共同作用下产生，病因较为复杂，普遍认为是由某些侵袭性因子与防御机制之间的平衡失调引起的。侵袭性因子包括内源性的胃酸、胃蛋白酶和活性氧，以及外源性的幽门螺杆菌、非甾体抗炎药、酒精等，防御机制主要包括黏液 - 碳酸氢盐屏障、胃上皮细胞间的紧密连接、胃黏膜血流和细胞更新等。目前治疗胃溃疡的药物种类繁多，常见的有抗幽门螺杆菌类药物、抑酸类药物和胃黏膜保护剂类药物等，但是这些治疗手段普遍存在不良反应，所以既安全又有效的治疗胃溃疡的功能产品需求迫切。

范代娣团队[14,15]通过建立乙酸导致的慢性胃溃疡模型探讨重组类人胶原蛋白 CF-5 在治疗胃溃疡和黏膜修复方面的潜在用途。建立乙酸诱导胃溃疡大鼠模型，重组胶原蛋白样品分别采用重组类人胶原蛋白 CF-5 与重组人 I、III 型胶原蛋白 α1 链，通过灌胃给药观察不同重组胶原蛋白对乙酸性胃溃疡的修复效果。由图 7-13 可以看出，不同重组胶原蛋白实验组的大鼠胃黏膜都有一定程度的修复。在给药 1 周后，重组类人胶原蛋白 CF-5 的修复效果最佳，已基本修复为正常水平，胃内黏膜光滑未见溃疡斑点，重组人 I 型和 III 型胶原蛋白 α1 链组相对于模型组也有比较好的修复效果，而单纯补给生理盐水的模型组的溃疡部位不能随着时间延长自行修复。

范代娣团队[15]通过体外模拟重组类人胶原蛋白 CF-5 在胃部的消化降解情况，发现 CF-5（分子质量大约为 90kDa）在经模拟胃部消化后发生了降解，降解产物包含低分子质量（分子质量在 25kDa 以下且分布范围较广）的重组类人胶原蛋白多肽，命名为 CF-5P。CF-5P 冻干后的外观形态与 CF-5 相比发生了明显变化，由白色海绵状变为白色粉末（图 7-14）。乙酸诱导大鼠胃溃疡动物实验结果表明

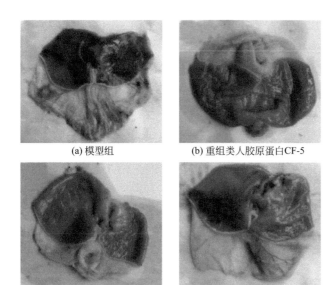

(a) 模型组

(b) 重组类人胶原蛋白CF-5

(c) 重组人Ⅰ型胶原蛋白

(d) 重组人Ⅲ型胶原蛋白

图7-13 大鼠胃部解剖图

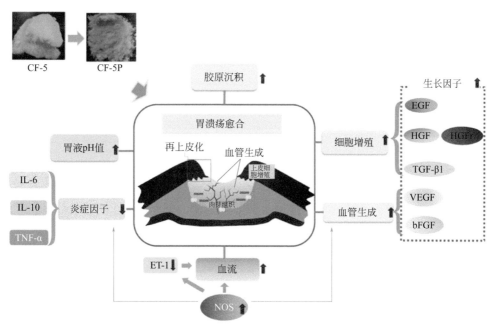

图7-14 重组类人胶原蛋白及其多肽促进胃溃疡愈合机理图

IL-6—白细胞介素-6；IL-10—白细胞介素-10；TNF-α—肿瘤坏死因子-α；ET-1—内皮素1；NOS——氧化氮合酶；EGF—表皮生长因子受体；HGF—肝细胞生长因子；HGFr—肝细胞生长因子受体；TGF-β1—转化生长因子-β1；VEGF—血管内皮生长因子；bFGF—碱性成纤维细胞生长因子

CF-5 和 CF-5P 均可通过口服有效促进胃溃疡的愈合，且二者对胃溃疡的治疗效果无显著差异，说明 CF-5 在胃中的降解产物 CF-5P 依然能够保持促进胃溃疡愈合的活性，且 CF-5 对胃溃疡愈合的促进作用可能是由它的消化产物 CF-5P 引起的。CF-5 和 CF-5P 对胃溃疡的愈合作用是多种机制相互作用的结果。① CF-5 和 CF-5P 可以通过促进生长因子的表达来加速肉芽组织形成、上皮形成和血管生成；② CF-5 和 CF-5P 可以通过调节一氧化氮合酶（NOS）的活性来加速胃溃疡的愈合；③ CF-5 和 CF-5P 可以减少溃疡组织处胶原蛋白的溶解，促进胶原蛋白的沉积；④ CF-5 和 CF-5P 能够减少炎症和降低内皮素 1（ET-1）的水平，从而进一步促进胃溃疡愈合，这可能与 NOS 的调节作用有关；⑤ CF-5 和 CF-5P 均能提高胃液 pH 值，促进胃溃疡的愈合。

此外，细胞增殖在胃溃疡的愈合过程中发挥着重要作用。细胞增殖可以促进肉芽组织形成、血管生成和上皮再生，加速组织重塑；上皮细胞的迁移有利于周边正常上皮细胞迁移至溃疡边缘，覆盖溃疡基层，填补黏膜缺损，与上皮细胞的增殖一同促进胃黏膜再上皮化。CF-5 和 CF-5P 直接作用于胃黏膜上皮细胞，可以促进胃黏膜上皮细胞发生增殖和迁移，并且 CF-5P 对细胞增殖和迁移的促进作用更加显著，说明 CF-5 经胃部消化后不但保有对细胞增殖和迁移的促进作用，而且其消化产物似乎表现出了更大的优势。因此，口服 CF-5 对胃溃疡愈合的影响主要是由其降解产物引起的，其潜在作用机制如图 7-14 所示。

二、重组胶原蛋白对皮肤疾病的作用

重组胶原蛋白在皮肤医学领域中主要用于减轻和缓解皮肤损伤，其作用机制主要是改善和修复皮肤屏障功能。皮肤屏障功能是保护皮肤健康的关键，其主要依靠角质细胞、角质层与细胞外成分彼此紧密结合。皮肤屏障功能对维持皮肤水电解质平衡具有重要作用，能阻止病原微生物、抗原入侵。范代娣团队构建的重组类人胶原蛋白在生物功效、生物相容性等方面表现优异，构建的 CF 系列重组类人胶原蛋白，均具有比较好的引导角质上皮细胞向缺损区迁移、改善皮肤微环境、促进伤口愈合、改善皮脂腺分泌、修复毛囊壁损伤、溶解毛囊角栓等功能，最终实现改善和修复皮肤屏障功能。

1. 重组胶原蛋白对面部皮炎的作用

面部皮炎是由变态反应、刺激反应和皮肤屏障功能失调等多种原因导致的皮肤炎症性疾病。传统治疗手段多采用口服加外用药物治疗，尤以起效较快的外用糖皮质激素治疗为多，然而反复使用激素类药物可继发激素依赖性皮炎，给临床治疗工作带来了更大的困难。常见的面部皮炎包括颜面再发性皮炎、脂溢性皮炎、特应性皮炎等。

颜面再发性皮炎是颜面发生的一种轻度红斑鳞屑性皮炎。通常通过口服盐酸左西替利嗪等 H1 受体拮抗剂或外用丁酸氢化可的松进行抗炎，长期使用可导致皮肤萎缩、毛细血管扩张和色素沉着等不良反应，并对激素产生依赖。将重组类人胶原蛋白 CF 系列敷料覆盖于皮肤表面，可以形成一个湿润性闭合环境，起到隔离保护作用，修复皮肤屏障功能，因此能够辅助药物有效地治疗颜面再发性皮炎[8,9]。口服药物同时外用敷料治疗后，患者的治疗总有效率可达到 80%，复发率占 3.33%。另一种常用中药洗剂是皮肤病血毒丸，其通过中药负离子冷喷的低温刺激引起血管收缩、血流减少，有利于水肿和炎症消退。重组类人胶原蛋白敷料联合中药冷喷技术治疗颜面再发性皮炎，临床效果显著，总有效率为 78.34%[9,10]。CF 系列敷料的使用能够显著缩短病程，减少不良反应，促进创面愈合与皮肤的修复，降低炎症消退后色素沉着与瘢痕形成的风险，防止复发并避免反复使用药物形成依赖性。

脂溢性皮炎是一种湿疹类疾病，高发于头皮和面部两个部位。研究发现重组类人胶原蛋白在发挥皮肤保湿等相关滋养功能的同时，可以实现皮肤屏障的恢复与重建[16]。重组类人胶原蛋白敷料可以使脂溢性皮炎部位经皮水分丢失量（transepidermal water loss，TEWL）下降，角质层含水量增加，临床证实重组类人胶原蛋白敷料有助于皮炎部位皮肤屏障功能的修复。这可能是由于重组类人胶原蛋白是水溶性蛋白，其与皮肤角质层的结构相近，与角质层中水结合形成网状结构，可以锁住部分水分。在使用 CF 系列敷料治疗 10 天后，症状积分显著好转，在停药 3 天后症状积分、TEWL 及角质层含水量与治疗刚结束时相比无显著性差异，说明 CF 系列敷料能改善皮肤屏障功能、减轻皮肤损伤，未见明显不良反应，并且停药后作用仍能持续一段时间。因此重组类人胶原蛋白敷料可以作为一个安全有效的辅助治疗手段。CF 系列敷料和外用药物联合治疗的方式在用药 10 天后显著改善了皮肤屏障功能相关指标，总有效率高于 88%[16,17]。在此基础上再进一步引入激光治疗能够提升对面部脂溢性皮炎的治疗效果[18]。枸地氯雷他定是最新一代的 H1 受体拮抗剂，辅以半导体激光及 CF 系列敷料治疗能够实现在较短的时间内缓解红斑、瘙痒和灼热等症状，2 周内有效率达 96.55%。此综合治疗方法在短时间内减轻了面部皮肤红肿，改善了皮肤的干燥、紧绷和刺痒感，有效率高，且无明显不良反应，值得在临床中选择应用。

特应性皮炎（atopic dermatitis，AD）又名异位性皮炎，是一种以慢性湿疹性皮肤肿块为临床特征的皮肤疾病。目前外用糖皮质激素仍是治疗 AD 的主要手段，但长期使用可能出现皮肤萎缩和毛细血管扩张等不良反应，且治愈后往往较易复发，因此通常需要使用多种手段联合治疗。枸地氯雷他定干混悬剂和糠酸莫米松乳膏也是目前治疗 AD 主要的药物之一。重组类人胶原蛋白作为外用医学保湿剂，能迅速持久地补充皮肤表层水分，有效地修复表皮的屏障功能，减少过敏原的刺激，防止 AD 再次复发，且长期使用安全性高。对比仅采用口服枸地氯雷他定干混悬剂和外用糠酸莫米松乳膏治疗，采用重组类人胶原蛋白敷料经过 1～8 周治疗，AD 的治愈率和总有效率明显提高（表 7-17），随访两月病情出现复发的比例治疗组较对照组明显降低[19]。综上所述，枸地氯雷他定干混悬剂联合外用糠酸莫米松乳膏及重组类人胶原蛋白敷料治疗特应性皮炎疗效显著，减少了外用糖皮质激素类药物不良反应的发生，且治愈后不易复发。

表7-17　两组临床疗效比较

组别	人数	痊愈	显效	好转	无效	总有效率
治疗组	35人	77.1%	8.6%	11.4%	2.9%	85.7%
对照组	33人	48.5%	15.2%	24.2%	12.1%	63.6%

　　糖皮质激素外用制剂滥用或误用会引起激素依赖性皮炎。他克莫司软膏是一种新型非激素类抗炎药物，目前已初步用于面部激素依赖性皮炎患者的治疗。采用外用重组类人胶原蛋白敷料联合他克莫司软膏治疗，治疗 1 周后对大多数患者疗效明显，持续应用 1 个月疗效稳定，治疗有效率高达 84.8%[20,21]。但是面部激素依赖性皮炎的不同皮肤损伤对治疗的反应不一，例如以红斑和脱屑为突出表现的患者，治疗反应较好，然而面部皮肤损伤为炎性丘疹和脓疱，特别是脓疱者疗效相对较差，这可能与不同的皮肤损伤在形成过程中某些致病因子特别是继发细菌和真菌感染的作用机理不同有关，而他克莫司软膏对细菌等各种病原体感染无效。总体来说外用重组类人胶原蛋白 CF 系列敷料能够强化皮肤屏障，显著缓解药物引起的局部不良反应，获得更好的治疗效果。

2. 重组胶原蛋白对痤疮的作用

　　痤疮是一种毛囊皮脂腺的慢性炎症性疾病。在痤疮炎症发生的过程中，毛囊和包膜会因为各种酶和炎性因子的释放而受到破坏，形成痤疮瘢痕。临床根据真皮胶原增生或缺失将痤疮瘢痕分为萎缩性及增生性瘢痕。

　　痤疮瘢痕的修复难度一般较大，传统的机械磨削术和化学剥脱术等虽然有一定的疗效，但不良反应也较为严重，容易发生严重的色素沉着和继发瘢痕增生。以点阵激光为代表的激光疗法是近年来新出现的治疗痤疮浅表瘢痕的方式。点阵激光是利用局灶性光热作用原理，对皮肤及瘢痕组织造成多个柱形结构的微小热损伤区（micro-thermal zones，MTZs），刺激真皮成纤维细胞的增生、分化，并促进新生胶原蛋白的有序排列，以修复瘢痕，其实质是对瘢痕组织造成一种有限的、可逆性损伤，刺激组织启动创伤修复机制。目前使用的点阵激光主要包括铒玻璃激光（1540nm）、铒激光（2940nm）、CO_2激光（10600nm）三种光源[22]。大多数激光治疗后易使皮肤产生色素沉着、创面感染或瘢痕增生等。为减轻激光治疗的不良反应、进一步提高临床疗效，采用重组类人胶原蛋白CF系列敷料与多种不同类型点阵激光联合治疗，可以显著提高浅表性凹陷性痤疮瘢痕的临床治疗效果，缩短结痂、脱痂及愈合时间[23-27]。应用重组类人胶原蛋白CF系列敷料1周后能观察到明显的皮肤改变，主要表现为皮肤纹理质地的改善，治疗1月后毛孔能发生较明显的改善；重组类人胶原蛋白组织相容性极好，可以滋润角质层和促进皮肤的新陈代谢，从而使皮肤毛孔收缩，增加皮肤细腻度。点阵激光治疗联合重组类人胶原蛋白敷料可促进痤疮瘢痕好转，具有不良反应少、患者满意度高等优点，比单纯使用激光治疗疗效更好。

3．重组胶原蛋白对湿疹的作用

湿疹属于一种较常见的皮肤疾病，临床上通常采用糠酸莫米松乳膏、丁酸氢化可的松软膏等激素类药物进行治疗，能够在较短的时间内见效，但较长一段时间使用，会导致相关不良反应出现，具有较高的复发率。糖皮质激素也是临床治疗湿疹的常见药物，但长期使用不良反应发生率较高。联合使用药物和重组类人胶原蛋白敷料[28,29]，前3天大部分主观感觉有所缓解，延长其使用时间可增加皮肤含水量，改善皮肤微循环，提高皮肤免疫力，缩短治疗时间，防止复发，且反复使用不会形成依赖性，皮肤屏障功能较治疗前显著提高，临床治疗总有效率为98.0%。

4．重组胶原蛋白对黄褐斑的作用

黄褐斑及炎症后色素沉着是常见的色素性皮肤病，具有较高的发病率。主要治疗方法有药物治疗、化学剥脱治疗、光电治疗、中药治疗和中西医结合治疗等，目前联合治疗是治疗黄褐斑的发展趋势。氢醌即对苯二酚对黄褐斑的脱色作用已被公认，被认为是黄褐斑的一线外用药物，但是氢醌对皮肤刺激性较大，会引起刺激性接触性皮炎等常见不良反应。联合使用氢醌和重组类人胶原蛋白CF系列敷料，可迅速修复皮肤，既避免了氢醌可能引起的皮肤刺激反应，也能改善皮肤，增加疗效，单个疗程后有效率为51.5%[30]。采用微针滚轮联合维生素C、重组类人胶原蛋白CF系列敷料以及氢醌乳膏可进一步提高药物透皮速率和吸收量，从而提高黄褐斑疗效[31]。

近年来，巨脉冲发生器（Q开关）1064nm激光也被广泛用于治疗黄褐斑，其原理主要是将极强的能量瞬间发射到病变组织中，形成能量密度很高的巨脉冲，对表皮层甚至真皮层内的黑素颗粒进行爆破。黑素颗粒被爆破后成为细小颗粒，被免疫细胞吞噬。由于其选择性光热效应，对周围正常皮肤组织不会造成损害，但治疗后患者易出现疼痛、皮肤潮红、色素沉着等不良反应。采用Q开关掺钕：掺钕钇铝石榴石（YAG）激光联合重组类人胶原蛋白 CF 系列敷料治疗黄褐斑可迅速缓解患者的不适感，显著提高患者的耐受性和依从性，进而取得良好的疗效，总有效率为 91.7%，疗效确切，复发率低 [27]。使用重组类人胶原蛋白 CF 系列敷料可促进激光术后皮肤的恢复，改善皮肤质地，使皮肤具有弹性，毛孔变细，同时使原有色斑减轻。另一种方法是微针导入重组类人胶原蛋白联合 Q 开关 1064nm 激光治疗黄褐斑 [32]。通过微针通道直接导入重组类人胶原蛋白 CF 系列敷料，可以有效清除自由基，减少色素沉着，激发成纤维细胞和上皮细胞成倍增生，促进新细胞生长，微针在促进成纤维细胞增殖和真皮中胶原生成的同时，可修复黄褐斑的真皮和基底膜损伤，减少黑素细胞与释放内皮素、干细胞因子、肝细胞生长因子等刺激的真皮接触，共同达到治疗黄褐斑的目的。联合治疗较单使用激光治疗疗效更明显，并且患者满意度也明显好于激光治疗，治疗过程中和治疗结束后均未见明显不良反应。

5. 重组胶原蛋白对瘢痕的作用

瘢痕是受损组织愈合的产物，若其生长超过一定限度，会形成增生性瘢痕和瘢痕疙瘩。瘢痕防治可分为预防和治疗两部分。瘢痕预防应从创伤重塑期开始，常用方法是药物或硅凝胶制剂外用，配合加压疗法。目前针对瘢痕治疗主要有局部注射糖皮质激素、冷冻、激光、手术、浅层 X 光照射和外用硅酮类制剂等。目前瘢痕的防治无特效方法，是医学领域研究的热点和难点。范代娣团队创制的重组类人胶原蛋白疤痕修复硅凝胶（可痕 TM）富含重组类人胶原蛋白，可以形成双膜结构（物理保护膜 + 生物活性膜），加强水合作用，减少水分蒸发，使皮肤内水分转移到角质层，细胞间质内水溶性蛋白及低分子水溶性混合物向表面扩散，细胞间质水溶性物质减少，流体力学压力下降，瘢痕组织软化。另外，重组类人胶原蛋白具有水溶性，与皮肤角质层中蛋白的结构相近，能够很快渗透到皮肤内与角质层中的水结合，形成网状结构，锁住部分水分，起到类角质层的作用，抑制毛细血管再生，减轻毛细血管充血，从而抑制瘢痕肿胀，缓解瘙痒等不适 [33,34]。可痕 TM 治疗增生性瘢痕，经临床实验验证疗效明确，有效率达 90%，其治疗效果与芭克硅胶软膏无统计学差异，具有预防治疗增生性瘢痕的作用，安全性高，并且价格相对经济，可长期使用。

6. 重组胶原蛋白对皮肤组织代谢的调节作用

胶原蛋白与皮肤的相容性好，并有很好的保湿功能，胶原蛋白的缺乏是引起皮肤老化的主要原因之一。目前，国内外均已广泛地将胶原应用于烧伤、创伤修复、美容护理等诸多方面。胶原蛋白进入体内可以引导上皮细胞迁入缺损区，诱导产生趋化因子，如血小板生长因子和纤维连接蛋白等，促进自身成纤维细胞合成胶原和其他的细胞外基质成分，补充了流失的胶原蛋白，改善了皮肤老化现象。应用重组类人胶原蛋白一周后，皮肤呈现出明显改变，主要表现为皮肤纹理、质地的改善。治疗一个月后皮肤的改善以紫质为主，这主要是因为重组类人胶原蛋白可以在短期内明显减少皮肤油脂的分泌，脂质中的脂类和脂肪酸等物质的减少使得偏振光下的光反应明显降低，其具体机制尚待进一步研究[35]。总之，重组类人胶原蛋白具有补充水分和调节油脂代谢的功能，并且可以维持较长时间。

采用外用涂抹方法通常导致胶原蛋白的皮肤吸收率非常有限，需要通过改良治疗方案以达到持久高效的治疗效果。微针疗法又称中胚层疗法，是利用定位针上许多微小的针头刺激皮肤，在很短时间内，微针可以做出超过200000个微细管道，定位、定层、定量地将护肤活性成分或营养成分直接导入皮下组织，多种营养活性成分迅速被肌肤组织吸收，发挥作用，从而产生效果，产品吸收率可达到普通外用涂抹的4000倍以上。采用微针导入重组类人胶原蛋白原液可以明显改善皮肤状态，一定程度上改善了皮肤老化现象，治疗前后皮肤纹理、弹性、毛孔、水分缺失改善明显，皱纹、色斑也有好转趋势，起效快且随着治疗的继续，改善作用可进一步加强（表7-18）[36]。可能的作用机制有：①微针外源性补充胶原蛋白、调节成纤维细胞增殖、产生新生胶原等可能是改善皮肤老化的机制之一。②正常皮肤具有强大的修复功能，如在外伤、各种刺激、出现炎症等情况下，机体的创伤修复机制会被启动，导致真皮的重建与重塑。微针作用本身给皮肤造成的微小损伤，利用皮肤组织再生功能修复，在修复过程中重组类人胶原蛋白与细胞外基质作用，改善微环境，从而促使组织细胞胶原、弹力蛋白等真皮组织成分增加，同时使皮肤组织保持完整。③皮肤干燥、粗糙是皮肤容易发生光老化的根源之一，微针导入重组类人胶原蛋白原液能够显著增大面部皮肤水分值，对肌肤肤质的改善起一定作用，提升了皮肤自身抵抗光老化的能力。

表7-18　微针导入重组类人胶原蛋白治疗前后各项指标变化

项目	皱纹	纹理	毛孔	色斑	水分	弹性	油脂	pH值
治疗前	50.16	41.41	38.56	54.03	42.74	4.23	39.67	5.93
治疗后	59.03	69.89	55.63	62.45	58.17	9.52	37.32	6.32

皮肤弹性下降、毛孔粗大等皮肤老化现象与皮脂分泌旺盛有很大关系，其治疗以抑制皮脂腺分泌、提升皮肤弹性为主。重组类人胶原蛋白由于其优异的生物学活性成为一种既可以改善毛孔粗大同时又不破坏皮肤屏障的新型材料[37]。常用的三种给药方式有口服给药、经皮给药和注射给药。口服给药时，胶原蛋白会被消化酶分解破坏；经皮给药存在吸收效率低，大分子无法透过的问题；注射给药具有一定的疼痛感，创伤较大，存在感染的风险。因此，改善给药途径促进药物吸收是提高药物疗效的关键。微针注射重组类人胶原蛋白能够实现在短时间内穿透皮肤物理屏障，形成给药通道，营养成分直接到达皮下组织发挥作用。治疗

后可明显改善面部毛孔粗大、皱纹和水分缺失等。

重组类人胶原蛋白对淡化皮肤色素沉着也有一定治疗效果，特别是针对激光治疗导致的色素沉着。红光治疗仪是一种新型的光疗设备，红光照射后线粒体过氧化氢酶活性增加，促进细胞新陈代谢；糖原含量增加，促进蛋白合成及三磷酸腺苷分解进而促进细胞更新，使伤口、溃疡愈合；加强白细胞的吞噬作用，从而提高机体免疫力。红光与重组类人胶原蛋白敷料联合治疗能够在短时间内显著减少皮肤油脂分泌和紫质沉着，减轻皱纹形成，平复表皮纹理，缩小毛孔[38-40]。这可能与重组类人胶原蛋白能改善细胞外基质环境有关，进而有效地改善病变部位血液循环，促进皮肤的新陈代谢，保持病症部位湿性修复，同时治疗后皮肤 pH 值、水分、弹性及油脂评分均有改善。究其原因可能与重组类人胶原蛋白增强病变皮肤局部抵抗力，提高机体整体免疫力有关。

三、重组胶原蛋白与金属元素的螯合性质

多种人体必需的金属元素具有广泛的生物功能，与机体的疾病和健康状况密切相关。例如，钙、铁以及锌等元素是生物体内必不可少的常量或微量元素，当其缺乏时，人或动物的生长发育将会受到不利影响，需要及时补充。这些金属离子的无机盐补充剂容易和肠道内其他物质发生反应而不利于吸收，也容易产生剂量毒副作用。而金属螯合物会克服以上缺点，预期在营养医学和预防医学领域发挥重要作用。金属螯合物可以在吸收位点处将金属元素以离子形式释放出来或者以完整的螯合物形式被机体逐渐吸收，从而显著提高金属元素的生物利用率，克服传统的无机盐和有机盐补充剂利用率低的缺点。为了验证重组胶原的活性基团和金属元素螯合能否实现胶原的体内生物学功效和金属元素补充的双重功效，范代娣团队[41-44]采用重组类人胶原蛋白作为配体，与多种金属离子制备了新型重组类人胶原蛋白金属螯合物（图 7-15）。

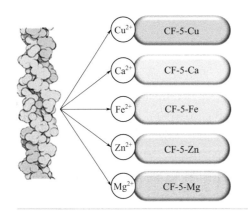

图7-15
系列重组类人胶原蛋白金属螯合物

1. 重组胶原蛋白与钙的螯合

钙是动物机体内含量最为丰富的矿物元素，人体中大约含钙 1.2kg，其中 99% 以磷酸盐（羟基磷灰石）的形式沉积于骨骼中并提供足够的机械强度。钙最重要的功能在于能够维持骨骼的质量、结构和性质，另外还具有支持结构的完整性和调节新陈代谢的功能。钙离子作为细胞内第二信使参与机体内多种生理功能并发挥极为显著的作用，对细胞结构、细胞间和细胞内的新陈代谢功能以及信号传递、肌肉的收缩作用、酶的活性有重要影响。当生物体处于成长期时，钙缺乏会影响机体生长、推迟骨骼的固结作用，并在某些特定条件下导致软骨病的发生。对成年生物体而言，钙缺乏会引起骨骼质量下降，并最终导致骨质疏松症，是人体衰老后出现的一个共同特征。因此，每天需摄入足够量的钙。

目前的补钙产品主要是以氨基酸钙和肽钙等为代表的可溶性有机钙，这类产品对受损骨的补钙和治疗有很好的效果，在日常生活中也可达到很好的补钙效果。为了更好地保护钙离子不被体内某些物质结合，获得更好的生物性能，使其更易被人体吸收，采用胶原作为钙离子载体。骨病发生除了钙的大量流失，同时也伴随着大量骨胶原蛋白的流失，因此同时补充钙与胶原能够很好地促进新骨生成，使骨骼坚硬并富有弹性，进而可以很好地治愈骨质疏松，因此开发生物功效性较好的胶原钙补充剂是解决人体钙缺乏的最佳途径。范代娣团队[3,4]采用重组类人胶原蛋白作为载体，创制出多种方法制备可成为新型钙制剂的胶原钙复合物。通过水体系合成法制备重组类人胶原蛋白系列金属螯合物，重组类人胶原蛋白分子作为配体通过羧基和亚氨基参与螯合物的形成过程，且金属离子的存在不会改变胶原分子本身的 α 螺旋结构。灌胃重组类人胶原蛋白 CF-5 钙螯合物能够显著升高骨质疏松小鼠模型的血清钙和血清磷浓度，且血清碱性磷酸酶（ALP）的活性降低。通过对重组类人胶原蛋白 CF-5 进行乙酰化、巯基化及磷酸化等修饰可进一步提高与钙离子的结合量。修饰后的重组类人胶原蛋白 CF-5 由于活化基团的引入，其稳定性相比未改性的重组类人胶原蛋白 CF-5 有所下降，但与钙离子结合后稳定性有所提高，这可能是由钙离子结合到修饰后重组类人胶原蛋白 CF-5 分子中的高能量位点所致。与重组类人胶原蛋白 CF-5 钙螯合物相比，多种改性重组类人胶原蛋白钙螯合物均表现出更优的骨质疏松修复效果（图 7-16）。特别是磷酸化修饰的重组类人胶原蛋白 CF-5 在提高钙结合量上更具优势，对骨质疏松模型小鼠也具有更好的纠正效果，血清中钙含量和血清碱性磷酸酶含量均明显降低，骨羟脯氨酸含量、骨钙和骨密度均大幅度提升，胫骨扫描也显示骨孔径明显变小，抗压能力得到了很大提升[44,45]。这可能是因为磷酸化修饰的重组类人胶原蛋白 CF-5 钙螯合物同时向机体提供胶原、钙和磷，及时补充了骨骼所需成分，还补充了必需的营养成分（图 7-17）[46]。

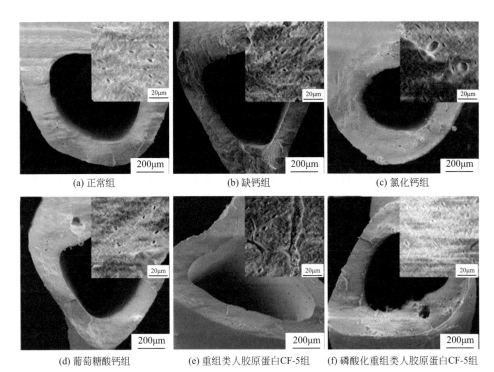

(a) 正常组   (b) 缺钙组   (c) 氯化钙组

(d) 葡萄糖酸钙组   (e) 重组类人胶原蛋白CF-5组   (f) 磷酸化重组类人胶原蛋白CF-5组

图7-16 骨质疏松模型组各组小鼠胫骨在骨质疏松纠正40d后的扫描电镜图

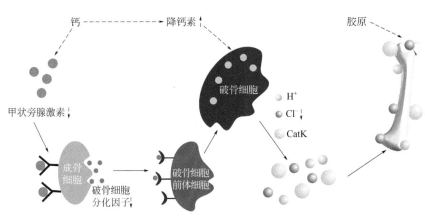

图7-17 重组类人胶原蛋白CF-5钙螯合物促进骨形成过程机理图

    但是磷酸化重组类人胶原蛋白 CF-5 钙螯合物也存在与其他口服蛋白类药物相同的局限性，在消化液中不稳定且易被其中的蛋白酶降解成短肽或氨基酸，使钙以离子形式过早释放到胃液中，导致螯合形式的钙不易到达小肠，降低了机体对钙的吸收。范代娣团队选用海藻酸钠（ALG）和壳聚糖（CS）为壁材，采用高压脉冲电场制备了 PCF-5-Ca 的微胶囊 [CS/ALG-(PCF-5-Ca)][47,48]。图 7-18 显示了不同反应时间制备的微胶囊在人工胃液（SGJ）中及在人工肠液（SIJ）中不同时间段的释放情况。在 pH 值为 2.0 的人工胃液环境下 2h 后，三种浓度的 CS 包裹的 ALG 微胶囊的释放率都较低，这是由于 pH 值为 2.0 的人工胃液中，这三种微胶囊都发生皱缩。随着外层壳膜的厚度逐渐增加，阻碍了 PCF-5-Ca 的释放，PCF-5-Ca 从微胶囊中的释放量逐渐降低。在 pH 值为 7.4 的人工肠液中 4h 后，PCF-5-Ca 的释放率增大。

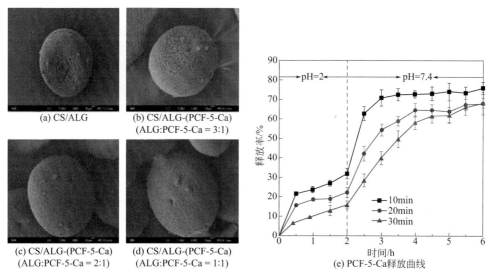

图7-18　不同微胶囊的扫描电镜图片（a）～（d）和不同CS反应时间包裹ALG微胶囊的PCF-5-Ca释放曲线（e）

采用 PCF-5-Ca 微胶囊补钙 12 周能使骨质疏松模型小鼠恢复正常或减缓骨质疏松症的状况（图 7-19）。通过检测血钙含量、血清碱性磷酸酶含量、骨钙含量、骨密度、骨羟脯氨酸含量以及胫骨扫描电镜，评价出不同补钙剂的补钙效果依次为：CS/ALG-(PCF-5-Ca) ＞PCF-5-Ca＞Col-Ca＞CS/ALG。经过微囊化处理后，磷酸化重组类人胶原蛋白 CF-5 钙螯合物微胶囊可避免胃液对其活性以及钙稳定性的影响，到达肠道吸收部位时，微胶囊缓慢释放出磷酸化重组类人胶原蛋白 CF-5 钙螯合物。此外，由于壳聚糖是阳离子聚合物，所以可以很好地吸附到带负电的小肠壁上，使得微胶囊在小肠的停留时间增加，延长磷酸化重组类人胶原蛋白 CF-5 钙螯合物的吸收时间，提高了其生物利用率。

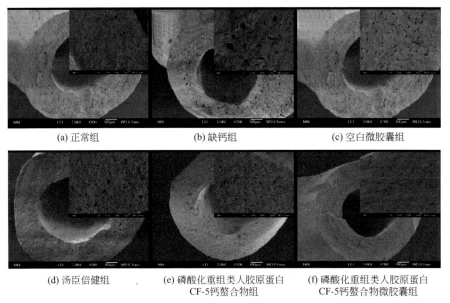

(a) 正常组   (b) 缺钙组   (c) 空白微胶囊组

(d) 汤臣倍健组   (e) 磷酸化重组类人胶原蛋白   (f) 磷酸化重组类人胶原蛋白
                          CF-5钙螯合物组   CF-5钙螯合物微胶囊组

图7-19 　骨质疏松小鼠补钙12周后各组小鼠胫骨扫描电镜

2. 重组胶原蛋白与铁的螯合

铁作为人体必需的微量元素之一，其中 70% 的铁存在于血红蛋白、血红蛋白酶、肌红蛋白、运载铁蛋白及辅助因子中，又称功能性铁，其余 30% 的铁以铁蛋白和含铁血黄素的形式存在于肝、脾、心脏等内脏和骨髓中。铁在人体中的功能很多，参与能量代谢与造血功能代谢、参与多种蛋白的合成和酶的激活。机体内铁的含量与免疫功能息息相关，体内的铁缺乏或过量很可能会引起免疫系统受损，导致免疫功能下降。另外，铁还参与了基因的表达，其中铁蛋白和转铁蛋白是基因表达调控的典型代表。因此，铁的缺乏可引起很多生理上的变化和紊乱，进而导致缺铁性贫血、免疫力低下和智力降低，影响机体体温调节能力，导致神经机能紊乱等多种疾病。

氨基酸补铁剂和蛋白质铁复合物作为第四代补铁剂受到临床关注。特别是蛋白质铁复合物，因其具有双补功能，能够在补充人体所需微量元素的同时补充机体代谢不可或缺的蛋白质和氨基酸，所以被认为是一种补铁效果最佳的产品。

范代娣团队[49-54] 使用巯基化改性的重组类人胶原蛋白 CF-5 作为铁离子的

结合蛋白，以 $FeSO_4$ 为配体，SH-CF-5 和 Fe^{2+} 的质量比为 4:1，制备巯基化重组类人胶原蛋白铁复合物（SH-CF-5-Fe）。SH-CF-5 上巯基和游离氨基侧链（—NH_2）是铁可能的结合位点，与铁作用后，蛋白上的巯基和游离氨基量明显减少。SH-CF-5-Fe 具有良好的热稳定性，安全无毒，对缺铁性贫血具有良好的治疗作用，能明显改善缺铁性贫血小鼠的体重及血液指标（图 7-20）。同时补铁效果明显优于无机铁盐、有机酸铁试剂和氨基酸螯合铁试剂，更有利于缺铁机体肝脏和血清中铁的储存和铁蛋白的合成。重组类人胶原蛋白 CF-5 铁复合物生物体吸收机制研究表明，蛋白铁复合物在胰蛋白酶和胃蛋白酶的消化后以氨基酸螯合铁和多肽螯合铁的形式存在于肠腔，并以螯合铁的形式被吸收。这种螯合态形式避免了铁沉淀反应，提高了铁在肠腔内的溶解度，也避免了铁和其他物质发生作用，从而提高机体对铁的吸收率。其次，位于五元环或六元环螯合物中心的铁可以通过小肠绒毛和载体氨基酸或多肽一同被机体吸收。另外，从细胞膜角度来看，细胞膜由蛋白质和脂质组成，它是细胞内外环境的天然屏障，单独的金属离子不被细胞膜识别，需要一种载体分子（如氨基酸、多肽和蛋白质）将它包起来形成一种有机的脂溶性表面，才能更容易穿过细胞膜。因此 SH-CF-5-Fe 作为补铁试剂，机体对其吸收效果好，生物利用率高，有望成为一种新型高效补铁剂。

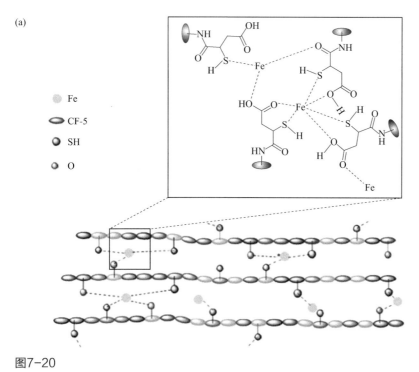

图7-20

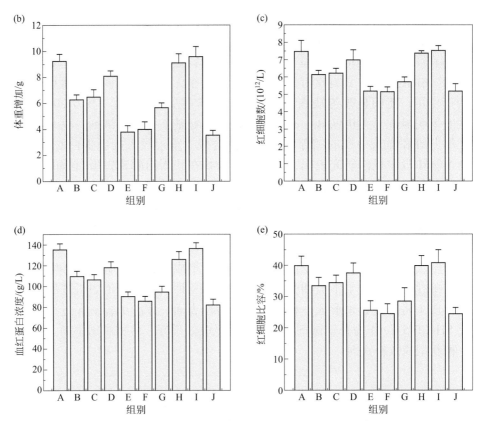

图7-20 SH-CF-5-Fe复合物的交联机理（a），SH-CF-5-Fe复合物对缺铁性小鼠体重增加（b）、红细胞数（c）、血红蛋白浓度（d）和红细胞比容（e）的影响

A—正常组；B—FeSO$_4$组；C—柠檬酸亚铁铵组；D—氨基酸铁螯合物组；E—CF-5组；F—SH-CF-5组；G—低剂量SH-CF-5-Fe组；H—中剂量SH-CF-5-Fe组；I—高剂量SH-CF-5-Fe组；J—缺铁对照组

3. 重组胶原蛋白与锌的螯合

锌是人体中含量最为丰富的一种必需微量元素，其中85%存在于肌肉和骨骼中，11%位于皮肤和肝脏。锌对多种大分子物质结构的完整和功能的行使以及六大类酶300多种酶促反应的进行都是必需的。锌元素与人类健康有着非常紧密的关系，所以它在营养科学、生命科学等领域日益受到重视。锌的功能有：①保障人体正常生理代谢、促进生长发育；②维持性机能、促进性器官发育；③影响儿童智力发育；④维持维生素A正常代谢；⑤维持机体皮肤正常功能；⑥增强食欲；⑦增强免疫功能；⑧维持生物膜的结构与功能。在世界范围内高达40%的人缺锌，特别是在发展中国家。因此，研究锌营养补充剂对人体健康具有非常重要的意义。

过去几十年，不同类型的锌元素补充剂被研发出来，包括无机补锌剂、有机酸锌盐补锌剂、氨基酸锌补锌剂和蛋白锌补锌剂。因为蛋白质既能够保护锌离子，提高生物吸收利用率，自身又是功能性食品，所以蛋白锌补锌剂被认定是一种补锌效果最佳的产品。范代娣团队[55,56]首次提出使用重组类人胶原蛋白 CF-5 作为锌的载体，重组类人胶原蛋白 CF-5 或巯基化重组类人胶原蛋白 CF-5 均可以与锌离子螯合。巯基化重组类人胶原蛋白 CF-5 由于具有更多的锌离子结合位点，锌离子结合量和稳定性显著提高。重组类人胶原蛋白 CF-5 锌螯合物经口灌胃后，提高了小鼠血清和肝组织匀浆中的 MDA 水平、抗氧化性酶活性以及总抗氧化能力（TAOC），并呈现出剂量相关性的特点，而且效果优于无机补锌剂 $ZnSO_4$ 和有机补锌剂葡萄糖酸锌，这可能与锌螯合物中锌的生物利用率较高有关。

4. 重组胶原蛋白与其他金属的螯合

铜是生物体存活所必需的一种物质，以氧化态 Cu(II) 和还原态 Cu(I) 两种形式存在，在蛋白质的氧化还原过程中作为一种重要的催化辅因子存在。铜作为哺乳动物新陈代谢过程中一系列关键酶的辅因子，在哺乳动物体内起着基础性的重要作用。此外，有机铜复合物可以作为蛋白酶的抑制剂以及人类癌细胞的细胞凋亡诱导剂，因此有机铜复合物在抗癌抗肿瘤方面也具有很重要的作用。

锰是人、动物以及植物必不可少的微量元素之一，虽然含量极少（浓度仅为 1mg/g 湿重），但是广泛分布于生物体的组织和体液中，如肝、胰、肾、骨骼、血液。锰主要以含锰酶和含锰蛋白两种形式存在于生物体内，生物体内的上百种酶可以由锰离子以辅因子的形式激活参与机体内蛋白质、脂质以及糖类的代谢过程。锰还是生物体大脑发育必不可少的金属元素，其在蛋白质、DNA 和 RNA 的合成中起重要作用。

范代娣团队首次采用重组类人胶原蛋白 CF-5 作为载体螯合铜或锰离子，通过水体系合成法制备的蛋白金属离子复合物可以作为更稳定、更安全、生物利用率更好的金属离子补充剂[57]，其优势如下：①蛋白质与金属离子形成的复合物相对比较稳定；②蛋白质的保护作用避免了金属离子生成沉淀或与其他物质发生反应，保证了其较高的吸收率和利用率。

参考文献

[1] 李阳，朱晨辉，范代娣. 重组胶原蛋白的绿色生物制造及其应用 [J]. 化工进展，2021, 40 (3): 1262-1274.

[2] 祝霞，李远宏，吴严，等. 类人胶原蛋白治疗眼周皮肤皱纹的临床观察 [J]. 中国美容医学，2010, 19(3): 3.

[3] Chang L, Fan D D, Duan Z G, et al. The transdermal absorption study of human-like collagen [J]. Advanced

Materials Research, 2012, 415-417：1781-1785.

[4] 米钰，惠俊峰，范代娣，等. 类人胶原蛋白生物相容性实验研究 [J]. 西北大学学报：自然科学版，2004, 1: 66-72.

[5] 王德伟，范代娣，费强. BHK-21细胞在生物材料溶液中黏附及增殖比较 [J]. 西北大学学报：自然科学版，2007, 4: 603-606.

[6] 程宁，范代娣. 类人胶原蛋白对 BHK-21 细胞生长的影响 [J]. 西北大学学报：自然科学版, 2005, 5: 91-94.

[7] 王青. 类人胶原蛋白多肽的制备及其生物学活性研究 [D]. 西安：西北大学, 2014.

[8] Yu Y Y, Fan D D. Study on the coordination compound of human-like collagen with copper (Ⅱ) [J]. Advanced Materials Research, 2011, 291-294: 3415-3418.

[9] 宋晓娟. 类人胶原蛋白治疗颜面再发性皮炎疗效观察及研究 [J]. 吉林医学, 2016, 37 (9): 2259-2260.

[10] 顾兰秋，吴波，雷雯霓. 类人胶原蛋白敷料联合中药冷喷治疗颜面再发性皮炎疗效观察 [C]. 2018 全国中西医结合皮肤性病学术年会论文汇编, 2018.

[11] 田黎明，彭圆，许斌. 变通白虎汤联合类人胶原蛋白敷料治疗面部接触性皮炎 [J]. 吉林中医药, 2016, 36(9): 901-904.

[12] 孙岩. 新型类人胶原蛋白金属离子复合物的制备表征及生物功效性研究 [D]. 西安：西北大学, 2014.

[13] 丰秋婧，聂玉洁. 外用类人胶原蛋白治疗复发性口腔溃疡的疗效观察 [J]. 全科口腔医学电子杂志, 2016, 3(3): 108-109.

[14] 李伟娜，尚子方，段志广，等. 毕赤酵母高密度发酵产Ⅲ型类人胶原蛋白及其胃黏膜修复功能 [J]. 生物工程学报, 2017, 33(4): 672-682.

[15] 邢咪咪. 类人胶原蛋白促进胃溃疡愈合及其作用机制研究 [D]. 西安：西北大学, 2020.

[16] 路雪艳，高第，王嵘，等. 类人胶原蛋白敷料治疗面部脂溢性皮炎疗效观察及对皮肤屏障功能的影响 [J]. 实用皮肤病学杂志, 2014, 7(1): 25-27.

[17] 麦莉莉，黄捷，陈勇飞. 类人胶原蛋白治疗面部脂溢性皮炎的效果 [J]. 中国城乡企业卫生, 2017, 32(2): 48-49.

[18] 杨雪松，于立红，吕晓红，等. 枸地氯雷他定联合半导体激光及类人胶原蛋白治疗面部皮炎临床观察 [J]. 中国皮肤性病学杂志, 2014, 28(4): 374-376.

[19] 杨光强，牟宽厚，郭爱琴，等. 枸地氯雷他定干混悬剂联合外用糠酸莫米松乳膏及类人胶原蛋白修复敷料治疗特应性皮炎 35 例疗效研究 [J]. 陕西医学杂志, 2018, 47(11): 1477-1479.

[20] 刘英. 他克莫司联合类人胶原蛋白敷料治疗激素依赖性皮炎疗效观察 [J]. 云南医药, 2017, 38 (6): 626-628.

[21] 白亚菲，曲延明，王桂峰，等. 高能红光联合类人胶原蛋白敷料治疗面部激素依赖性皮炎的疗效观察 [J]. 中国医师进修杂志, 2014, 37(9): 25-27.

[22] 周君武. 点阵激光联合类人胶原蛋白面膜治疗面部凹陷性痤疮疤痕的临床疗效 [J]. 心理医生, 2017, 23: 26-27.

[23] 樊昕，刘崇，姚美华，等. 类人胶原蛋白对像素铒激光治疗后修复作用的评价 [J]. 中国美容医学, 2011, 20(11): 1742-1744.

[24] 杨海龙，赵晓冬，孙瑞，等. 点阵激光联合类人胶原贴敷料治疗浅表性凹陷性痤疮瘢痕 [J]. 中国医疗美容, 2016, 6(2): 51-52.

[25] 王菲，邓景航，李润祥，等. 铒激光联合类人胶原蛋白敷料治疗面部痤疮凹陷性瘢痕临床观察 [J]. 深圳中西医结合杂志, 2017, 27(1): 85-87.

[26] 王怀湘，李建明，郑金光，等. 类人胶原蛋白敷料联合超脉冲 CO_2 治疗凹陷性痤疮瘢痕的疗效和安全性 [J]. 武警医学, 2018, 29(7): 679-680.

[27] 蒋鹏，权腾，唐金，等. 调 Q 开关 1064nm Nd : YAG 激光碳膜术联合类人胶原蛋白敷贴治疗面部痤疮瘢痕的疗效 [J]. 安徽医学，2018, 39(5): 586-589.

[28] 曾东武，吴惠健，陈艳芳，等. 激素联合类人胶原蛋白敷料治疗持续性局限性湿疹的疗效 [J]. 皮肤病与性病，2018, 40(3): 3.

[29] 罗永文，黄群. 类人胶原蛋白敷料治疗婴幼儿湿疹效果观察 [J]. 中外医学研究，2020, 18(28): 3.

[30] 谭敏，罗模，桂李杰. Q 开关激光联合类人胶原蛋白治疗黄褐斑疗效观察 [J]. 现代诊断与治疗，2013, 24 (11): 2600-2601.

[31] 周艳，王莉，苏菲，等. 微针滚轮联合外用药物治疗黄褐斑 27 例临床观察 [J]. 中国皮肤性病学杂志，2017, 31(5): 3.

[32] 张玉洁，刘瑜，陈阳美，等. 微针导入类人胶原蛋白联合 Q 开关 1064nm 激光治疗黄褐斑疗效观察 [J]. 中国美容医学，2019, 28(5): 3.

[33] 张春阳，李云飞，宋静卉，等. 类人胶原蛋白疤痕修复硅凝胶（可痕 TM）治疗增生性瘢痕的研究 [J]. 医药论坛杂志，2019, 40(3): 11-13.

[34] 蔡景龙，陈晓栋，李雪莉，等. "类人胶原蛋白疤痕修复硅凝胶"治疗增生期增生性瘢痕多中心随机对照临床研究 [J]. 中华整形外科杂志，2020, 36(4): 6.

[35] 樊昕，韩悦，郗金鹏，等. 重组类人胶原蛋白面膜对皮肤的改善作用 [J]. 中国临床医学，2013, 20(1): 77-78.

[36] 刘丽红，韩悦，郗金鹏，等. 微针导入类人胶原蛋白对面部年轻化的作用 [J]. 中国美容医学，2012, 21 (11): 97-99.

[37] 张春阳，宋静卉，李雪莉，等. 微针联合类人胶原蛋白对面部毛孔粗大及皮肤屏障的影响 [J]. 中国医疗美容，2018, 8(12): 5.

[38] 陈小艳，李文彬. 红光加类人胶原蛋白敷料对改善点阵 CO_2 激光治疗光老化皮肤术后色素沉着的效果观察 [J]. 河北医学，2016, 22(8): 1252-1254.

[39] 李真真. 红光联合类人胶原蛋白敷料对 CO_2 点阵激光治疗术后色素沉着的改善作用 [J]. 皮肤病与性病，2019, 41(6): 3.

[40] 刘英. 千白氢醌乳膏联合类人胶原蛋白敷料治疗黄褐斑、炎症后色素沉着斑的临床观察 [J]. 世界最新医学信息文摘，2018, 18(12): 2.

[41] Zhu C H, Lei H, Wang S S, et al. The effect of human-like collagen calcium complex on osteoporosis mice [J]. Materials Science & Engineering C, 2018, 93: 630-639.

[42] Yu Y Y, Fan D D. Characterization of the complex of human-like collagen with calcium [J]. Biological Trace Element Research, 2012, 145(1): 33-38.

[43] Zhu C H, Chen Y R, Deng J J, et al. Preparation, characterization, and bioavailability of a phosphorylated human-like collagen calcium complex [J]. Polymers for Advanced Technologies, 2015, 26(10): 1217-1225.

[44] 陈燕茹. 磷酸化修饰类人胶原蛋白钙的表征和活性研究 [D]. 西安：西北大学，2014.

[45] Deng J, Chen Y, Zhu C, et al. Preparation and toxicity of protein-calcium complex with phosphorylated human-like collagen [J]. Journal of Chemical and Pharmaceutical Research, 2014, 6(1): 306-311.

[46] 王尚尚. 类人胶原蛋白钙复合物的生物利用度及补钙效果研究 [D]. 西安：西北大学，2015.

[47] Mi Y, Liu Z F, Deng J J, et al. Microencapsulation of phosphorylated human-like collagen-calcium chelates for controlled delivery and improved bioavailability [J]. Polymers, 2018, 10(2): 185.

[48] 刘正芳. 磷酸化类人胶原蛋白螯合钙微胶囊的制备及体外相关性评价 [D]. 西安：西北大学，2016.

[49] Zhu C H, Yang F, Fan D D, et al. Higher iron bioavailability of a human-like collagen iron complex [J]. Journal

of Biomaterials Applications, 2017, 32(1): 82-92.

[50] Zhu C H, Liu L Y, Deng J J, et al. Formation mechanism and biological activity of novel thiolated human-like collagen iron complex [J]. Journal of Biomaterials Applications, 2016, 30(8): 1205-1218.

[51] Deng J J, Chen F, Fan D D, et al. Formation and characterization of iron-binding phosphorylated human-like collagen as a potential iron supplement [J]. Materials Science & Engineering C, 2013, 33(7): 4361-4368.

[52] Ma P, Liu L Y, Zhu C H, et al. Preparation of a novel thiolated human-like collagen iron [J]. Biotechnology, 2014, 12(2): 117-120.

[53] Chen F, Fan D D. Investigation on the interaction between human-like collagen and iron [J]. Advanced Materials Research, 2011, 287-290: 2941-2944.

[54] 杨帆. 改性类人胶原蛋白铁的制备工艺及生物学功效 [D]. 西安：西北大学，2016.

[55] Zhu C H, Ma X X, Wang Y H, et al. A novel thiolated human-like collage zinc complex as a promising zinc supplement: physicochemical characteristics and biocompatibility [J]. Materials Science & Engineering C, 2014, 44: 411-416.

[56] 王永辉. 巯基化类人胶原蛋白补锌剂的制备及其性质研究 [D]. 西安：西北大学，2013.

[57] Zhu C H, Sun Y, Wang Y Y, et al. The preparation and characterization of novel human-like collagen metal chelates [J]. Materials Science & Engineering C, 2013, 33(5): 2611-2619.

第八章

重组胶原蛋白材料构建技术

重组胶原蛋白材料可以通过物理或化学方法交联制得，这种体外交联与体内胶原蛋白的交联相似，同时存在分子内交联和分子间交联，也包括胶原蛋白与其他化合物间的交联。交联反应能够提高胶原蛋白材料的抗降解能力，改善力学性能和理化性能。交联技术也可以应用于胶原蛋白分子的定点修饰，以设计开发新型功能化胶原蛋白，提升胶原蛋白的反应活性。

重组胶原材料构建时所选用的制造方法应保证材料能够呈现出最佳临床应用形式，包括凝胶、海绵、纤维、薄膜、微球和颗粒等。目前已开发出多种形式的重组胶原材料，用于满足不同种类医疗器械设计需求，包括作为止血剂、用于伤口愈合的胶原海绵，用于组织填充及修复的可注射凝胶和作为屏障或隔离的膜等。重组胶原蛋白具有优异的生物相容性和生物活性，作为医疗器械的涂层材料，能够提升材料的细胞黏附性和组织相容性，同时能够一定程度地增强材料的局部信号传导。目前胶原蛋白涂覆方法主要有胶原溶液简单吸收、胶原纤维涂覆和胶原共价附着等。

此外，在胶原蛋白材料构建过程中，灭菌技术的选择会对最终胶原蛋白材料产品的性质产生一定程度的影响，例如提高产品的货架期耐久性或导致胶原蛋白材料降解。在胶原基生物材料设计构建的起始阶段以及整个开发过程中都必须要考虑灭菌技术对最终胶原蛋白材料产品的影响。

第一节
重组胶原蛋白交联方法

胶原蛋白材料构建过程中常用的交联方法有物理交联法、化学交联法和生物交联法。物理交联法是通过物理方法实施的交联，如热交联法（重度脱水）和光辐射交联法等。化学交联法采用有机交联剂或无机交联剂实施交联，有机交联剂又分为小分子交联剂和高分子交联剂。无论是物理交联还是化学交联，都是在胶原蛋白的赖氨酸、羟赖氨酸、精氨酸、酪氨酸和苯丙氨酸等残基之间通过单体或聚合物的形式建立共价键。生物交联法是通过酶催化天然蛋白分子间或者蛋白分子与糖类之间发生交联。

一、物理交联法

胶原蛋白物理交联的主要方法包括热交联法与光辐射交联法。物理交联的特点是不引入外源性物质进入胶原蛋白分子内，但一般情况下交联度较低。

1. 热交联（重度脱水）法

早期研究发现明胶和胶原蛋白中都具有松散结合和紧密结合的水分子。在保持高真空度的条件下，通过加热可以去除明胶和胶原蛋白样品中的水分，且不引起水解或变性。在这个过程中，加热和真空导致明胶和胶原蛋白分子中的赖氨酸、天冬氨酸或谷氨酸残基间发生酰胺缩合反应，形成酰胺键（肽键）。胶原蛋白热交联的反应条件通常为反应温度在 60～180℃ 之间，反应时间为 1～5 天 [1]。较温和的反应条件可以使胶原蛋白分子在交联和降解之间取得平衡，减少胶原蛋白分子在交联过程中的断裂，随着温度的升高，胶原蛋白的碎裂度会显著增加。此外，虽然脱氢热交联反应的真空条件通常是可变的，但脱水过程对胶原蛋白在交联的同时防止降解至关重要，反应的真空条件变动会导致胶原蛋白交联产品的质量差异。

热交联法能够很好地保持天然胶原蛋白的稳定性，交联过程不会破坏胶原蛋白的三股螺旋结构。目前，热交联法多应用于构建拉伸性能要求较低的生物材料，例如烧伤敷料，或稳定和增强重建纤维基肌腱假体的抗拉强度。汪海波等 [2] 将冻干成型的鱼皮胶原蛋白海绵材料置入真空干燥箱，在 150℃ 和真空条件下热交联 48h，在保持真空的状态下缓慢降温至室温后将材料取出，得到热交联胶原蛋白海绵材料，4℃ 下密闭保存。经实验测定，热交联胶原蛋白的交联度（29.9%）大于紫外交联（15.6%），能明显改善胶原蛋白的力学性能，拉伸强度增加，弹性模量增大。范代娣团队 [3] 采用热交联，在真空条件下加热，制备得到的重组类人胶原蛋白体内止血敷料内部孔状结构均匀完整，不但改善了止血敷料的机械强度，还不会发生交联剂残留，安全无毒，具有良好的生物相容性，在生物医用材料与组织工程等相关领域有广阔的应用前景。

2. 光辐射交联法

紫外光辐射交联法是一种快速、有效、易于控制的胶原蛋白物理交联方法。在无氧条件下，紫外光照射导致胶原蛋白溶液黏度增加，胶原蛋白上的酪氨酸残基、苯丙氨酸残基之间发生交联反应形成凝胶。由于胶原蛋白溶液透光率有限，紫外光辐射交联法制备胶原凝胶的交联度随胶原蛋白溶液透光率的降低和深度的增加而减小，因此这种方法主要适用于薄型、半透明组织或重组材料的构建，例如角膜 [4]。含天然端肽的胶原蛋白由于具有更高的酪氨酸含量，其紫外光辐射交联的交联度要高于无端肽胶原蛋白。短时间的紫外光照射能够增加胶原纤维材料或海绵材料的拉伸强度和收缩温度，显著提高抗胶原蛋白酶降解的能力。需要特别注意，随着紫外光辐照时间的增加，胶原蛋白分子中会发生键断裂和部分断裂，进而导致胶原蛋白降解，热稳定性丧失，蛋白酶敏感性升高。天然胶原蛋白的三股螺旋结构会发挥一定程度的保护作用，使其所受辐射损伤低于无折叠结构的明胶[5]。

用于灭菌的γ射线辐照也是一种可选用的胶原蛋白溶液的交联方法。γ射线辐照剂量对胶原蛋白交联度影响很大，在作为交联方法使用时，会选择较低的辐照水平。如果辐照是为了灭菌，在辐照过程中要保护胶原蛋白的原有结构，可以在体系中添加一些低分子量的化合物，通过清除自由基发挥放射性保护剂作用。γ射线辐照交联可用于一些类型的可溶胶原蛋白形成透明凝胶，也可用于形成pH值敏感的胶原蛋白水凝胶，或制备作为细胞增殖和干细胞研究基质的水凝胶[6]。胶原蛋白与其他聚合物例如聚乙二醇、葡聚糖的混合溶液也可以通过γ射线辐照实现交联，这类体系已经被用于各种胶原蛋白材料的构建，包括肌腱移植材料和真皮替代物[7]。

3．其他方法

电子束辐照已被用于天然和重组胶原蛋白材料的交联，范代娣团队研究发现不同胶原蛋白在辐照过程中发生部分断裂的程度与其理化性质和物态性质密切相关。因此，电子束辐照在胶原蛋白材料生产中作为交联或灭菌方法的使用也非常有潜力。

二、化学交联法

1．醛类交联法

戊二醛（GA）是目前比较常用的双功能交联剂，其两个醛基可分别与两个相同或不同分子的伯氨基形成席夫碱键（schiff base），将两个分子以五碳桥的形式连接起来。高浓度的戊二醛与胶原蛋白肽链的赖氨酸或羟赖氨酸残基的ε-氨基反应，形成分子间的交联，结构如图8-1所示。戊二醛具有较大的交联pH值范围，在pH值为13时，戊二醛就可以与胶原蛋白反应，pH值在5~12之间表现出良好的交联性能，而其他醛类则不能在这样宽的pH值范围内进行交联反应。胶原蛋白对戊二醛的结合量比其他醛类交联剂高，胶原蛋白3156个残基中约有85个氨基酸残基能够被交联。醛类交联及酶改性的明胶膜溶解性均降低，醛类交联增加了明胶膜的机械强度与热稳定性。形态学分析表明交联后纤丝取向减少，改性膜的复性率降低[8]。但在作为交联剂使用时，戊二醛存在的主要问题是形成环状半缩醛式聚合物，聚合物会覆盖于材料表面阻碍反应物的渗透，且其解聚物具有较强的细胞毒性。为减少戊二醛聚合物的产生，在交联过程中建议使用较低的戊二醛浓度（0.5%，质量浓度）、较低的pH值和较高的反应温度（50℃）。戊二醛蒸气也可应用于交联生产生物医用材料，如电纺明胶材料和胶原蛋白海绵[9]，20%（质量浓度）的戊二醛蒸气在24h内就可获得最大程度的交联[10]。范代娣团队[11]使用戊二醛交联重组类人胶原蛋白CF-5，戊二醛浓度小于0.05%（质量浓度）就能够成功制备膜和海绵等多种形式的支架材料，具有良好的孔结构、抗拉强度及生物相容性，成纤维细胞在这类胶原蛋白材料上均能实现黏附和增殖。此外，重组类人胶原蛋白CF-5还与壳聚糖和透明质酸等其他天然材料复合，以戊二醛作为交联剂，采用冷冻干燥方法制备多孔性管状支架[12,13]。该支架具有良好的生物相容性，能够为内皮细胞的黏附和增殖提供良好的环境，同时降低炎性反应，为筛选合适的血管支架材料及体外构建组织工程血管奠定基础[14]。

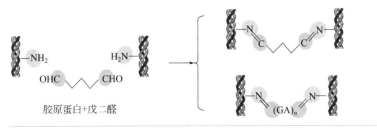

图8-1
戊二醛交联胶原蛋白机制

甲醛也是一种常用的醛类交联剂，其醛基与胶原蛋白肽链的赖氨酸残基的ε-氨基反应诱发交联网络的形成。虽然早期甲醛主要用于如心脏瓣膜材料等生物医用材料的构建，但由于在持久性、力学性能和细胞毒性等方面存在明显缺陷，目前仅用于生产短期和局部应用的材料。其他双醛类物质也可以作为交联剂构建胶原基材料，例如脂肪族二醛类化合物双醛淀粉、双醛壳聚糖和醛藻酸等。范代娣团队发现重组类人胶原蛋白CF-5可以通过双醛淀粉（5%，质量浓度）实现交联构建水凝胶材料[15]，双醛淀粉中的醛基可以与CF-5链上的氨基发生席夫碱反应，也可以发生缩醛（acetalization）反应生成醚，形成的水凝胶材料适于作为可注射生物材料。

2．亚胺类交联法

亚胺类交联剂中常用的是碳二亚胺（EDC），这是一种化学性质极为活泼的化合物，在与胶原蛋白发生交联反应时，通常先与肽链的羧基反应生成中间产物，再与肽链的氨基反应而形成偶联物（图8-2）。EDC的交联反应可在pH值为5～9的范围内进行，与胶原蛋白的最佳交联条件为pH=7.0左右、温度为4℃或室温、交联时间为24h。EDC交联的胶原蛋白材料抗胶原蛋白酶降解能力比戊二醛交联的胶原蛋白材料差一些，而且还存在潜在的钙化现象。

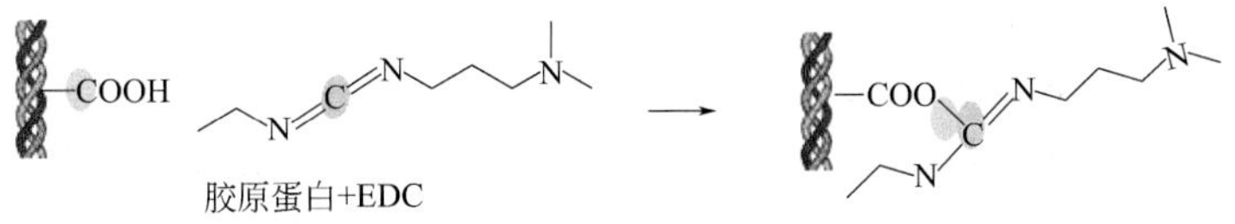

图8-2
碳二亚胺交联胶原蛋白机制

范代娣团队[16]采用 EDC 作为交联剂，使用真空冷冻干燥法制备重组类人胶原蛋白 CF-5 止血海绵。止血海绵内部孔隙均匀，孔径约为 100 ~ 300μm，孔隙率为 90% 以上，具有三维连续纤维网络的海绵状结构，吸水率约为 3100%，具有良好的力学性能。由于 EDC 溶于水，经过清洗后残余毒性小，细胞相容性好。具有比市售明胶海绵更优越的止血功能，对兔耳部创面的完全止血时间约为 79s，对兔肝脏创面的完全止血时间约为 51s。

3. 京尼平交联法

京尼平是一种新型交联剂，它是由传统中药杜仲的活性成分之一京尼平苷经水解、分离、提纯而来，目前已经能够人工合成京尼平。它是一种环烯醚萜类化合物，具有羟基和羧基等多个活性官能团。京尼平能够避免传统交联剂毒性大的缺点，交联构建出毒性小、稳定性好和生物相容性好的产品。京尼平还能有效地提高交联胶原蛋白的变性温度，使其不会发生钙化现象。

京尼平能自发地与氨基酸或蛋白质发生反应并形成一个 1:1 的化合物。据此推测，京尼平首先自发与氨基酸反应生成一个环烯醚萜的氮化物，随后经过脱水作用形成一个芳香族的单体，之后这一芳香族的单体可能基于自由基反应的二聚作用形成环状的分子间和分子内交联结构。京尼平与含有氨基的聚合物交联过程的具体机理是：首先京尼平上的烯碳原子受到氨基的亲和攻击，开环形成杂环胺化合物，然后京尼平上的酯基基团与氨基反应生成酰胺，同时释放出甲醇，从而产生交联作用（图 8-3）。京尼平作为交联剂的最大优点是细胞毒性远低于戊二醛。京尼平材料浸提液培养细胞生长显示细胞增殖率可达 96.6%。与其他交联剂甲醛、EDC 交联的胶原基支架相比，京尼平交联支架在不影响机械强度和弹性模量的同时对内皮细胞的促黏附率最好。但是京尼平交联过程中，当杂环形成时，氧自由基会引发京尼平的聚合反应，使胶原蛋白三维水凝胶变成蓝色。

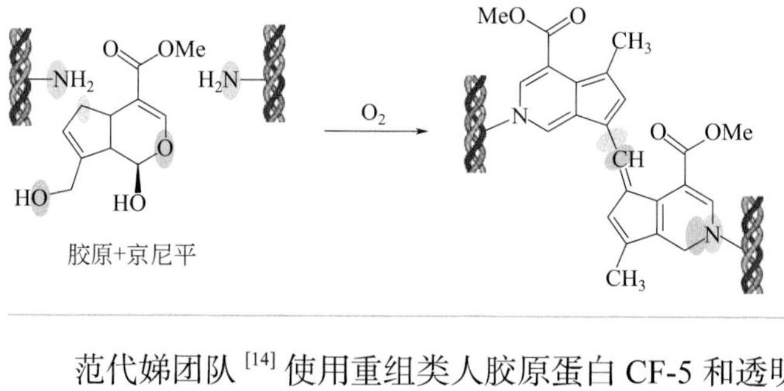

图8-3
京尼平交联胶原蛋白机制

范代娣团队[14]使用重组类人胶原蛋白 CF-5 和透明质酸复合，经京尼平交联构建出胶原膜材料，孔隙率达 90% 以上，应力最大为（1000.8±7.9）kPa，爆破压力最大为（1058.6±8.2）kPa，具有良好的细胞相容性、组织相容性及降解性。此外，透明质酸的加入增强了材料的柔韧性，使其力学性能得到进一步改善。同时尝试采用京尼平交联重组类人胶原蛋白CF-5，复合纳米羟基磷灰石构建骨组织支架材料[17,18]，材料外观为浅蓝色圆柱体，羟基磷灰石含量为65%±5%，内部孔径约为60～400μm，孔隙率≥65%，浸提液pH值为5～7，密度为（300±50）mg/cm³，重金属含量（以铅计）≤50×10⁻⁶，材料中羟基磷灰石的晶体尺寸主要介于100～200nm之间，抗压强度≥4.0MPa，抗弯曲强度≥9.0MPa，弹性模量≥40MPa，模拟体液中浸泡24h形态完整，长度及直径的膨胀率均≤5%，未检出微生物，外源性DNA残留量小于0.2ng/mg，产品浸提液内毒素含量检测结果小于0.25EU/mL。材料的表面非常适合软骨细胞的生长和增殖，兔软骨细胞在重组类人胶原蛋白CF-5人工骨修复材料表面随着培养时间延长持续生长增殖，大量软骨细胞沿材料表面小孔进入材料内部，细胞形态正常。在兔桡骨15mm全缺损修复试验中表现出良好的降解及修复性能。

4．环氧化合物交联法

1,2,7,8-二环氧辛烷（DEO）与1,4-丁二醇二缩水甘油醚（BDDE）的结构类似，都具有环氧基团。环氧基团会与亲核基团通过开环过程发生反应，可以与伯氨基或羟基反应分别形成仲氨基（图8-4）和醚键。在反应过程中，环氧化合物上的环先打开形成β-羟基，这些环氧功能团的反应需要在高pH值条件下进行，通常pH值在11～12之间。氨基亲核基团的反应可以在一个较为温和的碱性条件下进行，通常缓冲液环境pH值为9.0。巯基是与环氧基团反应活性最高的亲核基团，通常在缓冲液系统接近生理pH值（7.5～8.5）时进行有效的结合反应。环氧基团结合反应进行过程中最主要的副反应就是水解，尤其是在酸性条件下，环氧基团会水解形成邻羟基，这种二醇可被高碘酸盐氧化失去一分子的甲醛形成末端醛基，醛基可以用来还原胺化反应。环氧基团与铵离子的反应生成一个末端伯氨基团，可以进行更进一步的衍化并和有机相胶原蛋白中的羟基发生反应，提高胶原蛋白支架的强度，具有良好的交联效果。

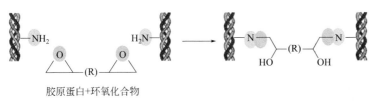

胶原蛋白+环氧化合物

图8-4 环氧化合物交联胶原蛋白机制

环氧化合物作为交联剂被普遍应用于透明质酸（HA）复合材料的制备，可以分别与透明质酸分子中的羟基和羧基发生反应形成醚键和酯键，例如，采用1,4-丁二醇二缩水甘油醚作为交联剂，在碱性条件下与透明质酸中的羟基发生反应，再用生理平衡液清洗除去未反应的交联剂从而制备得到产品[19]。但在反应过程中，部分1,4-丁二醇二缩水甘油醚只有一个环氧基团参与了反应，这些交联剂无法通过清洗除去，因此还存在残留毒性的问题。1,2,7,8-二环氧辛烷的分子量比较小，能溶于酒精，所以在材料中的残留也相对容易除去，作为一种新型交联剂，目前已经在生物材料实验中使用，具有潜在的应用前景。范代娣团队[20-28]采用环氧化合物作为交联剂构建重组类人胶原蛋白和多种多糖类物质（如透明质酸、普鲁兰多糖等）复合的生物材料（图8-5）。反应体系中加入重组类人胶原蛋白后，环氧化合物可以与胶原蛋白肽链中的羧基反应，也可以与其中的氨基反应形成仲氨基团，使环氧化合物反应得更彻底，所形成的三维结构更加致密，可以有效地提升水凝胶材料的力学性能。所构建的多种重组类人胶原蛋白/多糖复合材料均呈现多孔结构且孔径大、孔隙率高，并且生物相容性、细胞相容性和抗降解能力都得到显著提升。

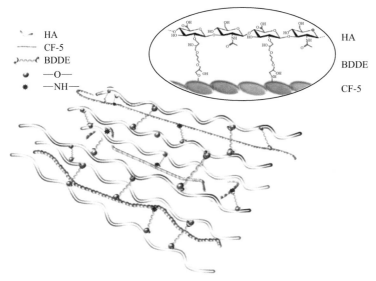

图8-5 1,4-丁二醇二缩水甘油醚交联重组类人胶原蛋白CF-5/透明质酸

5. 二异氰酸酯交联法

二异氰酸酯（HMDI）是一种双功能交联剂，两个异氰酸基可以分别与两个胶原蛋白分子上的基团反应，以不同碳链长度的桥链将两个胶原蛋白分子偶联。在 pH 值大于 7 时，异氰酸基主要与胶原蛋白肽链的氨基反应，形成取代脲（图 8-6）；在 pH 值小于 7 时，异氰酸基主要与胶原蛋白肽链的羟基反应，形成氨基甲酸酯衍生物。

与戊二醛交联一样，用二异氰酸酯交联胶原蛋白会引起中度细胞毒性反应。因此，在做组织工程材料时，交联反应完成后，要用 4mol/L 的 NaCl 溶液和蒸馏水洗涤，以减少产物的细胞毒性。

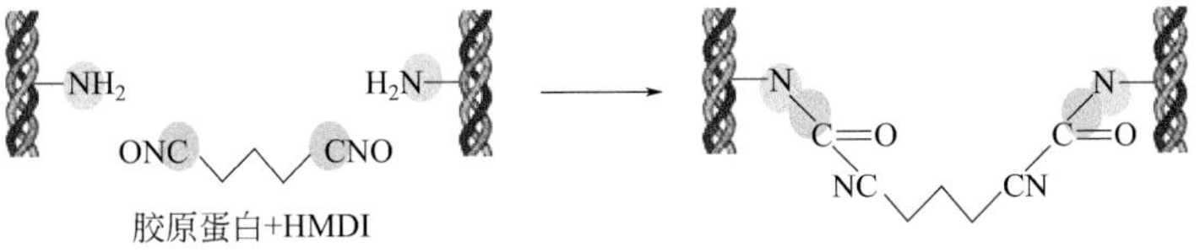

图8-6　二异氰酸酯交联胶原蛋白机制（pH>7）

6．无机交联剂交联法

无机交联剂在制革工艺中称为鞣革剂，只有铝、铁、铬、钛、锆等的化合物才能用作无机交联剂，其中铬盐鞣制革具有优良的力学性能，耐水洗、耐存储，并有最佳的耐湿热稳定性，是制造轻革的最优材料，至今没有被淘汰的趋势。

作为鞣革剂的铬盐，主要是碱式硫酸铬，它是一类复杂的羟基配合物和氧桥配合物，也是多核铬配合物。在水溶液中，三价铬盐会发生水解而以铬配位离子形式存在。Cr(Ⅲ) 的配位数是 6，空间构型是正八面体，铬是中心离子，在纯水溶液中，正八面体的 6 个顶点是 6 个水分子。除了水分子可作为配体外，其他一些醇类、氨类、尿素等中性分子和常见的无机阴离子如 F^-、Cl^-、Br^-、I^-、NO_3^-、SO_3^{2-}、SO_4^{2-}、CO_3^{2-}、OH^- 等也都可以作为配体。

三价铬对胶原蛋白分子的交联作用实际上有多种形式：①一个铬配位阳离子在相邻肽链间与两个或两个以上羧基结合，这种方式称为多点结合；②一个铬配位阳离子与同一个肽链上的两个羧基交联，虽然也能增加胶原蛋白结构的稳定性，但其作用不如多点结合大；③除了铬配位阳离子外，还有少量中性铬配合物与胶原蛋白肽链之间形成氢键；④极少量的铬配位阴离子与胶原蛋白的氨基结合。

除了碱式三价铬盐外，其他的金属配合物，包括锆、铝、铁等，都可以作为无机盐交联剂。不同的交联剂和胶原蛋白的反应机理不同，但是在胶原蛋白分子链间生成交联键是一致的。

三、生物交联法

生物交联法是通过酶催化天然蛋白分子间或者蛋白分子与糖类之间发生交联，生物交联法通常使用的是生物体内存在的能够引起催化反应的酶，例如谷氨酰胺转氨酶（transglutaminases，TGase）、辣根过氧化物酶、赖氨酰氧化酶、多酚氧化酶和酪氨酸酶等。生物交联法最大的优势在于酶的反应条件温和可调节，通常是发生在水环境、中性 pH 值及常温条件下，能够避免由于苛刻的化学反应条件所造成的天然聚合物生理活性损失，并可以实现胶原蛋白材料的原位制备。同时由于酶 - 底物的特异性，生物交联法避免了在光引发剂或有机溶剂介导的反应中出现的不良副反应以及毒性。酶仅作为催化剂，不会直接结合到交联聚合物中，生物安全性好。

Clarke 等在 1957 年首先提出了 TGase 在豚鼠肝中的转酰基活性，可以催化酰基转移，通过在酰基供体和酰基受体间发生反应生成异肽键，使蛋白质分子内部或者之间发生交联、氨基酸与蛋白质间进行连接，或者促进其分子内谷氨酰胺发生水解。此外，它对天然蛋白质分子中谷氨酰胺残基具有严格的底物特异性，同时也是生理所需的蛋白质翻译后修饰所必需的酶。微生物来源的 TGase（MTGase）首先是从链霉菌属的 *Streptoverticillium sp.* 中提取出来的，是具有一条由 331 个氨基酸组成的大约 38kDa 的多肽链的单体蛋白。与动物来源的 TGase 相比，分子量比较小，并且是 Ca^{2+} 非依赖型，等电点为 8.9，活性中心由半胱氨酸、组氨酸和天冬酰胺或天冬氨酸残基构成。随后通过菌株筛选、基因工程技术、发酵及分离纯化工艺优化等方法获得可以催化酰基转移的 TGase，通过在酰基供体（谷氨酰胺残基中的酰氨基）和酰基受体（氨基）间发生反应，生成 ε-γ（- 谷氨酰）赖氨酸异肽键（图 8-7）。TGase 一旦被激活能够催化酰基转移反应，对蛋白质进行翻译后修饰。TGase 对于识别作为酰基供体的谷氨酰胺蛋白质底物具有严格的特异性，但是对作为酰基受体的氨基特异性比较差，氨基可以是肽链赖氨酸的 ε- 氨基或小分子量的伯胺，前一种情况下反应产物往往是交联的大分子量蛋白质，而后者通常发生在进一步聚合反应中，生成蛋白质多胺聚合物（二次交联）[29]。

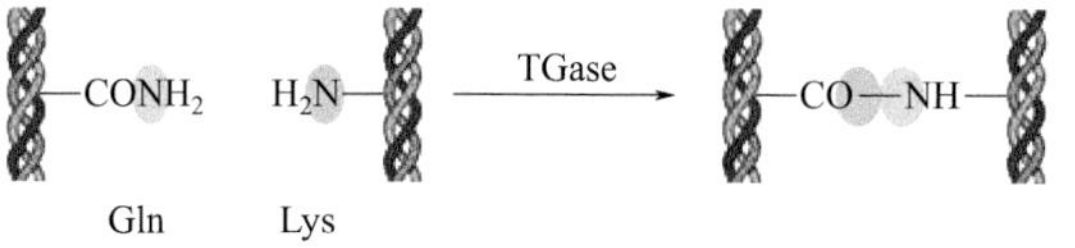

图8-7
谷氨酰胺转氨酶交联胶原蛋白机制

TGase 交联的胶原薄膜，力学性能及阻隔能力增强，热稳定性也有一定提高，并且对其内部微结构以及功能基团也有一定影响。谷氨酰胺转氨酶能够对胶原蛋白进行交联改性，制备成为支架材料，增强了其抗蛋白酶水解的能力，提高了其细胞黏附增殖能力及伤口愈合能力，具有更好的生物相容性。通过控制酶的使用量来调节材料的力学性能，以满足不同的需求。范代娣团队[30-34] 利用 TGase 作为交联剂交联重组类人胶原蛋白 CF-5，所得水凝胶无生物学毒性，从而降低了产品对注射部位及人体的损害（图 8-8）。同时由于发生分子内或分子间的交联，降低了胶原蛋白材料的降解速率，提高了其在体内的存留时间，并且交联过程未明显影响重组类人胶原蛋白 CF-5 本身所具有的良好促新细胞形成和生长的性能以及优良的生物相容性。酶法制备的重组类人胶原蛋白 CF-5 水凝胶，可作为组织填充材料用于医疗和整形行业，并且可以通过控制成胶和降解速率，确保局部给药，获得合适的细胞分布，最终实现凝胶与周围组织的适当整合，用于药物释放和组织再生领域。此外，范代娣团队[35-37]利用赖氨酰氧化酶作为交联剂交联重组类人胶原蛋白 CF-1552，制备得到可用于创伤和术后止血的新型胶原蛋白止血敷料；利用多酚氧化酶交联制备得到重组类人胶原蛋白 CF-1552 多孔骨修复支架材料，提高了支架材料的促细胞生长能力，强化了缺损骨组织的新骨生成能力，具有良好的生物相容性，在生物医用材料与组织工程等相关领域有着良好的应用前景。

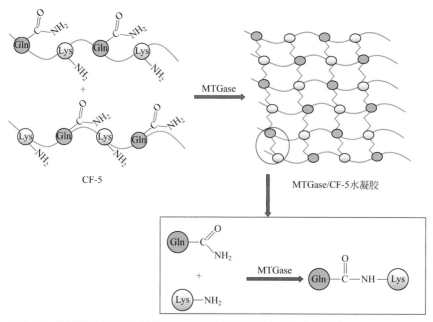

图8-8　谷氨酰胺转氨酶交联制备重组类人胶原蛋白CF-5水凝胶

四、重组胶原蛋白交联度的评价方法

1. 交联度的物理评价方法

评估胶原蛋白材料交联度常用的热力学方法是测量材料的变性（收缩）温度（T_s）。通常采用等张力拉伸测量方法确定材料的 T_s，样品浸入磷酸盐缓冲溶液或其他适当的溶液中，升高温度同时保持长度恒定，样品初始张力一般保持在最小张力。当样品收缩时，张力急剧增加，如果使用较高的初始张力可以更好地研究收缩后的松弛率，材料交联度增加会观察到 T_s 升高。因为不同交联体系具有不同的热稳定性，不同交联体系的 T_s 一般不能进行比较。虽然交联通常会增加材料的 T_s 值，但对于辐照样品，例如在 γ 射线照射后，T_s 可能会下降[38]。假设胶原蛋白材料相当于橡胶，可以运用 Flory 等开发的方程式估算交联胶原链的平均分子量。对于不容易固定的样品，例如凝胶和许多重构的胶原蛋白材料，无法进行等张力测量，可以使用差示扫描量热法评价材料的热力学性能[39,40]。

单轴拉伸测量是用于评价天然组织交联度的经典机械方法，交联度的增加会导致拉伸强度的增加。针对生物医学装置中使用的组织材料（例如心包），双轴拉伸系统更为常用，因为这些材料通常显示各向异性，双轴拉伸能够更好地测量它们的性质[41]。运用机械方法检测胶原蛋白海绵或胶原蛋白凝胶交联度较为困难，对于力学性能较强的凝胶，可以通过制造凝胶样品时在其末端掺入网状织物，同时在固定样品的钳口中使用砂纸或类似产品来辅助。对于软凝胶样品，通常使用压缩测试来评价凝胶的交联度，初始压缩强度随原纤维密度增加而增加[42]。纳米压痕是另一种检测方法。通过改变溶剂条件诱发凝胶溶胀也可用于评价凝胶交联度，所得的压缩和膨胀数据可以通过弗洛里 - 雷纳（Flory-Rehner）理论进行分析[43]。

材料的流变性质也已用于评价胶原蛋白材料的交联度。对于胶原蛋白溶液和分散体，在确定的溶液条件下可以通过测量黏度表征交联度，黏度随着交联度增加而升高。对于胶原蛋白凝胶可以使用平行板流变仪 / 动态机械分析系统进行表征[44]。尽管光谱方法不是评价胶原蛋白材料交联度的常规方法，但非常适用于某些特定的交联体系，例如糖或京尼平交联体系。伴随着荧光强度的增加，核糖交联可以通过在 370nm 处激发、445nm 处测量来定量分析[45]。当交联导致胶原蛋白结构或组织发生破坏时，例如由糖基反应和 γ 辐射引起的断链破坏，可以采用傅里叶变换红外光谱（FTIR），通过检查酰胺 I 峰内的 1 个子带 1678/1692cm^{-1} 的面积比的变化进行评估。糖化胶原蛋白也可以通过拉曼光谱进行检测[46]。

2. 交联度的化学评价方法

胶原基材料的交联度可以通过运用化学方法检查形成的交联数或与未改性的反应位点的比例进行评估。化学分析方法的选择取决于交联反应的性质和材料稳定性。戊二醛交联过程中形成的键对酸水解稳定，而其他键例如由碳二亚胺形成的肽键会在酸水解过程中断裂。对于酸稳定交联体系，任何未反应的赖氨酸残基都可以通过比色法测量，包括三硝基苯磺酸（TNBS），但蛋白上的游离羧基也同时被定量，可以通过检查氨基酸水解产物进行区分。但这些方法的主要限制是无法区分实际参与交联的修饰氨基酸和非交联的修饰氨基酸。在某些交联体系中，由于只有特定氨基酸参与交联，可以通过氨基酸分析跟踪特定氨基酸的损失。针对交联性质已经确定的体系，氨基酸分析可以用于鉴定交联、改性及其他稳定形式。对于可以特异性分离的交联系统，例如与二苯基硼酸的相互作用可被用于鉴定和定量[47]。

各种酶类，包括胰蛋白酶和细菌胶原酶可以用于检测材料的蛋白酶敏感性，进而评估其交联度[48]。细胞生物学方法通过在适当的动物模型中进行各种生物学测试，例如，检查细胞浸润、活力和细胞培养中的表型变化来评价材料交联度。对于表面特性很重要的材料，例如血液接触材料需要评估其细胞覆盖率[49]。对于某些特定交联策略，例如戊二醛交联，由于戊二醛具有诱导植入物钙化的倾向，需要特别建立大鼠皮下模型进行初步试验评估[50,51]。

第二节
重组胶原蛋白定点化学修饰方法

许多常用于交联的化学基团也可作为胶原蛋白的单一位点选择性修饰试剂，包括以特定方式与赖氨酸侧链反应的醛、环氧化合物、咪酯和异氰酸酯等。本节将重点关注通常未被用于交联或交联度低的官能团修饰。

一、氨基酸定点修饰

1. 赖氨酸侧链修饰

酰氯易与赖氨酸侧链反应从而进行各种修饰反应，如乙酰化、苯甲酰化、磺酰化和焦磷酸化。其中单烷基烃链修饰可以起到稳定胶原蛋白的作用，稳定性随着链长的增加而增强，同时提供了一种开发疏水性胶原蛋白材料的方法。

酸酐是常用于赖氨酸侧链反应的胶原蛋白修饰试剂。乙酸酐是胶原蛋白乙酰化的首选试剂，使用琥珀酸酐在胶原蛋白上添加琥珀酰基也可以实现乙酰化，但都会导致胶原蛋白的稳定性降低。一种新兴的胶原蛋白改性方法是降冰片烯（norbornene）修饰，通过与羧酸酐（顺-5-降冰片烯-外-2,3-二羧酸酐）反应实现。降冰片烯官能团特别适用于随后的硫醇-烯反应，这是因为其应变环结构具有更高的反应活性。这些酸酐修饰反应产生的都是不可逆的稳定产物，但在某些情况下可逆性修饰可能更有价值。可逆性修饰可以通过与马来酸酐或柠康酸酐反应实现，两种反应均在中性及以上pH值条件下发生，并且可以通过酸处理逆转，在几天内可以除去马来酰基，而在几小时内就可以除去柠康酰基。其他肽化学方法，例如芴基甲氧基羰基（FMOC）也可用于赖氨酸残基的可逆修饰[52]。使用甲基丙烯酸酐对赖氨酸侧链进行甲基丙烯酸化能实现胶原蛋白链光交联，这种方法已广泛用于胶原蛋白生产组织工程支架。最近，使用酸酐反应进行胶原蛋白和组织的甲基化开始重新受到关注，通过使用双官能团甲基丙烯酸 -N- 羟基琥珀酰亚胺衍生物或丙烯酰胺异氰酸酯试剂也可实现胶原蛋白的甲基丙烯酸化[53]。甲基丙烯酸化或其他改性修饰均可以在产品制造前在胶原蛋白材料上进行，以便更容易实现后续交联和制备，例如通过静电纺丝获得薄片[54]。

天然胶原蛋白中很少有半胱氨酸残基存在，可以通过对赖氨酸残基的化学修饰引入硫醇基团用于后续交联或引入位点特异性修饰。最常用的蛋白质硫醇化试剂是 2- 亚氨基硫烷（Traut 试剂），能够与赖氨酸残基上的氨基反应[55]。此外，γ-硫代丁内酯也可以对胶原蛋白进行巯基化修饰[56]。

2．谷氨酰胺残基修饰

TGase 可以为胶原蛋白底物的单点修饰提供有效途径[57]。含有谷氨酰胺的肽可与赖氨酸残基反应，含赖氨酸的化合物可与谷氨酰胺残基反应。后一种方法可能是优选，因为谷氨酰胺残基在胶原蛋白中的含量通常低于赖氨酸残基。谷氨酰胺或天冬酰胺残基上的酰氨基团易受碱性水解释放氨，并留下天冬氨酸和谷氨酸侧链，导致胶原蛋白的 pI 降低，当完全脱酰胺时胶原蛋白的 pI 约为 5，称为阴离子胶原蛋白产物。

3．谷氨酸或天冬氨酸侧链修饰

谷氨酸或天冬氨酸的羧酸侧链可以在酸性条件下使用甲醇进行甲基化修饰，修饰程度随着反应时间的延长而增加。这些酸性残基可通过进一步活化产生 N-羟基琥珀酰亚胺（NHS）修饰，然后与来自另一种胶原蛋白或自身分子的氨基反应[58]。侧链羧酸基团也可以通过对羟基苯丙酸（HPA）修饰使胶原蛋白获得苯酚基团，然后在过氧化氢作用下使苯酚基团之间发生交联从而原位形成水凝胶[59]。

二、其他官能团定点修饰

1．巯基基团点位修饰

虽然半胱氨酸残基在胶原蛋白中很少见，但它们可以通过重组胶原蛋白的设计引入，从而提供特定的修饰位置。胶原蛋白可以通过 Traut 试剂进行巯基化修饰，但缺乏位点特异性，可以很容易地通过各种反应进行修饰封闭，例如具有酰基卤化物基团、马来酰亚胺或乙烯砜基团的试剂[60]。最近，硫醇 - 烯偶联反应受到越来越多的关注（在明胶材料的构建中使用），其中降冰片烯是最常用的烯组分，该反应通常需要由紫外光引发[61]。其他较温和的可见光系统则需要使用催化剂，包括金属钌 [Ru(Ⅱ)] 配合物、9- 间二甲基 -10- 甲基吖啶鎓四氟硼酸盐（$C_{23}H_{22}BF_4N$）或染料等[62-64]。重组类人胶原蛋白 CF-5 可以使用 S- 乙酰巯基丁二酸酐（S-AMSA）进行巯基化修饰，利用 S-AMSA 上的酸酐基和 CF-5 上碱性氨基酸的游离氨基侧链发生酰基化反应（acylation reaction)，从而间接将位于 S-AMSA 分子上的乙酰基保护的巯基连接到蛋白分子上，在引入巯基基团的同时，也向 CF-5 分子上引入了一个羧基，通过反应条件的优化能够实现大部分游离氨基的巯基化修饰（图 8-9）[65,66]。

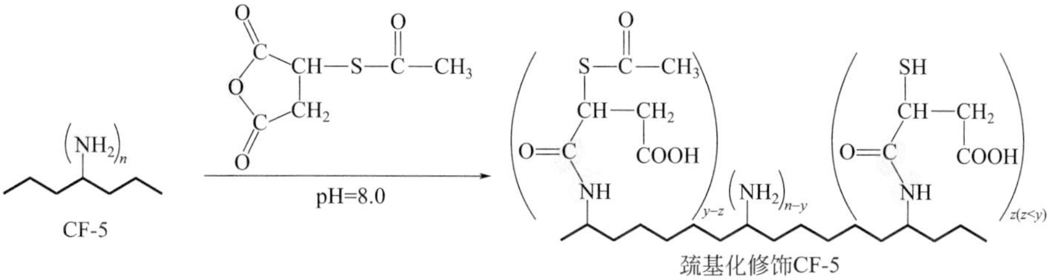

图8-9 S-乙酰巯基丁二酸酐（S-AMSA）巯基化修饰重组类人胶原蛋白CF-5

2．酪氨酸基团点位修饰

酪氨酸基团在胶原蛋白中也很少见，但如果需要可以通过与酰化试剂（Bolton-Hunter 试剂）酪胺或羟苯基丙酸 -N- 羟基琥珀酰亚胺酯反应引入[67]。引入的酪氨酸残基可以使用光催化交联来引发后续单残基修饰或交联，也可以通过酶修饰如酪氨酸酶，转变为二羟基苯丙氨酸残基。

3．磷酸基团点位修饰

胶原蛋白中游离氨基侧链能够使用 D- 葡萄糖 -6- 磷酸二钠干热法实现磷酸化修饰[68]。将 D- 葡萄糖 -6- 磷酸二钠溶液与重组类人胶原蛋白 CF-5 溶液混合均匀，在 pH 值为 8.0 ～ 8.5、50℃水浴中孵育 2h，约 85% 游离氨基侧链可以实现磷酸化，反应机理如图 8-10 所示。

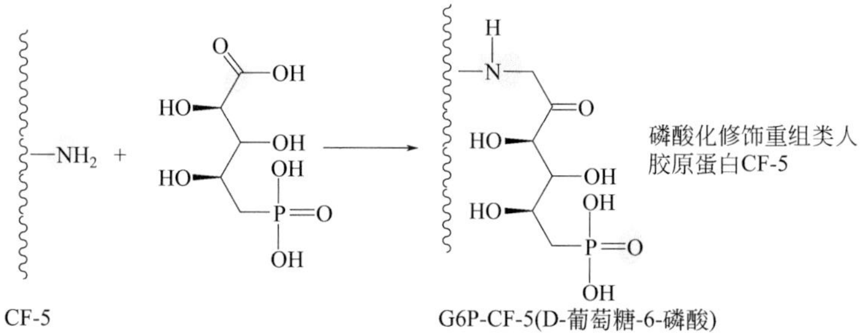

图8-10 磷酸化修饰重组类人胶原蛋白CF-5铁复合物

4．苯酚基团点位修饰

范代娣团队[59]通过在重组类人胶原蛋白CF-5上接枝对羟基苯丙酸（HPA）获得苯酚基团，为辣根过氧化物酶（HRP）提供交联位点，然后在过氧化氢（H_2O_2）存在下使用HRP催化CF-5上的苯酚基团，使苯酚基团之间发生交联从而形成一种生物相容性优异的CF-5/HPA原位水凝胶（图8-11），在组织工程领域具有广阔的潜在应用前景。

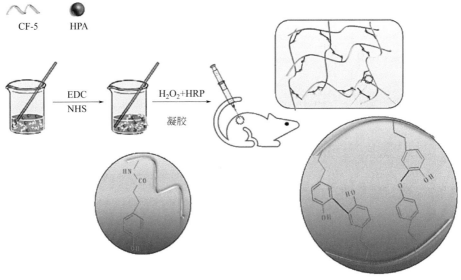

图8-11　重组类人胶原蛋白CF-5/对羟基苯丙酸聚合物交联示意图

第三节
重组胶原蛋白材料制备技术

一、重组胶原蛋白水凝胶材料制备技术

胶原蛋白可以通过热处理技术制备非交联水凝胶。在中性pH值条件下，胶原蛋白溶液加热至37℃形成缠结的原纤维网络，反应条件和胶原蛋白材料的性质决定了黏性水凝胶材料的形成和特性[69]。采用热处理技术制备的非交联水凝

胶通常缺乏实际应用中所需的耐久性和稳定性，因此交联法是构建胶原基水凝胶的主要方法，包括设计构建以胶原蛋白作为主要或唯一组分的水凝胶体系，或是通过添加胶原蛋白以改善生物学特性或优化力学性能的互穿网络水凝胶系统。本章中介绍的多种胶原蛋白交联策略均可以用于构建胶原基水凝胶材料，水凝胶的最终性质取决于所选用胶原蛋白的浓度和交联密度：①将双功能反应性交联剂（例如戊二醛）加入到中性 pH 胶原蛋白溶液中，可在 10min 内快速形成胶原蛋白水凝胶[11]；②使用核糖进行非酶促糖基化交联，可以通过糖浓度来控制水凝胶性质[70]；③通过使用各种氧化多糖进行交联得到醛交联胶原蛋白水凝胶，并且通过向反应体系中加入竞争性氨基酸控制其交联度以及产品性质[71]；④参与交联的反应性基团可以置于间隔分子（例如各种双功能和多功能 PEG）的末端，通过改变间隔分子的性质和尺寸调节所得水凝胶材料的性质；⑤胶原蛋白可以先甲基丙烯酸化直接交联形成水凝胶，或使用硫醇-烯方法形成水凝胶；⑥基于肽的交联也可以用于构建水凝胶，这种水凝胶可用于细胞递送且随后在注射部位降解[72]。除了上述水凝胶中所使用的高纯度胶原蛋白制剂，细胞基质胶原原料也可以用于制备基于胶原的水凝胶，因为所得水凝胶中仍然保有其他细胞外基质（ECM）组分，所以能够更好地模拟天然 ECM 环境。但是大多数单成分胶原蛋白水凝胶存在的共同缺点是机械强度低，因此需要通过与其他成分复合进而提升水凝胶的机械强度。范代娣团队[73-76]以重组类人胶原蛋白 CF-5/CF-1552 作为主要成分，通过采用不同化学或生物交联策略，复合其他天然高分子材料，构建一系列满足不同领域应用需求的水凝胶材料，能够有效地降低植入物的炎症反应（图 8-12，图 8-13）。

(a) 不同类型水凝胶

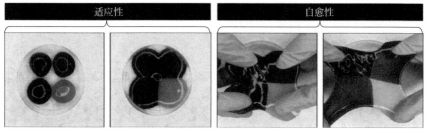

(b) 水凝胶的适应性和自愈性

图8-12　重组类人胶原蛋白CF-5基水凝胶

PB—聚乙烯醇/重组类人胶原蛋白CF-5；PHB—聚乙烯醇/重组类人胶原蛋白CF-5/硼砂；
PHTB—聚乙烯醇/重组类人胶原蛋白CF-5/单宁酸/硼砂

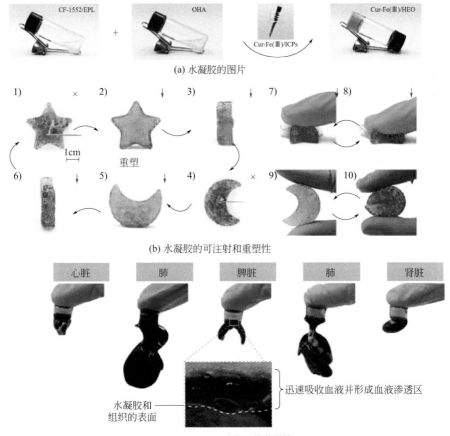

(a) 水凝胶的图片

重塑

(b) 水凝胶的可注射和重塑性

心脏　　　肺　　　脾脏　　　肺　　　肾脏

迅速吸收血液并形成血液渗透区

水凝胶和
组织的表面

(c) 水凝胶的黏附性

图8-13　重组类人胶原蛋白CF-1552基纳米复合水凝胶

CF-1552/EPL—CF-1552/聚赖氨酸；Cur-Fe(Ⅲ)/ICPs—姜黄素-铁无限配位聚合物纳米药物；OHA—氧化透明质酸；Cur-Fe(Ⅲ)/HEO—姜黄素-铁无限配位CF-1552/聚赖氨酸/氧化透明质酸纳米复合水凝胶

二、重组胶原蛋白海绵材料制备技术

　　胶原蛋白海绵材料中的孔结构对材料的性能至关重要，贯通的孔隙结构可以使液体更容易通过转移并且可能发生细胞浸润。在海绵材料构建过程中主要使用外部通气或内生气源的方法生成气泡，从而在材料中形成孔结构。外部通气法多采用向混合物中通入无菌空气同时通过剧烈搅拌发泡；内生气源法则是通过在混合物溶液或凝胶中引入化学或生物化学系统产生气体，如通过在体系中引入过氧化氢酶和过氧化氢生成氧气发泡[77]。此外，低分子量造孔剂也常应用于生产泡沫材料，随着包含在混合物中的造孔剂溶解从而在结构中引入空腔，空腔的互联程度将取决于添加造孔剂的颗粒大小、数量和分布。

冷冻干燥技术常被应用于胶原蛋白溶液或其纤维分散体制造多孔蛋白质支架，较其他方法能够产生更大更均匀的孔，是目前制造胶原蛋白海绵生物医学产品的主要方法[78]。孔径的控制是冷冻干燥海绵制造中的关键问题，海绵材料的孔径大小影响营养和氧气向细胞的运输及分解代谢物和废物的去除，同时与材料的力学性能和与细胞相互作用的表面积密切相关。为了满足不同应用领域的需求，胶原蛋白海绵材料的孔径需要被控制在合理范围内，例如用于伤口修复的胶原基海绵通常需要孔径维持在 20～125μm 之间以获得有效的促伤口愈合能力。在生产制造过程中，工艺条件必须被严格控制以确保获得均匀且可重复的孔径，包括胶原蛋白溶液的浓度、pH 值和冷冻干燥条件等。研究表明冷冻干燥过程中使用恒定冷却速率可以使材料的孔更均匀，较低的冷冻温度容易导致较小的孔径，而增加退火步骤则会使孔径变大。范代娣团队[33,34,79,80]通过设计多种冷冻干燥工艺（如程序冷冻法和两步冷冻法），结合不同化学交联方法成功制备出一系列重组类人胶原蛋白止血海绵（复合蛋白溶液配制→真空冷冻干燥→化学交联→无菌双蒸水洗涤→程序冷冻→真空冷冻干燥→钴60 灭菌→成品海绵）。重组类人胶原蛋白海绵材料网状结构清晰，表面呈现开放性孔洞，在空间上分布均匀，孔径大小可通过调整工艺条件实现在 100～300μm 范围内的可控性，平均孔隙率为93.05%，吸水率可达到3100%（图 8-14）。所采用的冷冻工艺简单，容易实现快速大批量生产，能够满足临床使用的需求。

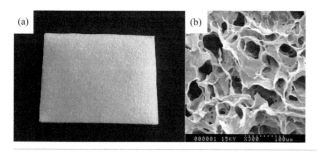

图8-14
重组类人胶原蛋白海绵外观图
（a）和扫描电镜图（b）

冷冻干燥海绵的另一个主要特征是孔的取向性。在上面介绍的实例中，通过冷冻干燥制备的孔都不具有在任何特定方向上的取向性，但对于某些组织如软骨等支架材料，孔的取向性有利于细胞生长和组织修复。一种新型受控定向冷冻系统可以实现在胶原蛋白海绵中形成高度定向有序的孔结构[81]。在冷冻期间使用单向凝固装置，从装置冷却的下表面形成稳定的冰晶，并且在没有侧枝的情况下实现向上增长，同时胶原蛋白在冰柱之间积聚，最终通过冷冻干燥构建具有长定向孔结构的胶原蛋白海绵。冷冻过程中形成的冰柱的特性可以通过溶剂选择进行调节，最常用的溶剂是乙酸和乙醇，此外溶液的离子类型和浓度也会对冰柱的特性产生影响。这类具有长定向孔的胶原蛋白海绵在各方向的渗透性表现出明显差异，因此很适合于肌肉细胞等特定种类细胞的生长。该技术被应用于胶原蛋白与其他蛋白质如弹性蛋白复合材料的构建，通过改变工艺条件，使多孔海绵具有孔径和力学性能等不同的性能特征，以匹配产品应用的需求。

三、重组胶原蛋白纤维材料制备技术

1. 湿纺技术

应用于聚合物溶液生产纤维材料的湿纺技术具有悠久的历史，最初用于生产明胶线，通过将热明胶挤出到冷表面上，然后使用铬明矾、单宁酸或甲醛固定，最后通过添加少量甘油增塑。随着时间的推移，湿纺技术持续改进，设计开发出多种新型制造系统用于制造胶原基材料，例如使用胶原蛋白纤维制造胶原线和胶原管等。1942年后，胶原蛋白湿纺技术得到了广泛的研究，主要用于制作伤口处理的缝合线以及片状和管状材料。从20世纪40年代后期到60年代后期，由于凝固浴持续拉伸和甲醛固定胶原蛋白等技术的引入和使用，湿纺技术制造胶原蛋白纤维线得到进一步的发展，产品性能得到提升，拉伸率高达700%。图8-15为目前被广泛使用的湿纺技术制备胶原蛋白纤维的工艺体系，包括泵、凝固浴和一系列其他浴设备，如拉伸单元和用于干燥和绕线的模块。其中，除了挤压喷嘴与凝固浴的位置固定之外，其他浴和单元的顺序、数量和含量因体系不同而变化。目前，110μm纤维的商业生产率约为30m/min，60mm胶原管生产率为1200m/h[82]。得到的单丝线还可以在生产过程中合并制成更大直径的股线或胶带，或通过扭曲和编织进一步制成复丝线的成品线。在胶原蛋白溶液中添加水溶性聚合物，如聚乙二醇（PEG）和葡聚糖，作为凝固浴试剂能够发挥稳定胶原蛋白溶液的作用，例如使用5mg/mL PEG（8000）以及醛或碳二亚胺[83]。胶原蛋白纤维也可以经过颗粒悬浮液在表面形成颗粒涂层实现进一步的改性，同时加入增塑剂，然后经过拉伸-放松，实现应力消散从而改善其强度，制作超过500根胶原蛋白纤维束[84]。

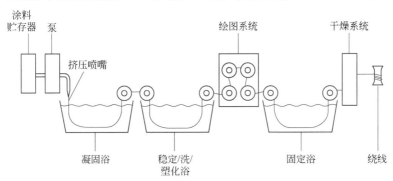

图8-15 湿纺技术制备胶原蛋白纤维的工艺体系

随着胶原蛋白纤维被应用于医疗器械制造中，早期的商业湿纺系统经过进一步的改进和扩展能够较好地满足构建性能各异胶原蛋白纤维的需求。根据胶原蛋白纤维性能要求的差异选择匹配的制造条件，包括胶原蛋白浓度和形式（溶液或粉碎）、凝结剂（PEG、盐、醇）、抽取程度、交联或增塑剂等，目前用于进一步加工纺织的多重缠绕纤维材料已实现大规模生产。此外除了常用的挤压喷嘴，用于铸模制造中的反向旋转系统也可以用于胶原蛋白纤维制造，以赋予管中的胶原蛋白纤维一定的取向性。微流体技术是一种利用传统湿法纺丝的快速成型方法，结合微流体的层流效应，制备微米尺寸纤维的技术，它可用于胶原蛋白纤维的生产，该装置使胶原蛋白溶液能够与PEG溶液混合从而产生纤维，可通过调节流速控制胶原蛋白纤维的直径，并将获得的3～150μm之间的均匀干燥的胶原蛋白纤维收集在卷轴上[85]。微流体技术制造的胶原蛋白纤维通常具有更好的取向性，因此采用微流体技术制造的胶原蛋白纤维较传统湿纺技术生产的纤维其力学性能通常更加优异。

2. 静电纺丝技术

1934年Formhals在一篇专利中首次报道了静电纺丝技术，随后的10年间，他又发表了一系列的专利，描述采用静电纺丝技术制备高聚物纤维的方法，然而却没有得到重视。20世纪中期，随着纳米技术的兴起，静电纺丝技术引起了人们极大的兴趣。区别于传统湿纺技术，静电纺丝技术主要利用电场力和溶液表面张力相互作用。这项技术的基本原理是在高压静电场中使聚合物溶液或者熔融物带正电，从而使其受到电场力的作用被拉伸，在电场力与表面张力达到一定的平衡时，会形成泰勒锥（Taylor cone），当电场力大于溶液的表面张力时，聚合物将在电场力的牵引下形成喷射的细流。在这个过程中，由于溶剂的挥发从而使聚合物在接收装置上形成纤维或无纺布状的纤维毡。静电纺丝技术能够利用电场力制备纳米纤维，获得的纤维直径通常介于数十纳米至数微米之间，并且能够通过无规则堆砌形成无纺布状的材料，具有极大的比表面积、高孔隙率和相互连通的三维网状结构，可以在一定程度上仿生细胞外基质的结构与功能，为细胞提供理想的生长、增殖和分化的微环境。因此，静电纺丝技术成为组织工程学中一类重要的技术方法，是目前生产聚合物纤维的标准方法。

静电纺丝的基本装置有高压静电装置、储液器、金属喷头、接收屏、微量注射泵等（图8-16）。高压静电装置主要提供高压静电场，并使聚合物溶液带电；储液器用于储存聚合物溶液；在储液器一端连接孔径合适的金属喷头，喷头连接高压静电装置，通过金属喷头使聚合物溶液带电；接收屏则与高压静电装置另一端电极相连接；在金属喷头与接收屏之间形成电场。在静电纺丝过程中，微量注射泵将溶液压出，使溶液以恒定流速从金属喷头中流出，进入两极之间的电场，在电场力的作用下，金属喷头顶端的液滴开始向接收屏移动。在这个过程中，液滴不仅受到静电场力的作用，还受到液体表面张力的作用。对于液体来说，表面张力的作用总是试图使液体表面积处于最小，因此，当表面张力和静电场力处于一定的平衡时，液滴在金属喷头顶端形成一个明显的锥形，即泰勒锥。逐渐增大电压，当电压超过一定阈值时，液体内部的斥力就会克服表面张力，液体将分离成为许多细小分流喷射向接收屏。如果聚合物处于易挥发的溶剂中，则会导致稳定的干纤维沉积。静电纺丝技术可以通过调节高分子纺丝液的组成、静电纺丝过程参数及采用改进的静电纺丝装置来控制纳米纤维的形态结构、力学和生物学性能等。相对于膜结构支架材料而言，静电纺丝制备的纤维结构支架能够更好地促进细胞的黏附与增殖，且制备工艺简单，具有批量生产的潜力，因此静电纺丝技术已被广泛用于制备组织工程支架研究。多种组织工程用高分子材料已成功实现纺丝，包括上面提到的天然高分子物质、人工合成可降解高分子物质等，获得的纤维已应用于不同组织工程研究领域，如骨、皮肤、血管、心脏和神经等。

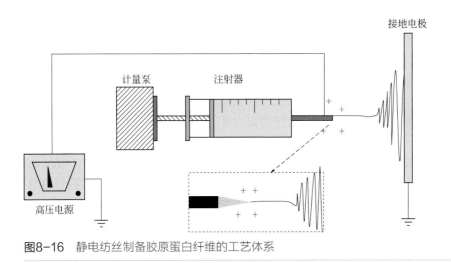

图8-16 静电纺丝制备胶原蛋白纤维的工艺体系

应用静电对胶原蛋白进行纺丝的技术出现在 21 世纪初，将小牛皮肤 I 型胶原蛋白溶解在六氟异丙醇（HFIP）中生产胶原蛋白纤维，通过优化各种工艺参数，包括胶原浓度、电压 - 电位差和气隙距离等，制备出由 100nm 胶原蛋白纤维构成的纤维垫，透射电镜显示其具有 67nm 的带状图案[86]。静电纺丝胶原产品的质量与所用胶原蛋白原料的质量和溶解度密切相关，皮肤或胎盘等不同来源的 I 型胶原蛋白，以及是否存在 III 型胶原蛋白都会影响所生产胶原蛋白纤维的结构。纯化的 III 型胶原蛋白可以用于制备胶原蛋白纤维产品，间质胶原 II 型胶原蛋白可以用于制备静电纺丝纤维膜。除动物组织来源的胶原蛋白外，分子结构明晰的重组类人胶原蛋白纺丝更值得期待，由于这类材料具有良好的溶解性、可加工性和低免疫原性，静电纺丝重组类人胶原蛋白纤维或纤维垫材料预期能表现出优异的力学性能和生物相容性等。

　　静电纺丝系统中溶剂的选择也是非常重要的，溶剂需要能够完全溶解纺丝高聚物，若溶剂体系不合适，高聚物的分子链就无法产生合适的相互作用，从而无法形成适合纺丝的分子排布状态。溶剂的选择对于以蛋白质作为原料的体系尤为重要，因为一些常用溶剂会诱发蛋白质变性。采用圆二色谱对再溶解的电纺胶原蛋白分析表明，约50%的胶原蛋白在静电纺丝过程中发生变性，常用溶剂HFIP可能导致胶原蛋白完全变性，2,2,2-三氟乙醇也会诱发胶原蛋白部分变性，因此需要开发出针对胶原蛋白材料构建需要的静电纺丝溶剂。不同盐浓度的磷酸盐缓冲液（PBS）与乙醇等比例混合溶剂系统和乙酸/二甲基亚砜系统都是良好的胶原蛋白静电纺丝溶剂。也可以将胶原蛋白先溶于乙酸，并在孔口和收集靶之间放置氢氧化钠气溶胶以中和沉淀胶原形成胶原蛋白纤维。在许多情况下，胶原蛋白电纺纤维支架在生产后需要经过进一步的稳定过程，包括使用多种胶原蛋白交联策略，如戊二醛（GA）、EDC、京尼平、紫外光、谷氨酰胺转氨酶以及玫瑰红光交联催化剂等。

　　除了胶原蛋白溶液体系自身特性的影响之外，静电纺丝胶原蛋白纤维也受到电压强度、纺丝液流速、纺丝喷头和接收装置之间的距离以及空气湿度等外部工艺条件的影响。喷头直径过大不利于液滴聚集电荷形成泰勒锥，过小则会导致悬挂液量过少或限制纺丝液流速，从而使纺丝过程不稳定。在其他因素不变的前提下，电场强度的大小决定了静电力的大小，而电场强度是电压与接收距离之比，因此接收距离一定时，电压越大，电场强度越大，纺丝纤维越细，成丝效率也越高；接收距离大则电场强度小，需要更大的电压才能使纤维拉伸成丝。然而也有研究表明，接收距离增大电场强度变小并不一定导致纤维直径的增大，在接收距离增大后带电射流更容易发生次级分裂形成更为细小的纤维，这与喷射流的不规则"鞭动"相关。同时，接收距离必须要达到一定值以确保纺丝溶剂得到充分挥发，才可以获得干燥的纤维。除此之外，电纺液挤出速度也会影响纤维形貌，一般情况下，电纺液流速高则悬挂液量大，会产生直径较大的纤维，但流速过大时由于纺丝效率无法与流速匹配会导致液滴产生；流速小产生较细的纤维，但流速过小又无法与较大的成丝效率匹配，产生断流甚至导致喷头处液体干涸。在实际操作过程中，无论是电纺胶原蛋白溶液的内在因素，还是静电纺丝外在的工艺条件，彼此都是相互关联的，因此只有在多重因素相互平衡的条件下才可以获得理想连续无串珠的胶原蛋白纤维。

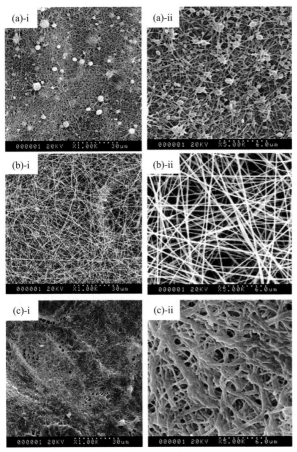

图8-17 重组类人胶原蛋白CF-5/聚环氧乙烷静电纺丝纤维扫描电镜图

（a）～（c）分别代表不同浓度CF-5和PEO制备的纤维薄膜；（a）CF-5 5.0%（质量分数，余同），PEO 3.0%；（b）CF-5 5.0%, PEO 4.0%;（c）CF-5 5.0%, PEO 5.0%。每组两个放大倍数，i为×5k倍，ii为×10k倍

胶原蛋白可以通过与其他材料复合提升静电纺丝胶原蛋白纤维材料的性能。胶原蛋白与壳聚糖等天然聚合物、聚环氧乙烷等合成聚合物以及羟基磷灰石溶胶都能构建出相应的复合胶原蛋白纤维材料（图8-17）。此外，多种改进的静电纺丝设备或工艺被设计出来以满足生产复合胶原蛋白纤维的需要，例如使用同轴输送孔制备复合胶原蛋白纤维，通过将胶原蛋白和不同材料连续静电纺丝到目标靶上制备复合胶原蛋白纤维垫，通过逐层涂覆电纺纤维生产复合胶原蛋白纤维，随后经过溶解载体仅保留胶原蛋白纤维垫。范代娣团队[87]首次尝试静电纺丝法制备重组类人胶原蛋白 CF-5/ 壳聚糖纳米纤维薄膜，CF-5/ 壳聚糖水系溶液中混合不同浓度的聚环氧乙烷后成功纺丝，可获得纤维直径为（112±35）～（413±62）nm 的薄膜。薄膜最大应力为（630±23）kPa，应变可达 13%±0.2%，具有较高

的弹性模量（5.5±0.13）MPa。体外降解、细胞实验以及体内植入实验表明，相比单纯组分胶原蛋白纤维薄膜，形貌更加均匀的复合材料克服了纯胶原蛋白薄膜材料降解过快的缺陷，能够有效促进细胞黏附与增殖，组织相容性良好。此外，范代娣团队使用同轴共纺的方法构建重组类人胶原蛋白 CF-5/ 壳聚糖 / 聚乳酸组织工程血管[88,89]。溶液中的壳聚糖浓度为 1.0% ～ 1.5%，CF-5 的浓度为 5.0% ～ 15%，聚环氧乙烷的浓度为 0.5% ～ 1.0%，聚乳酸浓度为 13%，可以获得微观形貌较好的纤维，最大应力为（2.55±0.12）MPa，弹性模量为（6.47±0.13）MPa，与高分子聚合物聚乳酸构建的支架力学性能接近。同时胶原蛋白电纺基质与细胞之间存在相互作用，一定程度上也能促进细胞的生长。

四、重组胶原蛋白薄膜材料制备技术

胶原蛋白溶液（如重组类人胶原蛋白 CF-5）经过空气干燥可以直接形成薄膜，但这种薄膜非常脆，难以进一步加工和使用，必须通过添加增塑剂提高其可加工性。采用篮式离心机分离胶原沉淀物或分散体，再利用 γ 辐射稳定并同时灭菌后能够制备胶原基薄膜材料[90]。此外，部分前述制造胶原蛋白材料的工艺方法可以直接用于制造胶原基薄膜材料，如通过压缩纤维胶原蛋白泡沫和海绵材料，或通过分离和稳定静电纺丝胶原膜制造薄膜材料。制造胶原蛋白纤维材料所用的基本原则和工艺都可以用于胶原蛋白薄膜材料制造，例如胶原蛋白与透明质酸等带相反电荷的聚合物复合、化学修饰和过滤模塑都能够用于构建胶原蛋白薄膜材料以满足不同应用需求。基于上述一系列方法制造的胶原蛋白薄膜主要用于发挥屏障作用，因此胶原蛋白薄膜的纤维密度非常关键，需要能够有效阻止细胞迁移。例如用于治疗牙周病的胶原蛋白薄膜，膜孔径远小于 1μm，能够有效干扰上皮细胞迁移、辅助骨组织再生，目前已有一系列胶原蛋白薄膜商业材料应用于该领域[91]。可再吸收的胶原蛋白薄膜被应用于各种手术治疗中防止术后组织粘连，包括盆腔、腹部和心脏手术，其中对于需要频繁干预的小儿心脏手术特别适用。此外多种胶原蛋白薄膜商业产品也被应用于皮肤、硬脑膜和鼓膜修复术中[11,92]。

五、重组胶原蛋白微球与颗粒材料制备技术

胶原蛋白微球和颗粒作为组织填充物被广泛用于生物医学领域中，特别是组织修复以及旋转式细胞培养。目前明胶微球已实现大规模生产，获得各种商业产品，例如乳液法制成的各种尺寸和形式的明胶微球，可以通过改变其交联度控制其生物降解速率。但是有别于明胶，浓度大于 1% 的胶原蛋白溶液黏度过高，会

导致微球材料制造困难，因而用于制备微球的胶原蛋白溶液浓度通常较低。

多种形式的胶原蛋白微球能够通过乳液法构建，例如与合成聚合物复合构建应用于药物输送的胶原蛋白微球，与羟基磷灰石混合构建用于骨修复的复合材料，构建具有可溶胶原蛋白涂层的微球材料。将重组胶原蛋白和藻酸盐混合物滴加到氯化钙溶液中制备微球，然后通过戊二醛等交联法来稳定微球中的胶原蛋白，随后用氯化钠溶液充分洗涤除去微球中的藻酸盐载体，这种方法提供的稳定多孔胶原蛋白微球在培养时容易被细胞渗透（图 8-18，图 8-19）[93,94]。

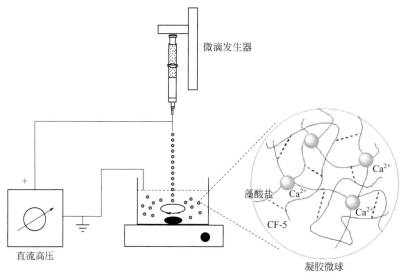

图8-18 海藻酸钠/重组类人胶原蛋白CF-5复合微球的制备流程图

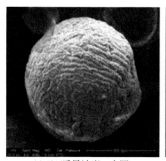 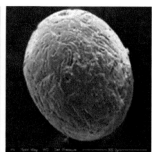 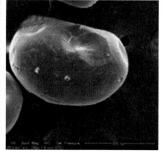

(a) 5%(质量浓度，余同)　　(b) 1.5%海藻酸钠-1%重组类人　　(c) 1.5%海藻酸钠-2%重组类人
　海藻酸钠微胶囊　　　　　 胶原蛋白CF-5微胶囊　　　　　胶原蛋白CF-5微胶囊

图8-19 重组类人胶原蛋白CF-5微胶囊的扫描电镜图

Tsai 等 [95] 利用胶原蛋白溶于水后呈电负性的性质，加入带正电的硫酸软骨素，与之发生共聚交联制备胶原蛋白微球，微球形成后通过戊二醛固化。此方法

简单易行，不需要特殊仪器，只需要将硫酸软骨素溶液缓缓滴入胶原蛋白溶液中，也不用消耗其他能量，加入的硫酸软骨素亦为骨骼环境中所含成分，更能满足仿生需求。Chan 等[96] 将自提取鼠尾胶原蛋白溶于 PBS 溶液中，加入石蜡油/橄榄油混合物后形成油包水（W/O）乳液，于 37℃水浴重构，取出离心，使用光化学交联法对上述步骤获得的微球进行固化。在黑暗条件下，向胶原蛋白微球中加入光敏试剂，在乙醇溶液中平衡 30min，取出后使用氙辐射照射微球 90s。此方法能够避免有机固化剂的使用，同时获得球面光滑、粒径均匀的胶原蛋白微球。另一种方法是纯胶原蛋白或含细胞胶原蛋白溶液首先在超疏水表面上形成微球，然后根据需要对其进行稳定化操作[97]。

六、重组胶原蛋白涂覆材料制备技术

胶原蛋白是细胞外基质中最丰富的成分，因此可以通过胶原蛋白涂覆改善其他材料和宿主组织之间形成的界面，特别是缺乏良好细胞和组织相互作用特性的材料，例如聚合物和金属等。在胶原蛋白作为涂层材料的应用中，胶原蛋白基本上是整个装置的次要组分，但是可以显著提升装置的生物学性能，即使存在的量非常小也可以提供显著的益处。材料表面的胶原改性开发主要旨在为非生物医疗器械提供具有良好生物相容性的表面，提升材料的细胞黏附性、促进细胞增殖和新组织的形成，同时也涉及增强局部信号传导和识别过程以及主动参与宿主-植入物界面处的组织反应。此外对于生物相容性较好的材料也可以通过胶原蛋白涂覆实现材料的功能化。例如，基于胶原组织的生物合成装置通常富含 I 型和 III 型胶原蛋白，这些胶原蛋白与血小板相互作用强烈，因此这类方法制造的小直径血管假体难以满足对现有冠状动脉旁路装置的需求，需要使用适当的涂层改善其表面特性，例如使用具有血小板结合特性的 V 型胶原蛋白，以增强材料的血液相容性，抑制血栓形成。V 型胶原蛋白涂覆改性基于组织的生物合成装置（Omniflow™ V 型胶原血管假体）能够使装置上的血小板附着程度显著降低，因此 V 型胶原蛋白涂覆改性是可以帮助开发有效冠状动脉旁路装置的工具之一[98]。胶原蛋白涂覆方法的范围从胶原蛋白溶液的简单吸收、胶原蛋白纤维涂覆到胶原共价附着。用于涂敷改性的胶原蛋白原料的品质对于改性成功与否也非常关键，高品质胶原蛋白材料通常具有最佳的改性结果。

目前已开发出各种胶原蛋白涂敷合成聚合物、金属和陶瓷材料等，聚合物包括软硅橡胶、聚丙烯、聚乳酸-羟基乙酸共聚物（PLGA）、聚氨酯和聚甲基丙烯酸乙酯-甲基丙烯酸甲酯（PHEMA-PMMA）；金属主要是钛，也包括钽、钢及 Ti6Al4V、x2CrNiMo18 和镁稀土等各种合金。胶原蛋白涂层改善材料的生物活性很大程度取决于涂覆方法的选择。最简单的涂覆方法是将未改性材料（例如钛）置于胶原蛋白溶液中进行被动吸附。然而，这种方法的有效性值得商榷，一些研究表明胶原蛋白涂层能够实现较高的细胞增殖率并增加细胞黏附标志物，一些研究则报道胶原蛋白涂层不会影响细胞增殖。这些研究的关键变量在于涂层量，当涂层由更多胶原蛋白组成时，对金属基材性能的影响会更大。钛和钽等金属在进行胶原蛋白涂覆时使用更多的是胶原蛋白纤维，胶原蛋白溶液可以先形成纤维状物质，例如通过加热至 37℃ 制备用作涂层材料的原纤维，再诱导金属表面产生大量的胶原蛋白纤维。静电纺丝也是常用于构建胶原蛋白原纤维的涂覆方法之一。范代娣团队[99]使用重组类人胶原蛋白 CF-5 包覆单分散性超顺磁 Fe_3O_4 纳米颗粒作为磁热疗剂，在交变磁场作用下，升温速率明显提高，不仅有高磁热能力，而且还有良好的生物相容性，为临床应用提供了良好的理论基础（图 8-20）。

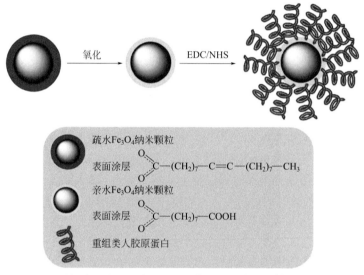

图8-20 重组类人胶原蛋白CF-5修饰Fe_3O_4纳米颗粒的示意图

含有羟基磷灰石和磷酸三钙的生物陶瓷材料常用于整形外科修复，对于这类较大型植入物，通过使材料表面的胶原蛋白溶液发生凝胶化可以构建并获得胶原蛋白涂层。胶原蛋白涂覆磷酸钙陶瓷可以显著增加骨整合的程度。然而，胶原蛋白涂层通常会降低不同组合物材料的强度，因此可能需要同时控制稳定性和机械强度以获得理想的涂层材料。作为基材的生物陶瓷材料有时也会具有一定的孔结构，而胶原蛋白涂层能够显著影响孔隙小于 $10\mu m$ 微孔的表面性能。材料颗粒涂覆胶原蛋白，经洗涤真空干燥，与未涂覆修饰的样品相比，修饰和涂覆胶原蛋白的表面显示出良好的细胞 - 材料相互作用，比如更好的细胞扩散、增殖和分化效果。

煅烧骨是将取自牛长骨两端或脊椎骨的松质骨，经过预先处理脱去部分有机质，再经过高温煅烧完全脱除有机质而制得的一种多孔网状结构的生物材料，主要成分是结晶羟基磷灰石。煅烧骨材料没有异种骨的抗原部分，同时保留了天然骨的矿化成分及优良结构，可以最大限度地保留天然骨的特征，具有优异的理化性质、生物可降解性、生物相容性、骨传导性和诱导性。范代娣团队[100-102]使用水溶性与生物相容性良好的重组类人胶原蛋白CF-5，通过吸附法和EDC交联法涂覆煅烧骨材料（图8-21）。该方法构建的用于骨损伤修复的支架材料具有合适的孔径、高孔隙率、均匀的孔连通性、优异的力学性能、优良的生物相容性以及良好的细胞促黏附、生长和增殖性能，可引导细胞向支架孔隙内生长，并且能维持细胞天然的形态，促进细胞分泌细胞外基质，有利于骨损伤的修复。

 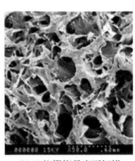 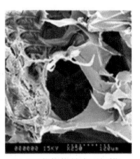

(a) 煅烧骨外观　　　　　(b) 50倍煅烧骨表面扫描　　　(c) 250倍煅烧骨表面扫描
　　　　　　　　　　　　　　　电镜图　　　　　　　　　　电镜图

图8-21 重组类人胶原蛋白CF-5煅烧骨多孔支架

材料表面胶原蛋白涂层构建方法除上述直接从胶原蛋白溶液中吸收外，还有气体等离子体改性法、化学改性法和逐层涂层法。

1. 气体等离子体改性法

大多数材料表面需要在胶原蛋白涂层之前进行活化以允许胶原与基材有效黏附或黏合。材料活化的常用方法是使用等离子体技术，等离子体是一种受限的电离气体，通常通过向中性态气体或蒸气施加电场来产生。利用等离子体技术已设计出各种可能的材料活化设备和形式，这些技术的优点是在改变材料表面性能的同时并不影响材料的整体性能，使后续的胶原蛋白涂层更加坚固，并且能够根据具体需要进行定制。气体等离子体处理能够显著改善钢制装置上胶原蛋白涂层的性能，随后使用共价连接可以进一步实现功能改善。体内研究表明这种组合改性方法能够获得更好的血管形成和减少植入材料所引发的炎症反应。

目前最流行的方法是通过等离子体技术连接新的化学实体为基材创建新的功能表面，主要是改变材料表面的亲水性或疏水性。通过引入新的羧基或氨基官能团提高材料表面的亲水性更有利于将胶原蛋白固定到材料表面上。氧气、氮气或氨气等离子体可以被用来进行材料表面改性，然而氧气等离子体通常会导致材料表面降解，因此主要使用氮气或氨气等离子体对表面进行活化，在材料表面上引入更多的氨基官能团作为胶原蛋白涂层的结合位点[103]。另一种表面活化方法是生产等离子体聚合表面。采用这种方法在材料表面产生含有有机小分子的等离子体，例如烯丙基胺，使其表面具有含反应性官能团的聚合涂层[104]。表面活化改性过程可以通过使用 X 射线光电子能谱（XPS）等技术进行评价，以确定改性的性质和程度等相关参数进而对活化过程进行优化。在材料表面被活化之后可以通过吸收将胶原蛋白附着到改性表面，并优选交联反应策略进一步稳定胶原蛋白涂层材料。

2. 化学改性法

尽管气体等离子体法已被广泛用于活化胶原蛋白涂层的基材表面，但其主要的缺点是需要专业设备。因此一系列相对简单的物理和化学方法被用于活化基材表面，主要是用于合成聚合物基材。

一种简单的物理技术是使用强紫外光照射聚合物表面，高能辐射导致聚合物表面的键断裂，通常发生在 C—H 键处，产生短寿命的自由基与近端分子反应，进而产生一系列新的反应基团。这些新生反应基团的性质取决于聚合物基材的类型和其中添加的化学物质。新生反应基团可以与诸如胶原蛋白等涂层材料直接反应，或通过连接其他基团进行涂层。

硅橡胶基材可以使用黏合法进行胶原蛋白涂覆，该方法是将预先形成的胶原蛋白海绵层通过黏合剂直接黏合于基材表面。这种方法需要用新鲜固化混合物处理基材，例如使用乙烯基衍生的聚二甲基硅氧烷添加 10% 交联剂，聚二甲基硅氧烷和铂乙烯基甲基硅氧烷催化剂的混合物在室温下固化超过 24h。将稳定的胶原蛋白片（例如约 2mm 厚）压在固化混合层上，24h 固化黏附。使用这种涂层材料的体内植入物后，能够观察到其周围纤维束形成程度显著降低[105]。

多数适用于胶原蛋白交联的化学方法可以用于对基材表面进行改性，引入新的反应性基团，实现胶原蛋白溶液或原纤维浆料的附着。例如使用一系列双环氧化合物，引入环氧化物基团改性富含羧基的聚氨酯。环氧化物聚氨酯基材与磷酸盐缓冲盐水中的胶原蛋白溶液在 37℃ 下反应形成胶原蛋白纤维，表面上具有较高的脂环族环氧化物浓度，导致更高的涂层效率[106]。

3. 逐层涂层法

生产薄膜涂层的方法包括使用朗缪尔 - 布罗杰特（Langmuir-Blodgett）薄膜和自组装系统等，存在成本高、处理时间长和膜生理稳定性差等缺点，仅限于生物医学领域应用。随后开发出逐层（LbL）涂层技术，其中交替聚电解质技术已被广泛使用，特别适用于心血管和骨骼。交替聚电解质逐层涂层技术操作简单，将样品材料交替暴露于带负电荷和带正电荷的聚电解质溶液中，使其在基材表面堆叠。为了获得更有效的胶原蛋白涂层，可以优化各种参数，包括 pH 值和离子强度，以便使聚电解质携带适当电荷。除了最广泛使用的静电相互作用方法，其他的方法如疏水相互作用和主客体相互作用也被应用于实现涂层的堆叠。这类逐层涂层方法允许涂覆不同形状和尺寸的带电基板，并同时实现表面的功能设计。

胶原蛋白能够与不同的聚阴离子组分构建逐层涂层。在许多情况下，首先使用化学或等离子体方法激活样品（无论是聚合物还是金属），以使其具有适当的表面电荷进而引发逐层涂层。肝素作为非胶原性聚阴离子，能够为支架材料提供更好的内皮细胞覆盖能力。另一种与胶原蛋白结合使用的聚阴离子是硫酸软骨素，与胶原蛋白一起涂覆于聚合物表面可以增强软骨形成。其他可使用的聚阴离子还包括各种合成聚电解质，以及藻酸盐和透明质酸等生物聚合物。

迄今为止，间质Ⅰ型胶原作为优异的聚阳离子型胶原，是用于构建胶原蛋白涂层的最优选胶原，其他类型胶原可以根据其特性应用在特定环境中。例如，Ⅱ型胶原可用于软骨修复的材料涂层，而Ⅴ型胶原可用于提供更多的抗血栓形成表面。更重要的是，由于涂层材料消耗量通常非常少，因此一些不容易大量获得的胶原蛋白类型也可以用于涂层构建，例如能够与层粘连蛋白组合的Ⅳ型胶原可用于制备涂层以产生基底膜模拟物。

天然胶原蛋白作为聚阳离子化合物可以与作为聚阴离子化合物的具有酸性等电点的改性胶原蛋白共同构建均匀的不包含异质层的胶原蛋白涂层材料。有多种方法可以制备改性胶原，例如用碱处理胶原蛋白会导致天冬酰胺（Asn）和谷氨酰胺（Gln）残留物中酰胺的损失，从而产生酸性天冬氨酸（Asp）和谷氨酸（Glu），进而降低胶原蛋白的 pI 值。或者通过化学修饰赖氨酸（Lys）侧链以提供羧酸基团，例如不可逆的琥珀酰化或可逆的马来酰化修饰，改性胶原可以在酸性条件下数天逆转，柠檬酰化可以在酸性条件下数小时逆转。如果使用可逆试剂，在洗涤步骤后可以使用非常温和的交联方式，例如使用少量的戊二醛，以提供稳定的逐层涂层，该步骤对于其他涂层策略也很有参考价值。

七、其他胶原蛋白材料制备方法

离子液体（ILs）是在室温或接近室温条件下以液体形式存在且蒸气压可忽略不计的盐，可用于溶解天然聚合物，尤其是纤维素，也可溶解胶原蛋白。离子液体用来加工胶原蛋白的研究越来越受到关注，使用的离子液体形式有纯离子液体和离子液体水溶液。常用于溶解胶原蛋白的离子液体包括 1-丁基-3-甲基咪唑氯化物 {[BMIM]Cl} 和 3,3'-[1,2-乙二基]-双[1-甲基咪唑]-二溴化物 {[$C_6O_2(mim)_2$][Br]$_2$}。在 100℃高温下，[BMIM]Cl 能够在 2h 内溶解胶原蛋白纤维，得到澄清黏稠的溶液，冷却至 4℃后，将胶原蛋白添加到沉淀液中（如水或乙醇），伴随着离子液体的洗出，胶原蛋白重建为薄膜或纤维[107]。在没有过量水的情况下，胶原蛋白在加热步骤中部分保持稳定，表明重构的胶原蛋白薄膜仍然可以保留一些天然的具有三股螺旋结构的胶原蛋白。使用离子液体 [$C_6O_2(mim)_2$][Br]$_2$ 也会导致胶原蛋白部分丧失三股螺旋结构，其他离子液体也能够引起类似现象，例如硫酸双胆碱和磷酸 1-丁基-3-甲基咪唑二甲酯（$C_{10}H_{21}N_2O_4P$）。胶原蛋白的这种现象可能是由于离子液体中氢键环境和水合动力学的变化使胶原蛋白不稳定，其程度取决于离子液体的离子组成。

范代娣团队[108]首次将离子液体引入重组类人胶原蛋白 CF-5 水凝胶材料的构建中。使用咪唑醋酸盐（[Emim][Ac]）离子液体水溶液溶解重组类人胶原蛋白 CF-5 与鱼胶原蛋白混合物，通过谷氨酰胺转氨酶交联制得胶原蛋白水凝胶（图 8-22）。研究表明离子液体不仅能够改善胶原蛋白的溶解度，提高谷氨酰胺转氨酶的催化活性，而且能显著影响水凝胶材料的三维结构和性能。所制得的胶原蛋白水凝胶具有良好的生物相容性、优异的亲水性和力学性能、可控的生物降解性、良好的细胞黏附性，对肿瘤细胞还具有一定的抑制作用，可用于组织工程支架和肿瘤治疗中。

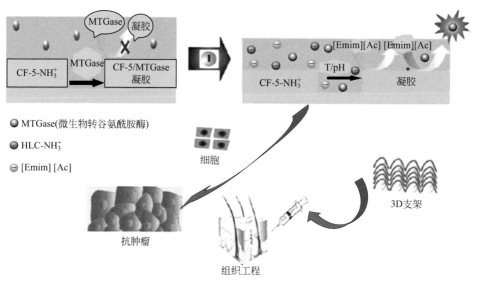

图8-22　咪唑醋酸盐（[Emim][Ac]）离子液体水溶液制备重组类人胶原蛋白CF-5水凝胶

第四节
重组胶原蛋白材料灭菌技术

灭菌过程通常处于或接近生物材料制备过程的末端阶段，但其对生物材料产品性质存在潜在的影响，是在产品开发设计阶段就需要考虑的关键环节之一。特别是胶原基生物材料，在早期设计研究阶段就应该评估不同灭菌方法的优缺点，以选择合适的灭菌方案。对于生物材料产品，最好对最终包装产品进行灭菌，如果不能使用最终产品灭菌，则必须在灭菌步骤之后的过程和包装的剩余步骤中保持完全无菌。灭菌方法还需要能够按比例放大以满足所需制造的产品数量。生物材料灭菌可以采用多种方法，但其中适合胶原蛋白材料产品的灭菌方法相当有限。

一、物理灭菌方法

1. γ射线灭菌

γ射线照射经常被用于生物材料灭菌过程，通常使用 ^{60}Co 源照射 25kGy（2.5Mrads）。γ射线照射灭菌除了可用于制造胶原蛋白材料外，还可广泛用于组织移植物和无细胞基质产品的灭菌。γ射线照射灭菌的优点是可以准确控制照射剂量，但辐照会导致多肽链的裂解以及交联，引起胶原蛋白生物材料的损伤。因此，在使用γ射线照射灭菌时需要采用一些方法对胶原蛋白材料进行保护，包括添加自由基清除化合物，如硫脲和 N-乙酰基-L-半胱氨酸。通过交联胶原蛋白削弱辐射损伤，如添加蛋白葡萄糖、核糖、京尼平和碳二亚胺等交联剂。虽然辐射损伤确实导致胶原蛋白材料发生某些可观察到的性能变化，例如细胞引起的凝胶收缩会受到辐射的抑制[109]，新切割位点的引入和胶原蛋白稳定性的降低可能导致胶原基材料更新率增加，但这些影响都是可以被预期和控制的，因此目前γ射线照射仍是胶原蛋白材料的首选灭菌方法。

2. 电子束照射灭菌

电子束照射是另一种可用的灭菌方法，有研究表明用 15kGy 电子束照射处理制备的胶原基支架材料消除细菌或真菌生长，其力学性能和生物学功效未受到显著影响[110]。电子束照射灭菌方法虽然可以有效地对胶原基支架材料进行灭菌，但是对于具有更复杂结构的无细胞组织材料，可能诱发其小亚结构的显著损伤，例如基底膜和细弹性纤维。范代娣团队研究发现，电子束照射也会引发重组胶原蛋白性质的变化，依据其性质和物理状态引发交联或断键。

3．脉冲法灭菌

脉冲法是在低温和大气压下使用持续短脉冲对胶原蛋白材料及其组织衍生材料进行灭菌。在45s内11kV放电可以实现对结缔组织材料的有效灭菌，但胶原基材料的弹性模量、刚度和弹性应变会发生显著降低。如果在灭菌和降解之间选择平衡点，这种方法几乎不会影响后续细胞在组织材料上的生长。

二、化学和其他灭菌方法

1．环氧乙烷灭菌

胶原蛋白材料可以使用环氧乙烷进行灭菌，灭菌过程可以在溶液或气体中操作。然而可燃性等安全问题极大地限制了这种方法的使用。并且胶原蛋白具有高的水分结合能力，为了有效地实现胶原蛋白材料灭菌，使用该方法时需要水分的存在。与其他灭菌方法一样，环氧乙烷会导致胶原蛋白一定程度的改性，与氨基的反应降低了胶原蛋白的稳定性，并且还存在环氧乙烷残留问题。

2．超临界二氧化碳灭菌

使用超临界二氧化碳已成为一种方便有效的灭菌方法，特别适用于不太坚固的生物材料。超临界二氧化碳无毒、易于渗透，与胶原蛋白材料无反应，并可以通过减压导致液相和气相转变轻松移除，体系中也可以添加过氧化氢与乙酸酐实现更有效的灭菌。超临界二氧化碳很适用于胶原基材料灭菌，也可以作为灭活孢子的末端灭菌过程。

3．其他化学方法灭菌

各种化学方法已被用于对胶原蛋白材料和装置进行消毒和灭菌，可以在制造过程的最终阶段灭菌，也可以在中间步骤灭菌。各种氧化方法，包括乙酸处理后将材料保持在甘油、铜、过氧化氢和碘酒中。醛会导致胶原蛋白的显著变性，这些方法避免了使用醛。然而，对于使用戊二醛等醛类交联剂交联的胶原基材料或装置，醛类交联剂本身就是非常有用的灭菌方法。生物心脏瓣膜和生物合成血管假体等心血管装置在2%戊二醛溶液中进行稳定化处理，并且同时实现灭菌。对于保存在戊二醛溶液中运输的心脏瓣膜，在植入前需要经过大量洗涤，采用无菌方式将戊二醛去除，并用乙醇水溶液保持无菌。

4．抗生素杀菌法

在某些特定情况下，抗生素也被用于对胶原蛋白终端产品进行消毒和灭菌，但考虑到这种方法制备的完全无菌产品的实际情况和使用的安全性，此类方法对胶原类产品的无菌处理应用有限。

三、朊病毒的灭活

在 20 世纪 80 年代中期，动物源胶原蛋白的医疗产品安全性出现了一个重要问题，那就是蛋白质感染因子朊病毒会引发一系列神经组织相关脑病，如水貂脑病、慢性消瘦病，其中最著名的是"牛海绵状脑病"（BSE），也称为"疯牛病"，因此朊病毒的清除是组织胶原基材料制造过程中需要考虑的重要问题之一。

虽然存在消除与灭活细菌和病毒污染物的各种方法，但这些方法对朊病毒通常无效。在室温下用 1mol/L 氢氧化钠处理胶原蛋白 1h 被认为能够有效地灭活朊病毒，多种溶剂也可以对胶原基材料进行灭活处理，包括甲酸、三氟乙酸、四氟乙醇和六氟异丙醇等。但是每种处理方法都会对胶原蛋白产生不同程度的影响，总体而言甲酸处理可能是最好的方法。碱和其他试剂也常用于病毒灭活，但它们对朊病毒的灭活效果并不明显。此外，这些方法通常是针对器械消毒的情况开发的，并没有相关研究表征它们对精细蛋白质制品的影响。因此，除了安全采购胶原蛋白原料制剂这一重要策略之外，重组胶原蛋白生产系统是从根本上解决朊病毒问题的重要方法。与动物组织源胶原相比较，重组胶原蛋白克服了朊病毒的致命隐患，在组织工程和生物医药等领域应用具有更明显的优势，不存在灭活朊病毒的难题。

参考文献

[1] Fan D D, Xing J Y, Xue W J, et al. Effect of temperature on self-interaction of human-like collagen [J]. Chinese Journal of Chemistry, 2011, 29(9): 1811-1816.

[2] 汪海波，梁艳萍，李云雁，等. 交联方法对草鱼皮胶原蛋白海绵性能的影响 [J]. 水产学报，2013, 37(1): 132-140.

[3] 范代娣，米钰，惠俊峰，等. 通过程序降温制备体内止血敷料的方法 [P]. CN 201611142040.5. 2020-06-09.

[4] Lin J T, Cheng D C. Modeling the efficacy profiles of UV-light activated corneal collagen crosslinking [J]. Plos One, 2017, 12: e0175002.

[5] Rabotyagova O S, Cebe P, Kaplan D L. Collagen structural hierarchy and susceptibility to degradation by ultraviolet radiation [J]. Materials Science & Engineering C, 2008, 28: 1420-1429.

[6] Inoue N, Bessho M, Furuta M, et al. A novel collagen hydrogel cross-linked by gamma-ray irradiation in acidic pH conditions [J]. Journal of Biomaterials Science, 2006, 17: 837-858.

[7] Zhang X, Xu L, Huang X, et al. Structural study and preliminary biological evaluation on the collagen hydrogel

crosslinked by γ-irradiation [J]. Journal of Biomedical Materials Research Part A, 2012, 100: 2960-2969.

[8] 庄辰，陶芙蓉，于润慧，等. 明胶／胶原改性的研究进展 [J]. 化学通报，2015, 78(3): 202-207.

[9] Peng Y Y, Glattauer V, Ramshaw J A M. Stabilisation of collagen sponges by glutaraldehyde vapour crosslinking [J]. International Journal of Polymeric Materials and Polymeric Biomaterials, 2017, (1): 1-6.

[10] Yoshioka S A, Goissis G. Thermal and spectrophotometric studies of new crosslinking method for collagen matrix with glutaraldehyde acetals [J]. Journal of Materials Science, 2008, 19: 1215-1223.

[11] 李荣，范代娣，朱晨辉，等. 重组类人胶原蛋白Ⅱ膜的生物相容性 [J]. 西北大学学报：自然科学版，2007, (05): 771-775.

[12] Zhu C H, Fan D D, Duan Z Z, et al. Initial investigation of novel human-like collagen/chitosan scaffold for vascular tissue engineering [J]. Journal of Biomedical Materials Research Part A, 2009, 89A(3): 829-840.

[13] 范代娣，马晓轩，米钰，等. 一种制备可生物降解的组织工程用支架材料的方法 [P]. CN 200610041912.9. 2006-08-23.

[14] 孙秀娟，范代娣，朱晨辉，等. 类人胶原蛋白-透明质酸血管支架的性能及生物相容性 [J]. 生物工程学报，2009, 25(4): 591-598.

[15] Ma X X, Deng J J, Du Y Z, et al. A novel chitosan-collagen-based hydrogel for use as a dermal filler: initial in vitro and in vivo investigations [J]. Journal of Materials Chemistry B, 2014, 2(18): 2749-2763.

[16] Duan Z G, Fan D D, Zhu C H, et al. Hemostatic efficacy of human-like collagen sponge in arterioles and liver injury model [J]. African Journal of Microbiology Research, 2012, 6(10): 2543-2551.

[17] Zheng X Y, Hui J F, Li H, et al. Fabrication of novel biodegradable porous bone scaffolds based on amphiphilic hydroxyapatite nanorods [J]. Materials Science & Engineering C, 2017, 75: 699-705.

[18] 范代娣，朱晨辉，马晓轩，等. 一种制备可生物降解组织工程用仿生人工骨材料的方法 [P]. CN 200910023001.7. 2013-03-06.

[19] 李喆. 二环氧辛烷交联新型水凝胶的研究 [D]. 西安：西北大学，2015.

[20] Zhang J J, Ma X X, Fan D D, et al. Synthesis and characterization of hyaluronic acid/human-like collagen hydrogels [J]. Materials Science & Engineering C, 2014, 43: 547-554.

[21] Li X, Xue W J, Liu Y N, et al. A novel multifunctional materials PB hydrogels and PBH hydrogels as soft filler for tissue engineering [J]. Journal of Materials Chemistry, 2015, 3: 4742-4755.

[22] 范代娣，马晓轩，张婧婧. 一种具有生物修复活性及优良降解性能的水凝胶及制备方法 [P]. CN 201310264046.X. 2015-07-29.

[23] 惠俊峰，范代娣，米钰，等. 一种超多孔水凝胶的制备方法 [P]. CN 201710503785.8. 2019-11-19.

[24] 郑晓燕，范代娣，惠俊峰，等. 一种新型医用止血凝胶敷料的制备方法 [P]. CN 201710503854.5. 2020-02-18.

[25] 惠俊峰，范代娣，米钰，等. 一种用于组织填充的惰性多孔水凝胶的制备方法 [P]. CN 201710503866.8. 2020-04-28.

[26] 范代娣，惠俊峰，邓建军，等. 一种高透气性烧烫伤敷料的制备方法 [P]. CN 201710503855.X. 2020-04-28.

[27] 郑晓燕，范代娣，惠俊峰，等. 一种含沸石止血凝胶敷料的制备方法 [P]. CN 201710503858.3. 2020-04-21.

[28] 惠俊峰，范代娣，米钰，等. 一种分离介质的制备方法 [P]. CN 201710503815.5. 2019-11-19.

[29] Zhao L L, Li X, Zhao J Q, et al. A novel smart injectable hydrogel prepared by microbial transglutaminase and human-like collagen: its characterization and biocompatibility [J]. Materials Science & Engineering C, 2016, 68: 317-326.

[30] Zhu C H, Lei H, Fan D D, et al. Novel enzymatic crosslinked hydrogels that mimic extracellular matrix for skin wound healing [J]. Journal of Materials Science, 2018, 53(8): 5909-5928.

[31] 范代娣，马晓轩，惠俊峰，等. 一种增强生物相容性的人工骨支架材料及其制备技术 [P]. CN 201410161018.X. 2016-05-25.

[32] 范代娣，朱晨辉，惠俊峰，等. 一种可生物降解的组织工程皮肤支架的制备方法 [P]. CN 201710802649.9. 2020-10-30.

[33] 范代娣，惠俊峰，朱晨辉，等. 两步冷冻法制备止血海绵的方法 [P]. CN 201611137151.7. 2019-09-24.

[34] 范代娣，惠俊峰，米钰，等. 一种以谷氨酰胺转移酶为交联剂的体内止血敷料的制备方法 [P]. CN 201611137107.6. 2020-06-09.

[35] 范代娣，米钰，郑晓燕，等. 一种新型类人胶原蛋白止血敷料 [P]. CN 201610073664.X. 2018-10-26.

[36] 范代娣，马沛，郑晓燕，等. 一种抗菌性类人胶原蛋白创面医护膜敷料 [P]. CN 201610073663.5. 2019-02-03.

[37] 惠俊峰，贺其雅，范代娣，等. 一种多孔骨修复支架材料及其制备方法 [P]. CN 201910177807.5. 2020-07-03.

[38] Shah N B, Wolkers W F, Morrissey M, et al. Fourier transform infrared spectroscopy investigation of native tissue matrix modifications using a gamma irradiation process [J]. Tissue Engineering Part C-Methods, 2009, 15: 33-40.

[39] Sun W Q, Leung P. Calorimetric study of extracellular tissue matrix degradation and instability after gamma irradiation [J]. Acta Biomaterialia, 2008, 4: 817-826.

[40] Zhu K, Slusarewicz P, Hedman T. Thermal analysis reveals differential effects of various crosslinkers on bovine annulus fibrosis [J]. Journal of Orthopaedic Research, 2011, 29: 8-13.

[41] Langdon S E, Chernecky R, Pereira C A, et al. Biaxial mechanical/structural effects of equibiaxial strain during crosslinking of bovine pericardial xenograft materials [J]. Biomaterials, 1999, 20: 137-153.

[42] Serpooshan V, Julien M, Nguyen O, et al. Reduced hydraulic permeability of three-dimensional collagen scaffolds attenuates gel contraction and promotes the growth and differentiation of mesenchymal stem cells [J]. Acta Biomaterialia, 2010, 6: 3978-3987.

[43] Van der Sman R G. Biopolymer gel swelling analysed with scaling laws and Flory-Rehner theory [J]. Food Hydrocolloids, 2015, 48: 94-101.

[44] Sundararaghavan H G, Monteiro G A, Lapin N A I, et al. Genipin-induced changes in collagen gels: correlation of mechanical properties to fluorescence [J]. Journal of Biomedical Materials Research Part A, 2008, 87: 308-320.

[45] Tanaka S, Avigad G, Eikenberry E F, et al. Isolation and partial characterization of collagen chains dimerized by sugar-derived cross-links [J]. Journal of Biological Chemistry, 1988, 263: 17650-17657.

[46] Guilbert M, Said G, Happillon T, et al. Probing non-enzymatic glycation of type I collagen: a novel approach using Raman and infrared biophotonic methods [J]. Biochimica Et Biophysica Acta-Biomembranes, 2013, 1830: 3525-3531.

[47] Graham L, Gallop P M. Covalent protein crosslinks: general detection, quantitation, and characterization via modification with diphenylborinic acid [J]. Analytical Biochemistry, 1994, 217: 298-305.

[48] Li X, Fan D D. A novel CCAG hydrogel: the mechanical strength and crosslinking densities [J]. Asian Journal of Chemistry, 2014, 26(19): 6567-6570.

[49] Wissink M J, van Luyn M J, Beernink R, et al. Endothelial cell seeding on crosslinked collagen: effects of crosslinking on endothelial cell proliferation and functional parameters [J]. Journal of Thrombosis and Haemostasis, 2000, 84: 325-331.

[50] Levy R J, Schoen F J, Levy J T, et al. Biologic determinants of dystrophic calcification and osteocalcin deposition in glutaraldehyde-preserved porcine aortic valve leaflets implanted subcutaneously in rats [J]. American Journal of Pathology, 1983, 113: 143-155.

[51] Wang Y, Zhu C, Mi Y, et al. Synthesis and characterization of carboxymethyl chitosan/human-like collagen hydrogel [J]. Advanced Materials Research, 2012, 535: 2296-2300.

[52] Chang C D, Meienhofer J. Solid-phase peptide synthesis using mild base cleavage of alpha-fluorenylmethyloxy-carbonylamino acids, exemplified by a synthesis of dihydrosomatostatin [J]. International Journal of Peptide and Protein Research, 1978, 11: 246-249.

[53] Browning M B, Guiza V, Russell B, et al. Endothelial cell response to chemical, biological, and physical cues in bioactive hydrogels [J]. Tissue Engineering Part A, 2014, 20: 3130-3141.

[54] Song X, Dong P, Gravesande J, et al. UV-mediated solid-state cross-linking of electrospinning nanofibers of modified collagen [J]. International Journal of Biological Macromolecules, 2018, 120: 2086-2093.

[55] Jue R, Lambert J M, Pierce L R, et al. Addition of sulfhydryl groups to *Escherichia coli* ribosomes by protein modification with 2-iminothiolane (methyl 4-mercaptobutyrimidate) [J]. Biochemistry, 1978, 17: 5399-5406.

[56] Yamauchi K, Takeuchi N, Kurimoto A, et al. Films of collagen crosslinked by S-S bonds: preparation and characterization [J]. Biomaterials, 2001, 22: 855-863.

[57] Jones M E, Messersmith P B. Facile coupling of synthetic peptides and peptide-polymer conjugates to cartilage via transglutaminase enzyme [J]. Biomaterials, 2007, 28: 5215-5224.

[58] Bet M R, Goissis G, Lacerda C A. Characterization of polyanionic collagen prepared by selective hydrolysis of asparagine and glutamine carboxyamide side chains [J]. Biomacromolecules, 2001, 2: 1074-1079.

[59] Gao S, Qu L, Zhu C, et al. A novel degradable injectable CF-5-HPA hydrogel with antiinflammatory activity for biomedical materials: preparation, characterization, in vivo and in vitro evaluation [J]. Science China Technological Sciences, 2020, 63(11): 2449-2463.

[60] Stoichevska V, Peng Y Y, Vashi A V, et al. Engineering specific chemical modification sites into a collagen‐like protein from *Streptococcus pyogenes* [J]. Journal of Biomedical Materials Research Part A, 2017, 105: 806-813.

[61] Russo L, Battocchio C, Secchi V, et al. Thiol-ene mediated neoglycosylation of collagen patches: a preliminary study [J]. Langmuir, 2014, 30: 1336-1342.

[62] Tyson E L, Ament M S, Yoon T P. Transition metal photoredox catalysis of radical thiol-ene reactions [J]. The Journal of Organic Chemistry, 2012, 78: 2046-2050.

[63] Zhao G, Kaur S, Wang T. Visible-light-mediated thiol-ene reactions through organic photoredox catalysis [J]. Organic Letters, 2017, 19: 3291-3294.

[64] Shih H, Lin C C. Visible-light-mediated thiol-ene hydrogelation using eosin-Y as the only photoinitiator [J]. Macromolecular Rapid Communications, 2013, 34: 269-273.

[65] Wang Y, Zhu C, Fan D D, et al. A method for the introduction of acetylthiol groups into recombinant human-like collagen [J]. Advanced Materials Research, 2012, 535: 2416-2419.

[66] 范代娣，邓建军，孙岩，等. 一种巯基化改性的胶原钙复合物 [P]. CN 201310152332.7. 2014-10-22.

[67] Elvin C M, Vuocolo T, Brownlee A G, et al. A highly elastic tissue sealant based on photopolymerised gelatin [J]. Biomaterials, 2010, 31: 8323-8331.

[68] Deng J, Chen Y, Zhu C, et al. Preparation and toxicity of protein-calcium complex with phosphorylated human-like collagen [J]. Journal of Chemical and Pharmaceutical Research, 2014, 6(1): 306-311.

[69] Gross J, Kirk D S. The heat precipitation of collagen from neutral salt solutions: some rate-regulating factors[J]. Journal of Biological Chemistry, 1958, 233(2): 355-360.

[70] Mason B N, Starchenko A, Williams R M, et al. Tuning three-dimensional collagen matrix stiffness independently of collagen concentration modulates endothelial cell behavior[J]. Acta Biomaterialia, 2013, 9(1): 4635-4644.

[71] Kamimura W, Koyama H, Miyata T, et al. Sugar‐based crosslinker forms a stable atelocollagen hydrogel that is a favorable microenvironment for 3D cell culture [J]. Journal of Biomedical Materials Research Part A, 2015, 102(12):

4309-4316.

[72] Okesola B, Ni S, Derkus B, et al. Growth‐factor free multicomponent nanocomposite hydrogels that stimulate bone formation [J]. Advanced Functional Materials, 2020, 30(14): 1906205.

[73] Du Y Z, Fan D D, Ma X X, et al. Study the biodegradation of a injection human-like collagen hydrogel [J]. Advanced Materials Research, 2012, 535-537: 2291-2295.

[74] Shen S H, Fan D D, Yuan Y, et al. An ultrasmall infinite coordination polymer nanomedicine-composited biomimetic hydrogel for programmed dressing-chemo-low level laser combination therapy of burn wounds [J]. Chemical Engineering Journal, 2021, 426: 130610.

[75] Lei H, Fan D D. Conductive, adaptive, multifunctional hydrogel combined with electrical stimulation for deep wound repair [J]. Chemical Engineering Journal, 2021, 421: 129578.

[76] Li X, Xue W J, Liu Y, et al. CF-5/pullulan and pullulan hydrogels: their microstructure, engineering process and biocompatibility [J]. Materials Science & Engineering C, 2016, 58: 1046-1057.

[77] Sando L, Danon S, Brownlee A G, et al. Photochemically crosslinked matrices of gelatin and fibrinogen promote rapid cell proliferation [J]. Journal of Tissue Engineering and Regenerative Medicine, 2011, 5(5): 337-346.

[78] Jiang X, Wang Y, Fan D D, et al. A novel human-like collagen hemostatic sponge with uniform morphology, good biodegradability and biocompatibility[J]. Journal of Biomaterials Applications, 2017, 31(8): 1099-1107.

[79] 刘琳. 程序冷冻法制备类人胶原蛋白止血海绵和工艺优化 [D]. 西安：西北大学，2015.

[80] 段志广. 类人胶原蛋白止血海绵的性能研究 [D]. 西安：西北大学，2008.

[81] Schoof H, Apel J, Heschel I, et al. Control of pore structure and size in freeze-dried collagen sponges [J]. Journal of Biomedical Materials Research, 2010, 58(4): 352-357.

[82] Helmut Z . Readily removable artificial sausage casings and method of preparation [P]. US 2988451. 1961-06-13.

[83] Kemp P D, Carr R M, Maresh J G, et al. Collagen threads [P]. US 5378469. 1995-01-03.

[84] Cavallaro J F. Method of strength enhancement of collagen constructs [P]. US 5718012. 1998-02-17.

[85] Haynl C, Hofmann E, Pawar K, et al. Microfluidics-produced collagen fibers show extraordinary mechanical properties [J]. Nano Letters, 2016, 16(9): 5917-5922.

[86] Matthews J A, Wnek G E, Simpson D G, et al. Electrospinning of collagen nanofibers [J]. Biomacromolecules, 2002, 3(2): 232-238.

[87] Chen L, Zhu C H, Fan D D, et al. A human-like collagen/chitosan electrospun nanofibrous scaffold from aqueous solution. Electrospun mechanism and biocompatibility [J]. Journal of Biomedical Materials Research Part A, 2011, 99A(3): 395-409.

[88] Zhu C, Ma X, Li X, et al. Characterization of a co-electrospun scaffold of CF-5/CS/PLA for vascular tissue engineering [J]. Bio-medical Materials and Engineering, 2014, 24(6): 1999-2005.

[89] 周扬. 同轴共纺构建类人胶原蛋白 - 壳聚糖 - 聚乳酸纳米纤维组织工程血管的研究 [D]. 西安：西北大学，2011.

[90] Edwards G A, Glattauer V, Nash T J, et al. In vivo evaluation of a collagenous membrane as an absorbable adhesion barrier [J]. Journal of Biomedical Materials Research, 1997, 34(3): 291-297.

[91] Stoecklin-Wasmer C, Rutjes A W S, da Costa B R, et al. Absorbable collagen membranes for periodontal regeneration: a systematic review [J]. Journal of Dental Research, 2013, 92(9): 773.

[92] Huerta S, Varshney A, Patel P M, et al. Biological mesh implants for abdominal hernia repair: US food and drug administration approval process and systematic review of its efficacy [J]. Jama Surgery, 2016, 151(4): 374-381.

[93] 刘晓丽. 铁基纳米磁性颗粒结构 / 界面构建工程学及其生物学功效研究 [D]. 西安：西北大学，2015.

[94] 苏然. 包埋双歧杆菌复合微胶囊的制备 [D]. 西安：西北大学，2012.

[95] Tebb T A, Tsai S W, Glattauer V, et al. Development of porous collagen beads for chondrocyte culture [J]. Cytotechnology, 2006, 52(2): 99-106.

[96] Chan O, So K F, Chan B P. Fabrication of nano-fibrous collagen microspheres for protein delivery and effects of photochemical crosslinking on release kinetics [J]. Journal of Controlled Release, 2008, 129(2): 135-143.

[97] Lima A C, Mano J F, Concheiro A, et al. Fast and mild strategy, using superhydrophobic surfaces, to produce collagen/platelet lysate gel beads for skin regeneration [J]. Stem Cell Reviews & Reports, 2015, 11(1): 161-179.

[98] Werkmeister J A, Edwards G A, Casagranda F, et al. Evaluation of a collagen-based biosynthetic material for the repair of abdominal wall defects [J]. Journal of Biomedical Materials Research, 2015, 39(3): 429-436.

[99] Liu X, Zhang H, Chang L, et al. Human-like collagen protein-coated magnetic nanoparticles with high magnetic hyperthermia performance and improved biocompatibility [J]. Nanoscale Research Letters, 2015, 10: 28.

[100] Wang Y, Fan D D, Hui J F, et al. Study of human-like collagen adsorption on true bone ceramic [J]. Journal of Chemical and Pharmaceutical Research, 2014, 6(1): 294-299.

[101] 范代娣，马晓轩，惠俊峰，等. 一种 3D 均匀多孔支架材料及其制备方法 [P]. CN 201410160212.6. 2016-08-31.

[102] 王亚静. 活性煅烧骨的制备及其性质研究 [D]. 西安：西北大学，2014.

[103] Werkmeister J A, Casagranda F, Edwards G A, et al. Type V collagen as a low thrombogenic surface coating for a biological vascular prosthesis [J]. JSM Cell Developmental Biology, 2017, 5: 1022.

[104] Thissen H, Johnson G, Hartley P G, et al. Two-dimensional patterning of thin coatings for the control of tissue outgrowth [J]. Biomaterials, 2006, 27(1): 35-43.

[105] Wallace D G, Rosenblatt J, Ksander G A. Tissue compatibility of collagen-silicone composites in a rat subcutaneous model [J]. Journal of Biomedical Materials Research Part A, 2010, 26(11): 1517-1534.

[106] Huang L, Lee P C, Chen L W, et al. Comparison of epoxides on grafting collagen to polyurethane and their effects on cellular growth [J]. Journal of Biomedical Materials Research Part B Applied Biomaterials, 2015, 39(4): 630-636.

[107] Meng Z, Zheng X, Tang K, et al. Dissolution and regeneration of collagen fibers using ionic liquid[J]. International Journal of Biological Macromolecules, 2012, 51(4): 440-448.

[108] Li X, Fan D D. Smart collagen hydrogels based on 1-ethyl-3-methylimidazolium acetate and microbial transglutaminase for potential applications in tissue engineering and cancer therapy[J]. ACS Biomaterials Science and Engineering, 2019, 5(7): 3523-3536.

[109] Carnevali S, Mio T, Adachi Y, et al. Gamma radiation inhibits fibroblast-mediated collagen gel retraction [J]. Tissue & Cell, 2003, 35: 459-469.

[110] Proffen B L, Perrone G S, Fleming B C, et al. Electron beam sterilization does not have a detrimental effect on the ability of extracellular matrix scaffolds to support in vivo ligament healing [J]. Journal of Orthopaedic Research, 2015, 33: 1015-1023.

第九章

重组胶原基生物医用材料

重组胶原蛋白具有无病毒隐患、可加工性好、免疫原性低等优势，一定程度上弥补了组织提取胶原蛋白的不足，在生物医学及组织工程等领域具有潜在的应用价值。范代娣团队通过精准设计、系统构建和调控表达，在不同表达载体中构建出多种类型或功能化的重组胶原蛋白。进而依据不同类型重组胶原蛋白特定的结构特性和生物学活性，针对不同应用领域的特点和需求着重设计及开发出一系列重组胶原蛋白功能材料，包括重组胶原蛋白水凝胶材料、骨修复材料、血管支架材料、皮肤支架材料和可降解止血材料等，广泛和深入地拓展了胶原蛋白材料的应用研究范围（图9-1）。

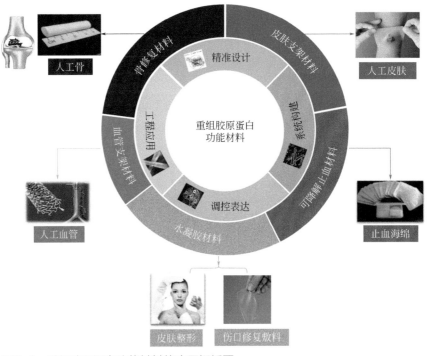

图9-1 重组胶原蛋白功能材料的应用概括图

第一节
重组胶原蛋白水凝胶材料

水凝胶是一种由聚合物和介质组成的亲水性聚合物链式结构物质，具有复杂的三维网络结构。水凝胶内部有物理和化学交联形成的复杂结构，保证了其可以吸收和维持大量的水并且不溶于水，可以在溶液或有机体中完整存在。同时因为存在大量的水，水凝胶材料可以有限伸展，具备了一定的流体性质。人体大多数组织都是由多糖和蛋白质组合而成，具有含大量水的网络状结构，因而具有相似结构特征的水凝胶材料在创伤修复、软组织填充、组织工程以及药物缓释等方面有着广泛的应用。国内外有关高分子水凝胶材料的设计和制备研究十分活跃，性能和结构各异的新型高分子水凝胶不断被研发出来，其在生物医药中的应用也越来越受到人们的关注。

水凝胶能够吸收大量的水或生物流体，具有与生物组织类似的性能。水凝胶不溶于水是由于链之间交联的结果，这种交联可以是共价键，或者是通过相互作用产生的连接域，例如明胶中三股螺旋结构区段的重整。理想的生物医用水凝胶材料应该具备以下的基本功能特性：①无细胞学毒性，具有良好的组织相容性，细胞能在材料上正常黏附生长和增殖，植入后组织无炎症反应；②降解速度可控，材料植入人体后，随着细胞在材料上的生长增殖，慢慢形成完整的组织，同时，材料也随之降解，材料降解速度与组织形成速度应尽量保持同步；③相互连通的网状结构，有利于细胞生长、营养物质与代谢废物的运输等；④良好的形态可塑性，受损组织形状复杂不规则，材料植入后应能很好地适应不规则形态；⑤合适的机械强度，植入后在体内能够起到一定的支撑作用并且保持弹性，又不会因为外力发生形变；⑥材料方便保存与运输，常温常压下保存或灭菌后不发生降解。

重组胶原蛋白由于其独特的稳定结构、良好的水溶性、生物相容性和低免疫原性，成为制备水凝胶材料的重要原材料。重组胶原蛋白水凝胶材料在创伤修复和软组织填充等组织工程领域具有广泛的潜在应用前景。

一、创伤修复水凝胶材料

皮肤是人体面积最大的器官，主要功能是保护人体不受伤害，此外还有排出汗液、感受外界环境的冷热和压力等功能。但皮肤也是一种相对脆弱的组织，由于其暴露在身体外边，常会因为各种原因受到损伤。全层皮肤缺损是皮肤损伤中较严重的类型，在外科创伤或烧伤中多见。

当皮肤遭遇较大范围的全层皮肤缺损时借助医用敷料才能实现较快的创面修复和减轻患者痛苦。传统敷料诸如绷带、布片以及棉质纱布等，虽然也能吸收一定量的伤口渗液，可以将皮肤与外界阻隔从而保护皮肤不受细菌病毒感染，但是溶胀后水分扩散很快，导致变硬结块，甚至还会浸渍到周围的健康皮肤。随着医学的发展，现已开发出各种具有促进创面愈合功能的功能性敷料，包括吸收性敷料、保水性敷料和补水性敷料。近年来，湿性愈合理论成为伤口修复的主流理论，研究者们致力于研发出能使伤口在湿性环境下愈合的敷料，比如水凝胶敷料和泡沫敷料。范代娣团队发明了一系列柔软、透气和抗菌的多孔贯穿重组类人胶原蛋白创伤修复材料[1-3]，能在伤口界面保持潮湿环境，提供清凉感，并且具有多孔网络结构，层层叠加可以阻止细菌进入创面，促进伤口无痂愈合。范代娣团队构建的系列重组类人胶原蛋白可以复合多种材料，包括聚乙烯醇、壳聚糖、透明质酸、纳米药物和生长因子等，通过交联构建系列作为损伤修复敷料的水凝胶材料[4-9]。

重组胶原蛋白与水溶性或混溶性聚合物的组合是水凝胶材料形成的基础，一种常用于构建重组胶原蛋白复合材料的合成聚合物是聚乙烯醇（PVA）。聚乙烯醇可溶于水，呈白色固体状，具有良好的黏结性、平滑性、保护胶体性。医用PVA不但没有毒性，而且具有良好的生物相容性，用其制备的水凝胶已应用于眼科、关节治疗等方面。PVA水凝胶一般使用物理交联反复冻结法制备，冷冻-解冻处理并在玻璃化转变温度附近退火促进PVA结晶，结晶域由冷冻产生并且为水凝胶提供物理交联位点和高机械强度。PVA的侧羟基可以用化学交联法改性，如硼酸、戊二醛等交联剂，也可将物理交联后的水凝胶浸泡在化学交联剂中进行二次交联。虽然PVA水凝胶具有无毒性、可降解及良好的生物相容性等优异性能，但是单纯用PVA制备的水凝胶比较脆、刚性强，因此常与其他材料交联制备复合水凝胶，以获得更优异的力学与生物学性能。重组类人胶原蛋白CF-5可以与PVA混合，并采用戊二醛交联制备重组胶原蛋白与PVA的复合凝胶支架，也可以通过将胶原蛋白颗粒混合到PVA溶液中风干制备两相复合材料[10]。对于复合水凝胶，其压缩强度等力学性能取决于混合物的组成、交联度和pH值等因素。物理交联PVA复合材料的性能取决于聚合物的结晶度，其交联强度可以通过一系列冻融步骤得到提升。

范代娣团队以PVA为主要骨架，引入重组胶原蛋白增加细胞亲和力，提高细胞黏附性，选用表面活性剂吐温80（Tween 80）作为造孔剂，通过反复冻融物理交联制备复合多孔水凝胶材料（图9-2）[11]。该体系中，吐温80通过乳化发泡、冷冻冰晶相分离、超纯水脱除三个步骤造孔。将吐温80加入PVA和CF-5混合溶液中时，在溶液中形成乳液液滴，溶液的颜色从透明变为白色，意味着溶液发生了乳化。然后将模板中的溶液置于-20℃冰箱中，这时水包油液滴冷冻产生晶体，使得PVA溶液变成两个微相（PVA富集相和PVA贫瘠相），随后取出，在室温下冰晶溶解形成水凝胶。添加的吐温80越多，液滴越大，水凝胶的PVA贫瘠相占比越大。在去除吐温80后，水取代了孔结构中未参与交联的PVA、CF-5和吐温80，形成多孔结构。此外，添加的吐温80越多，水凝胶的孔径越大。具体过程如图9-2所示，最终制得的PVA/ CF-5大孔水凝胶结构柔软、半透明、柔韧且多孔，经冷冻干燥后，也可保持其原有形态。水凝胶内部的多孔结构发育良好，孔隙均匀分布。水凝胶孔径在 $100 \sim 300\mu m$ 之间，孔壁上存在 $10 \sim 20\mu m$ 的密集小孔。水凝胶整体充满交错连通的大孔，孔隙率最高为 94.5%，其吸水性和保水性良好，且可以透气、阻菌、止血，能够促进皮肤伤口恢复。为进一步优化 PVA/CF-5 水凝胶的性能，可以在体系中引入壳聚糖和海藻酸钠（SA）等其他天然组分，以制备得到理化性质、拉伸压缩性能和生物相容性优良的 PVA/CF-5/SA 复合多孔水凝胶敷料 [6]。这些水凝胶材料表现出高溶胀率、有效止血、抗蛋白质吸收和有效抑菌等优异性能。水凝胶皮下植入后能够较好地适应植入部位周围的组织，植入部位周围组织中未出现异常，没有血管增生、红肿和较大的炎症反应，随时间的延长炎症反应逐渐减弱，因此重组类人胶原蛋白水凝胶敷料的组织相容性良好。

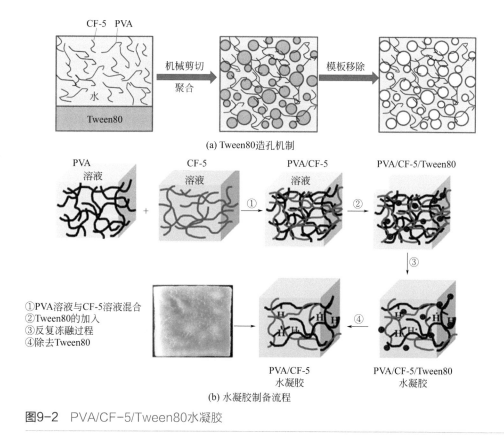

(a) Tween80造孔机制

①PVA溶液与CF-5溶液混合
②Tween80的加入
③反复冻融过程
④除去Tween80

(b) 水凝胶制备流程

图9-2　PVA/CF-5/Tween80水凝胶

　　针对全层皮肤缺损模型，大孔 PVA/CF-5/SA 复合水凝胶敷料表现出良好的促伤口愈合能力（图 9-3）[9]。在损伤愈合的初始阶段，水凝胶优异的止血性能起到了重要作用，加速了伤口的愈合。在第 3 天，PVA/CF-5/SA 水凝胶组出现较轻的炎性细胞浸润、少量中性粒细胞和巨噬细胞，皮肤组织还未开始恢复、上皮化未开始，仅少量上皮形成，含有少量胶原蛋白，而其他组没有发现胶原积累。在第 7 天，PVA/CF-5/SA 水凝胶组炎症已经大大缓解，依然存在少量巨噬细胞、极少量的淋巴细胞和中性粒细胞，生成较多的上皮细胞和结缔组织并掺杂成纤维细胞甚至一些毛囊，伤口中的成纤维细胞较多而炎症细胞较少。第 10 天，PVA/CF-5/SA 水凝胶组的伤口收缩率比商品对照组高约 40%，伤口基本痊愈，呈现出更好的再上皮化、结缔组织重塑和排列，结构更规则，表皮和真皮之间分层结构明显，形成可见的胶原纤维。因此，大孔 PVA/CF-5/SA 复合水凝胶敷料具有良好的吸水保水性、透气性、止血性、抑菌性和抗伤口粘连等特性，其共同效用的发挥减少了炎症产生，加快了胶原纤维的生长和表皮生长因子等基因的表达，从而加速了伤口在湿性环境下的无痂恢复。

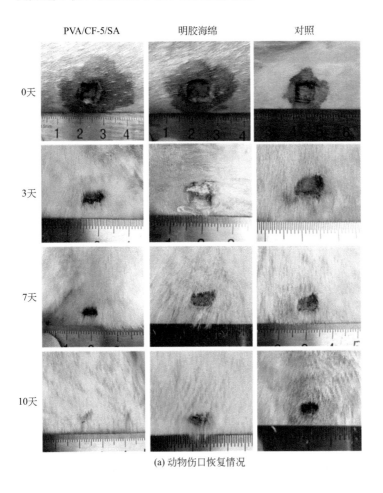

(a) 动物伤口恢复情况

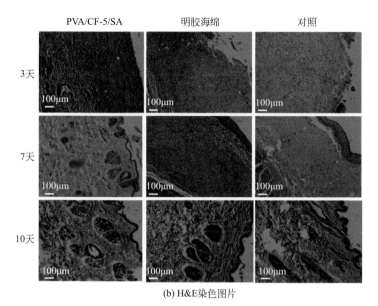

| PVA/CF-5/SA | 明胶海绵 | 对照 |

(b) H&E染色图片

图9-3　聚乙烯醇/重组类人胶原蛋白/海藻酸钠多孔水凝胶敷料全层皮肤缺损伤口修复图片

范代娣团队[12]还以硼砂作为交联剂和离子导体，将单宁酸（TA）和重组类人胶原蛋白 CF-5 加入到聚乙烯醇和硼砂（Borax）水凝胶动态交联网络中，构建了一种具备自适应性的导电水凝胶，使其兼具流体的流动性和固体的黏弹性，可以在重力或外力的作用下通过改变形状来适应和填充"容器"，并通过动态交联键的不断裂解和再生来重建其交联网络（图 9-4）。自适应的导电水凝胶还能促进深部伤口组织细胞间的信号传递，促进不规则或深部复杂伤口的止血修复，有效地辅助电刺激治疗，将电流传导到整个伤口区域，有效提升治疗效果。将这种多功能水凝胶敷料与电刺激疗法相结合，可以促进各阶段的伤口愈合。综合止血、抗菌、抗炎、细胞增殖、血管生成和胶原蛋白沉积等方面的数据，研究分析显示，采用此种水凝胶综合治疗第 10 天，大鼠全层皮肤缺损伤口完全闭合，皮下组织（血管和毛孔）得到重建。图 9-5 结果显示，在第 3 天时敷料组的伤口收缩比对照组好，在第 7 天这种优势更加明显。与水凝胶敷料和物理电刺激（ES）单项治疗组相比，水凝胶敷料结合 ES 的伤口愈合效果更突出。在第 10 天，对照组的伤口愈合率只有 50%，而对照加 ES 组的伤口愈合率只有 62%，说明 ES 治疗对伤口愈合有积极作用，但单独使用时效果并不理想。此外，仅使用水凝胶敷料的伤口愈合率达到 69% ～ 72%，与对照组相比有显著差异（$p < 0.05$），表明多功能导电水凝胶敷料是有效的。相比之下，PHTB（PVA/HLC/TA/Borax）加 ES 组的伤口在第 10 天完全闭合，伤口愈合率与不含 ES 的 PHTB 水凝胶组有明显差异，而在 PB（PVA/Borax）加 ES 组和 PHB（PVA/HLC/ Borax）加 ES 组中观察到轻微的疤痕[12]。

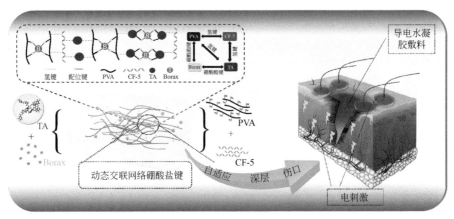

图9-4 多功能导电水凝胶敷料联合电刺激促进伤口愈合策略

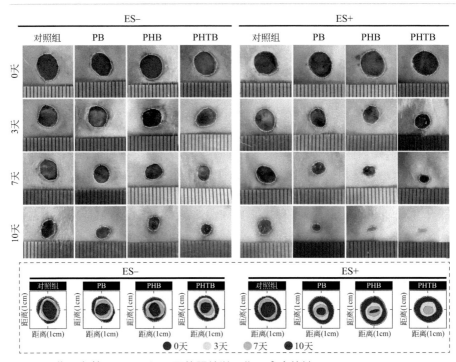

图9-5 伤口在第0、3、7和10天的照片以及伤口愈合轨迹

　　通过在重组类人胶原蛋白复合水凝胶材料中添加纳米药物、生长因子或其他功能材料，进一步强化水凝胶敷料的功能性，使之能够智能响应不同的创伤微环境，结合光热和电刺激等新型治疗方法，更具针对性地促进不同类型创面的愈合。针对糖尿病足伤口，范代娣团队[13]设计了一种将M2巨噬细胞极化抗炎水凝胶敷料与温和热刺激结合的新型治疗策略（图9-6）。这种水凝胶敷料采用酪

胺接枝的重组类人胶原蛋白CF-1552（CF-1552-TA）与表没食子儿茶素没食子酸酯（EGCG）二聚体接枝的透明质酸通过酪氨酸酶交联，并整合负载甲磺酸去铁胺（DFO）的介孔聚多巴胺纳米粒（MPDA NPs）制备。该水凝胶表现出显著的促血管生成功效，这归因于光热效应产生的轻度热刺激和水凝胶释放的血管生成药物（甲磺酸去铁胺）的共同作用。此外，该水凝胶还促进了巨噬细胞从M1表型转化为M2表型，并显示出良好的抗炎、抗菌、抗氧化、止血性能和生物相容性。该水凝胶还具有理想的机械强度、增强的组织黏附性和可注射性，从而使其更适合处理糖尿病足溃疡伤口。结果表明，该水凝胶与温和热刺激结合促进了糖尿病足创面的皮肤再生，并将愈合时间缩短至13天。这种联合治疗策略可能为糖尿病足溃疡提供一种具有较大潜质的新型治疗策略。

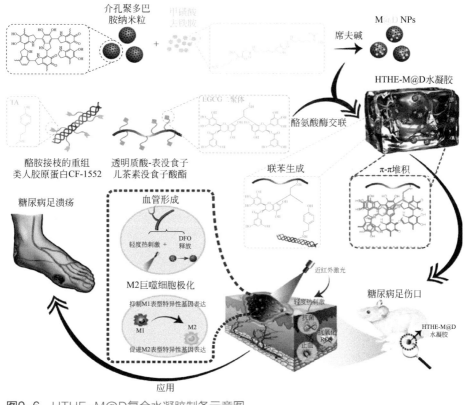

图9-6 HTHE-M@D复合水凝胶制备示意图

针对慢性伤口炎性期过长、不易愈合的问题，范代娣团队[14]设计了一种高度集成且结构简单的超小纳米药物复合水凝胶伤口敷料（图9-7），能够加速伤口愈合过程，快速度过炎症期进入重塑期。这种纳米复合水凝胶由氧化透明质酸

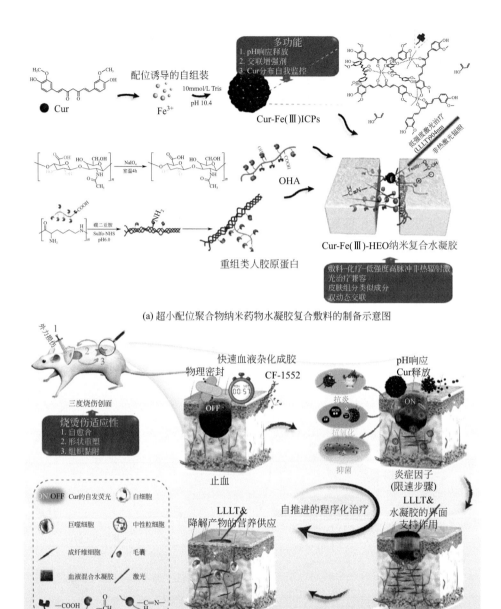

(a) 超小配位聚合物纳米药物水凝胶复合敷料的制备示意图

(b) 基于纳米复合水凝胶敷料的烧烫伤创面程序化治疗

图9-7 Cur-Fe(Ⅲ) ICPs纳米复合水凝胶制备示意图

（OHA）、ε- 聚赖氨酸接枝的重组类人胶原蛋白 CF-1552 和姜黄素 -Fe(Ⅲ) 无限配位聚合物纳米药物［Cur-Fe(Ⅲ) ICPs］，通过亚胺键和纳米颗粒 - 聚合物相互作用进行双重动态交联而成。无载体和超小［（9.14±1.25）nm］Cur-Fe(Ⅲ) ICPs 具有极小的光散射和光吸收，使载药后的水凝胶依然具有良好的透光性（＞90.1%）；具有伤口炎性期微环境响应性药物释放，实现自动级联的炎性期特异性治疗；具有药物释放前后的"关-开"式荧光变化，可实现创伤部位化学药物治疗过程的可视化监控；具有丰富的表面动态交联位点，使纳米复合敷料可在10min内实现84.6%的交联重建效率，从而使其更适应烧伤导致的不规则创面。这种超小的、微环境响应性纳米药物复合水凝胶的构建为设计透明的快速自愈合水凝胶伤口敷料提供了一种新策略。

该水凝胶伤口敷料的快速原位成胶、高透明、自荧光监控下的pH响应性药物释放和高度的烧烫伤伤口适应性（形状重塑、自愈和组织黏附）等特性，使得敷料-化疗-低强度高脉冲非热辐射激光治疗（LLLT）在该敷料系统中兼容[14]。在该治疗策略下，程序化疗效通过止血期即时发生的物理封闭作用和重组类人胶原蛋白CF-1552接枝聚赖氨酸（CF-1552-EPL）固有的内源性促凝活性实现；炎症期Cur-Fe(Ⅲ)ICPs的pH响应性化疗实现；增殖和重塑期时空可控的低强度高脉冲激光治疗实现。动物实验结果表明全层烧伤创面的闭合时间从21天缩短到9天，皮肤结构的重建加速（图9-8）。可见，基于这一高效纳米复合水凝胶系统的程序化的敷料-化疗-LLLT联合治疗为未来的烧烫伤治疗提供了新的思路。

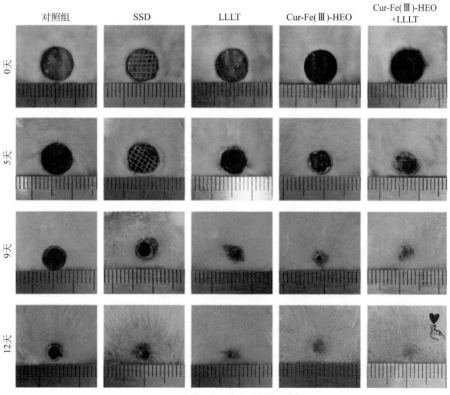

(a) 不同疗法下伤口愈合过程的代表性照片

图9-8

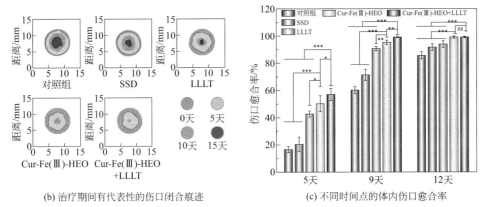

(b) 治疗期间有代表性的伤口闭合痕迹

(c) 不同时间点的体内伤口愈合率

图9-8 Cur-Fe(Ⅲ) ICPs纳米复合水凝胶体内促进伤口愈合的功效

图（a）中绿色心形表示伤口完全闭合，红色心形表示功能性皮肤重塑

　　碱性成纤维细胞生长因子（bFGF）也是用于皮肤修复研究的热点对象之一。重组类人胶原蛋白 CF-5 和碱性成纤维细胞生长因子，用温和的谷氨酰胺转氨酶（TG）交联策略制备成复合水凝胶材料（图 9-9）[15]。在水凝胶形成过程中，碱性成纤维细胞生长因子并未被破坏，而是均匀地分散在重组类人胶原蛋白 CF-5 水凝胶的三维网络中。复合水凝胶材料表现出良好的细胞黏附能力，小鼠成纤维细胞 L929 在材料表面呈纺锤状突起，细胞增殖明显（图 9-9）。该水凝胶材料制成的伤口敷料能显著促进伤口处 I 型胶原纤维的生成与有序堆积，缩短伤口愈合时间。

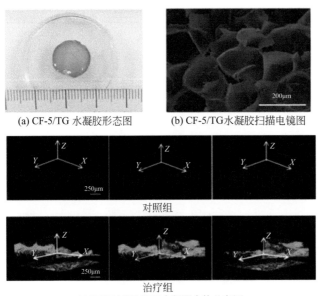

(a) CF-5/TG 水凝胶形态图　　(b) CF-5/TG水凝胶扫描电镜图

对照组

治疗组

(c) bFGF在CF-5/TG水凝胶中的分布图

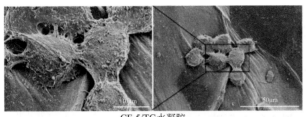

CF-5/TG水凝胶

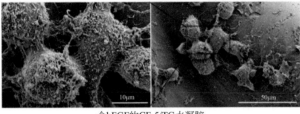

含bFGF的CF-5/TG水凝胶

(d) 细胞在CF-5/TG水凝胶上的扫描电镜图像

图9-9
程序化水凝胶伤口敷料部分实验图片

二、组织填充水凝胶材料

目前应用于颜面部整形，尤其是修复组织缺陷、改善面部轮廓和填平凹陷瘢痕等方面的可注射水凝胶填充材料在临床上有较大需求。注射式软组织填充材料能够修复组织缺损、纠正局部畸形，具有组织损伤小、不破坏修复区血供、减少手术创伤等优点，而且注射式软组织填充材料能够显著缩短术后恢复时间，所以现今对注射式软组织填充材料的需求越来越多。注射式软组织填充材料应该满足以下几个要求：①良好的物理化学稳定性，如其状态不受外界温度影响等；②体外低细胞毒性或者无细胞毒性；③材料生物相容性良好，即能和机体很好地共存，以避免产生炎症和排异反应；④合适的降解时间，填充材料的降解时间要尽量长，即在生理环境下能够长时间存在，支架材料的降解时间要和细胞生长状况相匹配；⑤经过消毒或灭菌过程后，性能不改变或者改变较小；⑥拥有一定的机械强度，不易发生变形，能长时间保持原有的力学性能；⑦填充后能够稳定地保持在原位置，不会在体内自由移动；⑧保存运输方便；⑨接触血液的材料，要求具有抗凝血性能，既不使血液中的蛋白质发生变性，也不破坏血液中的有效成分。

细胞外基质中与胶原相互作用的主要是作为蛋白多糖结构组分的糖胺聚糖（glycosaminoglycan，GAG），其水溶液黏度较高。糖胺聚糖主要包括肝素、透明质酸、硫酸软骨素和甲壳素等，可以根据糖苷键的种类和糖链的分子量以及 N-乙酰基、N-硫酸基和 O-硫酸基等官能团的多少和位置来进行分类。孔径可控的胶原蛋白糖胺聚糖真皮基质材料适用于皮肤修复和周围神经修复装置等不同的临床应用。目前糖胺聚糖与胶原蛋白双组分复合材料的制备和应用已有长足发展。多种糖胺聚糖通过与重组类人胶原蛋白复合构建适合组织填充的可注射水凝胶材料，实现在优化胶原蛋白材料力学性能的同时赋予材料新的功能，主要包括透明质酸、壳聚糖、琼脂糖和普鲁兰多糖与重组胶原蛋白的复合水凝胶等[16-18]。

1. 重组胶原蛋白/透明质酸水凝胶

透明质酸（hyaluronic acid，HA），又名玻尿酸，是一种高分子量的直链多糖，是由 N-乙酰葡糖胺和葡糖醛酸通过 β-1,4 和 β-1,3 糖苷键反复交替连接而成的一种高分子聚合物。透明质酸在空间上呈刚性的螺旋柱构型，螺旋柱内侧由于存在大量羟基而产生强烈亲水性，分子间这种特定的构型，使其具有很高的黏度和很强的润湿作用。透明质酸是构成细胞外基质（ECM）和细胞间质（ICM）的主要成分，在结缔组织中的透明质酸含量最高，在维持组织形态和保持组织抗压缩性及张力等方面具有重要作用，特别对细胞的黏附、迁移、增殖和分化过程发挥着重要作用。细胞发生迁移之前，周围透明质酸浓度明显升高，改变糖蛋白与胶原纤维两个网状结构的平衡，为组织边界发生改变提供更多空间，阻碍细胞迁移的胶原蛋白与紧密相连的细胞分离，为细胞迁移提供一条高水合性通道，使细胞易于迁移；细胞移动还需要通过膜上的透明质酸受体与周围透明质酸发生作用，以推动细胞向前移动。透明质酸具有较强的黏弹性和润滑性，经过交联能够形成连续的大分子网状结构，不仅可以保持良好的生物相容性和天然的生物降解方式，而且具有更好的机械强度和稳定性。透明质酸作为一种天然且具有吸水性的生物医学材料，在临床上用途十分广泛，主要应用于眼科、耳科、骨科、泌尿科和普外科等。因为组织来源的透明质酸很难获得，所以细菌来源的透明质酸是用于构建复合材料的主要来源。

透明质酸可以与 I 型胶原蛋白通过逐层涂覆构建用于皮肤填充剂的可注射水凝胶复合材料，与单组分凝胶相比具有更为优异的性能。透明质酸也已经与 II 型胶原蛋白复合构建关节软骨受损修复材料，其中透明质酸的作用主要是增加材料的压缩模量。重组胶原蛋白/透明质酸水凝胶复合材料具有以下主要优势：①为移植细胞的黏附、增殖和分化提供了多孔的三维网络支架结构；②可以容纳大量的细胞；③能促使基质中新血管的形成；④孔径均匀有利于运输营养物质，促进组织重建、表皮细胞生长和皮下胶原蛋白合成。最常用的交联剂是碳二亚胺（EDC）、戊二醛（GA）、双醛淀粉（DAS）、1,4-丁二醇二缩水甘油醚（BDDE）、1,2,7,8-二环氧辛烷（DEO）和京尼平（genipin）等。

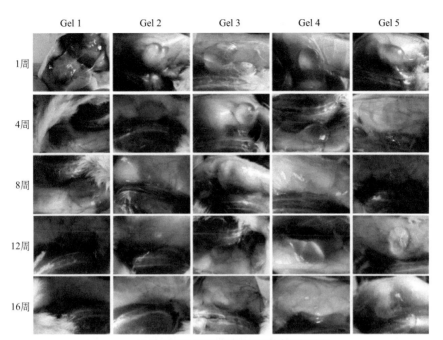

(a) 5种BDDE水凝胶周围的昆明小鼠组织形态

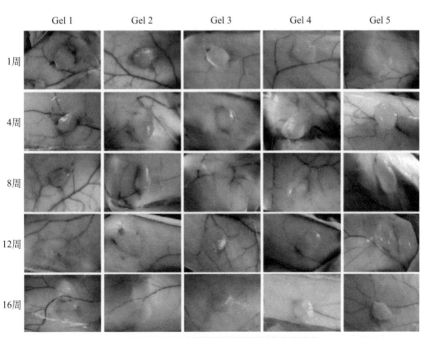

(b) 5种BDDE水凝胶周围的新西兰兔组织形态

图9-10

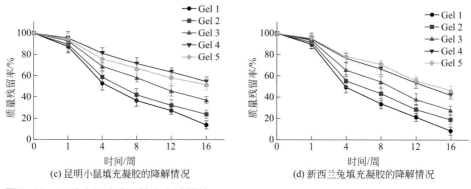

（c）昆明小鼠填充凝胶的降解情况　　　　（d）新西兰兔填充凝胶的降解情况

图9-10　五种水凝胶皮下填充实验图片
Gel 1代表不添加CF-5的HA水凝胶；Gel 2～Gel 5分别代表添加1%～4% CF-5的HA/CF-5复合水凝胶

　　环氧化合物可以同时与透明质酸和重组类人胶原蛋白CF-5分子中的羟基及羧基发生反应形成醚键和酯键，也可以与胶原蛋白分子中的氨基反应形成仲氨基团。因此环氧化合物能够使透明质酸和重组类人胶原蛋白CF-5之间的交联反应更彻底，形成的三维结构更加致密，有效地提升产物水凝胶的力学性能和抗酶解能力。以缩水甘油醚类如1,4-丁二醇二缩水甘油醚作为交联剂制备透明质酸钠和重组类人胶原蛋白复合水凝胶材料，避免了单纯使用透明质酸钠制备水凝胶时存在的降解速度过快的现象，即可在交联透明质酸的孔隙中形成另一种网状结构，从而阻挡透明质酸酶的进入，防止其对透明质酸的分解。另外，重组类人胶原蛋白具有良好的细胞黏附性和促细胞生长性能，在水凝胶降解的同时，促进细胞在凝胶内部生长增殖，形成新生组织替代凝胶填充修复的部位，显著提升水凝胶的生物学性能，使其作为软组织填充材料和组织修复材料具有更广泛的应用范围[19-21]。图9-10显示，在昆明小鼠（a）和新西兰兔（b）注射后1、4、8、12和16周，重组类人胶原蛋白CF-5/透明质酸复合水凝胶相比于单纯透明质酸水凝胶降低了炎症反应，延长了降解时间。此外，在交联反应过程中，如果1,4-丁二醇二缩水甘油醚没有反应完全，只有一个环氧基团参与了反应，会存在残留毒性的问题。这一问题能够通过增加交联剂去除步骤解决，得到的可注射水凝胶产品中交联剂残留量低，对生物体损害较小，且力学性能和修复性能良好，降解速率可控，该水凝胶作为软组织填充材料表现出较好的优势。另一种常用环氧化合物交联剂是1,2,7,8-二环氧辛烷，交联时间短且毒性较低，制得的重组类人胶原蛋白CF-5/透明质酸复合水凝胶具有优异的生物相容性和细胞黏附性[22,23]，且注射入体内后降解时间比单组分水凝胶长，因此在生物医学材料领域，特别是组织填充领域有潜在的应用前景。

2. 重组胶原蛋白/壳聚糖水凝胶

　　壳聚糖是甲壳素经脱乙酰化形成的可溶性甲壳素。甲壳素广泛存在于真菌的细胞壁和节肢动物（如虾、蟹）或昆虫的外骨骼中，由 N- 乙酰基 -d- 葡糖胺单元经 β-1,4- 糖苷键连接聚合而成的线性多糖结构可以通过酶或化学方法脱乙酰化转化为壳聚糖。化学方法更简单且可以大规模生产。在高温下，高浓度的氢氧化钠导致 N- 乙酰基 -d- 葡糖胺快速脱乙酰化，生成大量活性自由氨基。脱乙酰化程度决定了大分子链上的氨基含量，而且随着脱乙酰化程度的增加，由于氨基质子化而使壳聚糖在稀酸溶液中的带电基团增多，聚电解质电荷密度增加，导致甲壳素在结构、性质和性能上发生显著变化。当脱乙酰化程度约为 50% 时甲壳素变为可溶性，脱乙酰化的程度越高，发挥的生理效应越强，壳聚糖的脱乙酰化程度目前已达到 90% 以上。壳聚糖是自然界唯一大量存在的碱性多糖，容易获得并且价格低廉，同时具有优异的生物可降解性、生物相容性、抑菌性、促伤口愈合和成膜性等特性，是一种应用广泛的天然医用材料。壳聚糖的理化和生物学特性可通过改性被大幅度地提高，目前常用的改性壳聚糖方法包括羧化、烷基化、羧甲基化、接枝甲基丙烯酸等。在组织工程中，壳聚糖单独使用能够促进细胞黏附，并且可以为细胞的增殖提供更多的结合位点，以壳聚糖为原料制备的支架材料孔隙结构良好并且柔软，作为医用敷料对于烧伤、烫伤、钝器伤害或者糖尿病足溃疡等有很好的疗效。壳聚糖与重组胶原蛋白复合材料通过两组分之间的非共价相互作用增加材料的机械强度，有助于控制孔隙率，同时具有一定的抗菌活性。壳聚糖在体内的降解速度不如胶原蛋白快，因此当胶原蛋白丢失时，壳聚糖仍然可以部分保留。重组胶原蛋白 / 壳聚糖复合材料已经作为各种生物医用支架被研究和表征，并且其性能可以通过各种材料的添加进一步得到增强优化。

范代娣团队[8,24]对重组类人胶原蛋白 CF-5 与壳聚糖复合水凝胶材料进行了深入的研究，利用多种交联反应开发出多种软组织填充材料。采用双醛淀粉（DAS）作为交联剂，通过席夫碱反应和缩醛反应，重组类人胶原蛋白 CF-5 和壳聚糖（CS）通过共价交联制备出生物稳定性和生物相容性良好的水凝胶材料。CS 分子中的一个葡糖胺环上具有两个羟基和一个氨基，而 DAS 单体上 C_2、C_3 上各有一个醛基（图 9-11）。CS/CF-5/DAS 水凝胶的孔隙率在 47% ～ 69% 之间，具有高强度的力学性能、良好的生物稳定性和优异的生物相容性。体外生物降解实验表明，由于 CS/CF-5/DAS 具有良好的生物稳定性，28 周后至少还有 42.19% 的水凝胶没有被降解。CS/CF-5/DAS 水凝胶不仅没有细胞毒性，还能为细胞的生长提供可以附着的生长位点，植入体内后未引起红肿、水肿、溃烂等明显的炎症反应。与单纯胶原蛋白水凝胶相比，CS/CF-5/DAS 水凝胶具有更强的抗降解性。

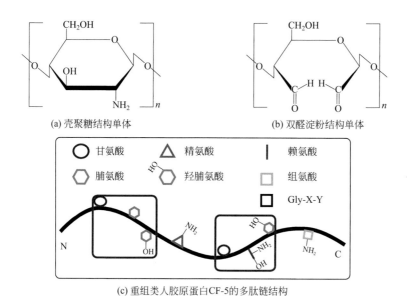

(a) 壳聚糖结构单体

(b) 双醛淀粉结构单体

(c) 重组类人胶原蛋白CF-5的多肽链结构

(d) 席夫碱反应原理

(e) 缩醛反应原理

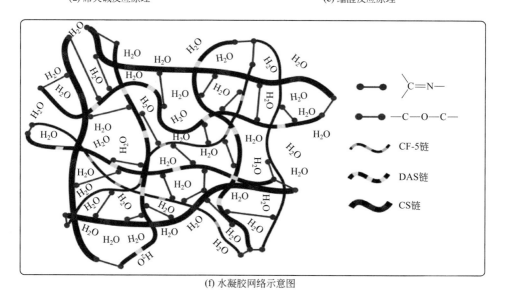

(f) 水凝胶网络示意图

图9-11 双醛淀粉交联重组类人胶原蛋白CF-5/透明质酸水凝胶图示

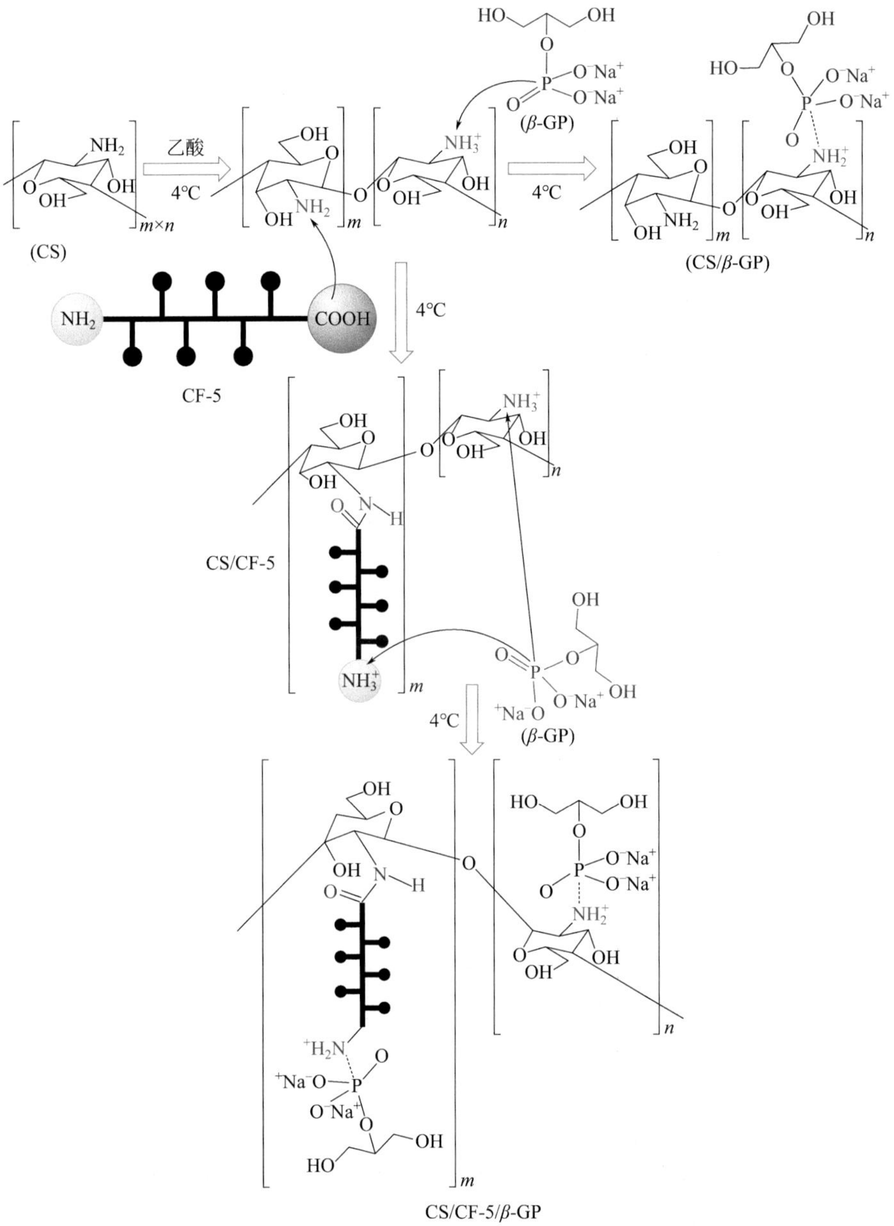

乙酸
4℃

(CS)

(β-GP)

(β-GP)

4℃

4℃

(CS/β-GP)

NH_2

COOH

CF-5

4℃

CS/CF-5

NH_3^+

4℃

CS/CF-5/β-GP

图9-12 β-甘油磷酸钠交联重组类人胶原蛋白CF-5/壳聚糖水凝胶图示

甘油磷酸钠交联 CF-5 和壳聚糖能够制得 pH 值和温度敏感的可注射式水凝胶材料[17,25]。如图 9-12 所示，在酸性条件下，壳聚糖的氨基端发生质子化，重组类人胶原蛋白两端有氨基（—NH$_2$）和羧基（—COOH），在酸性条件下，氨基（—NH$_2$）的表现形式为—NH$_3^+$。将壳聚糖与重组类人胶原蛋白在 pH 值为 5.7 的冰浴条件下混合后，CF-5 的—COOH 与壳聚糖质子化后的—NH$_3^+$ 发生反应生成酰胺键（—CONH），生成 CS/CF-5 复合物。将 β- 甘油磷酸钠加入到 CS/CF-5 复合物中，直到溶液接近人体生理 pH 值 7.4 左右，β- 甘油磷酸钠中的 —HPO$_3^{2-}$ 与 CS/CF-5 复合物中的—NH$_3^+$ 发生反应生成新的离子键—NRH$_2^+$。通过交联反应制得温度敏感型水凝胶，凝胶的相转变温度是 37℃。当温度低于相转变温度 37℃时，高分子链中的亲水基团占主导作用，亲水基团聚集在一起，水分子整齐地排列在水溶液中；当温度高于相转变温度 37℃时，分子链中的疏水基团占主导作用，此时疏水基团聚集在一起，使整个网络体系逐渐聚集在一起，形成水凝胶。该水凝胶同时也是 pH 敏感型水凝胶，随着 pH 值的增加，水凝胶的膨胀率逐渐增加，呈"直线型"。生成的水凝胶体系中含有基团 —NRH$_2^+$ 和—HPO$_3^{2-}$，这些基团在不同 pH 值的缓冲溶液中的离子化程度不同，造成水凝胶的 pH 敏感性。在酸性条件下，—HPO$_3^{2-}$ 发生质子化生成—HPO$_4^-$，导致正负电荷数量相等，异种电荷之间的吸引力大于同种电荷之间的排斥力，水凝胶体系呈收缩状态；在中性条件下正负电荷数之差小于在酸性条件下的电荷数之差，水凝胶的网络体系逐渐膨胀；在碱性条件下，—NRH$_2^+$ 离子化生成—NRH，产生静电吸附，异种电荷之间的吸引力减弱，导致水凝胶网络体系膨胀，透明质酸可以增加 CS/CF-5/β-GP 水凝胶的 pH 敏感性。可注射性水凝胶，注射前填充材料最好为流动性小的流体，避免出现阻塞或是注射难等问题；注射入体内后能够在体温条件下大约 10min 内形成凝胶。这种可注射的填充材料在体内形成凝胶的过程是不可逆的，不会随外界环境的变化而发生形态的改变。

在 CS/CF-5/β-GP 水凝胶体系中引入碳二亚胺建立双交联体系进一步改善水凝胶材料的力学性能[26]。EDC 的 N≡C≡N 官能团与蛋白或是多糖交联形成不稳定的 O- 酰基，这个中间产物又与蛋白和多糖的另一侧发生反应形成酰氨基。壳聚糖的—NH$_2$ 能够在酸性条件下发生质子化形成—NH$_3^+$。壳聚糖没有质子化的一端与重组类人胶原蛋白 CF-5/EDC 发生反应形成新的酰氨基，主要是甘油磷酸钠的—HPO$_3^{2-}$ 与壳聚糖质子化的氨基发生反应。CS/CF-5/β-GP/EDC 水凝胶的合成过程如图 9-13 所示。当温度增加到 37℃时，分子链间随疏水作用增加而相互缠绕，分子链重排为有序的结构，实现溶胶 - 凝胶的转变过程。CS/CF-5/β-GP/EDC 水凝胶在 10min 实现溶胶 - 凝胶的转变，在 10h 达到溶胀平衡，CS/CF-5/β-GP/EDC 的最高抗压强度达到 35kPa，交联密度达到 1.812×10^{-3} mol/cm^3，其高的抗压强度能够提供更多的空间便于营养物质的运输。

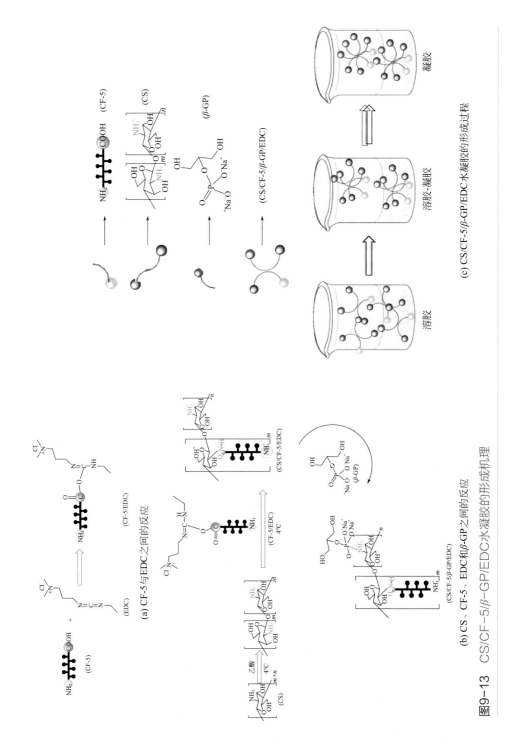

图9-13　CS/CF-5/β-GP/EDC水凝胶的形成机理

壳聚糖、透明质酸和重组类人胶原蛋白 CF-5 也可以首先通过静电吸附相互层层自组装形成混合纤维膜，再通过 β-甘油磷酸钠交联形成 CCAG 水凝胶[27]。自组装纤维膜中 CF-5 为纤维膜链的主链，CS 为侧链，HA 为树枝状结构中的分支链（图 9-14），从单一链到双链，再相互卷曲缠绕并聚集成纤维膜链。β-GP 交联导致纤维膜链结构从不规则和不清晰的结构转变成均匀的及清晰的网络结构。在水凝胶形成过程中，新的共价键（—CONH）和仲铵盐（—NRH$_2^+$）成为水凝胶的特征官能团，具有"收缩 - 溶胀 - 收缩"温度敏感特性或是"溶胀 - 溶胀平衡"温度敏感特性。水凝胶在酸性或碱性环境中的膨胀率高于中性环境下的膨胀率，因为水凝胶的主要官能团在酸性或碱性条件下被质子化或离子化。CCAG 水凝胶包含疏水链段和亲水链段。在温度低于 35℃时，亲水性官能团限制了水分子的流动，在膨胀过程中起关键的作用。当温度在 35 ～ 37℃之间，氢键减弱，疏水性官能团作用增强。当温度高于 37℃时，水分子运动增强，打破了氢键的作用并增加了疏水性官能团之间的作用。在 CCAG 水凝胶中，重组类人胶原蛋白主链中的—CONH 无法离子化和接受质子，支链中的—CONH 在碱性或酸性溶液中可以离子化和接受质子成为—COO$^-$ 或是—NH$_3^+$。CCAG 水凝胶的电荷数为中性，则异种电荷之间的吸引力大于同种电荷之间的排斥力，导致水凝胶呈收缩状态。如同种电荷之间的排斥力大于异种电荷之间的吸引力，则水凝胶呈膨胀状态。从以上分析可以推断出 CCAG 水凝胶的膨胀率与 pH 值（从酸性到碱性）和温度（从 20℃到 60℃）有关。水凝胶在酸性条件下，温度从 20℃到 60℃呈现"收缩 - 热平衡 - 收缩"状态，CCAG 水凝胶的膨胀率在 35℃达到最大值，此时水凝胶内部空隙比较大，大量的水分子进入空隙内部，含水量也达到最大值。当温度达到 37℃时，水凝胶的膨胀率变化不明显，达到溶胀平衡状态。在中性条件下，水凝胶在 37℃下的膨胀行为是"溶胀 - 溶胀平衡"。水凝胶在碱性条件下的膨胀率高于酸性条件下，而在中性条件下的膨胀率最低。CCAG 水凝胶的膨胀率取决于水分子运动、亲水 / 疏水分子间的相互作用以及水凝胶电荷之间的相互作用。值得注意的是 CCAG 水凝胶一个显著特性是在膨胀状态下的高弹性，与常规 CS/β-GP 水凝胶相比，CCAG 水凝胶在抗压过程中没有被破坏，完全膨胀的 CCAG 水凝胶的弹性可以抵抗各种类型的形变，包括拉力、压缩、弯曲和折叠。这种由重组类人胶原蛋白 CF-5/ 壳聚糖 / 透明质酸通过自组装技术和化学 / 物理交联制备得到的具有温度敏感性的水凝胶，在室温下呈溶胶状，即可以顺利注射到填充部位；注射后，水凝胶在人体温度环境下自发实现溶胶到凝胶的转变，形成凝胶。所形成的水凝胶稳定性高，不会出现脱落和碎裂现象，具有较好的弹性，生物相容性优异（注射于小鼠皮下 6 周后水凝胶已经完全适应组织周围的环境，与注射生理盐水对照，炎症反应基本相同，生物相容性相似，显著优于动物胶原蛋白和明胶），同时具有一定的力学强度（应力为 7kPa），适合用于组织填充。但水凝胶的降解速率比较快，在 3 个月逐渐降解。

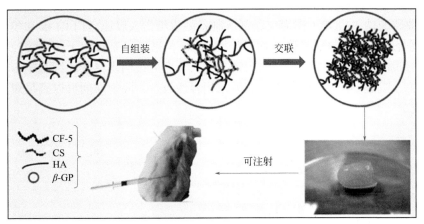

图9-14　自组装CF-5/壳聚糖/透明质酸/β-甘油磷酸钠交联水凝胶图示

壳聚糖中有大量的氨基和羟基，在分子间存在十分强烈的氢键作用，使其形成稳定的高级结构，导致壳聚糖不能溶于水，必须依赖酸性条件溶解的性质极大地限制了其应用。为了改变这一状况，引入交联剂或采用其他改性方法开发出多种水溶性的壳聚糖，如 N- 琥珀酰壳聚糖、N- 羧甲基壳聚糖、N,O- 羧甲基壳聚糖和乙基壳聚糖等。其中羧甲基壳聚糖能够与重组类人胶原蛋白 CF-5 通过交联反应制备复合水凝胶材料[28]。羧甲基壳聚糖中包括羧基、羰基等大量活性基团以及壳聚糖中尚未脱乙酰化的酮羰基和游离氨基，CF-5 中拥有游离的氨基和羧基。当使用甘油醛作为交联剂时，羧甲基壳聚糖或者 CF-5 中的氨基首先和甘油醛中的醛基发生加成反应，然后加成的复合物脱去一分子水形成席夫碱，随后三号位上的羟基和席夫碱发生分子内环化形成 N- 取代环醚化合物，再经过阿玛多利分子重排形成烯醇，经过烯醇和醛基异构反应形成醛基，同时中间物烯醇也能够通过异构反应形成酮基，从而形成羟酮化合物。新的醛基能够和羧甲基壳聚糖或者 CF-5 中的氨基发生反应，同时羟基、氨基和羧基在一定条件下也能够形成酯键和酰胺键，加之分子中氢键的作用使得三维结构更加稳定，最终形成具有三维网状结构的水凝胶材料。

β- 甘油磷酸钠交联羧甲基壳聚糖与重组类人胶原蛋白 CF-5 时，在重组类人胶原蛋白 CF-5 中存在大量的羟脯氨酸，含有比较高的羟基含量，与羧甲基壳聚糖中大量的羧基之间形成部分酯键；CF-5 中存在游离的羧基端，能够和羧甲基壳聚糖中的氨基形成酰胺键；CF-5 和羧甲基壳聚糖中都存在比较多的羟基，它们之间能够通过氢键作用吸引在一起；羧甲基壳聚糖中经过质子化的氨基能够和重组类人胶原蛋白中的羧基形成肽键，即通过正负电荷的吸引使两种基团聚集在一起

（图 9-15）[29]。随着温度的上升，反应速度加快，此时两种大分子中的疏水基团的作用变得越来越显著。在多种力的作用下，最终形成含水量极高的水凝胶。采用 β- 甘油磷酸钠（β-GP）作为交联剂所制备的重组类人胶原蛋白 CF-5 和羧甲基壳聚糖复合水凝胶材料的膨胀率均对温度和 pH 值敏感，有望用于药物缓控释放的领域。细胞在材料上能够很好地黏附与生长，充分说明水凝胶的细胞相容性良好。此外，水凝胶填充材料在体内的组织相容性较好，降解时间可以满足短期的填充修复。

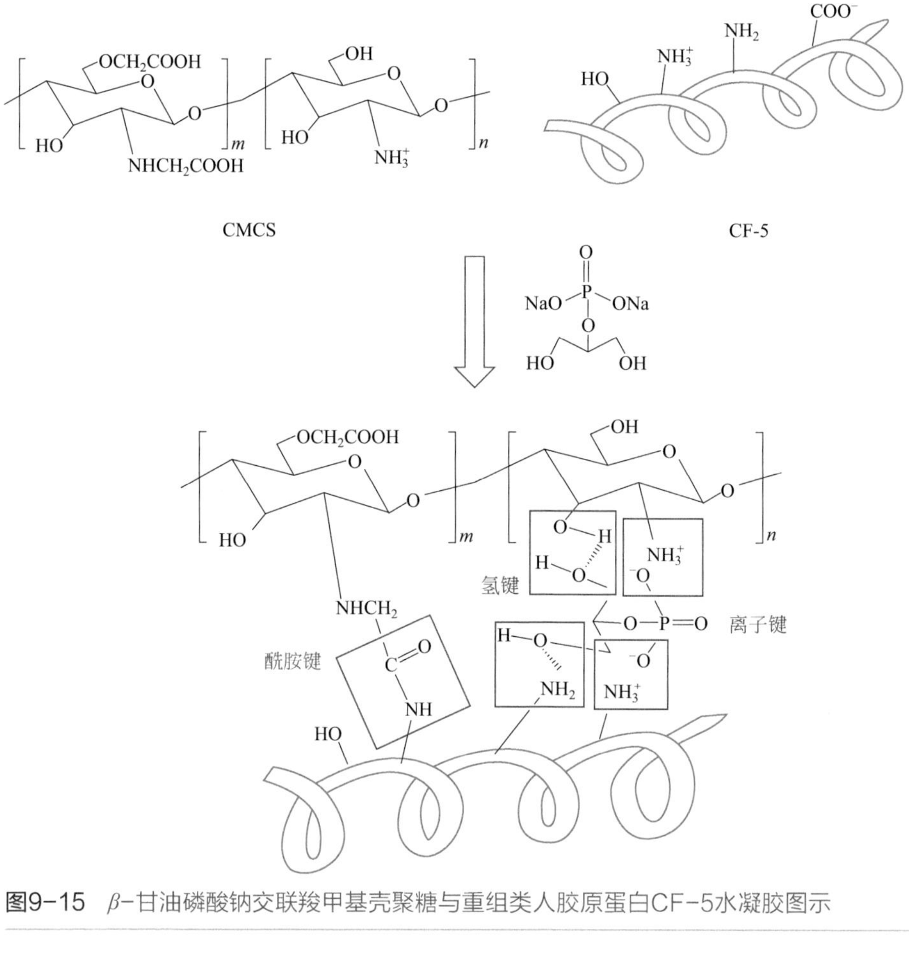

图9-15　β-甘油磷酸钠交联羧甲基壳聚糖与重组类人胶原蛋白CF-5水凝胶图示

3. 重组胶原蛋白 / 普鲁兰多糖水凝胶

由 De Bary 在 1866 年首次发现的可由出芽短梗霉（*Aureobasidium pullulans*）发酵产生的普鲁兰多糖（pullulan），又被称为茁霉多糖或短梗霉聚糖，它是一种可溶于水的细胞外多糖。日本林原株式会社（Hayashibara）从 1976 年开始通过商业模式出售普鲁兰多糖，目前该公司也已经成为全世界最大的普鲁兰多糖生产供应商。普鲁兰多糖是由葡萄糖单元通过 α-1,4- 糖苷键缩合形成的麦芽三糖的重复单位，再经 α-1,6- 糖苷键聚合成中性线性多糖分子，这种独特的结构赋予了普鲁兰多糖特殊的灵活性，同时也有效地增加了其水溶性。通过控制发酵生产条件（不同菌株、不同培养温度、盐类质量、pH 值及浓度等参数），可生产不同分子量的普鲁兰多糖产品。普鲁兰多糖的分子链上存在大量的可反应官能基团，通过酯化、醚化和羧基化等改性反应改变其物理化学性质实现功能化，例如，经过疏水改性的普鲁兰多糖衍生物在水中可以自组装形成纳米粒子，可将其用作生产疏水小分子药物和生物大分子载体的材料，在医药领域有广泛的实际应用价值[30]。

普鲁兰多糖在水分子中呈现一种特殊的任意伸展的灵活线团结构，因此具有良好的成膜、成纤维、成网状结构的特性，此外还具有无毒无害、阻气隔离以及易加工等特性。目前，普鲁兰多糖已被广泛应用在包括医药、食品、化妆品、轻工、化工和石油在内的很多行业中。①在食品行业中，普鲁兰多糖可形成有光泽和亮度的膜，对温度的敏感变化程度极为稳定，可以用作保鲜膜等方面。另外，食品品质改良剂和增稠剂等也经常使用普鲁兰多糖。②在化妆品行业中，普鲁兰多糖可以作为化妆品中的黏性添加物，这得益于其具有的良好分散性、成膜性、水溶性、吸湿性和无毒性，其达到的效果和透明质酸相差无几，但是价格远比透明质酸便宜。③在制药行业中，可以用 20% 的普鲁兰多糖代替动物胶，简化防氧化胶囊的生产过程。在制作胶囊的过程中，为提高其弹性、柔性和黏着性，添加 5% ~ 10% 的普鲁兰多糖，可以使药物在胃肠预定区域溶解，释放出内含物，从而提高药物的疗效。另外，普鲁兰多糖通过化学改性等方法成为两亲性高分子材料，是生物医药领域研究的关注方向之一。④在工业中可作为絮凝剂，应用在环保型包装材料以及污水处理等过程中，普鲁兰多糖所具有的特殊吸附性和电化学性质使其在助凝剂方面具有吸附、助凝、收缩沉淀的作用。此外，普鲁兰多糖还可应用在黏合剂、保护膜和凝固剂等方面。

单独使用普鲁兰多糖制作的水凝胶脆，且柔软性差，无法满足组织填充的要求。将甘油或山梨醇加入到水凝胶中可增加其柔韧性，但甘油和山梨醇具有润湿性，制得的水凝胶的机械强度较低。范代娣团队[16]鉴于重组类人胶原蛋白 CF-5所具有的柔性分子的优势以及普鲁兰多糖具有的刚性分子的优势，采用刚性分子和柔性分子接枝共混，然后通过自组装使分子独特的排布形成三维网状多孔结构，保持水凝胶良好生物相容性的同时改善其力学性能和降解性能。CF-5 是线性大分子链状物质，可以将蛋白分子链划分成柔性区和铰链区，具有柔性分子的特性，引入配体普鲁兰多糖，具有刚性分子的特性（图 9-16）。CF-5 的柔性区间是蛋白质与其他分子结合所必需的结构，是蛋白质发挥正常功能的关键因素。

CF-5 的铰链区是由一段长短不等的肽链相连形成，位于结构域和结构域之间，比较松散。CF-5 和普鲁兰多糖通过软对接和交叉/总体对接来实现水凝胶的多孔结构及较强的力学性能和较长的降解时间。CF-5 的柔性区和普鲁兰多糖的刚性区对接，完成材料制备过程中的软对接，而 CF-5 的铰链区与普鲁兰多糖的刚性区进行多重对接，直接赋予侧链和主链柔性。

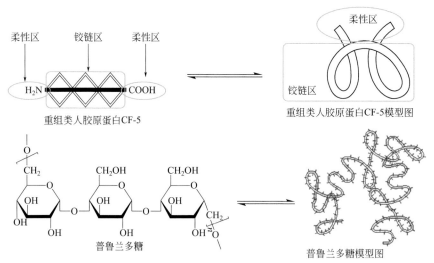

图9-16　重组类人胶原蛋白CF-5和普鲁兰多糖结构及模型

　　根据不同配比添加不同分子质量的普鲁兰多糖（10kDa、17kDa 和 53kDa），采用不同的交联剂如高碘酸钠、1,4-丁二醇二缩水甘油醚和 1, 2, 7, 8-二环氧辛烷构建双组分复合水凝胶材料。当使用高碘酸钠作为交联剂时，重组类人胶原蛋白 CF-5 的氨基与氧化后的羰基发生席夫碱反应生成一个新的亚胺键；其次，在高碘酸钠交联后，普鲁兰多糖上未发生氧化的羟基与重组类人胶原蛋白 CF-5 的羧基端发生连接，形成酯键（图 9-17）[16]。这个反应过程共有两步，第一步是重组类人胶原蛋白 CF-5 在高碘酸钠交联后，通过接枝共混，普鲁兰多糖的分子链上增加了两条重组类人胶原蛋白 CF-5 链，增加了水凝胶体系的分子链，改变了水凝胶的空间链段结构，增加了水凝胶的抗降解性能，从而影响了水凝胶体系的物理化学性能和生物相容性。高分子量的普鲁兰多糖导致更加稳定的分子链和更多的交联位点，从而增加了水凝胶的交联密度，最终制得的重组类人胶原蛋白 CF-5 和普鲁兰多糖双组分水凝胶具有均一的孔径，可以促进细胞的黏附和增殖。细胞毒性等级为 I 级，是可以安全使用的材料。在体内和体外降解研究中，该水凝胶的降解是可控的（1～2个月），属于短期降解。动物实验进一步证明了水凝胶中含有的重组类人胶原蛋白 CF-5 具有抗降解和降低炎症反应的特性，可以安全用于组织工程领域。

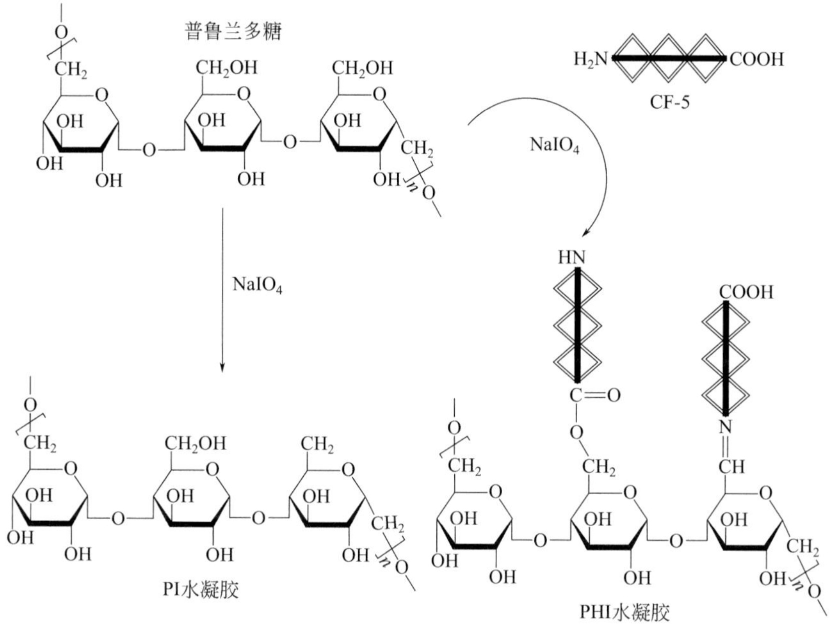

图9-17 高碘酸钠交联重组类人胶原蛋白CF-5和普鲁兰多糖水凝胶图示

1,4-丁二醇二缩水甘油醚（BDDE）能够代替高碘酸钠与普鲁兰多糖和重组类人胶原蛋白CF-5交联制备水凝胶（图9-18）[16,31]。BDDE是一种双功能团交联剂，可以开环与普鲁兰多糖的羟基交联生成醚键，也可以氧化羟基为醛基，实现普鲁兰多糖与重组类人胶原蛋白CF-5的交联。BDDE交联普鲁兰多糖和CF-5时，普鲁兰多糖的一个羟基被氧化成醛基，另一个羟基与BDDE的环氧烷基交联，因此，CF-5的氨基与氧化后的醛基发生交联产生新的共价键亚胺键。由于BDDE的交联能力强于高碘酸钠，所得水凝胶生物材料的降解时间可达到6个月。随着交联密度的增加，水凝胶的孔径呈逐渐减小的趋势，弹性模量增大，吸水率与膨胀率降低，具有良好的抗降解能力、较低的炎症反应和较高的力学强度，同时具有良好的细胞黏附和增殖效果及优异的生物相容性等特性。尤其是在体内动物学评价中，普鲁兰多糖/重组类人胶原蛋白CF-5水凝胶（PBH）生物相容性良好，降解时间达到6个月。水凝胶注射1周后，组织内出现了少量的巨噬细胞、大量的胶原纤维以及扩散的内质网。经过24周注射后，皮下组织已经完全适应材料，细胞形态与正常组织的细胞形态相差无几（图9-19）。高分子量的普鲁兰多糖制备的水凝胶，经过皮下填充后，低的膨胀特性使其更加适合于周围的组织。水凝胶体系中的重组类人胶原蛋白CF-5能够补充组织中胶原蛋白的流失，因此会被组织逐渐吸附，满足皮肤填充的要求。普鲁兰多糖被重组类人胶原蛋白修饰后不会引起皮肤组织的炎症反应，可以观察到成纤维细胞、胶原纤维以及大量的脂滴，脂滴的存在会加速组织中脂肪的降解，但不会对组织产生炎症反应。普鲁兰多糖与重组类人胶原蛋白 CF-5 复合水凝胶能够随时间逐渐适应组织周围环境，部分取代周围的组织，达到最佳的填充效果。

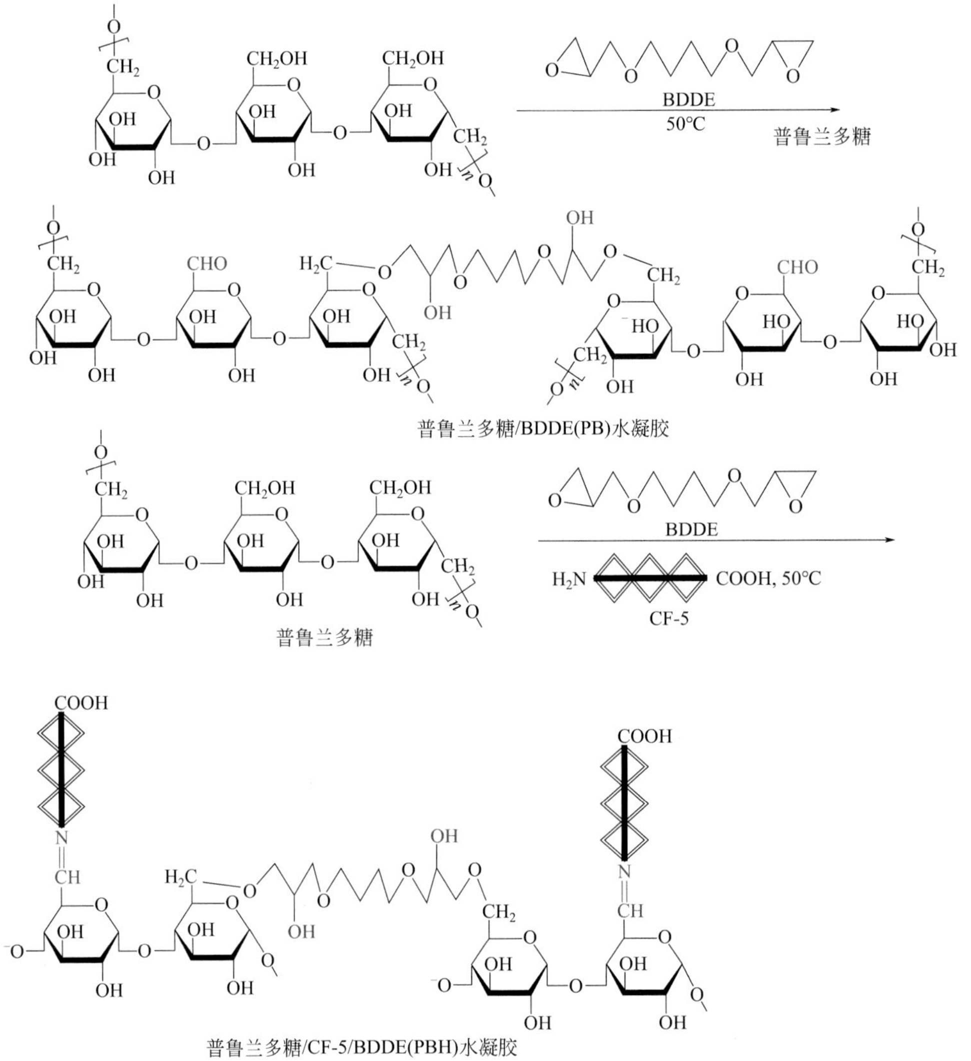

图9-18　1,4-丁二醇二缩水甘油醚交联重组类人胶原蛋白CF-5和普鲁兰多糖水凝胶图示

　　大分子普鲁兰多糖与 CF-5 在 1, 2, 7, 8- 二环氧辛烷（DEO）的作用下进行化学交联（图 9-20）[32]。在加热和碱性条件下，DEO 链两端开环，环氧基团与普鲁兰多糖链上的羟基反应形成醚键。在含有重组类人胶原蛋白 CF-5 的体系中，DEO 也可以和胶原蛋白链上的氨基反应形成仲氨基团，使所得的产物体系中，

环氧化合物的反应更彻底，形成的三维结构也更加紧密，DEO 交联普鲁兰多糖以及 CF-5 的反应机理如图 9-20 所示。所得的注射颗粒状 PDH 水凝胶（pullulan/DEO/CF-5）材料性能稳定，且具有良好的细胞黏附和促进细胞生长增殖的作用。在动物体内注射 4 周后，在注射部位有明显的新生血管生成，8 周后材料并无非常明显的降解，表明该材料具有优良的生物相容性和较长的降解时间。

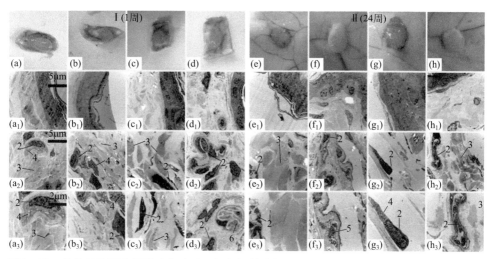

图9-19 普鲁兰胶原水凝胶动物实验及组织切片分析

PB 为普鲁兰多糖水凝胶，PBH 为普鲁兰多糖/重组类人胶原蛋白CF-5水凝胶。图中显示了PB10［分子量100000g/mol；(a)，(a₁)～(a₃)，(e)，(e₁)～(e₃)]，PBH10［(b)，(b₁)～(b₃)，(f)，(f₁)～(f₃)]，PB53［分子量530000g/mol；(c)，(c₁)～(c₃)，(g)，(g₁)～(g₃)]和PBH53［(d)，(d₁)～(d₃)，(h)，(h₁)～(h₃)]的体内生物相容性。数字分别代表：1—巨噬细胞；2—成纤维细胞；3—胶原纤维；4—脂滴；5—内质网；6—血管

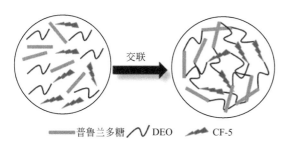

——普鲁兰多糖 ⌒ DEO ⋗ CF-5

图9-20 1,2,7,8-二环氧辛烷交联重组类人胶原蛋白CF-5和普鲁兰多糖水凝胶图示

羧基化普鲁兰多糖可代替普鲁兰多糖与重组类人胶原蛋白 CF-5 交联制备可注射式水凝胶[27,30]。1,4- 丁二醇二缩水甘油醚作为交联剂，在碱性条件下反应，BDDE 环氧烷一端开环，与羧基化的一端交联生成羧酸盐，另一端被氧化成醛基，同时接枝上重组类人胶原蛋白 CF-5 链，在接枝点处由重组类人胶原蛋白

CF-5 的氨基与羧基化的普鲁兰多糖的羰基交联，可形成一个大分子聚合物体系。制备出的水凝胶材料既具有柔软性，也具有柔韧性，表现出良好的力学性能，这一特性与交联密度相关。重组类人胶原蛋白 CF-5 的增加使水凝胶的空间构象发生改变，增加了交联位点和交联密度，因此此类水凝胶具有适中的溶胀行为、较强的抗降解能力、良好的生物相容性和细胞相容性，适合组织工程领域应用。

4. 重组胶原蛋白 / 羧甲基纤维素钠水凝胶

羧甲基纤维素钠（CMCNa）是纤维素分子的羟基被羧甲基部分取代后的产物，能溶于水，不溶于一般有机溶剂，水溶液具有黏性，其黏度受溶液和无机盐的影响较小。羧甲基纤维素钠具有可降解、无毒和廉价等特点，是一种常用的药用敷料、黏合剂、增黏剂、增稠剂及助悬剂，也可作为水溶性基质和成膜材料，如可制成可吸收的缓释药膜，也可将羧甲基纤维素钠配伍微米级羟基磷灰石微球，制备成可注射的软组织修复液，亦具有良好的应用效果。羧甲基纤维素钠与重组类人胶原蛋白 CF-5 可以通过碳二亚胺实现交联，交联原理和前述透明质酸与重组类人胶原蛋白 CF-5 复合水凝胶类似，在重组类人胶原蛋白 CF-5 和 CMCNa 之间生成了大量的酰胺键（图 9-21）[33]。相比 CF-5/HA 水凝胶，CF-5/CMCNa 水凝胶交联度更高，孔径更小，机械强度更好，水凝胶更坚固，不易破碎。并且生物相容性良好，降解较为缓慢，大部分水凝胶都能维持一个半月左右的修复填充效果。

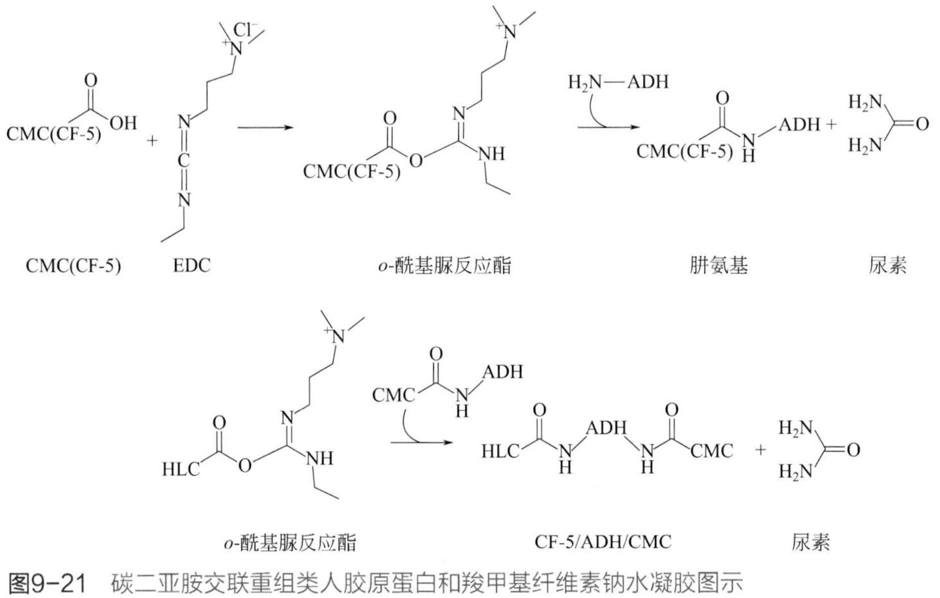

图9-21 碳二亚胺交联重组类人胶原蛋白和羧甲基纤维素钠水凝胶图示

第二节
重组胶原蛋白骨修复材料

一、硬骨修复材料

  骨肿瘤、骨结核、慢性骨髓炎及骨纤维结构不良等疾患病灶彻底清除后的骨缺损是骨科常见问题，这类骨缺损给患者带来了极大的痛苦，目前骨缺损修复材料主要采用自体或异体骨移植物。虽然自体骨是理想的植骨材料，但来源有限，不能满足大量植骨需要，会给患者带来二次损伤，影响术后的功能康复。异体骨来源相对充足，但会产生免疫排斥反应，感染病毒，移植失败率增大，且异体骨被取代缓慢，新生骨体积偏小，修复效果不理想，限制了其应用。为了克服自体骨和异体骨移植存在的各种问题，研究人员一直想通过合成途径制备理想的可降解人工骨材料[34]。

  骨组织工程中的支架材料需要具备以下特征：多孔的连通网络有利于细胞生长、养分传输和代谢物排放；良好的生物相容性和可控的降解速度；材料表面可促进细胞黏附、增殖和分化；力学性能与植入组织要求匹配。多种基于胶原蛋白的骨组织工程材料产品已经成功进入临床应用，大多数是Ⅰ型胶原蛋白与羟基磷灰石（HAp）的复合材料，羟基磷灰石可以起到刺激新骨形成的作用，这些材料在临床领域已取得一定的成功。

  羟基磷灰石（hydroxyapatite, HAp）是磷酸钙的氢氧化合物，是人体和动物骨骼和牙齿的主要组成成分，具有优异的生物相容性、生物活性、骨传导性和骨诱导性，且对人体无毒、无免疫反应，是公认的良好的骨修复材料，在骨组织工程中得到了充分的应用。人工合成的羟基磷灰石因其免疫原性小、无毒副作用、组织相容性好，吸引了更多研究者的注意。但是，由于羟基磷灰石抗疲劳强度不佳、脆性大、抗弯强度与抗压强度不足，只能作为非承重材料使用，并且降解性能也较差，无法满足骨修复材料的要求。近些年，随着分子生物学和生物材料学的发展，纳米羟基磷灰石（nHA）逐渐受到科学家们的关注，相比于羟基磷灰石，其具有更高的强度和韧性，已经应用到骨和软骨组织工程支架材料中。实验表明，用纳米羟基磷灰石制备的骨支架具备较大的孔径、较高的孔隙率，并且能很好地促进细胞黏附、生长和增殖。羟基磷灰石和天然胶原蛋白的复合物一直是骨修复复合材料的主要选择。目前已经开发出各种商业胶原蛋白/羟基磷灰石复合材料，是市场的重要组成部分，在复合材料的开发构建中主要使用共沉淀混合悬浮液或浸渍等方法。胶原蛋白组分通常通过交联为复合材料提供稳定性，与单独的胶原蛋白相比，复合材料的抗压强度增加了 10 倍以上。这种羟基磷灰石和胶原蛋白复合材料生产方法简单，并且能够实现与骨移植材料相当的力学强度，可以避免使用自体移植物可能出现的许多问题。然而羟基磷灰石和胶原蛋白复合材料存在的主要问题包括异种胶原蛋白的潜在免疫原性以及难以建立模仿自然过程的生物矿化方法。

范代娣团队[35-42]首次尝试使用重组类人胶原蛋白 CF-5 和纳米羟基磷灰石（nHA）为原料，通过冷冻干燥法和交联法相结合的技术构建组织工程骨支架材料。基本工艺流程为配制重组类人胶原蛋白复合溶液→加入纳米羟基磷灰石粉末混匀→混合液浇注入模具→真空冷冻干燥→交联剂溶液交联→洗涤→真空冷冻干燥→内包装→灭菌→外包装→成品。其中使用的交联剂包括碳二亚胺（EDC）、京尼平、1,4- 丁二醇二缩水甘油醚（BDDE）和 1,2,7,8 - 二环氧辛烷（DEO）[38,39]。图 9-22 表示京尼平交联重组类人胶原蛋白 CF-5 和纳米羟基磷灰石复合骨修复材料的机理图。

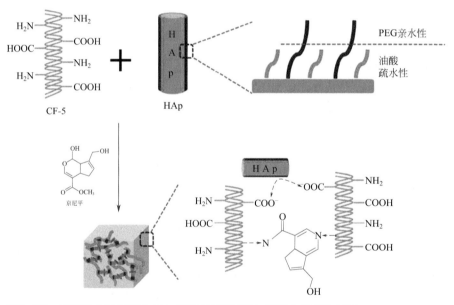

图9-22　重组类人胶原蛋白CF-5和纳米羟基磷灰石复合骨修复材料

不同交联剂交联得到的人工骨材料密度基本一致，说明交联剂在人工骨修复材料的交联过程中不会对材料的最终密度造成影响，其密度取决于制备时单位体积混合体系内重组类人胶原蛋白 CF-5 和纳米羟基磷灰石的用量，而最终材料密度的大小会影响复合材料的力学性能和植入体内的降解周期。其中 EDC 交联的重组类人胶原蛋白 CF-5 人工骨修复材料呈白垩色，京尼平交联的重组类人胶原蛋白 CF-5 人工骨修复材料呈浅蓝色，孔径尺寸均在 60 ~ 400μm，孔的完整性较好，孔与孔之间连通率较高（图 9-23）[39]。重组类人胶原蛋白 CF-5 人工骨修复材料具有合适的孔隙率（约为 70%），能够在力学性能和材料降解速率之间实现一定程度的平衡。羟基磷灰石的含量分别为 65.3%（EDC 交联）和 64.8%（京尼平交联），与人骨中无机相和有机相的比例（2∶1）基本一致。重组类人胶原蛋白 CF-5 人工骨修复材料的压缩应力分别为 4.8MPa（EDC 交联）和 4.6MPa（京尼平交联），抗压强度、弯曲强度和弹性模量显著优于市售的动物胶原基人工骨修复产品。

(a) EDC交联人工骨外观　　　　　　　　(b) 京尼平交联人工骨外观

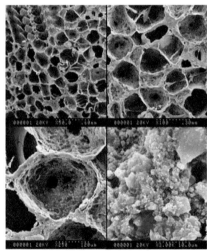
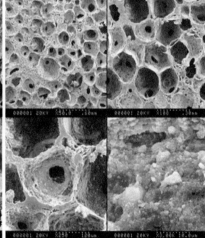

(c) EDC交联人工骨断面扫描电镜分析　　　(d) 京尼平交联人工骨断面扫描电镜分析

图9-23　EDC和京尼平交联完成的重组类人胶原蛋白CF-5人工骨修复材料图示

重组类人胶原蛋白 CF-5/纳米羟基磷灰石人工骨修复材料具有良好的孔结构，孔与孔之间相互贯通，适合细胞或血管组织的生长，有利于水分、营养物质的传输，并且材料表面粗糙，为细胞及相关生长因子提供了更多的黏附位点；通过调节支架材料的交联度实现其降解速率的可控性；在不影响胶原蛋白对细胞黏附和增殖作用的前提下，引入具有良好骨诱导性和骨传导性的纳米羟基磷灰石；构建的骨修复材料兼具一定的亲水和疏水特性，能够降低血小板等的黏附，提高了材料的生物相容性，加强了材料与机体的应答过程。成骨细胞实验结果表明，该骨材料不仅能促进细胞很好地黏附、生长和增殖，引导细胞向孔隙内生长，而且能维持细胞天然的圆形或多角形软骨形态，促进细胞外基质分泌，形成致密的细胞层。兔桡骨的全缺损模型实验表明，重组类人胶原蛋白 CF-5 人工骨修复材料在植入 4 周后开始降解，且有少量新骨生成，8 周时材料大部分降解，两缺损端新骨生成较多但未将缺损区域填满，12 周时材料几乎完全降解，自体新骨充满整个缺损区域，修复完成（图 9-24）。

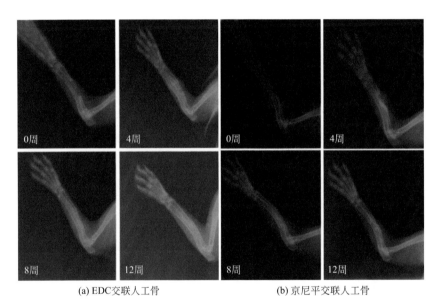

(a) EDC交联人工骨   (b) 京尼平交联人工骨

图9-24 重组类人胶原蛋白CF-5人工骨修复材料修复兔桡骨全缺损的X光图

纳米羟基磷灰石能够通过掺杂有效调控无机纳米晶体的形貌尺寸和表面特性，赋予纳米粒子新的功能特性，强化重组类人胶原蛋白 CF-5/ 纳米羟基磷灰石人工骨修复材料的功能。氟羟基磷灰石（FHAp）、硒羟基磷灰石（SeHAp）等掺杂纳米羟基磷灰石可以与重组类人胶原蛋白 CF-5 复合构建骨修复支架材料。以 CF-5/FHAp 支架材料为例，其支架同样呈现多孔结构，而且孔径比 CF-5/HAp 的稍小，约为 130μm，抗压强度为 4.0MPa，孔隙率在 77% 左右。由 SeHAp 与

CF-5 复合的支架材料呈现不规则多孔结构，但是大孔嵌套小孔，抗压强度在 3.4MPa 左右，三点弯曲强度为 6MPa，并且能更好地促进细胞的增殖、黏附和分化。综上所述，F^- 离子和 SeO_3^{2-} 离子掺杂的 HAp 可以改善支架材料的力学和生物学性能[39]。

除了支撑结构之外，组织工程人工骨构建时需要考虑的另两个变量是细胞的性质和物理化学信号。最初采用的细胞源主要是组织分化细胞，来源于各种组织的细胞均有一定的适用性，包括脂肪组织、骨膜、肌腱和骨髓等；干细胞是人们关注越来越多的细胞来源之一，特别是间充质干细胞。其他表达 CD34 的细胞也被证明是可用的细胞源，诱导性多能干细胞一旦解决其安全问题也可能是一种有用的细胞来源[43]。在某些特殊情况下，如韧带和肌腱，无细胞支撑的结构不易满足机械要求，需要在组织工程支架中引入细胞进而分泌相关基质来增强支架力学性能。另外物理或化学信号在组织工程骨的构建过程中也发挥了关键性的作用。物理信号例如通过使用非常低水平的高频加速可以增加骨再生，化学信号例如生长因子或骨形态发生蛋白也可以增强骨再生。最常见的生长因子是骨形态发生蛋白（BMP），还有各种其他因子，如神经生长因子（NGF）和碱性成纤维细胞生长因子（bFGF）等。在预制胶原蛋白海绵中加入 BMP 生长因子可以对 BMP 起到缓释的效果。BMP 与胶原蛋白的结合发生在接近中性的 pH 值条件下，其结合程度取决于离子强度。通过甲醛、酶等温和交联形成胶原蛋白生长因子复合物虽然可能降低胶原蛋白与骨形态发生蛋白的结合能力，但却能显著改善复合材料的性能，具有更好的临床疗效，此类复合材料已被用于骨折修复，特别是非愈合骨折修复以及脊柱融合、牙科和颅面修复等其他手术领域。范代娣团队[44] 制备了重组类人胶原蛋白 CF-5 和人类 BMP-2（hBMP2）结合的重组融合蛋白并用于促进严重骨创伤愈合的研究。图 9-25 为伴随 CF-5/hBMP2 缓释 BMP2 的骨形成过程。首先，CF-5/hBMP2 的垂直通孔结构利于细胞向支架内部迁移 [图 9-25(a)]，细胞迁移并定居在多孔支架之中，同时 CF-5/hBMP2 在体内缓慢降解 [图 9-25（b）]，随着 CF-5 降解，hBMP2 释放并形成二聚体，促进细胞向成骨细胞分化 [图 9-25（c）]，最终，新骨形成，CF-5/hBMP2 被酶降解为氨基酸 [图 9-25（d）]。这种重组融合蛋白能够同时保持 CF-5 和 hBMP2 在体液环境中的稳定性能，具有良好的生物相容性。采用重组融合蛋白制备的具有垂直贯通孔结构的材料表现出良好的力学性能，能够通过体内降解实现 hBMP2 释放的精确控制并提高其利用率和骨诱导活性。在体外细胞实验中，骨髓间充质干细胞（MSC）培养第 4 天后在 CF-5/hBMP2 融合蛋白材料上的迁移能力 [（585.25±94.98）μm] 与在 CF-5 材料上 [（509.64±79.70）μm] 相比更强，说明重组融合蛋白材料促进了骨髓间充质干细胞的迁移（图 9-26）。

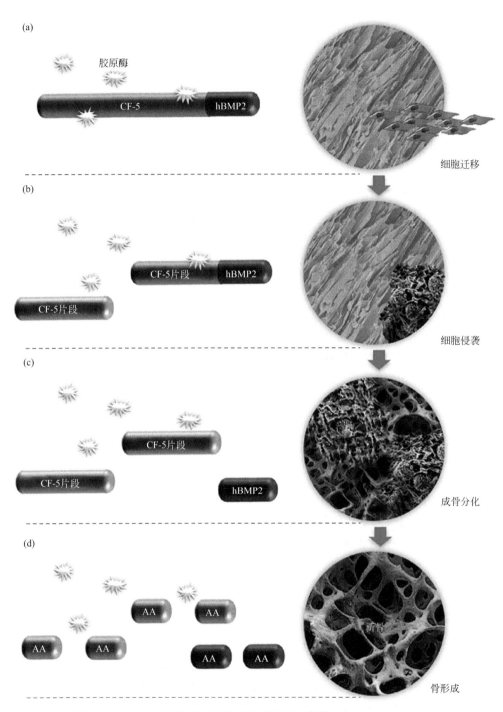

图9-25 伴随CF-5/hBMP2缓释BMP2的骨形成过程示意图

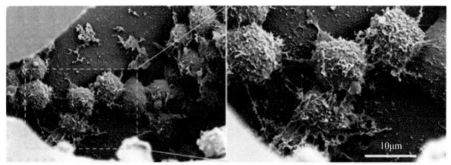

(a) CF-5骨材料

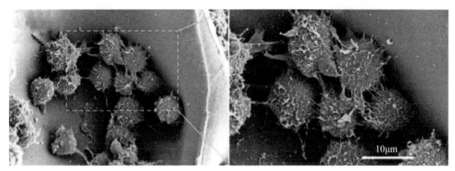

(b) CF-5/hBMP2骨材料

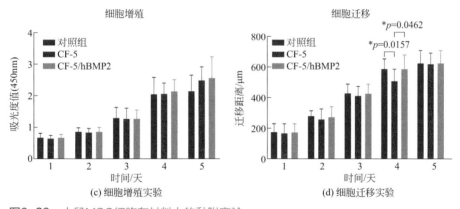

(c) 细胞增殖实验　　　　　　　　(d) 细胞迁移实验

图9-26　大鼠MSC细胞在材料上的黏附实验

鼠颅骨缺损修复实验表明，制备出的融合蛋白材料具有良好的生物相容性，有利于骨髓间充质干细胞迁移，促进新生组织中胶原蛋白的生成。在 CF-5/hBMP2 组新形成的组织中检测到的 I 型胶原蛋白量显著高于对照组或 CF-5 组，骨缺损的修复能力与对照组相比提高 3.5 倍，具有显著修复骨缺损的能力（图 9-27），并且没有导致骨过度生长等副作用，是更安全的骨修复材料[44]。

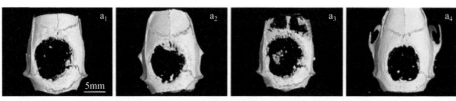

(a) 非植入材料植入8周后大鼠颅骨临界大小缺损的Micro-CT扫描

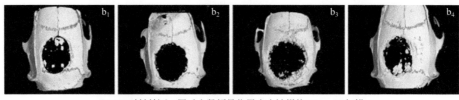

(b) CF-5材料植入8周后大鼠颅骨临界大小缺损的Micro-CT扫描

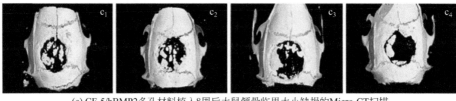

(c) CF-5/hBMP2多孔材料植入8周后大鼠颅骨临界大小缺损的Micro-CT扫描

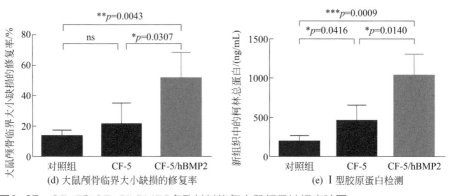

(d) 大鼠颅骨临界大小缺损的修复率

(e) Ⅰ型胶原蛋白检测

图9-27 CF-5和CF-5/hBMP2多孔材料修复大鼠颅骨缺损实验图

二、软骨修复材料

近年来，骨关节炎患病率逐渐增加，关节软骨组织再生需求也随之逐年增大。胶原蛋白材料可以作为骨修复材料用于关节软骨组织再生，因此在这一临床领域具有很好的发展前景。早期研究主要集中在开发用于软骨组织再生的原位递送的细胞-胶原蛋白凝胶复合物，在组织培养胶原基培养 7 ~ 10 天后，将组织替代物植入动物体内。Ⅱ型胶原蛋白作为软骨中的主要胶原蛋白类型，是构建软骨修复植入物的首选，Ⅱ型胶原蛋白支架能够显著增加软骨细胞生长相关的

DNA 和糖胺聚糖合成量。此外，植入前在胶原蛋白海绵支架或支撑结构中引入表皮生长因子（信号）也能够显著增强软骨再生。

针对骨关节炎的关节软骨修复主要使用真皮胶原蛋白、Ⅰ型胶原蛋白和少量Ⅲ型胶原蛋白，能有效促进愈合，保护和稳定软骨细胞形成新组织。软骨中的Ⅱ型胶原蛋白更适合软骨细胞生长，使细胞具有更好的形态。但是组织工程软骨存在的主要问题是自体软骨细胞在扩增时迅速分化成为成纤维细胞类细胞，主要产生Ⅰ型胶原蛋白而不是功能性软骨所需的Ⅱ型胶原蛋白，导致产生不透明的纤维软骨。高度交联的胶原基微球或颗粒可以作为用于软骨细胞扩增的微载体，通过旋转器培养实现快速增殖，同时保留细胞表型，为治疗提供足够的细胞。可降解的胶原基微球或颗粒可以直接置于病变部位中完成细胞递送，通过骨膜瓣固定在适当位置诱导病变部位软骨再生修复。但是由于旋转器培养困难并且成本高，这种方法仍未应用于临床开发 [45]。胶原蛋白海绵也可作为组织工程材料的支撑结构，通过添加机械力和生长因子等开发应用于软骨的修复材料 [46]。这种方法首先扩增患者自身的软骨细胞，然后在开放性膝关节手术中细胞成分胶原蛋白支持物植入膝关节缺损部位，有效地减轻患者的疼痛。范代娣团队 [47,48] 以重组类人胶原蛋白为主要成分，复合牛血清白蛋白、聚乙烯醇和纳米羟基磷灰石等材料，开发出多种用于软骨修复的水凝胶材料。

牛血清白蛋白（BSA）是血浆中最丰富的蛋白质，它与水、Ca^{2+}、Na^+、K^+、氨基酸、胆红素、脂肪、激素及许多药物均具有良好的结合能力，因此，在生物体内发挥着转运内源与外源物质的重要作用，同时血液渗透压与 pH 值的变化也与白蛋白的含量有关。BSA 因其重要的生理功能，逐渐受到科研工作者的关注。其中，对于与 BSA 结构和理化性质相似的人血清白蛋白（HSA）的研究最为广泛，两者的同源序列达到 76.52%。范代娣团队 [47] 将重组类人胶原蛋白 CF-5 与 BSA 等复合，通过生物交联和热致相分离 / 冷冻干燥造孔技术制备得到了一种具有三维多孔结构的水凝胶支架，用于软骨缺损的修复和再生（图 9-28）。孔径在 100 ～ 300μm 之间且孔隙率高达 93.43%，为软骨细胞的增殖和黏附提供了足够的空间，并有利于营养物质和代谢废物的运输。该支架具有快速吸水的类海绵性质，能够快速吸收关节液，为软骨组织的再生提供适宜的环境。材料可压缩至 80%，重复 10 个压缩循环后仍未发生显著形变，压缩模量约为 0.96MPa，保证了优良的力学性能。该软骨修复材料为软骨细胞的增殖和黏附、营养物质和代谢废物的运输提供足够空间的同时，又为软骨组织的生长提供了有力的支撑。

体外细胞毒性和细胞黏附性实验结果证明重组类人胶原蛋白 CF-5 水凝胶支架具有良好的细胞相容性（图 9-29），软骨细胞可以黏附在水凝胶支架上生长、增殖和迁移，且支架浸提液对软骨细胞的生长和增殖具有促进作用。水凝胶支架植入到兔子皮下 2 周后会产生轻微的炎症反应，4 周后炎症反应基本消失，6 周后炎症反应完全消失，有微血管生成，水凝胶支架初步降解，8 周后水凝胶支架完全降解，实验结果说明水凝胶支架具有良好的生物相容性和生物降解性。在水凝胶支架植入兔软骨缺损部位 12 周后，软骨缺损完全被均匀的软骨样组织填充，仅能观察到一圈模糊的边界，新生软骨组织中有充足的软骨糖胺多糖沉积，有效修复了关节软骨缺损。

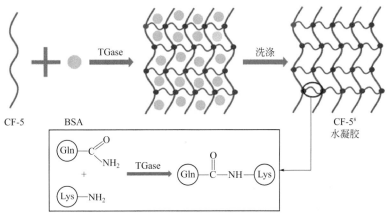

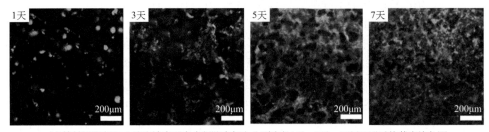

图9-28 重组类人胶原蛋白CF-5复合水凝胶支架的交联机理和结构示意图

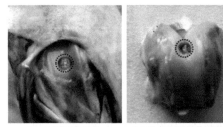

(a) 软骨细胞在CF-5/牛血清白蛋白水凝胶支架上分别生长1天、3天、5天和7天后的荧光染色图

(b) 手术初始缺陷　　　(c) 手术后12周的对照组　　　(d) 手术后12周CF-5/牛血清白蛋白水凝胶组

图9-29 软骨修复材料的细胞和动物实验图示

　　在聚乙烯醇/透明质酸水凝胶中添加重组类人胶原蛋白增加材料的细胞亲和力，提高细胞黏附性，加入吐温 80 作为造孔剂提高材料整体的孔隙率，从而制备出一种高韧性、高细胞黏附性的海绵状复合软骨组织修复材料[49]。水凝胶材料整体充满

交错连通的大孔，孔径在 100 ～ 300μm 之间，孔壁上存在 10 ～ 20μm 的密集小孔，整体孔隙率最高为 94.5%。在湿胶状态下挤压后可迅速吸水复原，干胶状态下 30s 内溶胀率可达到约 1200%，压缩模量和压缩率分别达到 5.56MPa 和 90%。细胞黏附实验表明，小鼠软骨细胞可以附着在 PVA/HA/CF-5 水凝胶孔径和孔壁上，并且可以纵向向水凝胶内部生长，活力良好，而在 PVA/HA 水凝胶上只有少量的细胞黏附在表面，容易被 PBS 洗脱掉［图 9-30（a）］。软骨修复实验结果表明，两种水凝胶支架分别植入兔子体内后，均没有出现红肿溃烂等症状，炎症反应较小，并且随着植入时间的增加，炎症反应消失。12 周后，对照组软骨没有愈合现象，H&E 染色显示骨缺损部位炎症细胞很多，无法形成新组织。PVA/HA 组软骨缺损部位有部分愈合，形成了新组织，炎症反应较少。PVA/HA/CF-5 组缺损部位完全愈合，H&E 染色显示新生组织和软骨细胞充满了受损部位，并且炎症反应消失［图 9-30（b）］。

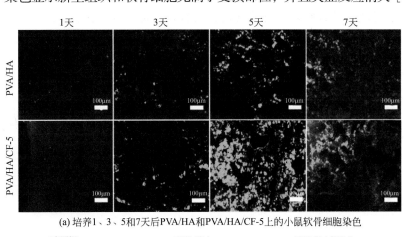

(a) 培养1、3、5和7天后PVA/HA和PVA/HA/CF-5上的小鼠软骨细胞染色

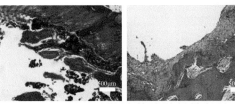

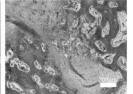

(b) 低倍下显示伤口恢复情况

(c) 高倍下显示周边组织中的炎症情况

图9-30　细胞和组织切片染色分析

重组胶原蛋白可以与透明质酸、壳聚糖、纤维蛋白和硫酸软骨素等材料通过化学交联技术，配伍化学共沉淀法制备纳米羟基磷灰石复合新型注射式软骨组织填充剂[50]。将纳米羟基磷灰石溶液分别与重组类人胶原蛋白 CF-5/ 透明质酸、重组类人胶原蛋白 CF-5/ 羧甲基纤维素钠混合，应用化学交联剂碳二亚胺和己二酸二酰肼（adipic dihydrazide，ADH）进行交联，制备出新型 CF-5/HA/HAp 和 CF-5/CMCNa/HAp 复合注射式水凝胶材料。己二酸二酰肼可在 pH 值为 4.0 ～ 4.8 的酸性缓冲液中首先与透明质酸或胶原蛋白中的羧基反应，生成一种酰肼中间产物，其保留的另一个酰肼基，可在 pH 值为 8.0 ～ 8.5 的碱性缓冲液中与透明质酸或胶原蛋白分子中的羧基再次反应实现分子内或分子间交联。碳二亚胺（EDC）能够使透明质酸分子上的伯氨基和重组类人胶原蛋白 CF-5 的侧链羧基之间形成酰胺键。利用己二酸二酰肼和碳二亚胺作为交联剂制备的系列重组类人胶原蛋白 CF-5 可注射软骨修复水凝胶材料，具有孔径可控的多孔状三维网络结构、良好的溶胀性能、较强的抗酶解能力以及优异的体内生物相容性，有望成为潜在的生物医用材料[51]。

范代娣团队[52]采用 N- 羟基琥珀酰亚胺（NHS）和 EDC 作为交联剂，成功制备出重组类人胶原蛋白 CF-5/ 透明质酸 / 羟基磷灰石仿生双层组织工程支架（图 9-31），该支架具有高度连通的适宜孔径和良好的力学性能，可以作为软骨组织工程良好的支架材料，在临床应用方面具有重要意义。

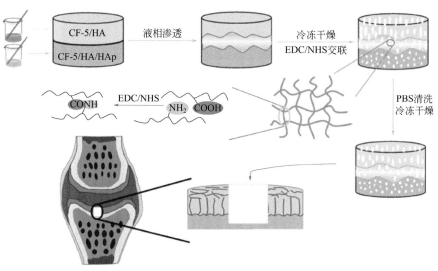

图9-31 双层骨软骨支架制备工艺及机理图

在动物实验中，术后 8 周和 12 周骨软骨缺损的修复状态如图 9-32（a）所示。在第 8 周，对照组有较大的缺损凹陷，单层支架组的缺损处充满了纤维组织或未被修复组织完全填充，而双层支架组的植入物与周围组织之间的边界消失了，充满了新生的肉芽组织，且关节表面基本光滑。在第 12 周时，对照组的缺陷仍然没有被完全填充，并且相邻组织之间存在明显的间隙。单层支架组新组织与自然组织之间缺乏连续性，表面略显粗糙。而双层支架组中，植入物与周围组织之间的边界已经消失，与原来组织整合较好且修复处表面光滑。与单层支架组相比，双层支架组表现出较好的修复能力。同时，使用国际软骨修复协会（ICRS）软骨修复评估工具对修复组织进行宏观评估。如图 9-32（b）所示，尽管组内存在差异，随着修复时间的推移，术后各组的 ICRS 评分逐渐增加，评分结果显示，经治疗的动物在 8 周和 12 周内的平均 ICRS 得分为 6.5、7 和 10、11，其修复等级分别为Ⅲ级（异常）和Ⅱ级（接近正常）。相比之下，对照组的平均 ICRS 得

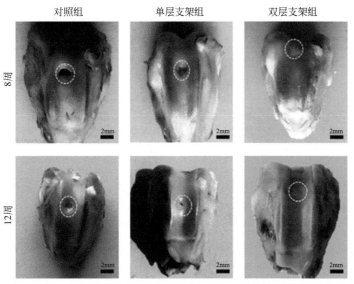

(a) 对照组、单层支架组和双层支架组在手术8周和12周后缺损部位的总体外观

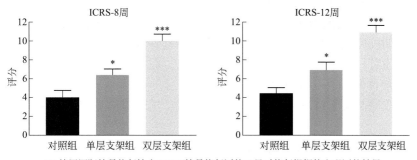

(b) 使用国际软骨修复协会(ICRS)软骨修复评估工具对修复组织的宏观评估结果

图9-32　宏观评估术后8周和12周缺损处外观

分较低，分别为 4 和 4.5（***$p<0.001$），修复等级均为Ⅲ级（异常）。这主要是因为普通的单层支架与周围的天然软骨下骨组织的相容性较差，导致植入的支架结合不稳定，从而阻碍了修复过程，使得该组的评分降低。因此，在关节软骨的修复中使用 HAp 增强的双层支架对软骨下骨的形成显示出重要作用[52]。

第三节
重组胶原蛋白血管支架材料

组织工程血管包括应用正常动脉壁或静脉壁的活细胞和细胞外基质成分制备、重建和再生血管。体外构建自体血管是组织工程血管的主要内容，应用自体血管壁细胞，包括平滑肌细胞和内皮细胞，在体外先后种植于生物可吸收材料的支架上，形成多层平滑肌细胞层和内腔单层内皮细胞层，随着支架的吸收，可建立自体血管。移植后，由于管道完全来自自体细胞，且有完整的内皮细胞层，因而能有效避免产生免疫排异和形成血栓，可维持管道的长期通畅。同时，可根据需要制作不同口径的血管支架以获得所需大小的自体血管，移植后亦有生长潜能。

目前组织工程血管研究的主要内容包括三维骨架构建、细胞培养、组织工程血管三维培养等技术。组织工程血管应具备如下条件：①具有或模拟体内血管壁三层结构，即外膜、中膜和内膜；②具有良好的生物相容性，不易产生血栓，不易发生免疫排斥反应；③具有生物学特性，如对药物刺激有舒缩反应；④具有血管的力学特性，即有黏弹性并能承受一定的压力和剪切力。另外，心血管应用的组织工程产品都必须满足在脉动条件下长时间运行，面临的最大挑战是材料的耐久性和引发动脉瘤问题，生物合成血管提供了迄今为止最好的生物学选择。各种不同形式的重构胶原蛋白海绵和片材被应用于构建新组织或向邻近组织递送适当的细胞，证明胶原蛋白是心肌细胞的有效底物，接种细胞能够快速搏动，目前初步临床评估没有任何不良反应。当使用干细胞时，胶原基质的硬度对细胞命运和分化状态非常重要。通过将精氨酸（Arg）- 甘氨酸（Gly）- 天冬氨酸（Asp）黏附肽偶联到胶原基质上可以实现高细胞密度黏附，这也提供了细胞收缩特性和更好的细胞活力。

范代娣团队[53-57]使用重组类人胶原蛋白 CF-5 复合透明质酸和壳聚糖等糖胺聚糖，采用戊二醛为交联剂。在 4℃条件下交联 2 天后置于真空冷冻干燥机干燥成型，再经钴 -60 射线照射灭菌，制得胶原蛋白组织工程血管管型支架（图9-33）。

其中透明质酸的羧基和重组类人胶原蛋白 CF-5 的氨基反应生成酰胺键，而重组类人胶原蛋白 CF-5 的羧基与透明质酸的羟基反应生成酯键，通过戊二醛交联胶原蛋白能够进一步稳定材料结构[53]。所获得的支架材料孔隙率大于 86%，孔径范围随透明质酸含量增加而减少到 10 ～ 30μm。随着血管支架中 HA 含量的增加，其应力与弹性模量增加，均高于动物胶原蛋白与 HA 复合制备的支架，接近于用 I 型动物胶原蛋白构建的管状支架（350kPa）。重组类人胶原蛋白 CF-5 与透明质酸以质量比为 10∶1 复合时，所形成的血管支架具有相互交错的多孔结构，孔径为（12±2）μm，孔隙率为 89.3%。具有良好的力学性能，干样品所测应力为（311.7±15）kPa，弹性模量为（4.7±1.1）MPa。在 37℃下，PBS 溶液中浸泡 45 天，仅有 9% 降解，表明其在 PBS 溶液中很稳定。体外细胞实验及体内动物实验均表明该支架具有良好的生物相容性，能够促进内皮细胞的增殖，降低组织炎症反应。

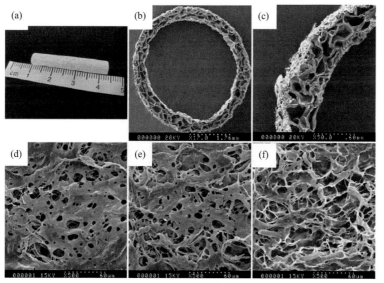

图9-33　戊二醛交联重组类人胶原蛋白CF-5/透明质酸支架的外观图（a）和横截面扫描电镜图（b）（c）；重组类人胶原蛋白CF-5∶透明质酸的质量比分别为40∶1（d）、20∶1（e）、10∶1（f）

戊二醛交联能够部分中和胶原抗原表位，减轻其免疫反应，同时也降低了支架材料在体内的降解速率，但交联剂戊二醛毒性较大需要通过洗涤去除其在材料中的残留，毒性较低的交联剂京尼平也能够交联透明质酸和重组类人胶原蛋白 CF-5 构建血管支架材料[58,59]。透明质酸的浓度为 0.05% 时，重组类人胶原蛋白 CF-5/ 透明质酸血管支架的孔径比较均匀，孔隙率达 94.38%。复合血管支架力学性能良好，应力为（1000.8±7.9）kPa，爆破压力为（1058.6±8.2）kPa，并且表现出良好的细胞相容性、组织相容性及可降解性。脐静脉内皮细胞在重组类人胶原蛋白CF-5复合糖胺聚糖支架材料表面黏附生长良好，细胞间呈现纤维连接，细胞伸展形成较为完整的内皮细胞层（图9-34）。添加合适的糖胺聚糖能够调节成纤维细胞的表型，在成纤维细胞迁移与增殖中起重要作用。糖胺聚糖、胶原和细胞分泌蛋白之间的相互协同作用，为细胞的生长提供了更好的环境，使细胞能够在重组类人胶原蛋白CF-5复合糖胺聚糖支架上快速增殖及生长。

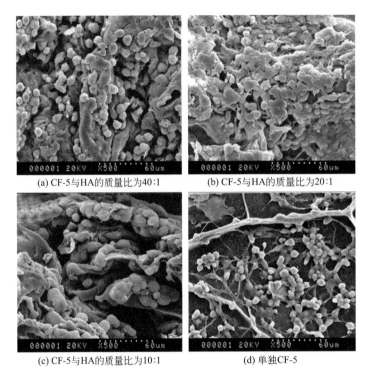

(a) CF-5与HA的质量比为40:1　　　　(b) CF-5与HA的质量比为20:1

(c) CF-5与HA的质量比为10:1　　　　(d) 单独CF-5

图9-34　脐静脉内皮细胞种植于CF-5/HA复合支架15天后的扫描电镜图

　　为进一步增强血管支架材料的力学性能，范代娣团队[60,61]使用重组类人胶原蛋白CF-5与蚕丝丝素蛋白复合，灌铸成小管型水凝胶，采用冷冻干燥法制备血管支架材料。蚕丝丝素蛋白主要来自家蚕等相关物种，也可以来源于重组蛋白[62]。家蚕丝是一种容易获得且相对便宜的商品材料，每年生产约7万吨成品丝纤维，具有人工合成材料无法比拟的优异性能。蚕丝不但质轻（1.3g/cm³）、强度高（天然蚕丝已知强度最高达4.8GPa），且有惊人的韧性和弹性（高达35%）。除了这些显著的力学特性，蚕丝的热稳定性高达250℃，且允许加工的温度范围很广。天然蚕丝由丝素蛋白以及丝胶蛋白组成，其中丝素蛋白是丝纤维中的结构蛋白，丝胶蛋白则是可溶性的黏结剂，将蚕丝中的丝素纤维束缚在一起。丝素蛋白的结构为由疏水区和亲水区组成的天然嵌段共聚物，疏水区是由甘氨酸和丙氨酸等简单侧链氨基酸组成的高度重复序列，亲水区是由带电荷的氨基酸等较复杂侧链氨基酸组成的复杂序列。疏水区能够通过氢键键合或疏水性相互作用形成β折叠和晶体结构，从而使丝素蛋白具有较高的强度和硬度。这些有序的疏水区同少量的有序亲水区结合，使丝素蛋白具有极好的弹性和柔韧性。多种丝素蛋白已经用于制造各种结构材料以适应不同的生物医学应用，其中蚕丝丝素蛋白因制备比较容易而被广泛应用。由于缺乏足够的生物活性基团，丝素蛋白通常需要与其他材料复合来满足实际应用的需要。胶原蛋白与丝素蛋白混合物可用于形成水凝胶，其中丝素蛋白主要为复合材料提供强度和刚度，胶原则提供生物相互作用所需的活性基团。通过调节胶原蛋白与丝素蛋白的组成构建强度可控的细胞包封水凝胶材料，其强度亦可以通过交联进一步调节。静电纺丝技术可用于制造胶原蛋白和丝素蛋白复合薄膜，早期使用六氟异丙醇（HFIP）作为溶剂，并通过随后的交联提高薄膜材料的强度。但由于 HFIP 可以使胶原变性，一系列非变性含水溶剂被开发出来，应用于低温 3D 打印以及相关的冷冻干燥技术中构建胶原蛋白／丝素蛋白复合材料。

重组类人胶原蛋白 CF-5 与蚕丝丝素蛋白质量比为 7∶3 的条件下，经搅拌过滤，除去气泡，倒入内径为 5mm、外径为 7mm 的管状模具，放入 -80℃冰箱，置于真空冷冻干燥机干燥成型[60,61]，制得的复合材料孔径为（100±13）μm，孔隙率为 90%。随着丝素蛋白添加量的增加，支架材料的孔径不断增加至 50 ~ 100μm，孔隙率可由 85% 提高到 90%（图 9-35）。丝素蛋白含量的增加不仅促进了胶原蛋白与丝素蛋白间氢键的形成，而且加速了二者形成β折叠的过程，进而导致支架材料的孔径不断增加。复合血管支架材料的应力和应变显著优于单纯重组类人胶原蛋白 CF-5 血管支架材料，更接近于丝素蛋白支架材料。丝素蛋白具有很强的抗酶解能力，因此重组类人胶原蛋白 CF-5/ 丝素蛋白复合血管支架材料的降解速度较慢，具有一定的可控性，容易与新生组织相匹配。能够呈现出接近于丝素蛋白的应力与应变，并具有较强的抗酶解能力、良好的生物相容性、促细胞黏附和增殖的作用。脐静脉内皮细胞在支架材料表面能够铺展，呈平滑肌细胞体外贴壁时的梭状，细胞和细胞支架由细胞分泌的基质连接，细胞生长旺盛，形成较为完整的内皮细胞层（图 9-36）。重组类人胶原蛋白 CF-5/ 丝素蛋白复合血管支架材料在力学性能和生物相容性等方面均表现优异，一定程度上克服了小口径组织工程血管力学强度差、顺应性不佳，血管植入体内后易凝血、易形成血栓和远期有效率不佳等问题。

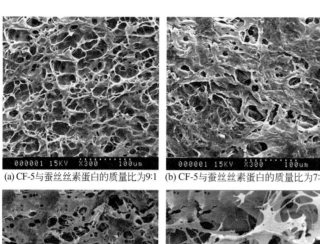

(a) CF-5与蚕丝丝素蛋白的质量比为9:1

(b) CF-5与蚕丝丝素蛋白的质量比为7:3

(c) CF-5与蚕丝丝素蛋白的质量比为1:1

(d) 单独蚕丝丝素蛋白

图9-35
冷冻干燥的重组类人胶原蛋白CF-5与蚕丝丝素蛋白支架扫描电镜图

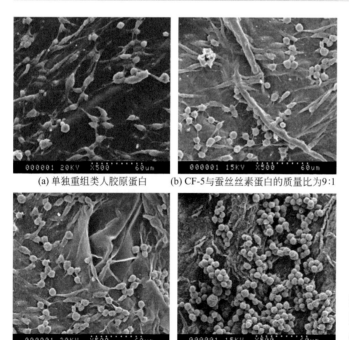

(a) 单独重组类人胶原蛋白

(b) CF-5与蚕丝丝素蛋白的质量比为9:1

(c) CF-5与蚕丝丝素蛋白的质量比为7:3

(d) CF-5与蚕丝丝素蛋白的质量比为1:1

图9-36
脐静脉内皮细胞种植于CF-5/丝素蛋白复合血管支架7天后的扫描电镜图

第四节
重组胶原蛋白皮肤支架材料

　　组织工程皮肤就是采用组织工程技术构建人工皮肤替代物以达到暂时性乃至永久性替代自身皮肤的作用。组织工程皮肤既可以起到保护屏障的作用，有利于创面的愈合，同时还避免了天然皮肤来源不足以及产生不良反应等问题。人工皮肤研究要早于组织工程概念的提出，是最早的组织工程产品之一，同时也是迄今为止最有希望应用的人造器官之一。理想的组织工程皮肤应包含表皮与真皮两层，能够同时修复所缺失的表皮和真皮层。单纯移植表皮由于缺乏真皮结构的支持，存在移植存活率低、韧性差、瘢痕收缩严重等问题，不能获得接近生理皮肤的愈合质量。而当表皮细胞与真皮组合时，表皮细胞的成熟状况和空间构成与正常组织相似。含有活性成纤维细胞的真皮替代物可促进表皮的生长、分化，诱导基底膜形成。同时，真皮可以减少瘢痕增生，促进创面收缩，提高愈合速度，并增加创面愈合后皮肤的弹性、柔韧性及机械强度。所以人工真皮在皮肤重建中具有重要作用，研制性能优良的人工真皮成为组织工程人工皮肤的一大热点。1975 年，哈佛医学院的 Green 等人设计的角质细胞膜片是最早的皮肤替代物，开辟了皮肤组织工程的先河。自 1975 年角质细胞体外培养成功后，体外培养的自体上皮细胞膜片作为一种永久性的生物覆盖物被应用于烧伤创面。随后，Bruke 和 Yannas 等人合成了具有双层结构的人工皮肤，内层模拟真皮，用牛肌腱的胶原纤维和硫酸软骨素制成，外层由模拟表皮作用的硅胶膜制成。这种纯合成的人工皮肤移植于创面后，周围的成纤维细胞能够长入并生成胶原，产生新的胶原纤维、弹性纤维，构成新的细胞外基质 [63]。

　　一种理想的组织工程皮肤支架应该具有以下的良好性能：首先具有良好的组织相容性、适宜的孔径和高孔隙率以满足细胞的生长需求；良好的生物降解性和一定的力学性能；制备方法要简便，制备的样品便于运输与保存，可实现大规模工业化批量生产的要求。目前，已有许多组织工程皮肤产品相继问世。美国FDA 已批准 4 种应用于临床，为 Transcyte、Epical、Dermagraft 和 Apligraf。随着新概念与新技术的引入，在这些开创性人工皮肤产品的基础上发展出一些增强型胶原蛋白支架材料，更好地契合生理皮肤的结构 [64]。另外除了常用的成纤维细胞，多种不同类型的细胞也可用于构建组织工程皮肤，例如能够更好地形成基底层的毛囊真皮鞘细胞，能够促进早期血管形成的脂肪来源细胞 [65]。

　　范代娣团队 [66-68] 采用重组类人胶原蛋白 CF-5，通过无菌风吹干法和冷冻干燥法，经戊二醛交联分别制得胶原蛋白膜和胶原蛋白海绵皮肤组织支架材料。将异体成纤维细胞悬液注入胶原蛋白膜和胶原蛋白海绵支架材料内，经过 7 ～ 10

天培养，成纤维细胞能够较好地贴附于重组类人胶原蛋白 CF-5 支架材料上并实现增殖。然而因为戊二醛在组织工程支架处理方法中已经失去优势，范代娣团队[12,69,70] 采用谷氨酰胺转氨酶（TGase）作为交联剂将羧化壳聚糖（CCS）、透明质酸（HA）和 CF-5 进行交联，制备出一种可用于组织工程皮肤支架的 CF-5/HA/CCS 多孔水凝胶材料（图 9-37）。TGase 可以作为酰胺交联剂催化重组类人胶原蛋白 CF-5 的交联反应，形成分子间或分子内的 ε-（γ- 谷氨酰）赖氨酸酰胺键。HA 和 CCS 物理混合在水凝胶的三维网络结构中，非交联部分形成孔隙。该材料性能稳定，不仅具有一定的力学性能还有良好的孔隙结构，实现了成纤维细胞良好的黏附并且能够促进细胞生长增殖（图 9-38）。动物体内实验表明，该材料无毒并且能够很好地修复皮肤缺损伤口，为受损组织提供营养，促进毛孔、细胞和血管等表皮结构的再生，加快伤口的愈合，且愈合后疤痕不明显。在愈合过程中，水凝胶材料逐渐降解，降解周期与伤口愈合周期平行。体内降解实验也表明了该材料具有优良的降解性能和生物相容性。

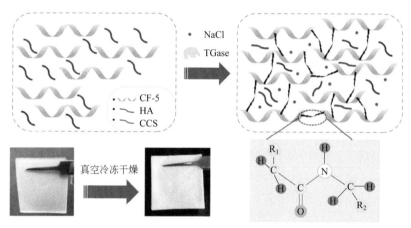

图9-37 CF-5/HA/CCS水凝胶的交联机理示意图

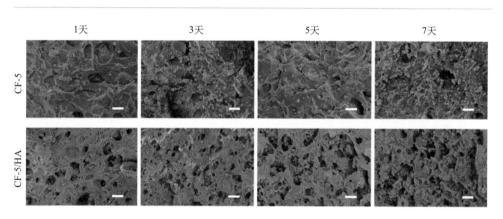

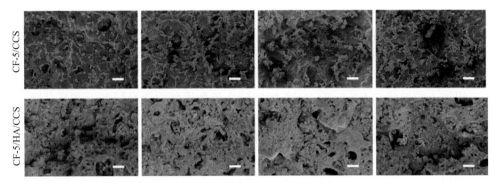

图9-38　成纤维细胞L929在水凝胶材料上黏附的扫描电镜图

　　此外，范代娣团队[71]还将谷氨酰胺转氨酶交联法与EDC/NHS交联法联用，制备了羧甲基化壳聚糖（CCS）/重组类人胶原蛋白CF-5水凝胶，具有不透明的多孔海绵状结构。CF-5和CCS通过稳定的化学键和氢键相互作用获得良好的机械性能。该水凝胶材料性能稳定，不仅具有一定的力学性能，还有良好的孔隙结构，可以使细胞很好地黏附在上面并且能够促进细胞增殖。图9-39 活死细胞染

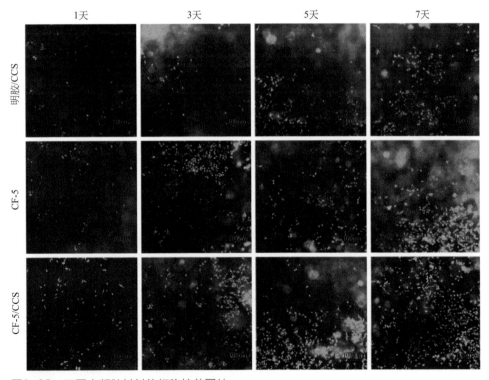

图9-39　不同水凝胶材料的细胞培养图片

色结果显示，与明胶/CCS水凝胶相比，CF-5水凝胶和CF-5/CCS水凝胶上附着的细胞更多，并且可以观察到CF-5水凝胶和CF-5/CCS水凝胶上绿色荧光标记的分布呈圆形排列，与其微孔结构一致。这表明水凝胶的三维多孔结构为细胞的贴壁生长和增殖提供了附着点。随着时间推移，细胞数量显著增加，这是由于重组类人胶原蛋白CF-5可以随着细胞的生长和增殖而逐渐降解，并且其降解产物可以促进L929细胞的生长和增殖。

动物体内实验表明，该材料无毒并且能够很好地修复皮肤缺损伤口。如图9-40所示[71]，1天后，在不同组之间观察到伤口外观差异明显。在对照组中，伤口表面变得干燥且粗糙，伤口边缘的皮肤组织卷曲并变形，伤口面积没有明

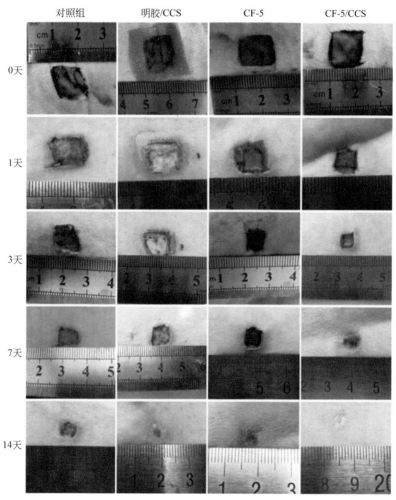

图9-40 水凝胶用于伤口愈合图像

显减少，明胶/CCS 组的伤口没有明显变化，相比之下，CF-5 组和 CF-5/CCS 组的伤口已经开始愈合。3 天后，由于过多的水分流失，对照组中出现了明显的疤痕增生，并且疤痕组织较正常皮肤更厚，这会减慢伤口处的组织生长速度，在 CF-5/CCS 组中，水凝胶材料具有良好的保水性，因此没有明显的疤痕组织出现，并且伤口周围的皮肤正常且光滑无卷曲。7 天后，CF-5/CCS 组的一些水凝胶材料已经降解脱落，而明胶/CCS 和 CF-5 组的伤口仍被疤痕覆盖。14 天后，对照组仍有明显的疤痕，明胶/CCS 组的疤痕组织并未完全脱落，CF-5 组的伤口边缘与正常组织之间的边界清晰，伤口处的组织颜色还未恢复正常，CF-5/CCS 组的伤口几乎完全愈合，从外观来看非常接近正常组织。体内降解实验表明了该材料具有优良的降解性能和生物相容性。

　　从仿生学角度出发，天然细胞外基质通常由胶原蛋白与多糖构成，呈 50～500nm 直径的纤维结构，在细胞生长过程中发挥着尤为重要的调控作用，因此范代娣团队[72]采用静电纺丝法制备，使用重组类人胶原蛋白 CF-5/壳聚糖（CS）复合具有仿生纳米纤维结构的组织工程支架材料，从化学组分与空间结构两方面模拟天然细胞外基质。制得的纤维形貌均一，具有更好的热稳定性和力学性能，克服了单纯组分材料降解过快的缺陷，能够有效促进细胞黏附与增殖，组织相容性良好。静电纺丝方法制备的支架具有容易大批量生产的优势，因此从仿生学与实用性角度出发，采用静电纺丝法制备的 CF-5/CS 复合纳米纤维支架具有较好的应用前景。但使用单纯的 CF-5 或 CS 溶液在静电纺丝的过程中均没有明显的泰勒锥出现，无法获得连续的纤维，当二者混合后情况有所改善，但是仍无法得到连续纤维。在 CF-5 与 CS 溶液中添加聚环氧乙烷（PEO）以增加纺丝溶液的黏度，可以有效防止液滴的形成从而利于电纺丝的发生[72]。当 PEO 浓度低时，会获得不均一有串珠的纤维，随着 PEO 浓度的增加，纤维形态也逐渐均一，且直径增大。实验结果表明，只有当 PEO 浓度达到 4.0%±0.5%（质量分数）左右时［黏度为（8500±500）cP 左右］，才可获得形貌较为均一的纤维，纤维直径为（289±58）nm。溶液中各类成分对黏度的影响顺序为：CS＞PEO＞CF-5。当电导率相差不大时，纤维直径随着黏度的增加而增加；当黏度相差不大时，纤维直径随着电导率的增加而减小。因此在纺丝过程中，可以通过调节黏度与电导率来控制纺丝所得纤维的直径分布范围。分子质量为 1000kDa 的长链 PEO 为 CF-5/CS 在水溶液体系中提供了可以缠绕的轴，从而使原本不可纺的溶液能够适用于静电纺丝。这类似于"链缠结浓度"对纺丝的重要性，即只有当高聚物在溶液中的浓度达到链缠结浓度的 2～2.5 倍时，连续的高聚物纤维才可能形成。CF-5 分子链长度相对较短，即使在饱和的 CF-5 水溶液中，CF-5 也无法彼此缠绕形成较大束状结构达到纺丝的要求。然而，PEO 的加入改变了 CF-5 在水中的排布状态，它的 CH_2—O—CH_2 长链结构能够为 CF-5 提供缠绕的轴，从而使溶液的黏度得到显著提高，使原本不可纺的 CF-5 溶液转变为可纺溶液。同时 PEO 的长链 $[CH_2—O—CH_2]_n$ 分子具有均匀的疏水与亲水排布，从而能够改变 CS 分子间的相互作用，使其分子重新排列，与 PEO 相互缠绕。当 PEO 的分子链数目多到足以平衡壳聚糖链彼此间的强作用力时，CS/PEO 溶液能够成功进行纺丝，并且可以获得结构均匀的纤维。这种 CF-5/CS/PEO 复合纤维薄膜（CF-5：CS：PEO = 4：3：1）的纤维形貌均一（图 9-41），具有更好的热稳定性，具有较高的弹性模量（5.5±0.13）MPa，且相比其单纯组分材料能够更好地模拟细胞外基质的组成与结构，克服了单纯组分材料降解过快的缺陷，能够有效促进细胞黏附与增殖，组织相容性良好。图 9-42 显示，骨髓间充质干细胞与 CF-5/CS/PEO 复合纤维薄膜共培养 1 天和 5 天后，CF-5/CS/PEO 复合纤维薄膜对细胞的黏附具有良好的促进作用。

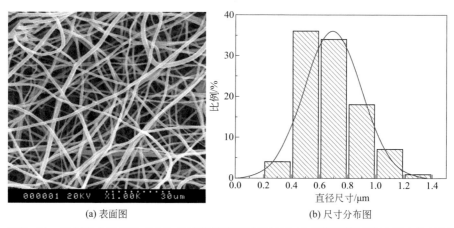

(a) 表面图　　　　　　　　　　　　(b) 尺寸分布图

图9-41　重组类人胶原蛋白CF-5/壳聚糖/聚环氧乙烷复合纤维薄膜材料扫描电镜结果

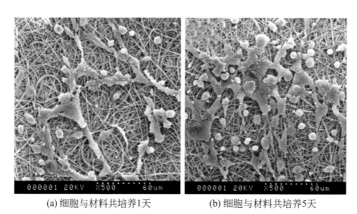

(a) 细胞与材料共培养1天　　　　　(b) 细胞与材料共培养5天

图9-42　重组类人胶原蛋白CF-5/壳聚糖/聚环氧乙烷复合纤维薄膜材料上细胞的黏附情况

范代娣团队[56]选用重组类人胶原蛋白CF-5、壳聚糖和聚乳酸构建组织工程支架材料。重组类人胶原蛋白CF-5易溶于水，壳聚糖溶于醋酸溶液，聚乳酸本身不溶于水溶于有机溶剂，两种溶液不能互溶。通过采用同轴共纺的方法，将两种互不相溶的材料进行共同纺丝，制得的纤维薄膜经过戊二醛交联构建组织工程支架材料。单纯壳聚糖和重组类人胶原蛋白CF-5混合溶液在静电纺丝过程中无法得到连续纤维，需要添加适量的聚氧化乙烯，使溶液变成可纺溶液。电纺液中壳聚糖浓度为1.0%～1.5%，重组类人胶原蛋白浓度为5.0%～15%，聚氧化乙烯浓度为0.5%～1.0%，在达到纺丝要求的缠结浓度时，溶液可以在静电场中获得连续的、较为均匀的纤维。相比壳聚糖和重组类人胶原蛋白，聚乳酸更容易通过静电纺丝获得超细纤维。在使用同轴共纺方法构建支架材料时，重组类人胶原蛋白、聚乳酸和聚氧化乙烯溶液在纺丝过程中，随着纺丝纤维的形成，溶液中的水分挥发，局部环境的湿度增大，导致聚乳酸纤维在静电场中固化的过程变长，从而使纤维变细，因此通过同轴共纺方法获得的纤维薄膜，相比单纯使用聚乳酸通过静电纺丝获得的纤维薄膜，纤维直径明显减小，小于1μm。重组类人胶原蛋白/壳聚糖/聚乳酸支架在力学性能和生物学性能上均有较优异的表现，相比高分子聚合物材料，具有良好的微观形貌及纤维尺寸，更有利于促进细胞的贴附生长，组织相容性好，降解缓慢（图9-43）。

(a) ×5k倍

(b) ×10k倍

图9-43
重组类人胶原蛋白CF-5/
壳聚糖/聚乳酸静电纺丝薄
膜扫描电镜

第五节
重组胶原蛋白止血材料

传统止血材料的主要作用是使断裂的血管收缩闭合，止血机制通常是以物理方式形成支架结构直接促进凝血过程，但只适用于广泛渗血创面且渗血率不能过高的情况，不能满足急救止血的需要。而新型伤口止血材料往往具有生物相容性好、吸收能力强等特征，更适用于创伤急救领域。目前已经开发出许多种类的创面止血材料，主要有纤维蛋白、胶原、壳聚糖、多微孔类无机材料（如沸石）、羧甲基纤维素可溶性止血纱布等。作为胶原的水解产物，明胶海绵是一种较常见的促凝血材料，它为多孔海绵状物，可吸收大于自身质量 30 ～ 45 倍的血液。

胶原蛋白泡沫材料在临床医疗中主要用于局部止血，除了一般性创伤止血，也适用于大面积创伤部位止血，可以大幅度降低肝脏手术等手术过程中或术后出血的风险。范代娣团队[73,74]研制的重组类人胶原蛋白止血海绵能够实现在短时间内迅速止血。其止血机理具体有以下几个方面：①材料自身的吸液性能够迅速地吸收渗血，溶胀后会贴合在伤口上，堵塞血管并产生一定压力，对伤口起到压迫止血作用；②材料自身能够吸附血小板，使其黏附聚集于伤口上，堵塞血管；③促进凝血酶的产生达到止血的最终目的。同时重组类人胶原蛋白赋予止血海绵材料多方面的止血作用：首先激发血小板活性，促进血小板凝聚和血浆结块，血小板凝聚可形成血栓，导致血浆结块阻止流血，同时会激活Ⅻ因子，协助其他凝血因子，启动内源性凝血过程；重组类人胶原蛋白止血海绵敷压在创面上时，蛋白分子的亲水基团迅速吸收创面的水分，与创面紧密黏附，堵塞毛细血管的末端，辅助生理上的凝血过程；蛋白在创面溶解和降解过程中也能引起创面局部黏着性发生变化，从而促进凝血作用。

范代娣团队[75]以重组类人胶原蛋白 CF-5 为原料，应用谷氨酰胺转氨酶在 4℃交联 CF-5，使用程序冷冻仪和冰箱分别进行预冻，再通过真空冷冻干燥的方法制备不同的重组类人胶原蛋白 CF-5 止血海绵，采取程序降温每分钟降 4℃来制备止血海绵材料，制备的海绵表面平整、美观，微观结构观察到孔径的分布均匀，基本都在 100 ～ 200μm 之间（图 9-44），孔隙率约 92%，吸水率约 1400%，

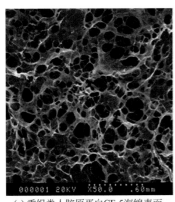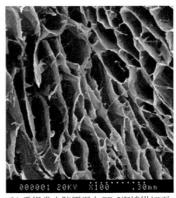

(a) 重组类人胶原蛋白CF-5海绵表面　　(b) 重组类人胶原蛋白CF-5海绵纵切面

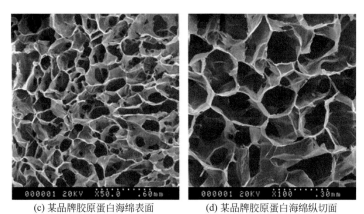

(c) 某品牌胶原蛋白海绵表面   (d) 某品牌胶原蛋白海绵纵切面

图9-44　止血海绵扫描电镜对比图片

具有良好的理化性质，能够满足临床止血材料的基本要求。在止血动物模型中，重组类人胶原蛋白CF-5止血海绵止血效果理想，对兔肝脏创面的完全止血时间为51s，止血效果显著优于目前临床使用的同类止血材料（图9-45）[75]。

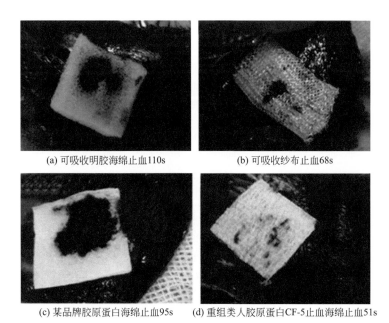

(a) 可吸收明胶海绵止血110s   (b) 可吸收纱布止血68s

(c) 某品牌胶原蛋白海绵止血95s   (d) 重组类人胶原蛋白CF-5止血海绵止血51s

图9-45　不同止血海绵肝脏创面止血效果

参考文献

[1] 范代娣，惠俊峰，邓建军，等. 一种高透气性烧烫伤敷料的制备方法 [P]. CN 201710503855.X. 2020-04-28.

[2] 范代娣，惠俊峰，朱晨辉，等. 一种防渗防粘连多孔止血凝胶敷料的制备方法 [P]. CN 201710503847.5. 2020-04-28.

[3] 惠俊峰，范代娣，米钰，等. 一种超多孔水凝胶的制备方法 [P]. CN 201710503785.8. 2019-11-19.

[4] Cao J, Wang P, Liu Y N, et al. Double crosslinked HLC-CCS hydrogel tissue engineering scaffold for skin wound healing [J]. International Journal of Biological Macromolecules, 2020, 155: 625-635.

[5] Pan H, Fan D D, Duan Z G, et al. Non-stick hemostasis hydrogels as dressings with bacterial barrier activity for cutaneous wound healing [J]. Materials Science & Engineering C, 2019, 105: 110118.

[6] Pan H, Fan D D, Zhu C H, et al. Preparation of physically crosslinked PVA/HLC/SA hydrogel and exploration of its effects on fullthickness skin defects [J]. International Journal of Polymeric Materials and Polymeric Biomaterials, 2019, 68(17): 1048-1057.

[7] Pan H, Fan D D, Cao W, et al. Preparation and characterization of breathable hemostatic hydrogel dressings and determination of their effects on full-thickness defects [J]. Polymers, 2017, 9(12): 727.

[8] Ma X X, Deng J J, Du Y Z, et al. A novel chitosan-collagen-based hydrogel for use as a dermal filler: initial in vitro and in vivo investigations [J]. Journal of Materials Chemistry B, 2014, 2(18): 2749-2763.

[9] 潘虹. 新型聚乙烯醇类人胶原蛋白复合多孔水凝胶敷料的设计、制备和性能研究 [D]. 西安：西北大学，2018.

[10] Peng Z, Li Z, Zhang F, et al. Preparation and properties of polyvinyl alcohol/collagen hydrogel [J]. Journal of Macromolecular Science Part B, 2012, 51: 1934-1941.

[11] Pan H, Fan D D. Exploration of the pore-forming mechanisms of Tween80 and biocompatibility of the hydrogels in vivo [J]. Chemical Physics Letters, 2020, 743: 137175.

[12] 雷桓. 酶交联水凝胶皮肤支架的制备及其性能研究 [D]. 西安：西北大学，2019.

[13] Yuan Y Y, Fan D D, Shen S H, et al. An M2 macrophage-polarized anti-inflammatory hydrogel combined with mild heat stimulation for regulating chronic inflammation and impaired angiogenesis of diabetic wounds [J]. Chemical Engineering Journal, 2021, 433: 133859.

[14] Shen S, Fan D, Yuan Y, et al. An ultrasmall infinite coordination polymer nanomedicine-composited biomimetic hydrogel for programmed dressing-chemo-low level laser combination therapy of burn wounds [J]. Chemical Engineering Journal, 2021, 426: 130610.

[15] Guo Y , Xu B, Wang Y, et al. Dramatic promotion of wound healing using a recombinant human-like collagen and bFGF crosslinked hydrogel by transglutaminase [J]. Journal of Biomaterials Science Polymer Edition, 2019, 30: 1591-1603.

[16] 李贤. 多糖和类人胶原蛋白可注射水凝胶微结构构建工程学及生物相容性研究 [D]. 西安：西北大学，2015.

[17] 李贤. 温敏型可注射式类人胶原蛋白水凝胶的制备及相关性质研究 [D]. 西安：西北大学，2011.

[18] 范代娣，段志广，马晓轩，等. 一种胶原蛋白温敏型水凝胶及其制备方法 [P]. CN 201110147417.7. 2012-11-28.

[19] 张婧婧. 酶法/化学法修饰类人胶原蛋白水凝胶颗粒的制备及性能研究 [D]. 西安：西北大学，2014.

[20] 范代娣，马晓轩，张婧婧. 一种具有生物修复活性及优良降解性能的水凝胶及制备方法 [P]. CN 201310264046.X. 2015-07-29.

[21] Liu Y N, Gu J, Fan D D. Novel hyaluronic acid-tyrosine/collagen-based injectable hydrogels as soft filler for tissue engineering [J]. International Journal of Biological Macromolecules, 2019, 141: 700-712.

[22] 李喆. 二环氧辛烷交联新型水凝胶的研究 [D]. 西安：西北大学，2012.

[23] 惠俊峰，范代娣，米钰，等. 一种用于组织填充的惰性多孔水凝胶的制备方法 [P]. CN 201710503866.8. 2020-04-28.

[24] 杜玉章. 胶原蛋白 - 双醛淀粉水凝胶的制备及生物学研究 [D]. 西安：西北大学，2013.

[25] Li X, Ma X X, Fan D D, et al. A novel injectable pH/temperature sensitive CS-HLC/β-GP hydrogel: the gelation mechanism and its properties [J]. Soft Materials, 2014, 12: 1-11.

[26] Li X, Fan D D, Deng J J, et al. Different content of EDC effect on mechanical strength and crosslinking densities of a novel CS-HLC/β-GP-EDC hydrogel [J]. Journal of Pure and Applied Microbiology, 2013, 7(1): 359-364.

[27] Li X, Ma X X, Fan D D, et al. Effects of self-assembled fibers on the synthesis, characteristics and biomedical applications of CCAG hydrogels [J]. Journal of Materials Chemistry B, 2014, 2: 1234-1249.

[28] Du Y, Fan D, Ma X, et al. Covalently crosslinked human-like collagen hydrogel: properties of biocompatibility [J]. Advanced Materials Research, 2012, 550-553: 1114-1119.

[29] Wang Y, Zhu C H, Mi Y, et al. Synthesis and characterization of carboxymethyl chitosan/human-like collagen hydrogel [J]. Advanced Materials Research, 2012, 535-537: 2296-2300.

[30] Li X, Xue W J, Liu Y N, et al. HLC/pullulan and pullulan hydrogels: their microstructure, engineering process and biocompatibility [J]. Materials Science & Engineering C, 2016, 58: 1046-1057.

[31] Li X, Xue W, Zhu C, Fan D D, et al. Novel hydrogels based on carboxyl pullulan and collagen crosslinking with 1, 4-butanediol diglycidylether for use as a dermal filler: initial in vitro and in vivo investigations [J]. Materials Science & Engineering C, 2015, 57: 189-196.

[32] Ma X X, Zhang L, Fan D D, et al. Physicochemical properties and biological behavior of injectable crosslinked hydrogels composed of pullulan and recombinant human-like collagen [J]. Journal of Materials Science, 2017, 52(7): 3771-3785.

[33] Liu B W, Ma X X, Zhu C H, et al. Study of a novel injectable hydrogel of human-like collagen and carboxymethylcellulose for soft tissue augmentation [J]. E-Polymers, 2013, 13(1): 035.

[34] Ferrarotti F, Romano F, Gamba M N, et al. Human intrabony defect regeneration with micrografts containing dental pulp stem cells: a randomized controlled clinical trial[J]. Journal of Clinical Periodontology, 2018, 45: 841-850.

[35] 俞园园，范代娣，米钰，等. 重组类人胶原蛋白Ⅱ仿生人工骨材料的制备 [J]. 西北大学学报：自然科学版，2008, (5): 753-758.

[36] 马晓轩，高琛，米钰，等. RHLCⅡ仿生人工骨新型材料成型工艺的优化 [J]. 材料科学与工程学报，2009, 27(6): 817-823.

[37] Zheng X Y, Hui J F, Li H, et al. Fabrication of novel biodegradable porous bone scaffolds based on amphiphilic hydroxyapatite nanorods [J]. Materials Science & Engineering C, 2017, 75: 699-705.

[38] Liu Y N, Gu J, Fan D D. Fabrication of high-strength and porous hybrid scaffolds based on nano-hydroxyapatite and human-like collagen for bone tissue regeneration [J]. Polymers, 2020, 12: 61.

[39] Jia L P, Duan Z G, Fan D D, et al. Human-like collagen/nano-hydroxyapatite scaffolds for the culture of chondrocytes [J]. Materials Science & Engineering C, 2013, 33(2): 727-734.

[40] 范代娣，朱晨辉，马晓轩，等. 一种制备可生物降解组织工程用仿生人工骨材料的方法 [P]. CN 200910023001.7. 2013-03-06.

[41] 范代娣，惠俊峰，严建亚. 重组胶原蛋白及含氟纳米羟基磷灰石复合胶原蛋白人工骨 [P]. CN 201110363143.5. 2013-08-14.

[42] 范代娣，惠俊峰，马晓轩，等. 一种增强成骨活性的复合人工骨及其制备方法 [P]. CN 201410160212.6.

2016-08-31.

[43] Hertweck J, Ritz U, Götz H, et al. CD[34+] cells seeded in collagen scaffolds promote bone formation in a mouse calvarial defect model [J]. Journal of Biomedical Materials Research Part B: Applied Biomaterials, 2017, 106(4): 1505-1516.

[44] Chen Z, Zhang Z, Wang Z, et al. Fabricating a novel HLC-hBMP2 fusion protein for the treatment of bone defects[J]. Journal of Controlled Release, 2021, 329: 270-285.

[45] Huang Y H, Chen C H, Chang T T, et al. The role of transcatheter arterial embolization for patients with unresectable hepatocellular carcinoma: a nationwide, multicentre study evaluated by cancer stage [J]. Alimentary Pharmacology & Therapeutics, 2005, 21(6): 687-694.

[46] Brittberg M, Nilsson A, Lindahl A, et al. Rabbit articular cartilage defects treated with autologous cultured chondrocytes [J]. Clinical Orthopaedics and Related Research, 1996, 326(326): 270-283.

[47] Song X, Zhu C H, Fan D D, et al. A novel human-like collagen hydrogel scaffold with porous structure and sponge-like properties [J]. Polymers, 2018, 10(3): 304.

[48] Fan H, Mi Y, Hui J F, et al. Cytocompatibility of human-like collagen/nano-hydroxyapatite porous scaffolds using cartilages [J]. Biotechnology, 2014, 12(2): 99-103.

[49] Xie J H, Fan D D. A high-toughness and high cell adhesion polyvinyl alcohol(PVA)-hyaluronic acid(HA)-human-like collagen(HLC) composite hydrogel for cartilage repair [J]. International Journal of Polymeric Materials and Polymeric Biomaterials, 2020, 69 (14): 928-937.

[50] Liu K Q, Liu Y N, Duan Z, et al. A biomimetic bi-layered tissue engineering scaffolds for osteochondral defects repair [J]. Science China Technological Sciences, 2020, 64: 793-805.

[51] 刘博文. 新型注射式类人胶原蛋白水凝胶的制备以及生物相容性的研究 [D]. 西安：西北大学，2007.

[52] 刘凯强. 基于类人胶原蛋白的双层骨软骨组织工程支架的制备及其性能研究 [D]. 西安：西北大学，2020.

[53] Zhu C H, Fan D D, Wang Y. Human-like collagen/hyaluronic acid 3D scaffolds for vascular tissue engineering [J]. Materials Science and Engineering C, 2014, 34(1): 393-401.

[54] 孙秀娟，范代娣，朱晨辉，等. 类人胶原蛋白 - 透明质酸血管支架的性能及生物相容性 [J]. 生物工程学报，2009, 25(04): 591-598.

[55] Zhu C H, Fan D D, Ma X X, et al. Effects of chitosan on properties of novel human-like collagen/chitosan hybrid vascular scaffold [J]. Journal of Bioactive and Compatible Polymers, 2009, 24(6): 560-576.

[56] Zhu C H, Ma X X, Xian L, et al. Characterization of a co-electrospun scaffold of HLC/CS/PLA for vascular tissue engineering [J]. Bio-Medical Materials and Engineering, 2014, 24(6): 1999-2005.

[57] Zhu C H, Fan D D, Duan Z Z, et al. Initial investigation of novel human-like collagen/chitosan scaffold for vascular tissue engineering [J]. Journal of Biomedical Materials Research Part A, 2009, 89A(3): 829-840.

[58] 孙秀娟. 类人胶原蛋白 - 透明质酸血管支架的性能及生物相容性研究 [D]. 西安：西北大学，2009.

[59] Zhang J J, Ma X X, Fan D D, et al. Synthesis and characterization of hyaluronic acid/human-like collagen hydrogels [J]. Materials Science and Engineering C, 2014, 43: 547-554.

[60] 朱晨辉，范代娣，马晓轩，等. 类人胶原蛋白 - 丝素蛋白血管支架的制备及性能表征 [J]. 生物工程学报，2009, 25(08): 1225-1233.

[61] Hu K, Cui F Z, Lv Q, et al. Preparation of fibroin/recombinant human-like collagen scaffold to promote fibroblasts compatibility [J]. Journal of Biomedical Materials Research Part A, 2008, 84A(2): 483-490.

[62] Altman G H, Diaz F, Jakuba C, et al. Silk-based biomaterials [J]. Biomaterials, 2003, 24(3): 401-416.

[63] Philios T, Bhawan J, Leigh M, et al. Cultured epidermal auto grafts and allografts a study of differentiation and allograft survivl [J]. Journal of the American Academy of Dermatology, 1990, 23: 189.

[64] Wang Y, Xu R, Luo G, et al. A novel hydrophobic-induced method for water soluble silk fibroin[J]. Advanced Materials Research, 2016, 30: 246-257.

[65] Higgins C A, Roger M F, Hill R P, et al. Multifaceted role of hair follicle dermal cells in bioengineered skins[J]. British Journal of Dermatology, 2017, 176: 1259-1269.

[66] 李荣. 重组类人胶原蛋白Ⅱ组织工程支架材料的性能及生物相容性研究 [D]. 西安：西北大学，2007.

[67] 范代娣，朱晨辉，马晓轩，等. 一种制备可生物降解的组织工程用血管内层支架材料的方法 [P]. CN 200910022613.4. 2012-08-29.

[68] 范代娣，朱晨辉，马晓轩，等. 一种制备可生物降解的组织工程用血管中间层支架材料的方法 [P]. CN 200910022614.9. 2012-05-23.

[69] Zhu C H, Lei H, Fan D D, et al. Novel enzymatic crosslinked hydrogels that mimic extracellular matrix for skin wound healing [J]. Journal of Materials Science, 2018, 53(8): 5909-5928.

[70] 范代娣，朱晨辉，惠俊峰，等. 一种可生物降解的组织工程皮肤支架的制备方法 [P]. CN 201710802649.9. 2020-10-30.

[71] 曹靓. 双交联类人胶原蛋白 - 羧甲基化壳聚糖组织工程皮肤支架的制备及性能研究 [D]. 西安：西北大学，2020.

[72] Chen L, Zhu C H, Fan D D, et al. A human-like collagen/chitosan electrospun nanofibrous scaffold from aqueous solution. Electrospun mechanism and biocompatibility[J]. Journal of Biomedical Materials Research Part A, 2011, 99A(3): 395-409.

[73] 段志广. 类人胶原蛋白止血海绵的性能研究 [D]. 西安：西北大学，2008.

[74] 刘琳. 程序冷冻法制备类人胶原蛋白止血海绵和工艺优化 [D]. 西安：西北大学，2015.

[75] Duan Z G, Fan D D, Zhu C H, et al. Hemostatic efficacy of human-like collagen sponge in arterioles and liver injury model [J]. African Journal of Microbiology Research, 2012, 6(10): 2543-2551.

索引